"十四五"高等教育智能制造专业群系列教材

金属冲压成形工艺与模具设计（第二版）

曹建国　门正兴◎主编

中国铁道出版社有限公司
CHINA RAILWAY PUBLISHING HOUSE CO., LTD.
北　京

内容简介

本书根据教育部高等学校材料成形及控制工程专业的人才培养计划、培养目标和教育部对卓越工程师培养计划的要求编写而成。全书共7章,第1章介绍板料冲压工艺特点、工序的分类、模具及冲压材料和冲压设备;第2~4章分别介绍冲裁、弯曲和拉深工艺及模具设计;第5章介绍胀形、翻边、缩口与扩口、整形与压印及其他成形技术;第6章介绍汽车覆盖件成形工艺及模具设计;第7章介绍金属增材制造成形。每章后还附有思考题和科学家简介,方便读者复习巩固和了解塑性成形方面的专家学者,增强民族自豪感,激发学习研究激情。

本书可作为高等院校材料成形及控制工程专业、机械设计制造及自动化专业的本专科、高职高专教材,也可供从事冲压工作的工程技术人员参考。

图书在版编目(CIP)数据

金属冲压成形工艺与模具设计/曹建国,门正兴主编.—2版.—北京:中国铁道出版社有限公司,2023.4 (2024.7重印)
"十四五"高等教育智能制造专业群系列教材
ISBN 978-7-113-30004-3

Ⅰ.①金… Ⅱ.①曹…②门… Ⅲ.①冲压-生产工艺-高等学校-教材②冲模-设计-高等学校-教材 Ⅳ.①TG38

中国国家版本馆CIP数据核字(2023)第037354号

书　　名:金属冲压成形工艺与模具设计
作　　者:曹建国　门正兴

策　　划:曾露平　　**编辑部电话:**(010) 63551926
责任编辑:曾露平
封面设计:郑春鹏
责任校对:安海燕
责任印制:樊启鹏

出版发行:中国铁道出版社有限公司(100054,北京市西城区右安门西街8号)
网　　址:https://www.tdpress.com/51eds
印　　刷:河北燕山印务有限公司
版　　次:2015年7月第1版　2023年4月第2版　2024年7月第2次印刷
开　　本:787 mm×1092 mm 1/16　**印张:**16　**字数:**425千
书　　号:ISBN 978-7-113-30004-3
定　　价:45.00元

前言（第二版）

本书根据教育部高等学校材料成形及控制工程专业的人才培养计划、培养目标和教育部对卓越工程师培养计划的要求，并参照和吸收了国内同类教材的特点和企业对冲模技术及模具设计人才的要求编写而成。本书力图体现如下特点：

1. 注重培养学生分析问题、解决问题的能力。在阐明各冲压工序基本原理的基础上，介绍各工艺的特点、模具设计的难点和结构设计的要点，着重分析各工艺成形缺陷产生的原因及控制缺陷的措施。

2. 注重理论联系实际，提高学生的实践能力。本书编写过程中采用了大量的图片、表格和典型实例等，以弥补初学者的经验不足，提高教学的趣味性，增强学生学以致用的实践能力。

3. 介绍了当今冲压成形的一些新工艺、新方法，如无模多点成形、板料数控渐进成形技术、计算机数值模拟仿真技术等，以拓展学生的视野。

4. 增加了3D打印技术，帮助学生了解3D打印与传统的模具之间的联系和区别。

5. 每章均配有思考题，以检验学生的学习效果，引导学生及时查漏补缺。

6. 每章末在第一版的基础上增加了国内本行业的科学家简介，激发学生的民族自豪感和学习研究热情。

7. 在第一版的基础上增加了金属增材制造成形技术内容，删减了多工位级进模工艺及设计要点，更符合目前对相关人才需求的培养。

本书由四川大学曹建国、成都航空职业技术学院门正兴任主编。具体分工如下：曹建国编写第1、2、5章；门正兴编写第3和第7章；西南科技大学薛松编写第4章；重庆大学权国正编写第6章。全书由四川大学曹建国统稿。

本书编写过程中得到了中国铁道出版社有限公司和四川大学的大力支持和帮助，并吸取了各兄弟院校同仁们宝贵意见，在此表示真挚的感谢。

由于编者水平有限，书中不足之处在所难免，恳请读者同行批评指正。

编　者

2022年9月

目　　录

第1章　绪　　论

冲压工艺应用范围十分广泛，在国民经济各个领域中几乎都有冲压加工的产品，如：汽车、拖拉机、电器、电动机、仪表、家电、化工，航空航天以及轻工日用品等领域均占有相当大的比重。

1.1　冲压工艺的特点

冲压工艺是塑性加工的基本方法之一。它建立在金属塑性变形的基础上，一般在室温下，利用模具和冲压设备对板料金属施加一定的压力，使之产生分离和塑性变形，从而获得所需要形状和尺寸的零件。它主要用于加工板料零件，所以有时又称板料冲压。冲压不仅可以加工金属板料，而且也可以加工非金属板料。

冲压加工相对于铸造、锻造和切削加工等其他成形方法具有以下特点：

①生产率高、操作简单、节省能源。由于冲压生产坯料一般是比较薄的板料，变形抗力较低，因此一般不需要对坯料进行加热，节省能源。高速冲床每分钟可生产成百上千件零件，操作工艺方便，便于机械化与自动化，特别适合大量生产。

②材料利用率高，批量生产成本较低。由于冲压加工是冷成形，容易实现无切削加工，节约原料，材料的利用率可高达75%~95%，经济效益好。

③产品尺寸精度高，质量稳定。冲压件的尺寸公差由冲模精度来保证，一般精度可达IT8~IT10，最高达IT7。产品尺寸稳定、互换性好。

④冲压产品壁薄、质轻、刚度好，可以加工形状复杂的零件，小到钟表、大到汽车纵梁、覆盖件等。

⑤冲压制模成本高。冲压模具是技术密集型产品，制造复杂、周期长、技术要求高、制造费用高（占产品成本的10%~30%），因而不适用于小批量产品生产。

⑥冷冲压工艺受材料塑性和变形抗力的限制，不适合加工形状复杂的厚壁零件。

⑦冲压加工噪声大，手工操作劳动强度大，安全性较差。

1.2　冷冲压的应用

由于冷冲压具有表面质量好、重量小、成本低的优点，它还是一种经济的加工方法，因而冲压工艺在机械制造业中得到广泛应用。在汽车、拖拉机、电器、电子、仪表、飞机、导弹，以及日用品中随处可见到冷冲压产品，如不锈钢饭盒、搪瓷盆、高压锅、汽车覆盖件、冰箱门板、电子电器上的金属零件、枪炮弹壳等。据不完全统计，冲压件在汽车、拖拉机行业中约占60%，在电子工业中约占85%，而在日用五金产品中约占90%。如一辆新型轿车投产需配套2 000副以上各类专用模具；一台冰箱投产需配套350副以上各类专用模具；一台洗衣机投产需配套200副以上各类专用模具。

可以说，一个国家模具工业发展的水平能反映出这个国家现代化、工业化的发展程度。对于一个地区来说也是如此。目前世界各主要工业国，其锻压机床的产量和拥有量都已超过机床总数的50%，美国、日本等国的模具产值也已超过机床工业的产值，在我国，近年来锻压机床的增长速度已超过了金属切削机床的增长速度,板带材的需求也逐年增长,据专家预测,今后各种机器零件中粗加工 75%以上、精加工 50%以上要采用压力加工,其中冷冲压占有相当大的比例。

1.3 冲压技术的现状与发展趋势

1.3.1 我国冲压技术的历史与现状

据考古发现,早在 2000 多年前,我国已有冲压模具被用于制造铜器,证明我国古代冲压成形和冲压模具方面的成就已处于世界领先地位。

1953 年,长春第一汽车制造厂首次建立了冲模车间,于 1958 年开始制造汽车覆盖件模具,20 世纪 60 年代开始生产精冲模具。

在国家产业政策的正确引导下(退税),经过多年努力,现在我国冲压模具的设计与制造能力已达到较高水平,已形成了产出达 300 多亿元各类冲压模具的生产能力。大型冲压模具已能生产单套重量达 50t 的模具;国内也能为中档轿车生产配套的覆盖件模具;国内已有多家企业能够生产寿命 2 亿次左右的多工位级进模,精度可达 1~2 μm。

表面粗糙度达到 $Ra \leqslant 1.5$ μm 的精冲模,大尺寸($\varnothing \geqslant 300$ mm)精冲模及中厚板精冲模的生产在国内也已达到相当高的水平。但是,与发达国家相比,我国模具的设计、制造能力仍有较大差距。

差距主要表现在如下两方面:

①在高档轿车和大中型汽车覆盖件模具及高精度冲模的模具结构与生产周期方面存在一定差距。

②在标志冲模技术先进水平的多工位级进模的制造精度、使用寿命、模具结构和功能方面存在一定差距。

1.3.2 冲压技术的发展趋势

1. 冲压工艺

为了提高生产率和产品质量,降低成本和扩大冲压工艺的应用范围,研究和推广各种冲压新工艺是冲压技术发展的重要趋势。

近几年来国内外开始采用有限元法对复杂成形件(如汽车覆盖件)的成形过程进行应力、应变分析和计算机模拟,以预测某一工艺方案对零件成形的可能性和可能会出现的问题,将结果显示出来,供设计人员进行修改和选择。这样,不但可以节省模具试制费用,缩短新产品的试制周期,还可以逐步建立一套能结合生产实际的先进设计方法,既促进了冲压工艺的发展,也将使塑性成形理论逐步完善以对生产实际起到切实的指导作用。

目前,国内外涌现并迅速用于生产的冲压先进工艺有:精密冲压、柔性模(软模)成形、超塑性成形、无模多点成形、爆炸和电磁等高能成形、高效精密冲压技术以及冷挤压技术等。

2. 冲模设计与制造

在冲模设计与制造上,有两种趋向应给予足够的重视。

①冲模结构与精度正朝着两个方向发展。一方面为了适应高速、自动、精密、安全等大批量自动化生产的需要,冲模正向高效、精密、长寿命、多工位、多功能方向发展。另一方面,为适应市场上产品更新换代迅速的要求、各种快速成形方法和简易经济冲模的设计与制造也得到迅速发展。

②模具设计与制造的现代化。计算机技术、信息技术等先进技术在模具技术中得到了广泛的

应用，使得模具设计与制造水平发生了深刻的革命性变化。

为了加快产品的更新换代，缩短模具设计、制造周期，工业先进国家正在大力开展模具计算机辅助设计和制造（CAD/CAM）的研究，并应用在生产中。现在各种加工中心、高速铣削、精密磨削、电火花铣削加工、慢走丝线切割、现代检测技术等已全面走向数控（NC）或计算机数控化（CNC）。采用这一技术，一般可以使模具设计制造效率提高2~3倍，最终实现模具CAD/CAM一体化。应用这一技术，不仅可以缩短模具设计制造周期，还可以提高模具质量，减少设计和制造人员的重复劳动，使设计者有可能把精力用在创新开发上。

在模具材料及热处理、模具表面处理等方面，国内外都进行了大量的研制工作，并取得了很好的实际效果。冲模材料的发展方向是研制高强韧性冷作模具钢，如65Nb、LD1、LM1、LM2等就是我国研制的性能优良的冲模材料。

模具的标准化和专业化生产，已得到模具行业的广泛重视。

模具标准化是组织模具专业化生产的前提，模具专业化生产是提高模具质量、缩短模具制造周期、降低成本的关键（先进国家模具标准化已达到70%~80%）。

3. 冲压设备及冲压自动化

性能良好的冲压设备是提高冲压生产技术水平的基本条件。为了满足大批量生产的需要，冲压设备由低速压力机发展到高速自动压力机。国外还加强了由计算机控制的现代化全自动冲压加工系统的研究与应用，使冲压生产达到高度自动化，从而减轻劳动强度、提高生产效率。高效率、高精度、长寿命的冲模需要高精度、高自动化的冲压设备与之相匹配；为了满足新产品小批量生产的需要，冲压设备需要向多功能、数控方向发展；为了提高生产效率并符合安全生产要求，应大量投入各种使用自动化装置，如机械手乃至机器人的冲压自动生产线和高速压力机。

4. 适应产品更新换代快和生产批量小的特点

为满足产品更新换代和小批量生产的需要，研发了一些新的成形工艺（如高能成形等）、简易模具（如软模和低熔点合金模等）、组合模具、数控冲压设备和冲压柔性制造系统（FMS）等。这样，使得冲压生产既适合大批量生产，也适合小批量生产。

5. 冲压基本原理和改进板料性能的研究

冲压工艺、冲模设计与制造方面的发展，均与冲压变形基本原理的研究进展密不可分，以此提高其成形能力和使用效果。例如，板料冲压工艺性能的研究，冲压成形过程应力应变分析和计算机模拟，板料变形规律的研究，从坯料变形规律出发进行坯料与冲模之间相互作用的研究，在冲压变形条件下的摩擦、润滑机理方面的研究等，都为建立紧密结合生产实际的先进冲压工艺及模具设计方法打下了基础。

目前，世界各先进工业国不断研制出冲压性能良好的板材，以提高模具的冲压成形能力。例如，研制高强度钢板，用来生产汽车覆盖件，以减轻零件重量和提高其结构强度。

1.4 冲压工序分类

冷冲压加工的零件，由于其形状、尺寸、精度要求、生产批量、原材料性能等各不相同，因此生产中所采用的冷冲压工艺方法也是多种多样的，概括起来可分为两大类，即分离工序（见表1-1）和成形工序（见表1-2）。

分离工序是指坯料在冲压力作用下，变形部分的应力达到强度极限后，使坯料发生断裂而产生分离。分离工序又可分为落料、冲孔、剖切、切边和剪切等，其目的是在冲压过程中使冲压件与板料沿一定的轮廓线相互分离，同时，冲压件分离断面的质量，也要满足一定的要求。

成形工序是指坯料在冲压力作用下,变形部分的应力达到屈服极限,但未达到强度极限,使坯料产生塑性变形,成为具有一定形状、尺寸与精度的冲压件的加工工序。成形工序主要有弯曲、拉深、翻边、旋压、胀形、缩口等,其目的是使冲压毛坯在不被破坏的条件下发生塑性变形,成为所要求的成品形状,同时也达到尺寸精度方面的要求。

在实际生产中,当生产批量较大时,往往采用组合工序,即把两个以上的单独工序组成一道工序,构成复合、级进、复合-级进的组合工序。

为了进一步提高劳动生产效率,充分发挥冲压的优点,还可以利用冲压方法进行产品的部分些装配工作,如微型电动机定转子铁芯的冲压与叠装。

表1-1 分离工序

工序	图例	特点及应用范围
落料	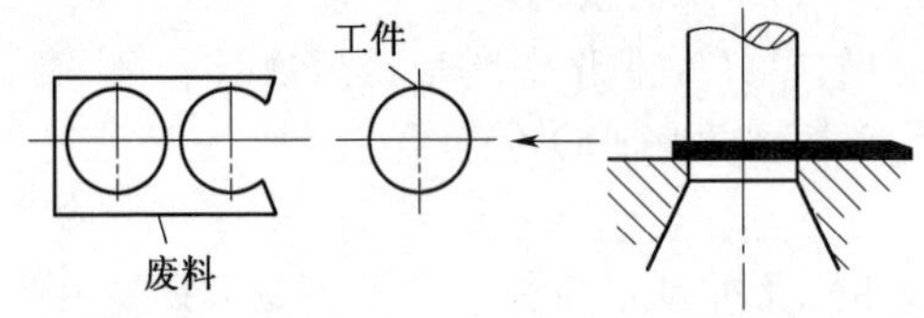 工件 废料	用模具沿封闭线冲切板料,冲下的部分为工件,其余部分为废料
冲孔	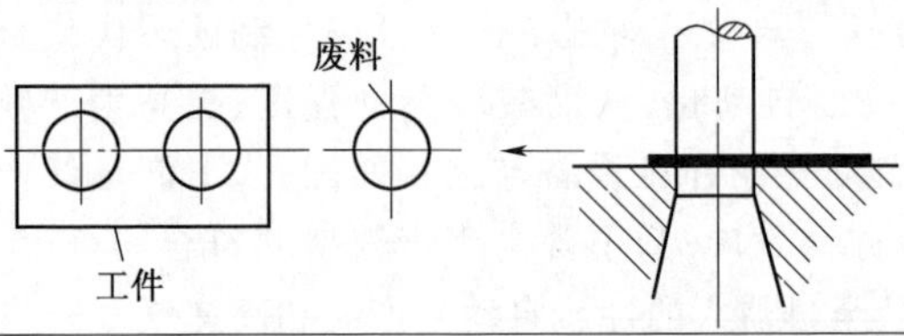 废料 工件	用模具沿封闭线冲板材,冲下的部分为废料
剪切	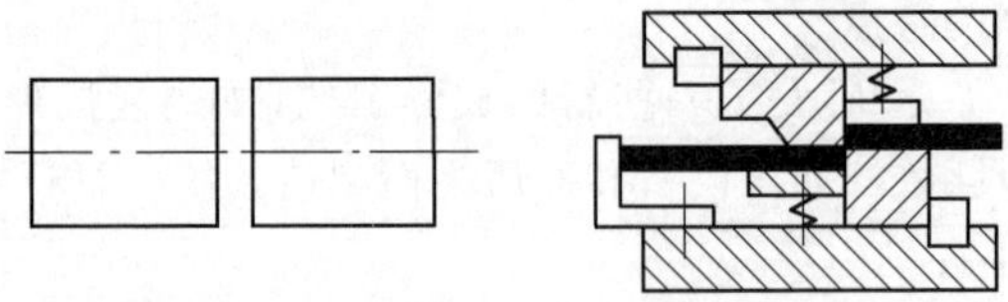	用剪刀或模具切断板材,切断线不封闭
切口	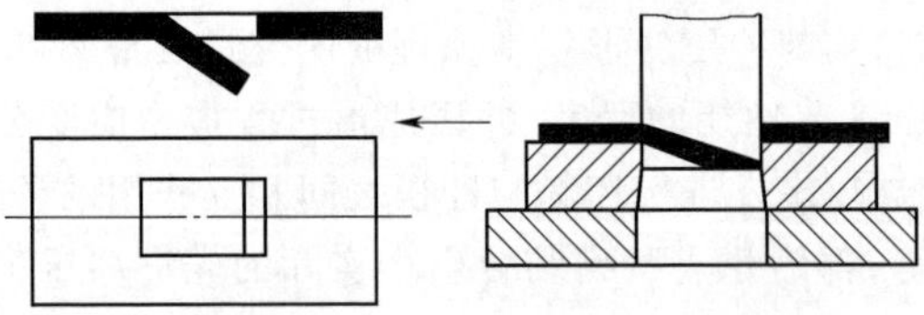	在坯料上将板材部分切开,切口部分发生弯曲
切边	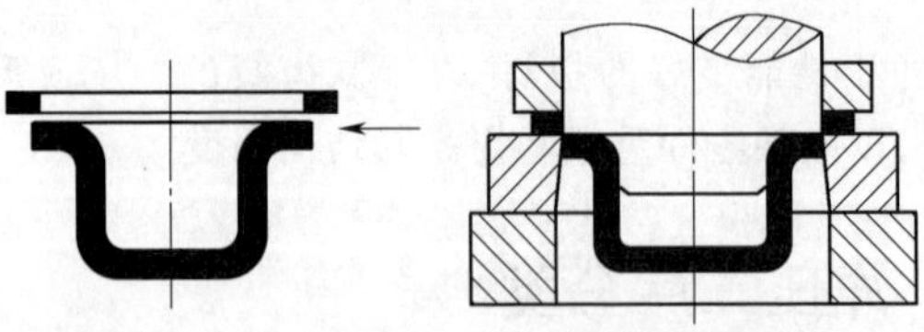	将拉深或成形后的半成品边缘部分的多余材料切掉
剖切	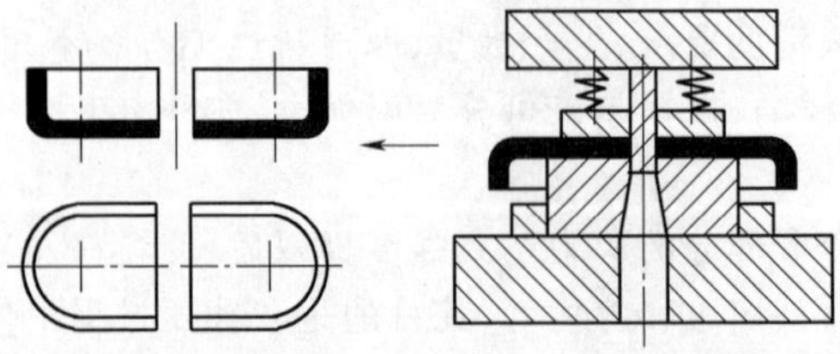	将半成品切开成两个或几个工件,常用于成双冲压

表1-2　成形工序

工序		图例	特点及应用范围
弯曲			用模具使材料弯曲成一定形状
卷圆			将板料端部卷圆
扭曲			将平板毛坯的一部分相对于另一部分扭转一个角度
拉深			用减小壁厚,增加工件高度的方法来改变空心件的尺寸,得到要求的底厚、壁薄的工件
变薄拉深			将板料或工件上有孔的边缘翻成竖立边缘
翻边	孔的翻边	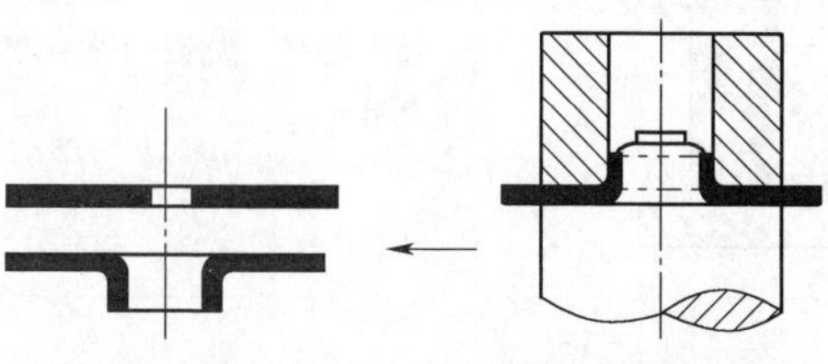	将板料或工件上有孔的边缘翻边成竖立边缘
	外缘翻边		将工件的外缘翻边成圆弧或曲线状的竖立边缘

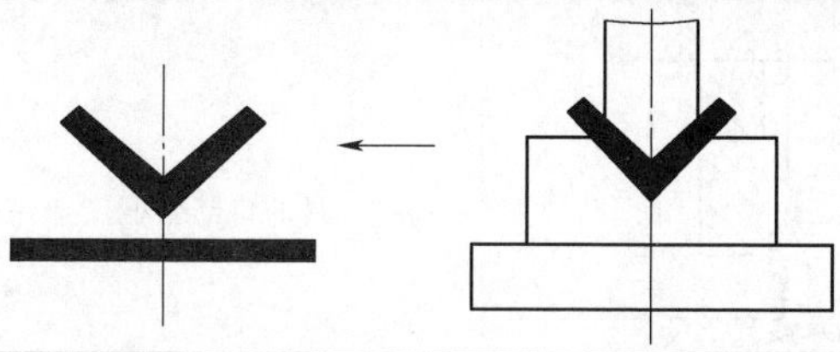

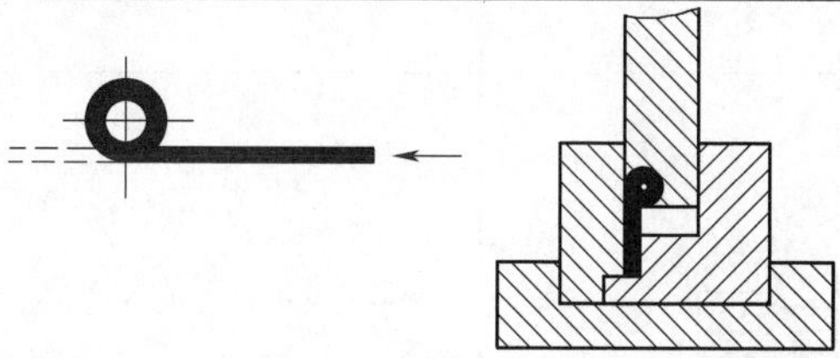

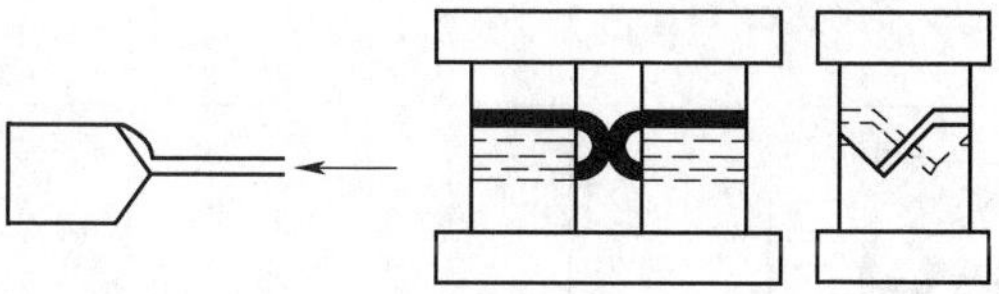

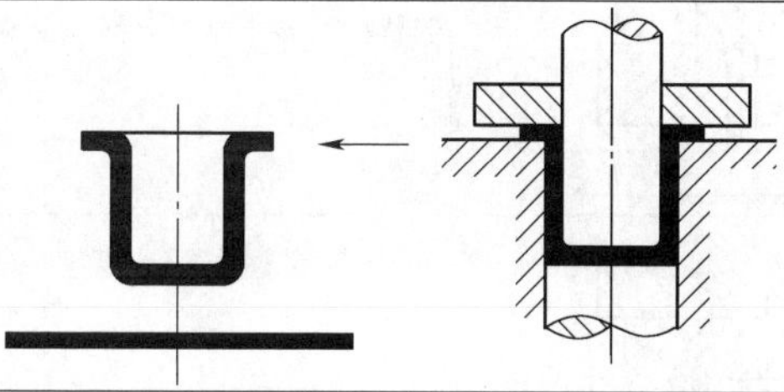

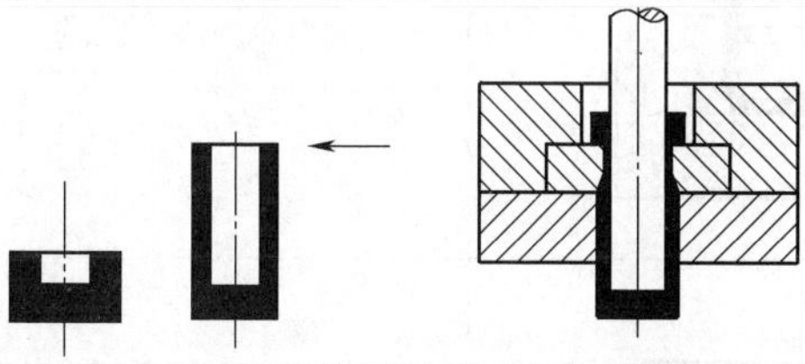

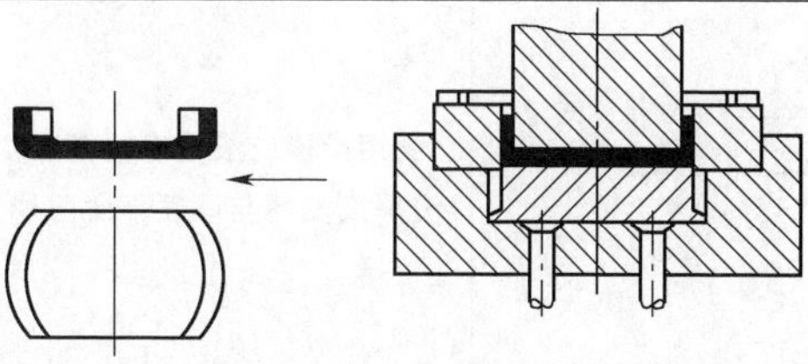

续上表

工序	图　例	特点及应用范围
缩口	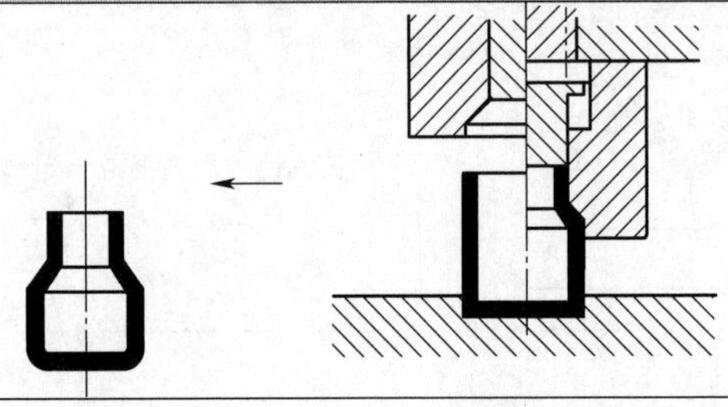	将空心件的口部缩小
扩口	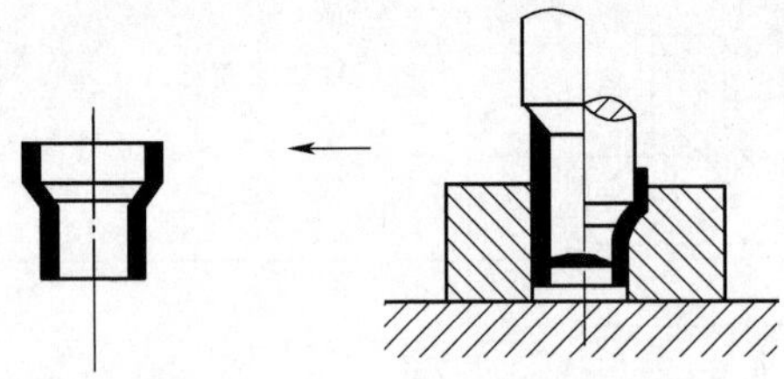	将空心件的口部扩大,常用于管
起伏	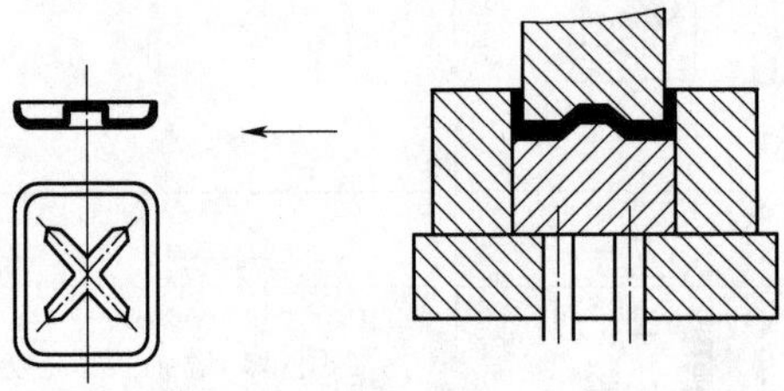	在板料或工件上压出肋条、花纹或文字,在起伏处的整个厚度上都有变薄
卷边	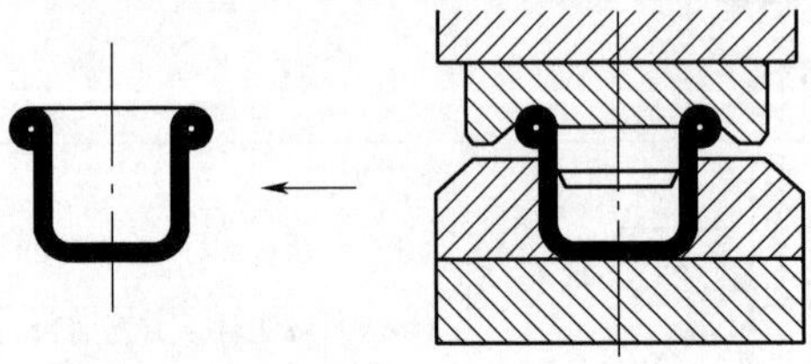	将空心件的边缘卷边,呈一定的形状
胀形	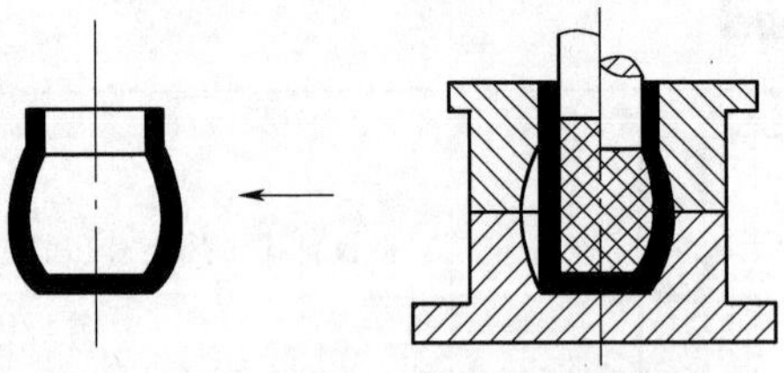	使空心件(或管料)的一部分沿径向扩张,呈凸肚形
旋压	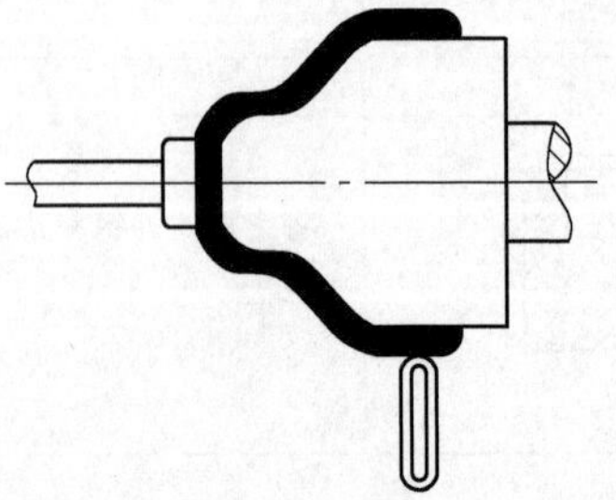	利用擀棒或滚轮将板料毛坯压成一定形状(分厚度变薄与厚度不变两种)

续上表

工序	图　例	特点及应用范围
整形	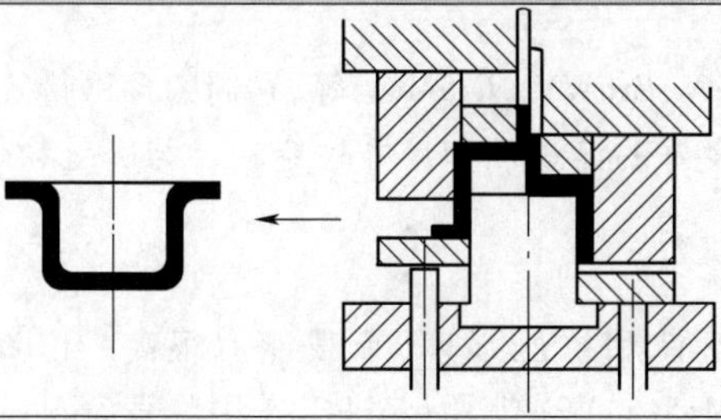	把形状不太准确的工件校正成形
校平	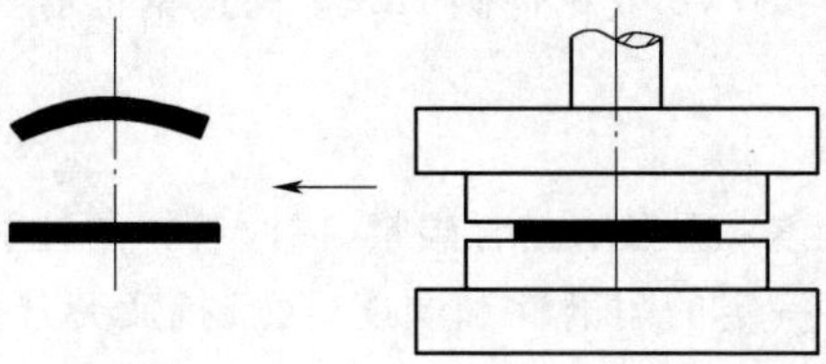	将毛坯或工件不平的面或弯曲予以压平
压印	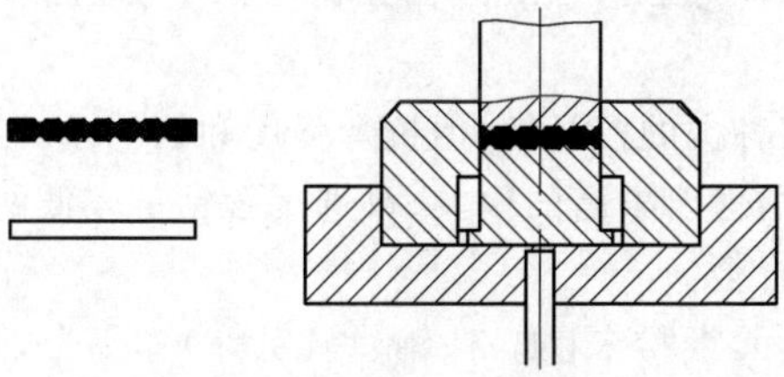	改变工件厚度，在表面上压出文字或花纹

1.5　冲压模具材料和冲压产品的材料

1.5.1　冲压模具材料

冲压模具的材料有钢材、硬质合金、钢结硬质合金、锌基合金、低熔点合金、铝青铜、高分子材料等。目前制造冲压模具的材料绝大部分以钢材为主，常用的模具工作部件材料的种类有碳素工具钢、低合金工具钢、高碳高铬工具钢、高碳中铬工具钢、中碳合金钢、高速钢、基体钢、硬质合金和钢结硬质合金等。

1. 碳素工具钢

在模具中应用较多的碳素工具钢为 T8A、T10A 等，其优点为加工性能好、价格便宜，但淬透性和红硬性差、热处理变形大、承载能力较低。

2. 低合金工具钢

低合金工具钢是在碳素工具钢的基础上加入了适量的合金元素。与碳素工具钢相比，减少了淬火变形和开裂倾向，提高了钢的淬透性和耐磨性。用于制造模具的低合金钢有 CrWMn、9Mn2V、7CrSiMnMoV（代号 CH-1）、6CrNiSiMnMoV（代号 GD）等。

3. 高碳高铬工具钢

常用的高碳高铬工具钢有 Cr12、Cr12MoV、Cr12Mo1V1（代号 D2）和 SKD11，它们具有较好的淬透性、淬硬性和耐磨性，热处理变形很小，为高耐磨微变形模具钢，承载能力仅次于高速钢。但碳化物偏析严重,必须进行反复镦拔(轴向镦、径向拔)改锻,以降低碳化物的不均匀性,提高其使用性能。

4. 高碳中铬工具钢

用于模具的高碳中铬工具钢有 Cr4W2MoV、Cr6WV 、Cr5MoV 等,它们的含铬量较低,共晶碳化物少,碳化物分布均匀,热处理变形小,具有良好的淬透性和尺寸稳定性。与碳化物偏析相对较严重的高碳高铬钢相比,性能有所改善。

5. 高速钢

高速钢具有模具钢中较高的硬度、耐磨性和抗压强度,承载能力很高。模具中常用的有 W18Cr4V(代号 18-4-1)和含钨量较少的 W6Mo5Cr4V2(代号 6-5-4-2,美国牌号为 M2),以及为提高韧性开发的降碳降钒高速钢 6W6Mo5Cr4V(代号 6W6 或称低碳 M2)。高速钢也需要改锻,以改善其碳化物分布。

6. 基体钢

在高速钢的基本成分上添加少量的其他元素,适当增减含碳量,以改善钢的性能,这样的钢种统称基体钢。它们不仅有高速钢的特点,具有一定的耐磨性和硬度,而且抗疲劳强度和韧性均优于高速钢,为高强韧性冷作模具钢,其材料成本却比高速钢低。模具中常用的基体钢有 6Cr4W3Mo2VNb(代号 65Nb)、7Cr7Mo2V2Si(代号 LD)、5Cr4Mo3SiMnVAl(代号 012Al)等。

7. 硬质合金和钢结硬质合金

硬质合金的硬度和耐磨性高于其他任何种类的模具钢,但抗弯强度和韧性差。用作模具的硬质合金是钨钴类硬质合金,对冲击性小而耐磨性要求高的模具,可选用含钴量较低的硬质合金;对冲击性大的模具,可选用含钴量较高的硬质合金。

钢结硬质合金是以铁粉加入少量的合金元素粉末(如铬、钼、钨、钒等)作黏合剂,以碳化钛或碳化钨为硬质相,用粉末冶金方法烧结而成。钢结硬质合金的基体是钢,克服了硬质合金韧性较差、加工困难的缺点,可以切削、焊接、锻造和热处理。钢结硬质合金含有大量的碳化物,虽然硬度和耐磨性低于硬质合金,但仍高于其他钢种,经淬火、回火后硬度可达 68 ~73HRC。

8. 新材料

冲压模具使用的材料属于冷作模具钢,是应用量大、使用面广、种类最多的模具钢,其主要性能要求为强度、韧性、耐磨性。目前冷作模具钢的发展趋势是在高合金钢 D2(相当于我国 Cr12MoV)性能基础上,分为两大分支:一种是降低含碳量和合金元素量,提高钢中碳化物分布均匀度,突出提高模具的韧性,如美国钒合金钢公司的 8CrMo2V2Si、日本大同特殊钢公司的 DC53(Cr8Mo2SiV)等;另一种是以提高耐磨性为主要目的,以适应高速、自动化、大批量生产而开发的粉末高速钢,如德国的 320CrVMo13 等。

1.5.2 冲压产品的材料

对冲压所用材料的要求。冲压所用材料不仅要满足制件设计的技术要求,还要满足冲压工艺的要求。工艺要求主要是应具备良好的塑性。在变形工序中,塑性好的材料,其允许的变形程度大,这样可以减少工序及中间退火次数,甚至不需要中间退火。对于分离工序,也要求材料具有一定的塑性,同时应具有光洁整平、无缺陷损伤的表面状态,表面状态好的材料加工时不易破裂,也不易擦伤模具,冲出的制件表面状态也好。材料厚度的公差应符合国家标准规定,因为一定的模具间隙,适应于一定材料厚度的公差,厚度公差太大不仅会影响制件的质量,还可能导致产生废品并损坏模具。

冲压材料的种类:冲压生产最常用的材料是金属板料,有时也会用非金属板料。金属板料分为黑色金属板料和有色金属板料两种。黑色金属板料,主要包括普通的碳素钢钢板,碳素结构钢钢板和电工硅钢。普通碳素钢钢板常用的牌号是Q195、Q215、Q235、Q255,这些牌号的钢主要用于平板类制件或变形量小的简单制件。碳素结构钢钢板常用的牌号是08、08F、10、10F、15、20、30、45、50等,主要用于复杂形状的弯曲件和拉伸件。电工硅钢常用的牌号是D11、D12、D21、D22、D32、D42,主要用于电动机、电器,电子工艺。有色金属板料主要包括黄铜板、铝板等。黄铜板常用的牌号有H62、H68,其特点是有很好的塑性、较高的强度和抗腐蚀性,其中H62适用于冲压件、弯曲件和浅拉深件。铝板常用的有L2、L3、L5,铝的比重小,导电、导热性好,塑性也好,广泛用于航空、仪表和无线电工业,用来制作耐腐蚀制件或作为导电材料使用。非金属材料有纸板、胶木板、橡胶、塑料板和纤维板等。

1.6　冲压设备简介

冲压设备是对置于模具内的材料实施压力加工的机械装备,在汽车制造、航空航天、交通运输、冶金化工等重要工业部门得到广泛应用,特别是汽车行业要求生产规模化、车型个性化和覆盖件大型一体化,为我国冲压设备的发展提供了强大的动力。根据产生与传递压力的机理冲压设备可分为:液压机、气动压力机、机械传动类压力机和电磁压力机等。现就常用的冲压设备(曲柄压力机、液压机、伺服压力机和高速压力机)进行介绍。

1.6.1　曲柄压力机

曲柄压力机属于机械传动压力机,它是重要的冲压设备之一,能够满足各种冲压工艺的要求。

1. 曲柄压力机的用途和分类

(1)按工艺用途曲柄压力机可分为通用压力机和专用压力机两大类。通用压力机适用于多种工艺用途,如冲裁、弯曲、拉深、其他成形等。专用压力机用途较单一,如拉深压力机、板料折弯机、剪切机、挤压机、冷镦自动机、高速压力机、板冲多工位自动机、精压机、热模锻压力机等,都属于专用压力机。

(2)按机身的结构形式不同,曲柄压力机可分为开式压力机和闭式压力机。

①开式压力机:机身形状类似英文字母C,如图1-1所示,机身前面及左右均敞开,操作空间大。但机身刚度差,所以这类压力机的吨位都比较小,一般在2 000 kN以下。

开式压力机又可分为单柱压力机和双柱压力机两种。双柱压力机,其机身后壁有开口,形成两个立柱,故称双柱压力机。双柱压力机便于向后方排料。

此外,开式压力机按照工作台的结构特点又可分为可倾台式压力机、固定台式压力机、升降台式压力机,如图1-2所示。

②闭式压力机:闭式压力机机身左右两侧封闭,如图1-3所示,工件只能从前后方向接近模具,且装模距离远,操作不方便。但因为机身形状对称,刚度好,压力机精度好,所以,压力超过2 500 kN的大、中型压力机,

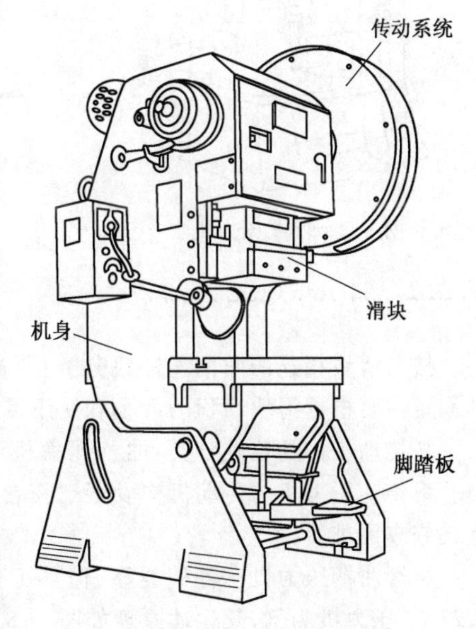

图1-1　开式压力机

几乎都采用此种形式,某些精度要求较高的小型压力机也采用此种形式。

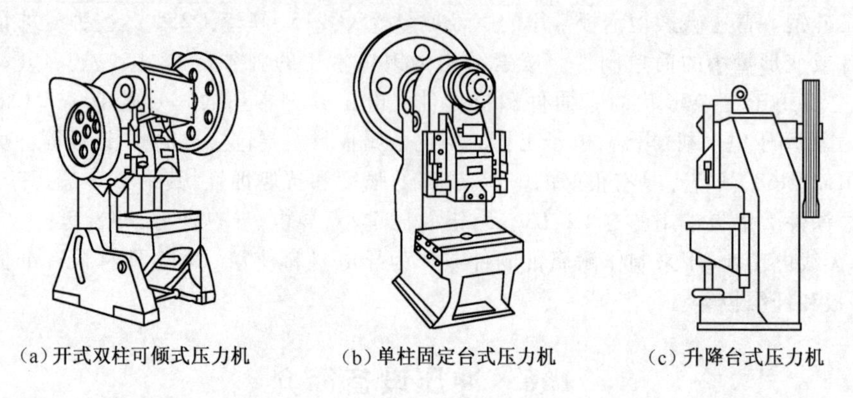

(a)开式双柱可倾式压力机　(b)单柱固定台式压力机　(c)升降台式压力机

图 1-2　开式压力机工作台的结构特点分类

闭式压力机按运动滑块的个数分类可分为单动、双动和三动压力机,如图 1-4、图 1-5 所示。目前使用最多的是单动压力机,双动和三动压力机则主要用于拉深工艺。

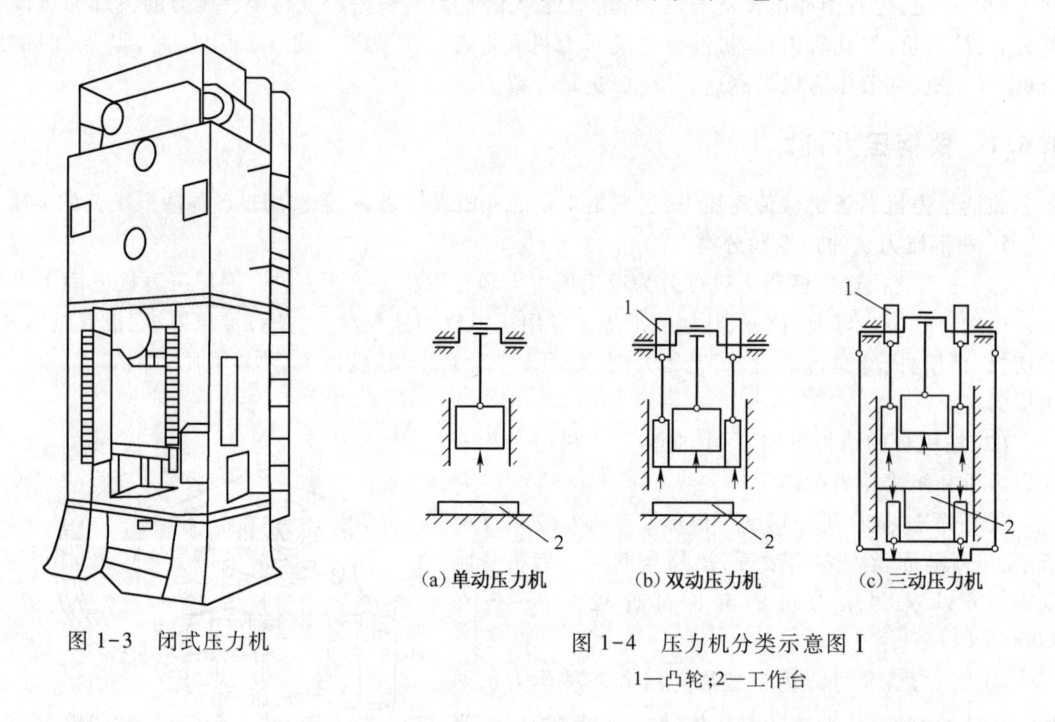

图 1-3　闭式压力机

(a)单动压力机　(b)双动压力机　(c)三动压力机

图 1-4　压力机分类示意图 I

1—凸轮;2—工作台

按与滑块相连的曲柄连杆数分类:曲柄压力机可分为单点、双点和四点压力机。曲柄连杆数的设置主要根据滑块面积的大小和使用目的而定。点数多,则滑块承受偏心负荷的能力大。

按传动机构的位置分类:曲柄压力机可分为上传动式(见图 1-6)和下传动式(见图 1-7)两类。下传动压力机的传动机构设于工作台的下面,其重心低、稳定性好,但要建造相当大的地坑,且维修较困难。

尽管曲柄压力机有各种类型,但其工作原理和基本组成是相同的。开式双柱可倾压力机以 JC23-63 压力机为例,其运动原理如图 1-8 所示。

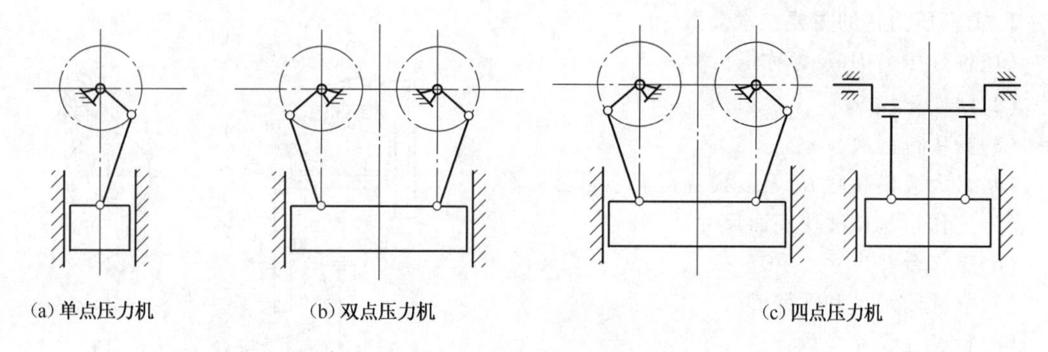

图 1-5　压力机分类示意图Ⅱ

图 1-6　上传动压力机

图 1-7　下传动压力机

2. 曲柄压力机的结构组成

曲柄压力机一般由以下几个基本部分组成:

(1)工作机构,一般为曲柄滑块机构,由曲轴、连杆、滑块、导轨等零件组成,其作用是将传动系统的旋转运动变成滑块的往复直线运动,承受和传递工作压力。压力机的连杆一端与曲轴相连,另一端与滑块相连,滑块上安装模具。为了适应模具的不同高度,压力机的装模高度设计为可调节。

(2)传动系统,包括带传动和齿轮传动等机构,其作用是将电动机的能量和运动传递给工作机构,并对电动机的转速进行减速使滑块获得所需的行程次数。

(3)操纵系统,如离合器、制动器及其控制装置,其作用是控制压力机安全、准确地运转。

(4)能源系统,如电动机和飞轮。飞轮能将电动机空程运转时的能量吸收积蓄起来,在冲压时再释放出来。

(5)支承部件,如机身,把压力机所有的机构联结起来,承受全部工作变形力及各种装置的各个部件的重力,并保证全机所要求的精度和强度。

此外,还有各种辅助系统与附属装置,如润滑系统、顶件装置、保护装置、滑块平衡装置、安全装置等。

3. 曲柄压力机的主要技术参数

(1)标称压力 F_g 及标称压力行程 S_g。

(2)滑块行程 S。

(3)滑块行程次数 n。

(4)最大装模高度 H_1 及装模高度调节量 ΔH_1。

(5)工作台板及滑块底面尺寸。

(6)工作台孔尺寸。

(7)立柱间距 A 和喉深 C。

(8)模柄孔尺寸。

4. 曲柄压力机的型号

按照《锻压机械型号编制方法》GB/T 28761—2012的规定,曲柄压力机的型号用汉语拼音字母、英文字母和数字表示。例如JC23—63A型号的意义:J——类代号,机械压力机;C——同一型号产品的变形顺序号,第三种变形;23——组、型号,开式双柱可倾压力机;63——主参数,标称压力630 kN;A——产品重大改进顺序号,第一次改进。

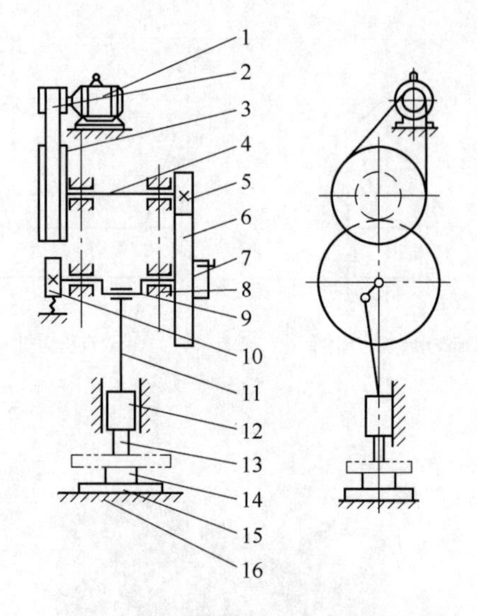

图1-8 JC23—63压力机运动原理图

1—电动机;2—小带轮;3—大带轮;4—中间传动轴;5—小齿轮;6—大齿轮;7—离合器;8—机身;9—曲轴;10—制动器;11—连杆;12—滑块;13—上模;14—下模;15—垫板;16—工作台

1.6.2 液压机

液压机的工作介质主要有两种,采用乳化液的一般称为水压机,采用油的称为油压机,两者统称为液压机,如图1-9所示。

1. 液压机的工作原理

液压机的基本工作原理是静压传递原理(即帕斯卡原理),它是利用液体的压力能,靠静压作用使工件变形,达到成形要求的压力机械,如图1-10所示。

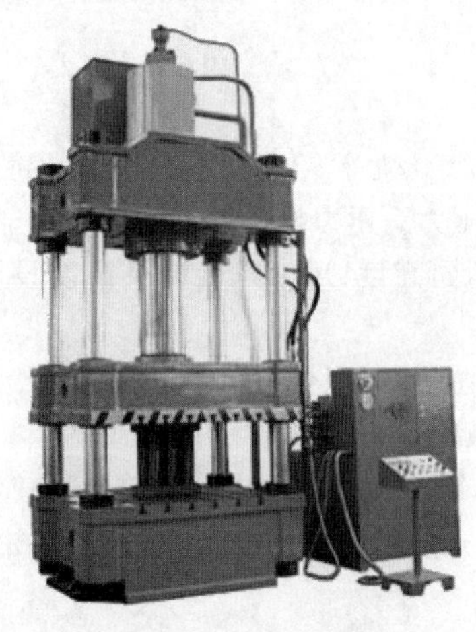

图1-9 液压机

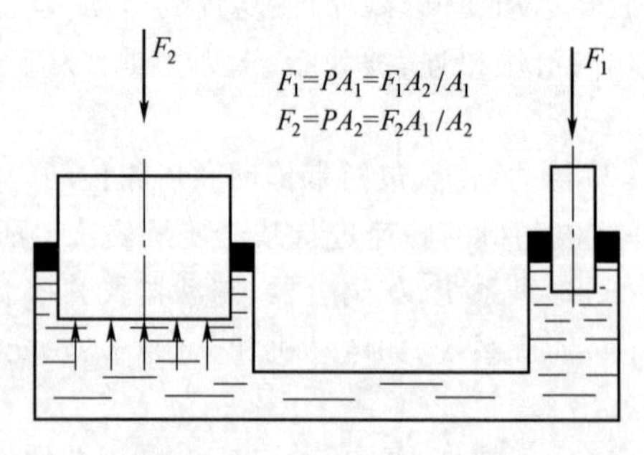

图1-10 液压机工作原理

2. 液压机的特点

液压机与机械压力机比较有如下特点:

(1)容易获得最大压力。

(2)容易获得大的工作行程,并能在行程的任意位置发挥全压。

(3)容易获得大的工作空间。

(4)压力与速度可以在大范围内方便地进行无级调节。

(5)液压元件已通用化、标准化、系列化,给液压机的设计、制造和维修带来了方便,并且使操作方便,便于实现遥控与自动化。

但液压机还存在一些不足之处,具体如下:

(1)由于采用高压液体作为工作介质,因而对液压元件精度要求较高,结构较复杂,机器的调整和维修比较困难,而且难免发生高压液体的泄漏,这样不但污染工作环境,浪费压力油,而且还会使热加工场所存在火灾。

(2)液体流动时存在压力损失,因而效率较低,且运动速度慢,降低了生产效率,所以快速小型的液压机,不如曲柄压力机简单灵活。

由于液压机具有许多优点,所以它在工业生产中得到了广泛应用,尤其在锻造、冲压生产、塑料压缩成形、粉末冶金制品压制中应用普遍,对于大型件热锻、大件拉深更显其优越性。

3. 液压机的分类

(1)按用途分类。

①手动液压机:一般为小型液压机,用于压制、压装等工艺。

②锻造液压机:用于自由锻造、钢锭开坯,以及有色与黑色金属模锻。

③冲压液压机:用于各种板材冲压。

④校正压装液压机:用于零件校形及装配。

⑤层压液压机:用于胶合板、刨花板、纤维板及绝缘材料板等压制。

⑥挤压液压机:用于挤压各种有色金属和黑色金属的线材、管材、棒材及型材。

⑦压制液压机:用于粉末冶金及塑料制品压制成形等。

⑧打包、压块液压机:用于将金属切屑等压成块及打包等。

(2)按动作方式分类。

①上压式液压机:该类液压机的工作缸安装在机身上部,活塞从上向下移动对工件加压。放料和取件操作是在固定工作台上进行,操作方便,而且容易实现快速下行,应用范围最广。

②下压式液压机:该类液压机的工作缸装在机身下部,下压式液压机的重心位置较低,稳定性好。此外,由于工作缸装在下面,在操作中可避免漏油污染。

③双动液压机:通常这种液压机的上活动横梁分为内、外滑块,分别由不同的液压缸驱动,可分别移动,也可组合在一起移动,压力则为内外滑块压力的总和。这种液压机特别适合于金属板料的拉深成形,在汽车制造业中应用广泛。

④特种液压机:如角式液压机、卧式液压机等。

(3)按机身结构分类。

①柱式液压机:液压机的上横梁与下横梁(工作台)采用立柱连接,由锁紧螺母锁紧。压力较大的液压机多为四立柱结构,机器稳定性好,采光也较好。

②整体框架式液压机:这种液压机的机身由铸造或型钢焊接而成,一般为空心箱形结构,抗弯性能较好,立柱部分制成矩形截面,便于安装平面可调导向装置。整体框架式机身在塑料制品和粉末冶金、薄板冲压液压机中获得广泛应用。

(4)按传动形式分类。

①泵直接传动液压机:这种液压机是每台液压机单独配备高压泵,中小型液压机多为这种传

动形式。

②泵蓄能器传动液压机:这种液压机采用高压液体是集中供应的方法,这样可节省资金,提高液压设备的利用率,但需要高压蓄能器和一套中央供压系统,以平衡低负荷和负荷高峰时对高压液体的需要。

此外,按操作方式可分为手动液压机、半自动液压机和全自动液压机。

4. 液压机的技术参数及型号

液压机的主要参数有:最大的总压力、工作液压力、最大回程力、升压时间等。

液压机型号表示方法如下:

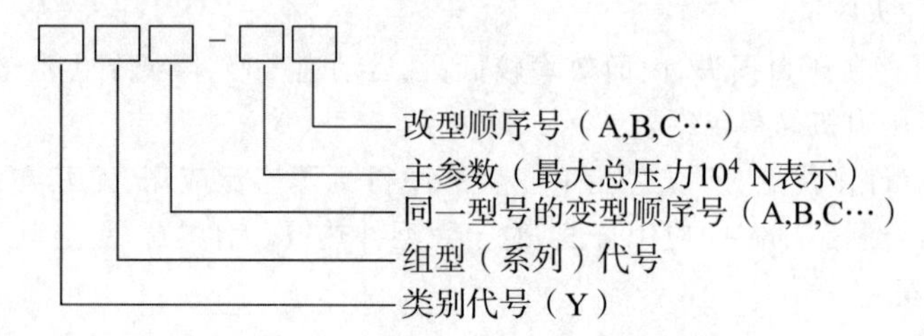

例如:Y32A-315 表示最大总压力为 3 150 kN,经过一次变形的四柱立式万能液压机,其中 32 表示四柱立式万能液压机的组型代号。

1.6.3 伺服压力机

伺服压力机如图 1-11 所示,通常指采用伺服电动机进行驱动控制的压力机。它通过一个伺服电动机带动偏心齿轮,来实现滑块的运动过程。通过复杂的电气化控制,伺服压力机可以对滑块的行程、速度、压力等任意编程,甚至在低速运转时也可达到压力机的公称吨位。

伺服压力机分为伺服曲柄压力机、伺服连杆压力机、伺服螺旋压力机和伺服液压机等。

(1)伺服曲柄压力机。与一般的机械式曲柄压力机和液压机不同,伺服曲柄压力机是通过电动机控制滑块的运动,通过事先编程的方式来将机械压力机和液压机的优点集合,可在行程的任意阶段实现任意方式的冲压生产,压力曲线可任意编程。

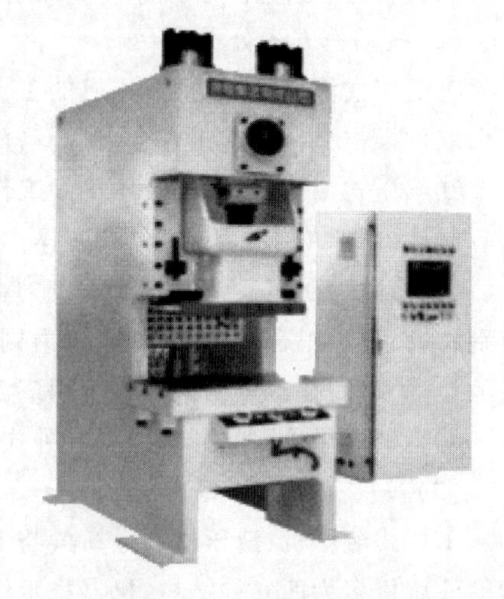

图 1-11 伺服压力机

(2)伺服螺旋压力机。伺服螺旋压力机在启动机器后,只要失去控制电压,电动机立即停转,所以在压力机实施打击动作以外的时间,耗电量几乎可以忽略不计,比摩擦压力机要省电约 60%,而且由于伺服电动机性能优越,伺服螺旋压力机运行更为平稳、精确,可实现超短行程内的快速打击。

(3)伺服液压机。伺服液压机应用伺服电动机驱动主传动油泵,减少控制阀回路,对液压机滑块进行控制,适用于冲压、模锻、压装、校直等工艺。与普通液压机比较,伺服驱动液压机具有节能、噪声低、效率高、柔性好、效率高等优点,可以取代现有的大多普通液压机。

1.6.4　高速压力机

随着电子工业的发展,小型电子零件的需求日趋高涨,促进了高精度、高效率的高速压力机(见图1-12)的发展。高速压力机带有自动送料装置,可实现板料高效率、精密加工的机械压力机,它具备自动、高速、精密三个基本要素。

高速速压力机具有如下特点:

①良好动平衡性的偶点上传动方式;

②刚性好、精度高;

③良好的抗热变形能力;

④配备高速高精度的送料装置;

⑤滑块行程次数高。

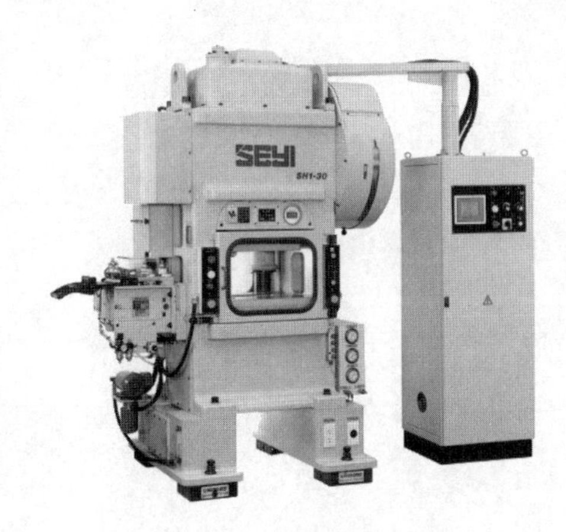

图1-12　高速压力机

思　考　题

1. 冲压工艺有哪些特点?
2. 冲压工序是如何分类的?
3. 常用的冲压模具材料有哪些? 各有什么特点?
4. 冲压工艺对材料有哪些要求?
5. 常用的冲压设备有哪些? 各有什么特点?

科学家简介

刘兴洲(1933—2011)1995年当选为中国工程院院士、我国冲压发动机技术的引领者,2008年北京奥运会火炬燃烧系统总设计师。刘院士是中国杰出的科学家,一生精勤不倦,奋斗不息,为科学的进步、为祖国国防力量的强大做出了卓越贡献。主持研制成功两种型号的低空超声速冲压发动机。在CF-06发动机研制中,解决了低温起动、提高燃烧效率、火焰稳定器烧蚀等技术关键难题。在CF-03D发动机研制中,解决了发动机快速起动等问题。进行了高超声速冲压发动机研究、机弹一体化冲压发动机燃烧室试验研究、“大型运载火箭、天地往返运输系统可行性及概念研究报告”等项目研究。获得多项奖励。

第2章　冲裁工艺与模具设计

冲裁是利用模具使板料沿着一定的轮廓形状产生分离的冲压工序。它主要包括:落料和冲孔,此外,还有切口、切边、剖切、整修、精密冲裁等。冲裁所得到的工件既可以是成品零件,也可以是后续冲压工序件。

冲裁是冲压成形的主要工艺之一,是弯曲、拉深等成形过程中必不可少的基础工序。

2.1　冲裁过程分析

理解冲裁变形规律,有利于冲裁工艺的分析和冲裁模设计,进而控制冲裁件质量。

2.1.1　冲裁时板料变形区受力情况分析

冲裁过程中板料所受的力如图2-1所示。从图2-1中可以看出板料受四对力。

F_1 和 F_2:在设备的驱动下,当凸模下降至与板料接触时,板料就受到凸、凹模端面的作用力。显然,它是设备提供给模具的主动力,可以近似地看成一对作用力与反作用力。由于凸、凹模之间存在间隙,使凸、凹模施加于板料上的力产生一个力矩 M,其值等于凸、凹模作用的合力即 F_1 和 F_2 与稍大于间隙的力臂的乘积。正是由于该力矩使材料在冲裁过程中产生弯曲,故模具与板料仅在刃口附近的狭小区域内保持接触。因此,凸、凹模作用于板料的垂直压力呈不均匀分布,随着向模具刃口靠近而急剧增大。

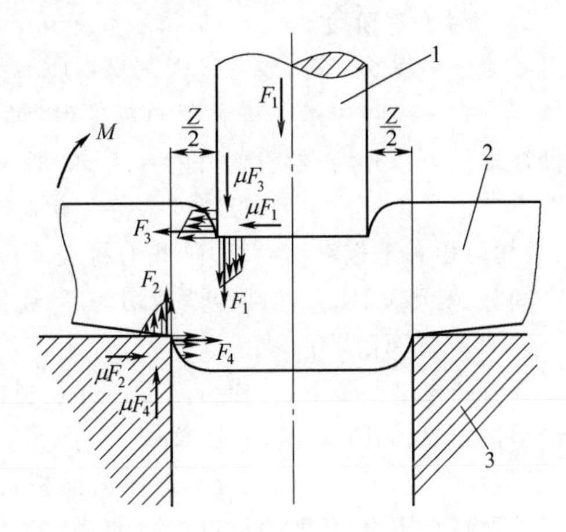

图2-1　冲裁时作用于板料上的力

1—凸模;2—板材;3—凹模

F_3 和 F_4:凸模和凹模侧面对板料施加的侧压力;μF_1 和 μF_2:凸模和凹模端面的摩擦力;μF_3 和 μF_4:凸模和凹模侧面的摩擦力。

很显然,这四对力大小不相等。$F_1 = F_2 > F_3 = F_4$;$\mu F_1 = \mu F_2 > \mu F_3 = \mu F_4$。即凸模与凹模端面的静水压应力高于侧面的,且凸模刃口附近的静水压应力又比凹模刃口附近的高。

2.1.2　冲裁过程

冲裁既然是分离工序,工件受力时必然从弹性变形开始,经过塑性变形,以断裂结束。因此在模具间隙正常、刃口锋利情况下,冲裁变形过程可分为如下三个阶段。

1. 弹性变形阶段

变形区内部材料应力小于屈服应力,如图2-2(a)所示。此阶段由于间隙的存在,使板料受到弯曲和拉伸联合作用。正是这个联合作用使得凸模下的材料被挤入凹模型腔内,凹模上面的材料会向上翘,在凸、凹模刃口处形成很小的圆角。间隙越大,则弯矩越大,这种现象就越严重。

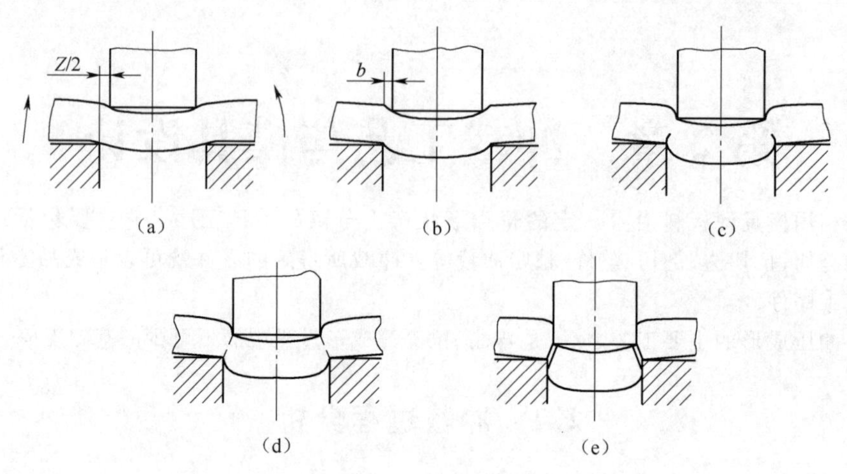

图 2-2　冲裁变形过程

2. 塑性变形阶段

随着凸模继续下行,变形区内部材料应力逐渐增大,直到大于材料的屈服应力,进入塑性变形阶段,如图 2-2(b)所示。从前面冲裁过程中板料的受力情况分析可知,刃口附近的力最大,所以塑性变形从刃口开始,随着切刃的深入,变形区向板料的深度方向发展、扩大,直到在板料的整个厚度方向上产生塑性变形,板料的一部分相对于另一部分移动。同时力矩 M 将板料压向切刃的侧面,故切刃相对于板料移动时,这些力将表面压平,在切口表面上形成光亮带。另外,由于凸、凹模存在间隙,变形复杂,并非纯塑性剪切变形,还伴随有弯曲、拉伸,凸、凹模压缩等变形。

3. 断裂分离阶段

随着凸模进一步下行,切刃附近内部材料的应力进一步增大直到超过材料的强度极限,便开始产生微裂纹,如图 2-2(c)、图 2-2(d)所示。微裂纹产生后,沿最大剪应变速度方向发展,直至上、下裂纹会合,板料才完全分离。由前面板料受力情况分析可知,凸、凹模刃口侧面的静水压力低于端面静水压力,且凹模刃口侧面的静水压力最低,所以首先在凹模刃口侧面处板料中产生裂纹,继而在凸模刃口侧面处产生裂纹。裂纹产生后先向废料侧(指落料)发展,主裂纹进入凸、凹模压力区后暂停发展,然后裂纹前端附近依次重新产生微小裂纹,微小裂纹的根部汇成主裂纹,直到主裂纹成长到凸模侧面,产生的裂纹会合而使板料断裂,如图 2-2(e)所示,微裂纹与主裂纹的方向是逐渐由废料侧转向成品侧的。

2.1.3　冲裁件质量及其影响因素

冲裁件质量包括:断面状况、尺寸精度和形状误差。断面状况指垂直度、光洁度和毛刺的大小。尺寸精度指冲裁件精度是否在图纸规定的公差范围内。形状误差指外形满足图纸要求,表面平直,即拱弯小。

图 2-3 所示是在间隙合理的情况下冲裁件的断面情况,其中图 2-3(a)所示为冲孔件,图 2-3(b)所示为落料件。从该图中可以看出,冲裁断面由圆角带 a、光亮带 b、断裂带 c 和毛刺区四部分组成,俗称“三带一区”。

圆角带 a:刃口附近的材料产生弯曲和伸长变形的结果(约占 $5\%t$)(t 是板料的厚度,下同)。

光亮带 b:塑性剪切变形的结果(占 $t/3\sim t/2$),是质量最好的区域。因此提高冲裁件断面的光洁程度与尺寸精度,可通过增加光亮带的高度或采用整修工序来实现。增加光亮带高度的关键是

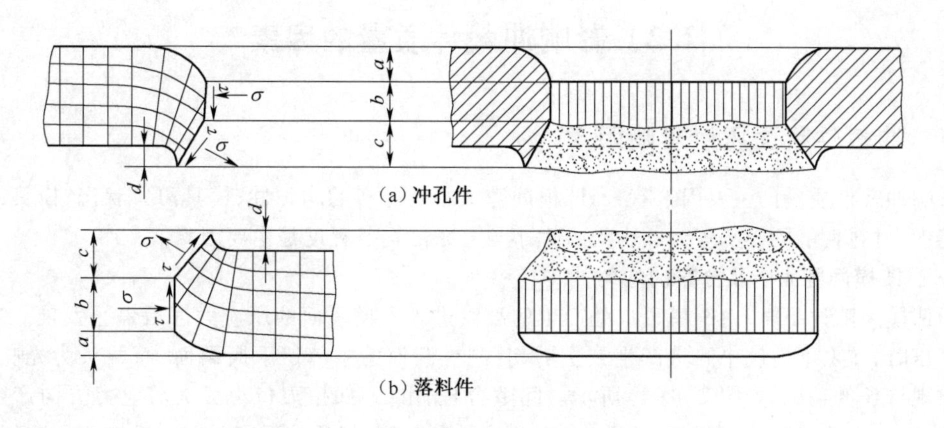

(a) 冲孔件

(b) 落料件

图 2-3　冲裁区冲裁断面状况

延长塑性变形阶段,推迟裂纹的产生,这可通过增加金属的塑性和减少刃口附近的变形与应力集中来实现。

断裂带 c:裂纹形成、扩展的结果(约占 62%t),断面粗糙且有斜度,它是由于刃口处的微裂纹在拉应力的作用下不断扩展断裂而形成的撕裂面。

毛刺区:在塑性变形阶段的后期产生[占(5%~10%)t]。凸模和凹模的刃口切入一定深度后,刃口正面材料被压缩,刃尖部分为高静水压力状态,使裂纹起点不在刃尖处发生,而是在距刃尖不远处的模具侧面产生,因为此处受拉应力。在拉应力的作用下,裂纹加长、材料断裂而产生毛刺,裂纹的产生点和刃尖的距离即为毛刺的高度。在普通冲裁中,毛刺的产生是不可避免的。

通常所说冲裁件断面质量好,指的是光亮带所占的比例较大、毛刺较小。因此对毛刺高度的极限值有一定的要求,见表 2-1。

表 2-1　冲压件毛刺高度的极限值　　单位:mm

材料的抗拉强度/MPa	加工精度级别	冲压件的材料厚度									
		≤0.1	>0.1~0.2	>0.2~0.3	>0.3~0.4	>0.4~0.7	>0.7~1.0	>1.0~1.6	>1.6~2.5	>2.5~4.0	>4.0~6.5
>100~250	f	0.02	0.02	0.03	0.05	0.9	0.12	0.17	0.25	0.36	0.60
	m	0.03	0.03	0.05	0.07	0.12	0.17	0.25	0.37	0.54	0.90
	g	0.04	0.05	0.07	0.10	0.17	0.23	0.34	0.50	0.72	1.20
>250~400	f	0.02	0.02	0.03	0.04	0.06	0.09	0.12	0.18	0.26	0.36
	m	0.02	0.02	0.04	0.05	0.08	0.13	0.18	0.26	0.37	0.54
	g	0.03	0.03	0.05	0.07	0.11	0.17	0.24	0.35	0.50	0.73
>400~630	f	0.02	0.02	0.02	0.03	0.04	0.05	0.07	0.11	0.20	0.22
	m	0.02	0.02	0.03	0.04	0.05	0.07	0.11	0.16	0.30	0.33
	g	0.02	0.03	0.04	0.05	0.08	0.10	0.15	0.22	0.40	0.45
>630	f	0.02	0.02	0.02	0.02	0.02	0.03	0.04	0.06	0.09	0.13
	m	0.02	0.02	0.02	0.02	0.03	0.04	0.06	0.09	0.13	0.19
	g	0.02	0.02	0.02	0.03	0.04	0.05	0.08	0.12	0.18	0.26

2.2 影响冲裁件质量的因素

2.2.1 冲裁件断面质量影响因素

影响冲裁件质量的主要因素有:凸凹模间隙大小及分布的均匀性;模具刃口状态;模具结构与制造精度;材料性能的影响等。其中间隙大小与分布的均匀程度是主要因素。

1. 凸凹模间隙大小及分布的均匀性

凸凹模间隙过小时,由凹模刃口处产生的裂纹进入凸模下面的压应力区后停止发展。当凸模继续下压时,在上下裂纹中间将产生二次剪切,制件断面的中部留下撕裂面,而两头为光亮带,在端面出现挤长的毛刺,如图 2-4(a)所示。间隙合理,由凸、凹模刃口沿最大剪应力方向产生的裂纹将互相重合,此时冲出的制件(或孔)断面虽有一定斜度,但比较平直、光洁,毛刺很小,且所需冲裁力小,如图 2-4(b)所示。间隙大时,材料的弯曲与拉伸增大,拉应力增大,材料易被撕裂,且裂纹在离开刃口稍远的侧面上产生,致使制件光亮带减小,塌角(圆角)与断裂斜度都增大,出现两次拉裂,产生两个斜度,毛刺大而厚,难以去除,如图 2-4(c)所示。间隙分布的均匀性还会造成模具的受力不均,进而影响冲裁的质量和模具的寿命。

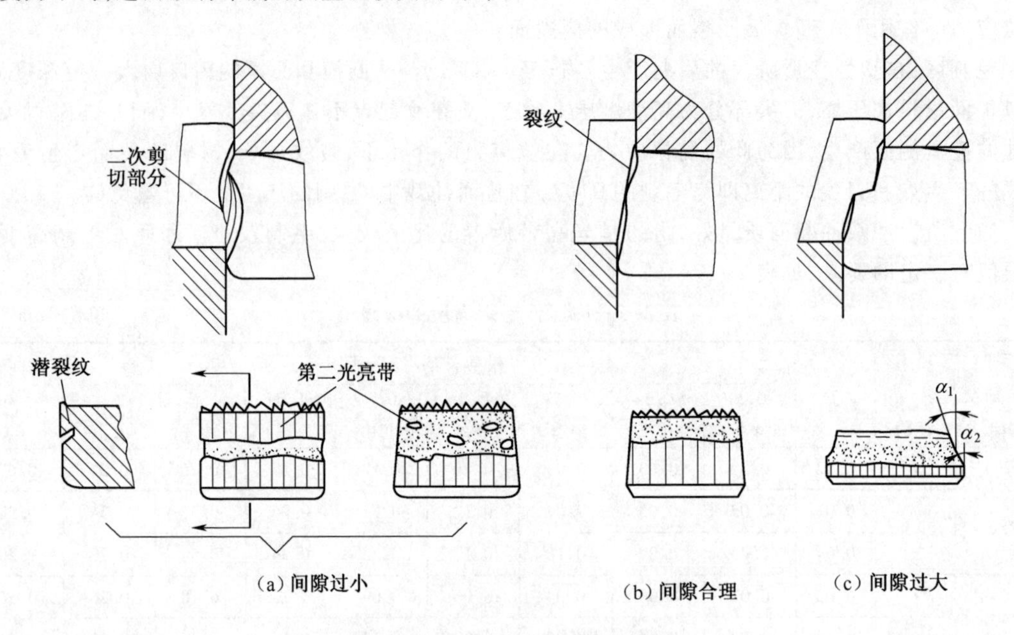

图 2-4 间隙对冲裁件断面质量的影响

2. 模具刃口状态的影响

模具刃口状态主要指使用过程中是否磨钝。如果模具刃口磨损成圆角变钝时,刃口与材料接触的面积增加,应力集中效应减轻,挤压作用大,延缓了裂纹的产生,制件圆角大、光亮带宽,但裂纹发生点要由刃口侧面向上移动,毛刺高度加大,即使间隙合理,也仍会产生较大的毛刺。当凸模刃口磨钝时,则会在落料件上端产生毛刺,如图 2-5(a)所示;当凹模刃口磨钝时,则会在冲孔件的孔口下端产生毛刺,如图 2-5(b)所示;当凸、凹模刃口同时磨钝时,则冲裁件上、下端都会产生毛刺,如图 2-5(c)所示。由此可以看出毛刺在磨钝的地方产生。

3. 模具结构与制造精度

模具结构与制造精度直接影响和决定冲裁件的质量和精度。

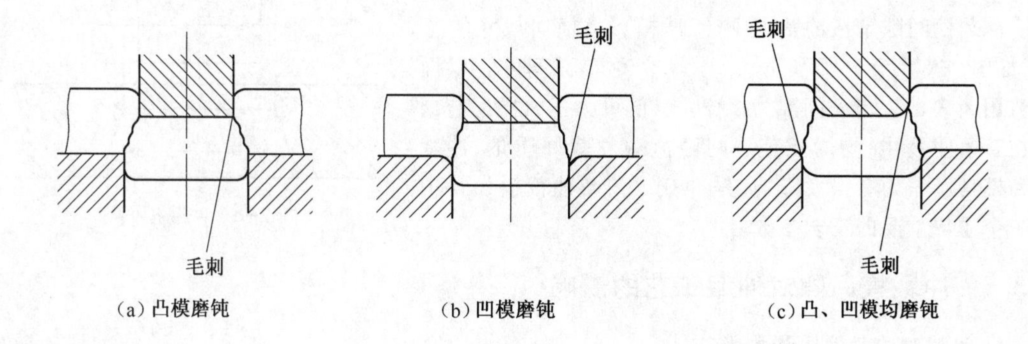

图 2-5 凸、凹模刃口磨钝时毛刺的形成情况

4. 材料性能

在其他条件相同的情况下,不同的材料会对冲裁的质量有影响。在这里材料的性能主要指材料塑性。材料塑性好,就会很快进入屈服状态并推迟裂纹的产生,从而延长了塑性变形阶段,反之亦然。

2.2.2 冲裁件尺寸精度及其影响因素

冲裁件的尺寸精度是指冲裁件的实际尺寸与图纸上基本尺寸之差。该差值来源于两方面的偏差:一是冲裁件相对于凸模或凹模尺寸的偏差;二是模具本身的制造偏差。影响的主要因素有:

1. 模具的制造精度(零件加工和装配)

模具的制造精度直接决定了冲裁件的尺寸精度,模具的精度与加工模具的结构、装配有很大的关系,模具的精度越高,其所冲出地冲裁件精度也就越高。

2. 材料的性质

材料性质直接决定了材料在冲裁过程中的弹性变形量。较软的材料弹性变形量较小,冲裁后的弹性恢复较小,所以精度高;较硬的材料弹性恢复量较大,精度相对较差。

3. 冲裁间隙

在间隙合理范围内,间隙较小所获得的冲裁件精度就较高,反之亦然。

2.2.3 冲裁件形状误差及其影响因素

冲裁件的形状误差指翘曲、扭曲、变形等缺陷。

翘曲:冲裁件呈曲面不平现象。这是由于间隙过大、弯矩增大、变形拉伸和弯曲成分增多而造成的,另外材料的各向异性和卷料未矫正也会产生翘曲。

扭曲:冲裁件呈扭歪现象。这是由于材料不平、间隙不均匀、凹模后角对材料摩擦不均匀等造成的。

变形:由于坯料的边缘冲孔或孔距太小等原因,导致胀形而产生的。

综上所述,用普通冲裁方法所得的冲裁件,其尺寸精度与断面质量都不太高。金属冲裁件所能达到的加工精度为 IT14~IT11 级,要求高的可达到 IT8 级。厚料达到上述要求比薄料差。若要进一步提高冲裁件的质量,则要在冲裁后加整修工序或采用精密冲裁工艺等技术手段。

2.3 冲裁模间隙

冲裁模间隙是指冲裁模中凸、凹模刃口横向尺寸的差值,如图 2-6 所示。用符号 C 表示,俗称单面间隙。双面间隙用 Z 表示。单面间隙为 $Z/2$。其值可为正,也可为负,但在普通冲裁中,均为正值。间隙值对冲裁件质量、冲裁力和模具寿命均有很大影响,是冲裁工艺与冲裁模设计中的一个非常重要的工艺参数。

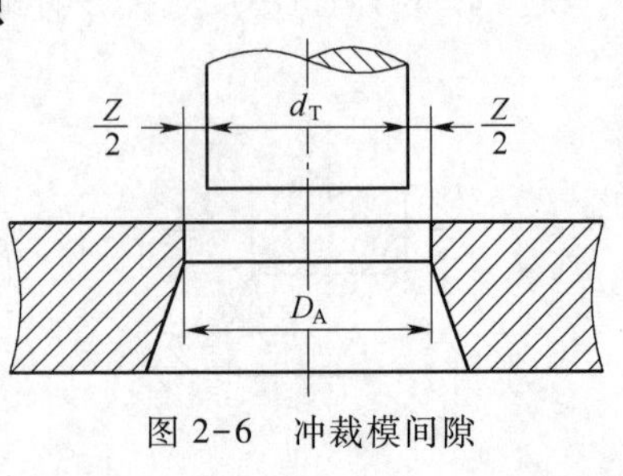

图 2-6 冲裁模间隙

2.3.1 冲裁模间隙对冲裁工艺的影响

1. 间隙对冲裁件质量的影响

冲裁件质量是指切断面质量、尺寸精度及形状误差。切断面应平直、光洁,即无裂纹、撕裂、夹层、毛刺等缺陷。间隙是影响冲裁件质量的主要因素。

2. 间隙对冲裁力的影响

冲裁力随间隙的增大有一定程度的降低,但影响不是很大。间隙对卸料力、推件力的影响比较显著,随间隙增大,卸料力和推件力都将减小,反之亦然。

3. 间隙对尺寸精度的影响

间隙较大时,材料所受拉伸作用增强,冲裁后因材料的弹性恢复使落料尺寸小于凹模尺寸,冲孔直径大于凸模直径。

间隙较小时,由于材料受凸凹模挤压力变大,故冲裁后,材料的弹性恢复使落料尺寸增大,冲孔孔径变小。

4. 间隙对模具寿命的影响

模具寿命是以冲出合格制品的冲裁次数或者冲裁件数来衡量的,分为两次刃磨间的寿命与全部磨损后的总寿命。模具两次刃磨间的寿命:两次刃磨之间模具服役的时间或冲裁次数。模具总寿命:模具经多次刃磨后终因尺寸超差而最终失效,其服役总时间或冲裁总次数。

模具失效的原因一般有磨损失效、变形失效、疲劳失效和断裂失效。

磨损失效:指刃口钝化、棱角变圆、平面下陷、表面出现沟痕、黏膜剥落(在摩擦中模具工作表面粘了些坯料金属)等。冷冲时,如果负荷不大,磨损类型主要为氧化。磨损也可为某种程度的咬合磨损,当刃口部分变钝或冲压负荷较大时,咬合磨损的情况会变得严重,而使磨损加快。模具的耐磨性不仅取决于模具材料的硬度,还决定于碳化物的性质、大小、分布和数量。在模具钢中,目前高速钢和高铬钢的耐磨性较高。此外,小间隙将使磨损增加,甚至使模具与材料之间产生黏结现象,并引起崩刃,凹模胀裂,小凸模折断,凸、凹模相互啃刃等异常损坏。

变形失效:模具在工作中承受负荷大于模具材料的屈服强度而产生的变形,如凹模出现型腔塌陷、型孔扩大、棱角倒塌陷,以及凸模出现镦粗、纵向弯曲等。

疲劳失效:模具某些部位经过一定的服役期,萌生了细小的裂纹,并逐渐向纵深扩展,扩展到一定尺寸时,严重削弱模具的承载能力而引起断裂。疲劳裂纹萌生于应力较大的部位,特别是应力集中部位(尺寸过渡、缺口、刀痕、磨损裂纹等处)。冷冲压模具在高硬状态下工作时,模具材料具有较高的屈服强度和较低的断裂韧性。较高的屈服强度有利于推迟疲劳裂纹的产生,但较低的断裂韧性会导致疲劳裂纹的扩展速率加快,使疲劳裂纹扩展循环数大大缩短,因此,冷冲压模具疲劳寿命主要取决于疲劳裂纹的萌生时间。

断裂失效：常见形式有崩刃、劈裂、折断、胀裂等，不同模具断裂的驱动力不同。冷作模具主要受冲压力。

总之，模具失效的主要原因有结构设计不合理、模具材料质量差、模具机加工不当和模具热处理工艺不合适等。此外，在设计过程中为了提高模具寿命，一般采用较大间隙。若采用较小间隙，就必须提高模具硬度与模具制造的光洁度、精度，改善润滑条件，以减小磨损。

2.3.2 冲裁模间隙值的确定

间隙的选取主要与材料的种类、厚度有关，但由于各种冲压件对其断面质量和尺寸精度的要求不同，以及生产条件的差异，导致在生产实践中很难采用统一的间隙数值，各种资料中所给的间隙值并不相同，有的相差较大，选用时应按使用要求分别选取。

选取间隙时主要应遵循以下原则：对于断面质量和尺寸精度要求高的工件，应选用较小间隙值；而对于精度要求不高的工件，则应尽可能采用大间隙，以利于提高模具寿命，降低冲裁力、卸料力等。同时，还必须结合生产条件，根据冲裁件尺寸与形状、模具材料和加工方法、冲压方法和生产率等，灵活掌握，酌情增减间隙值。同时还要综合考虑冲裁件断面质量、尺寸精度和模具寿命这三个因素，考虑到模具制造中的偏差及使用中的磨损，生产中通常选择一个适当的范围作为合理间隙，只要在这个合理间隙范围内，就可以冲出良好的零件。这个范围的最小值称为最小合理间隙（C_{min}），最大值称为最大合理间隙（C_{max}）。考虑到模具在使用过程中的磨损使间隙增大，故设计与制造新模具时，采用最小合理间隙。

1. 理论确定法

主要依据：保证上下裂纹重合，以便获得良好的断面，如图 2-7 所示。在 △*ABC* 中可确定间隙 *Z* 如下：

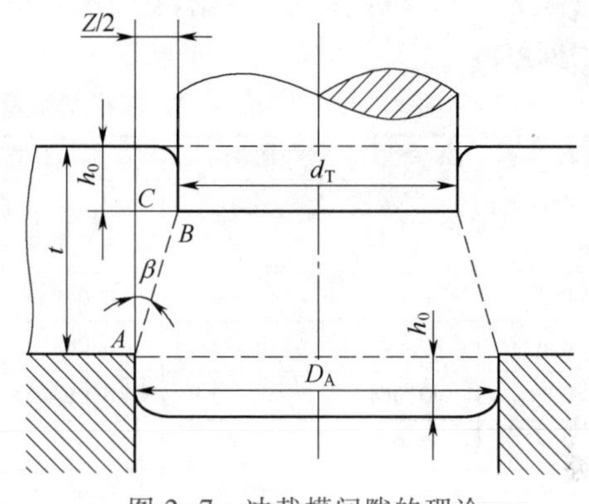

图 2-7 冲裁模间隙的理论

$$Z = 2(t - h_0)\tan\beta = 2t\left(1 - \frac{h_0}{t}\right)\tan\beta \qquad (2-1)$$

式中 t——板料厚度；

h_0——凸模压入深度；

β——最大剪应力方向与垂线的夹角（即裂纹方向角）。

h_0 和 β 与材料的性质有关。

由式 2-1 可知，冲裁模的间隙主要与材料的性质（相对压入深度 h_0/t 和裂纹方向角 β）和板料的厚度（t）有关。表 2-2 列出了常用材料的相对压入深度 h_0/t 和裂纹方向角 β。

理论法在生产应用中很不方便。因此目前在生产中广泛采用经验法和查表法确定合理的冲裁模间隙值。

表 2-2 h_0/t 与 β 值

材 料	h_0/t（%）				β
	$t<1$	$t=1\sim2$	$t=2\sim4$	$t>4$	
软钢	75~70	70~65	65~55	50~40	5°~6°
中硬钢	65~60	60~55	55~48	45~35	4°~5°
硬钢	54~47	47~45	44~38	35~25	4°

2. 经验确定法

经验确定法也是根据材料和厚度确定的,即

$$Z_{min} = Kt \tag{2-2}$$

式中 Z_{min}——最小双边间隙值(mm);

K——与材料相关的系数;

t——材料厚度(mm)。

系数K除了与材料性质相关外,还与冲裁件的精度有关。例如汽车、拖拉机行业的冲裁件精度要求一般不高,所以对软材料(如08钢、10号钢和纯铜等)K值一般取0.08~0.10;中硬材料(如20钢、25钢、Q235、Q255等)K值取0.10~0.12;硬材料(如45钢等)K值取0.12~0.14。而对于冲裁件精度要求比较高的电器仪表行业相应的K值取得会更小。

3. 查表法确定法

因为间隙的选取主要与材料的种类、厚度有关,由于各种冲压件对其断面质量和尺寸精度的要求不同,以及生产条件的差异,在实际生产中很难有一种统一的间隙数值,而应区别情况分别对待。在保证冲裁件断面质量和尺寸精度的前提下,使模具寿命最高,通常采用较大间隙。

表2-3、表2-4和表2-5给出了国内工厂在汽车、拖拉机、电器仪表和机电行业推荐的几种常用的间隙值。

表2-3 冲模初始双边间隙(汽车、拖拉机行业用) 单位:mm

材料厚度	08钢、10钢、Q235		Q345、16 Mn		40钢、50钢		65Mn	
t/mm	Z_{min}	Z_{max}	Z_{min}	Z_{max}	Z_{min}	Z_{max}	Z_{min}	Z_{max}
≤0.5	极小间隙							
0.5	0.040	0.060	0.040	0.060	0.040	0.060	0.040	0.060
0.6	0.048	0.072	0.048	0.072	0.048	0.072	0.048	0.072
0.7	0.064	0.092	0.064	0.092	0.064	0.092	0.064	0.092
0.8	0.072	0.104	0.072	0.104	0.072	0.104	0.072	0.104
0.9	0.090	0.126	0.090	0.126	0.090	0.126	0.090	0.126
1.0	0.100	0.140	0.100	0.140	0.100	0.140	0.100	0.140
1.2	0.126	0.180	0.132	0.180	0.132	0.180	—	—
1.5	0.132	0.240	0.170	0.240	0.170	0.230	—	—
1.75	0.220	0.320	0.220	0.320	0.220	0.320	—	—
2.0	0.246	0.360	0.260	0.380	0.260	0.380	—	—
2.1	0.260	0.380	0.280	0.400	0.280	0.400	—	—
2.5	0.360	0.500	0.380	0.540	0.360	0.540	—	—
2.75	0.400	0.560	0.420	0.600	0.420	0.600	—	—
3.0	0.460	0.640	0.480	0.660	0.480	0.660	—	—
3.5	0.540	0.740	0.580	0.780	0.540	0.780	—	—
4.0	0.640	0.880	0.680	0.920	0.680	0.920	—	—
4.5	0.720	1.000	0.680	0.920	0.680	0.920	—	—
5.5	0.940	1.280	0.780	1.100	0.980	1.320	—	—
6.0	1.080	1.440	0.840	1.200	1.140	1.150	—	—
6.5	—	—	0.940	1.300	—	—	—	—
8.0	—	—	1.200	1.680	—	—	—	—

注:冲裁皮革、石棉和纸板时,间隙取08钢的25%。

表 2-4　冲模初始双边间隙 Z(电器仪表行业用)　　单位:mm

材料厚度 t/mm	软钢		纯铜、黄铜、低碳钢 (w_c = 0.08%~0.02%)		杜拉铝、中等硬钢 (w_c = 0.3%~0.4%)		硬钢 (w_c = 0.5%~0.6%)	
	Z_{min}	Z_{max}	Z_{min}	Z_{max}	Z_{min}	Z_{max}	Z_{min}	Z_{max}
0.2	0.008	0.012	0.010	0.014	0.012	0.016	0.014	0.018
0.3	0.012	0.018	0.015	0.021	0.018	0.024	0.021	0.027
0.4	0.016	0.024	0.020	0.028	0.025	0.032	0.028	0.036
0.5	0.020	0.030	0.025	0.035	0.030	0.040	0.035	0.045
0.6	0.024	0.036	0.030	0.043	0.036	0.048	0.042	0.054
0.7	0.028	0.042	0.035	0.049	0.042	0.056	0.049	0.063
0.8	0.032	0.048	0.040	0.056	0.048	0.064	0.056	0.072
0.9	0.036	0.054	0.045	0.063	0.054	0.072	0.063	0.081
1.0	0.040	0.060	0.050	0.070	0.060	0.080	0.070	0.090
1.2	0.050	0.084	0.072	0.096	0.084	0.108	0.096	0.120
1.5	0.075	0.105	0.090	0.120	0.105	0.135	0.120	0.150
1.8	0.090	0.126	0.108	0.144	0.126	0.162	0.114	0.180
2.0	0.100	0.140	0.120	0.160	0.140	0.180	0.160	0.200
2.2	0.132	0.176	0.154	0.198	0.176	0.230	0.198	0.242
2.5	0.150	0.200	0.175	0.225	0.200	0.250	0.225	0.275
2.8	0.168	0.224	0.196	0.252	0.234	0.280	0.252	0.308
3.0	0.180	0.240	0.210	0.270	0.240	0.300	0.270	0.330
3.5	0.245	0.315	0.280	0.350	0.315	0.385	0.350	0.420
4.0	0.280	0.360	0.320	0.400	0.360	0.440	0.400	0.480
4.5	0.315	0.405	0.360	0.450	0.405	0.490	0.450	0.540
5.0	0.350	0.450	0.400	0.500	0.450	0.550	0.500	0.600
6.0	0.480	0.600	0.540	0.660	0.600	0.720	0.660	0.780
7.0	0.560	0.700	0.630	0.770	0.700	0.840	0.770	0.910
8.0	0.720	0.880	0.800	0.960	0.880	1.040	0.960	1.120
9.0	0.879	0.990	0.900	1.080	0.990	1.170	1.080	1.260
10.0	0.900	1.100	1.100	1.200	1.100	1.300	1.200	1.400

注:①初始间隙的最小值相当于间隙的公称数值。

②初始间隙的最大值是考虑到凸模和凹模的制造公差所增加的数值。

③在使用过程中,由于模具工作部分的磨损,间隙将有所增加,因而间隙的使用最大数值要超过列表值。

④对于硅钢片(电工薄钢板),间隙按照软钢计算。

表 2-5　冲模初始双边间隙 Z(机电行业用)　　单位:mm

材料厚度 t/mm	T8 钢、45 钢 1Cr18Ni9		Q215、Q235 35CrMo、QSnP10-1		08F 钢、10 钢、15 钢、H62 钢、T1、T2、T3 钢		L2 钢、L3 钢、L4 钢、L5 钢	
	Z_{min}	Z_{max}	Z_{min}	Z_{max}	Z_{min}	Z_{max}	Z_{min}	Z_{max}
0.35	0.03	0.05	0.02	0.05	0.01	0.03		

续上表

材料厚度/mm	T8 钢、45 钢 1Cr18Ni9		Q215、Q235 35CrMo、QSnP10-1		08F 钢、10 钢、15 钢、H62 钢、T1、T2、T3 钢		L2 钢、L3 钢、L4 钢、L5 钢	
	Z_{min}	Z_{max}	Z_{min}	Z_{max}	Z_{min}	Z_{max}	Z_{min}	Z_{max}
0.5	0.04	0.08	0.03	0.07	0.02	0.04	0.02	0.03
0.8	0.09	0.12	0.06	0.10	0.04	0.07	0.025	0.045
1.0	0.11	0.15	0.08	0.12	0.05	0.08	0.04	0.06
1.2	0.04	0.18	0.10	0.14	0.07	0.10	0.05	0.07
1.5	0.19	0.23	0.13	0.17	0.08	0.12	0.06	0.10
1.8	0.23	0.27	0.17	0.22	0.12	0.16	0.07	0.11
2.0	0.28	0.32	0.20	0.24	0.13	0.18	0.08	0.12
2.5	0.37	0.43	0.25	0.31	0.16	0.22	0.11	0.17
3.0	0.48	0.54	0.33	0.39	0.21	0.27	0.14	0.20
3.5	0.58	0.65	0.42	0.49	0.25	0.33	0.18	0.26
4.0	0.68	0.76	0.52	0.60	0.32	0.40	0.21	0.29
4.5	0.79	0.88	0.64	0.72	0.38	0.46	0.26	0.34
5.0	0.90	1.00	0.75	0.85	0.45	0.55	0.30	0.40
6.0	1.16	1.26	0.97	1.07	0.60	0.70	0.40	0.50
8.0	1.75	1.87	1.46	1.58	0.85	0.97	0.60	0.72
10.0	2.44	2.56	2.04	2.16	1.14	1.26	0.80	0.92

由于篇幅有限,不能将全部模具钢和板料厚度列举出来。对于表中没有的材料和厚度,查表时可取与其相近的材料和厚度确定间隙值。

2.4 冲裁模凸模与凹模刃口尺寸的确定

凸、凹模刃口尺寸精度直接决定冲裁件的尺寸精度,冲裁模的合理间隙值也是靠凸、凹模刃口尺寸精度及其公差来保证的。因此,正确计算凸、凹模刃口尺寸及其公差是设计冲裁模的一项重要工作。

2.4.1 冲裁模刃口尺寸的计算原则

在生产实践中发现以下问题。

(1)由于模具间隙的存在使得冲裁件断面都带有锥度。落料件的光亮带处于大端尺寸,而冲孔件的光亮带处于小端尺寸,且落料件的大端尺寸等于凹模尺寸,冲孔件的小端尺寸等于凸模尺寸。

(2)光亮带是垂直的,是用于测量和使用的部位。因此在测量与使用中,落料件以大端尺寸为基准,冲孔孔径以小端尺寸为基准。

(3)冲裁过程中,凸、凹模要与冲裁零件或废料发生摩擦,凸模越磨越小,凹模越磨越大,结果使间隙越用越大。

鉴于上述现象,在计算冲裁模的凸、凹模刃口尺寸及其制造公差时,需考虑下述原则:

(1)设计落料模时,先确定凹模刃口尺寸。以凹模尺寸为基准,间隙取在凸模上,即冲裁间隙通过减小凸模刃口尺寸来获得。设计冲孔模时,先确定凸模刃口尺寸。以凸模尺寸为基准,间隙取在凹模上,冲裁间隙通过增大凹模刃口尺寸来获得。

(2)根据冲模在使用过程中的磨损规律,设计落料模时,凹模基本尺寸应取接近或等于工件的最小极限尺寸;设计冲孔模时,凸模基本尺寸则取接近或等于工件孔的最大极限尺寸。

(3)确定冲模刃口制造公差时,应根据制件的精度要求来考虑模具磨损的预留量。很显然,制件精度越高模具磨损的预留量就越小,反之亦然。

(4)冲裁(设计)间隙一般选用最小合理间隙值(Z_{min})。

(5)选择模具刃口制造公差时,要考虑工件精度与模具精度的关系,即要保证工件的精度要求,又要保证有合理的间隙值。

(6)工件尺寸公差与冲模刃口尺寸的制造偏差原则上标注为单向公差。但对于磨损后无变化的尺寸,一般标注双向偏差。

此外,在计算凸、凹模刃口尺寸时,还要考虑模具的加工方式。凸、凹模分开加工和配合加工时,其刃口尺寸的计算是有区别的。

2.4.2　冲裁模凸、凹模分开加工时刃口尺寸的计算

凸、凹模分开加工是指凸、凹模分别按加工图纸进行加工。不难理解分开加工具有如下的特点:具有互换性、制造周期短,但 Z_{min} 不易保证,需要提高加工精度,增加制造难度来保证冲裁模的最小合理间隙。

分开加工方法适用于圆形或形状简单的冲裁模。其计算公式如下。

(1)落料模

以凹模尺寸为基准,间隙取在凸模上:

$$D_A = (D - \chi\Delta)^{+\delta_A}_{0} \tag{2-3}$$

$$D_T = (D_A - Z_{min})^{0}_{-\delta_T} = (D - \chi\Delta - Z_{min})^{0}_{-\delta_T} \tag{2-4}$$

式中　D_T、D_A——落料凸、凹模刃口尺寸(mm);
D——落料件外径公称尺寸(mm);
Δ——零件公差(mm);
Z_{min}——最小合理间隙(mm);
χ——磨损系数;
$\chi\Delta$——模具磨损预留量;
δ_T、δ_A——落料凸、凹模的制造公差。

(2)冲孔模

以凸模尺寸为基准,间隙取在凹模上:

$$d_T = (d + \chi\Delta)^{0}_{-\delta_T} \tag{2-5}$$

$$d_A = (d_T + Z_{min})^{+\delta_A}_{0} = (d + \chi\Delta + Z_{min})^{+\delta_A}_{0} \tag{2-6}$$

式中　d_T、d_A——冲孔凸、凹模刃口尺寸(mm);
d——零件孔径公称尺寸(mm);
δ_T、δ_A——冲孔凸、凹模的制造公差。

(3)孔心距

$$L_d = L \pm \frac{1}{8}\Delta \tag{2-7}$$

式中 L_d——冲孔凸模或者凹模孔心距的标称尺寸(mm);

L——工件孔心距的标称尺寸(mm);

Δ——孔心距的公差(mm);

δ_T、δ_A——凸、凹模制造公差(mm),通常按模具的制造精度来定,也可参照表 2-6;

$\chi\Delta$——模具磨损预留量,其中,χ 磨损系数是为了使零件的实际尺寸尽量接近零件公差带的中间尺寸。χ 值主要与材料厚度、尺寸精度和形状三个因素有关。χ 值的大小可通过查表 2-7 获得。

表 2-6 规则形状(圆形或方形件)冲裁时凸模、凹模的制造公差 单位:mm

基本尺寸	凸模偏差 δ_T	凹模偏差 δ_A	基本尺寸	凸模偏差 δ_p	凹模偏差 δ_A
≤18	0.020	0.020	>180~260	0.030	0.045
>18-30	0.020	0.025	>260~360	0.035	0.050
>30-80	0.020	0.030	>360~500	0.040	0.060
>80~120	0.025	0.035	>500	0.050	0.070
>120~180	0.030	0.040	—	—	—

表 2-7 磨损系数 χ

材料厚度 t/mm	非圆形			圆形	
	1	0.75	0.5	0.75	0.5
	工件公差 Δ/mm				
1	< 0.16	0.17~0.35	≥0.36	< 0.16	≥0.16
1~2	< 0.20	0.21~0.41	≥0.42	< 0.20	≥0.20
2~4	< 0.24	0.25~0.49	≥0.50	< 0.24	≥0.24
>4	< 0.30	0.31~0.49	≥0.60	< 0.30	≥0.30

由于采用凸、凹模分开加工法,最小合理间隙难以保证。所以为了保证可能的初始间隙不超过 Z_{max},即凸、凹模的制造公差必须满足下列条件:

$$|\delta_A| + |\delta_T| \leqslant Z_{max} - Z_{min} \tag{2-8}$$

如果不满足式(2-8),则必须重新规定凸、凹模的制造公差,通常凸、凹模公差按公式 $\delta_T \leqslant 0.4(Z_{max}-Z_{min})$ 和 $\delta_A \leqslant 0.6(Z_{max}-Z_{min})$ 加以调整,以满足上述条件。

由此可见,分开加工模具的精度受最小合理间隙大小的限制。最小合理间隙越小模具的加工精度要求越高,反之亦然。

例 2-1 冲制图 2-8 所示的零件,材料为 Q235 钢,料厚 $t=1.0$ mm。试计算冲裁凸、凹模刃口尺寸及制造公差。

解:由图 2-8 可知,该零件属于无特殊要求的一般冲孔、落料件。外形由落料获得,两个孔和孔心距由冲孔同时获得。

查表 2-3 得:

$$Z_{min} = 0.100 \text{ mm}, \quad Z_{max} = 0.140 \text{ mm}$$

$$Z_{max} - Z_{min} = (0.140 - 0.100) \text{ mm} = 0.040 \text{ mm}$$

由表 2-7 查得磨损系数:

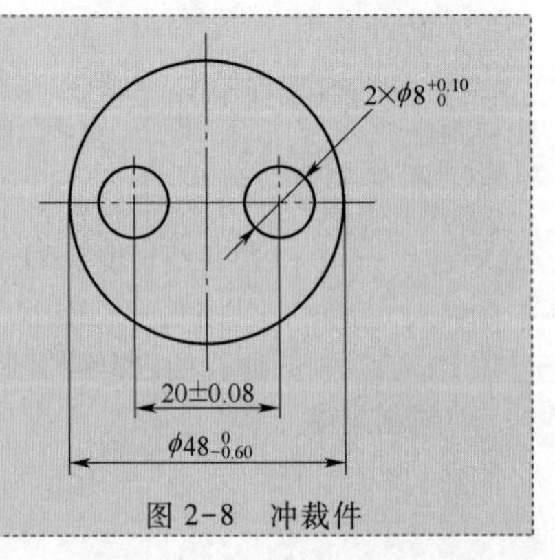

图 2-8 冲裁件

$$2\times\varnothing 8^{+0.10}_{0}\ \text{mm},取\chi=0.75;$$

$$\varnothing 48^{\ 0}_{-0.60}\ \text{mm},取\chi=0.5;$$

再由表 2-6 查得:两冲孔模 $\varnothing 8^{+0.10}_{0}$mm 的制造公差是 $\delta_A=0.020$ mm,$\delta_T=0.020$ mm;

落料模 $\varnothing 48^{\ 0}_{-0.60}$ mm 的制造公差是 $\delta_A=0.030$ mm,$\delta_T=0.020$ mm;

因此,

对于落料模,由式(2-3)和式(2-4)有:

$$D_A=(D-\chi\Delta)^{+\delta_A}_{0}=(48-0.5\times0.60)^{+0.030}_{0}\ \text{mm}=47.7^{+0.030}_{0}\ \text{mm}$$

$$D_T=(D_A-Z_{min})^{\ 0}_{-\delta_T}=(47.7-0.100)^{\ 0}_{-0.020}\ \text{mm}=47.6^{\ 0}_{-0.020}\ \text{mm}$$

校核:$|\delta_T|+|\delta_A|\leqslant Z_{max}-Z_{min}$

$0.020+0.030>0.140-0.100=0.040$(不能满足间隙公差条件)

因此,只有缩小制造公差,提高落料凸、凹模制造精度,才能保证间隙在合理范围内,由此可取:

$$\delta_T\leqslant 0.4(Z_{max}-Z_{min})=0.4\times0.040\ \text{mm}=0.016\ \text{mm}$$

$$\delta_A\leqslant 0.6(Z_{max}-Z_{min})=0.6\times0.040\ \text{mm}=0.024\ \text{mm}$$

故:

$$D_A=47.7^{+0.024}_{0}\ \text{mm}$$

$$D_T=47.6^{\ 0}_{-0.016}\ \text{mm}$$

对于两冲孔模,由式(2-5)和式(2-6)有:

$$d_T=(d+\chi\Delta)^{\ 0}_{-\delta_T}=(8+0.75\times0.10)^{\ 0}_{-0.020}\ \text{mm}=8.075^{\ 0}_{-0.020}\ \text{mm}$$

$$d_A=(d_T+Z_{min})^{+\delta_A}_{0}=(8.075+0.100)^{+0.020}_{0}\ \text{mm}=8.175^{+0.020}_{0}\ \text{mm}$$

校核:

$$0.020+0.020\leqslant 0.140-0.100$$

0.04=0.04(满足间隙公差条件)

孔心距尺寸:$L_d=L\pm1/8\Delta=(20\pm0.125\times0.08)\ \text{mm}=(20\pm0.0100)\ \text{mm}$

2.4.3 配合加工冲裁模凸、凹模刃口尺寸的计算

对于形状复杂或薄料冲裁件的冲裁,为了保证凸、凹模之间一定的间隙值,一般采用配合加工,即先按设计尺寸加工出一个基准件(凸模或凹模),然后根据基准件的实际尺寸再按最小合理间隙配制另一件。由配合加工的定义可以看出,它具有如下特点:

(1)模具间隙是在配制中保证的,工艺比较简单,不需要校核 $|\delta_A|+|\delta_T|\leqslant Z_{max}-Z_{min}$ 的条件。很显然,其公差不再受限于凸、凹模最小合理间隙大小,在保证最小合理间隙前提下还可适当放大基准件的制造公差,以降低模具的加工难度和加工成本。

(2)只需在基准件上标注尺寸和公差,配制件只需标注基本尺寸并注明配做时需要保证的最小合理间隙值即可。

因此,目前工厂一般采用配合加工方法。用配合加工的方法计算基准件的刃口尺寸要注意以下三点:

(1)根据磨损后轮廓变化情况,正确判断出模具刃口尺寸类型:磨损后变大、变小还是不变。由于形状复杂工件各部分尺寸性质不同,凸模与凹模磨损后尺寸的变化趋势也不同,有的磨损后

尺寸变大的、有的变小的，还有的基本不变，必须根据有关尺寸进行具体分析。对于磨损后尺寸变大的，按照分开加工的落料凹模的尺寸计算公式进行基准件尺寸计算；对于磨损后尺寸变小的，按照分开加工的冲孔凸模的尺寸计算公式进行基准件尺寸计算；对于磨损后尺寸基本不变的，按照分开加工孔心距的尺寸计算公式进行基准件尺寸计算。

(2)配合加工基准件的制造公差计算：对于磨损后尺寸增大和减小的刃口尺寸，当公差标注形式为$+\Delta$(或$-\Delta$)时，$\delta=\Delta/4$；当标注形式为$\pm\Delta$时，要化为单向公差，$\delta=\Delta/4$。

(3)对于刃口尺寸磨损后无变化的制造偏差值又分三种情况：

当制件的尺寸为$C^{+\Delta}_{0}$时：　　$C_A=(C+0.5\Delta)\pm\delta_A/2$　　(2-9)

当孔的尺寸为$C^{0}_{-\Delta}$时：　　$C_A=(C-0.5\Delta)\pm\delta_A/2$　　(2-10)

当孔的尺寸为$C\pm\Delta$时：　　$C_A=C\pm\Delta/8$　　(2-11)

式中　C——工件公称尺寸(mm)；

Δ——零件公差(mm)；

δ_A——凸模公差(mm)。

可取工件相应部位公差值的1/8并冠以“±”来选取。

例2-2　图2-9所示为落料件，其中$a=82^{0}_{-0.40}$ mm，$b=41^{0}_{-0.32}$ mm，$c=36^{0}_{-0.36}$ mm，$d=23\pm0.12$ mm，$e=16^{0}_{-0.12}$ mm。板料厚度$t=1$ mm，材料为08号钢。试计算该冲裁模的凸模、凹模刃口尺寸及制造公差。

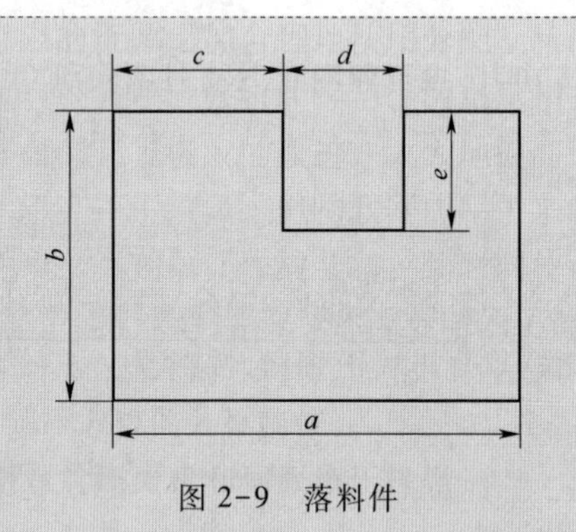

图2-9　落料件

解：该冲裁件属落料件，因此选凹模为设计基准件，只需要计算落料凹模刃口尺寸及制造公差，凸模刃口尺寸由凹模实际尺寸按间隙要求配作。

由表2-3查得：

$Z_{min}=0.100$ mm，$Z_{max}=0.140$ mm

由表2-7查得磨损系数χ：

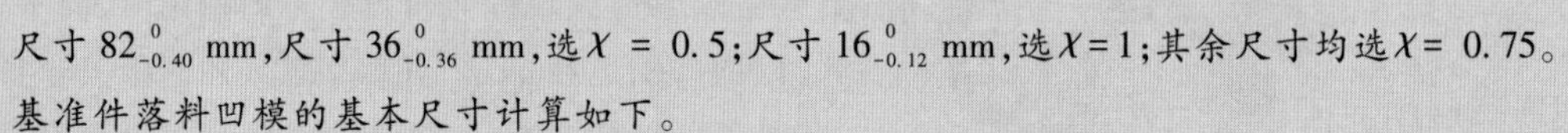

尺寸$82^{0}_{-0.40}$ mm，尺寸$36^{0}_{-0.36}$ mm，选$\chi=0.5$；尺寸$16^{0}_{-0.12}$ mm，选$\chi=1$；其余尺寸均选$\chi=0.75$。

基准件落料凹模的基本尺寸计算如下。

第一类尺寸：磨损后增大的尺寸

$$a_A=(82-0.5\times0.40)^{+\frac{1}{4}\times0.40}_{0}\text{ mm}=81.80^{+0.10}_{0}\text{ mm}$$

$$b_A=(41-0.75\times0.32)^{+\frac{1}{4}\times0.32}_{0}\text{ mm}=40.76^{+0.08}_{0}\text{ mm}$$

$$c_A=(36-0.5\times0.36)^{+\frac{1}{4}\times0.36}_{0}\text{ mm}=35.82^{+0.09}_{0}\text{ mm}$$

第二类尺寸：磨损后减小的尺寸

$$d_A=(23+0.75\times0.24)^{0}_{-\frac{1}{4}\times0.24}\text{ mm}=23.18^{0}_{-0.06}\text{ mm}$$

第三类尺寸：磨损后基本不变的尺寸

$$e_A=(16-0.5\times0.12)\pm0.12/4=(15.94\pm0.03)\text{mm}$$

落料凸模的基本尺寸与凹模相同，分别是81.80 mm，40.76 mm，35.82 mm，23.18 mm，15.94 mm，不必标注公差，但要在技术条件中注明：凸模实际刃口尺寸与落料凹模配制，保证最小双面合理间隙值$Z_{min}=0.100$ mm。

2.5　冲裁排样设计

2.5.1　排样设计

排样指冲裁件在条料、带料或板料上的布置方法。冲裁的排样与材料的利用率及模具的结构等有很大的关系。合理排样不但能够提高材料的利用率，降低材料消耗，而且还会影响冲裁质量、生产率、模具结构与寿命、生产操作方便与安全等。因此，排样是冲裁工艺与模具设计中的一项重要工作。

冲压生产是大批量的生产，其材料利用率在很大程度上决定了冲裁件成本的高低。据统计，材料利用率每提高 1%，其成本就会降低 0.1%～0.5%。可见合理的排样是降低冲裁件成本的有效措施，尤其大批量生产的冲压件更是如此。

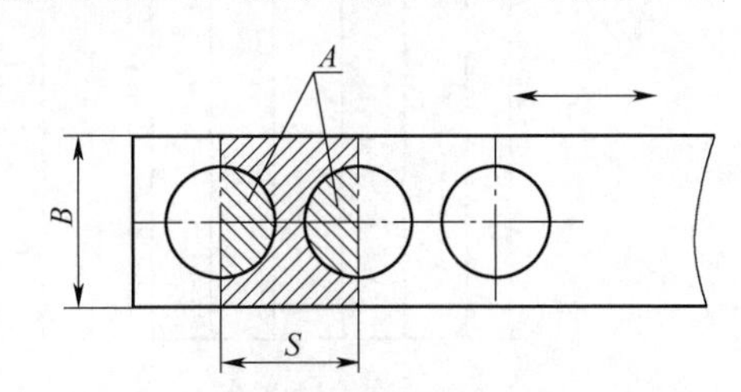

图 2-10　材料的利用率

材料利用率是指冲裁件的实际面积与所用板料面积的百分比，如图 2-10 所示，它是衡量合理利用材料的经济性指标。一个步距内的材料利用率 η 为

$$\eta = \frac{A}{BS} \times 100\% \tag{2-12}$$

式中　A——冲裁件面积（包括冲出的小孔在内）（mm^2）；

B——条料宽度（mm）；

S——步距（mm）。

一张板上（或带料、条料）总的材料利用率为

$$\eta_{总} = \frac{nA_1}{LB} \times 100\% \tag{2-13}$$

式中　A_1—— 一张板的面积；

n—— 一张板上冲件总数目；

L—— 板料长度（mm）；

B——板料宽度（mm）。

根据材料的合理利用情况，条料排样方法可分为三种：

（1）有废料排样，如图 2-11（a）所示；

（2）少废料排样，如图 2-11（b）所示，材料的利用率可达到 70%～90%；

（3）无废料排样，如图 2-11（c）、（d）所示，只有料头、料尾的损失。其材料利用率高达 85%～95%。

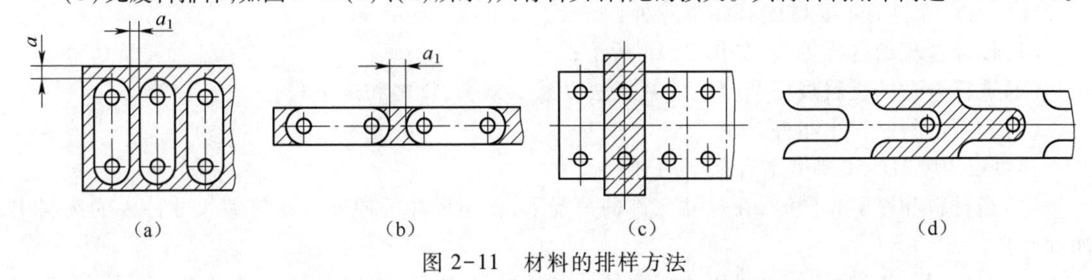

图 2-11　材料的排样方法

2.5.2　材料的合理利用

要想提高材料的利用率就得最大限度的合理利用材料，而合理利用材料可以从板料的裁剪方

法和提高材料利用率两方面进行。

1. 板料的裁剪方法

板料的裁剪方法主要是合理利用板料的力学性能,它分为:纵裁、横裁和联合裁三种,如图 2-12 所示。

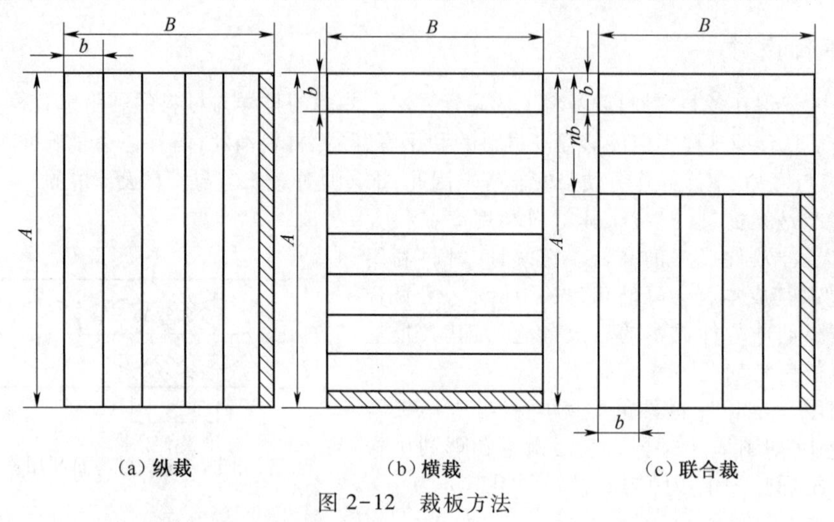

图 2-12 裁板方法

2. 提高材料利用率的方法

提高材料利用率主要从降低废料着手,而冲裁所产生的废料有两类,如图 2-13 所示:一类是工艺废料;另一类是结构废料。工艺废料是零件之间、零件与条料侧边之间的废料,以及料头、料尾所产生的废料。结构废料是由零件的结构产生的废料。因此一方面可以减少工艺废料,另一方面可以利用结构废料来提高材料的利用率。

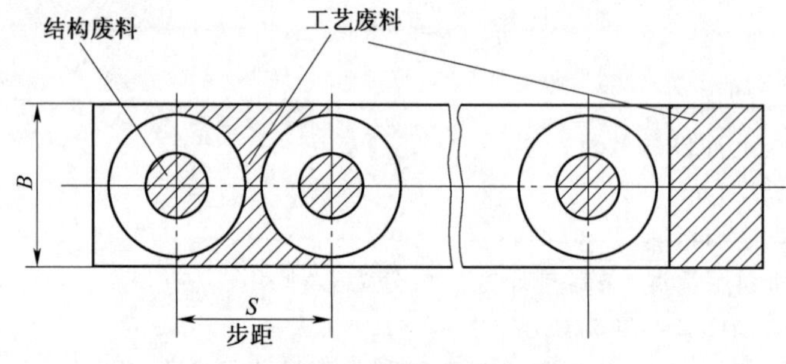

图 2-13 冲裁产生的废料

减少工艺废料的主要措施有如下三种:

(1)设计合理的排样方案,如图 2-14 所示;

(2)选择合适的板料规格和合理的裁板法以减少料头、料尾和边余料;

(3)利用废料制作小零件等。

利用结构废料的主要措施有如下两种:

(1)当材料和厚度相同时,在尺寸允许的情况下,较小尺寸的冲件可在较大尺寸冲件的废料中冲制出来。

(2)在使用条件许可时,也可以改变零件的结构形状,提高材料利用率,如图 2-15 所示。值得注意的是,一般说来零件形状不能轻易改变,要想说服用户改变零件的使用形状,必须对零件的使用情况有充分的调研,在不影响其使用功能和与相关零件装配的前提下,向用户提出修改意见,待用户同意修改后方能实施。

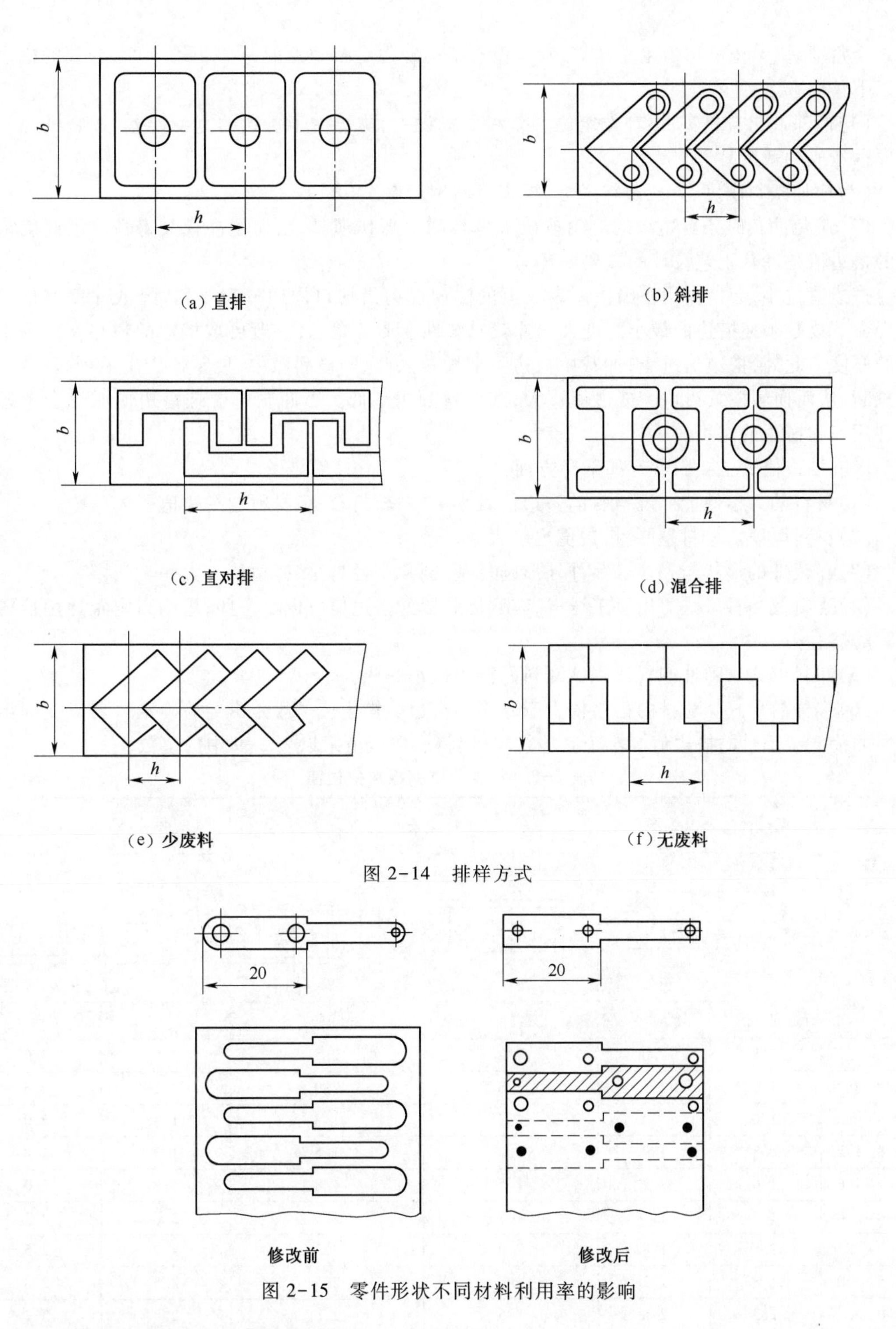

图 2-14　排样方式

图 2-15　零件形状不同材料利用率的影响

2.5.3　搭边和条料宽度的设计

1. 搭边设计

搭边是指排样时冲裁件之间,以及冲裁件与条料侧边之间留下的工艺废料。从提高材料利用

率这个角度讲,希望搭边值越小越好,甚至没有搭边。但是搭边有时是必不可少的,合理的搭边具有以下作用:

(1)确保冲出合格零件:补偿定位误差和剪板误差,防止由于条料的宽度误差、送料进距误差等原因造成冲裁废品。

(2)增加条料刚度,方便条料送进,提高劳动生产率。

(3)避免冲裁时条料边缘的毛刺被拉入模具间隙划伤模具,从而提高模具寿命。因此确定合理的搭边值是冲裁工艺设计的重要一环。

搭边值过小,会使作用在凸模侧表面上的法向应力沿切口周边分布不均,降低冲裁质量和模具寿命。故必须使搭边的最小宽度大于冲裁时塑性变形区宽度,一般可取搭边的最小宽度等于材料的厚度。此外,搭边值过小,冲裁中搭边可能被拉入凸、凹模间隙中,使零件产生毛刺,甚至搭边被拉断,从而损坏模具刃口。搭边值过大,则材料利用率低。因此确定合理搭边值应综合考虑材料利用率和搭边的作用。

影响搭边值的主要因素有如下几方面:

(1)材料的力学性能。硬材料的搭边值可小一些;软材料、脆材料的搭边值要大一些。

(2)材料厚度。材料越厚,搭边值也越大。

(3)冲裁件的形状与尺寸。零件外形越复杂,圆角半径越小,搭边值也大些。

(4)送料及挡料方式。用手工送料,有侧压装置的搭边值可以小一些;用侧刃定距比用挡料销定距的搭边小一些。

(5)卸料方式。弹性卸料比刚性卸料的搭边值小一些。

(6)排样的形式。对排的搭边值大于直排的搭边。搭边值一般是由经验确定。表 2-8 列出了普通冲裁低碳钢时的搭边值。对于其他材料,应将表中数值乘以表 2-9 中的系数 c。

表 2-8 普通低碳钢板料搭边值

单位:mm

材料厚度 t/mm	圆形件及 $r>2t$ 的圆角		矩形件边长 $l \leq 50$ mm		矩形边长 $l>50$ mm 或圆角 $r<2t$	
	工件间 a	侧面 a_1	工件间 a	侧面 a_1	工件间 a	侧面 a_1
0.25 以下	1.8	2.0	2.2	2.5	2.8	3.0
0.25~0.5	1.2	1.5	1.8	2.0	2.2	2.5
0.5~0.8	1.0	1.2	1.5	1.8	1.8	2.0
0.8~1.2	0.8	1.0	1.2	1.5	1.5	1.8
1.2~1.6	1.0	1.2	1.5	1.8	1.8	2.0
1.6~2.0	1.2	1.5	1.8	2.0	2.0	2.2
2.0~2.5	1.5	1.8	2.0	2.2	2.2	2.5
2.5~3.0	1.8	2.2	2.2	2.5	2.5	2.8
3.0~3.5	2.2	2.5	2.5	2.8	2.8	3.2
3.5~4.0	2.5	2.8	2.8	3.2	3.2	3.5
4.0~5.0	3.0	3.5	3.5	4.0	4.0	4.5
5.0~12.0	$0.6t$	$0.7t$	$0.7t$	$0.8t$	$0.8t$	$0.9t$

表 2-9　系数 c

材料	中碳钢	高碳钢	硬黄铜	硬铝	软黄铜、紫铜	铝	非金属
c 值	0.9	0.8	1~1.1	1~1.2	1.2	1.3~1.4	1.5~2

2. 条料宽度设计

排样方式和搭边值确定后,条料或带料的宽度及进距就可以确定了。

条料宽度的确定原则:

(1)最小条料宽度要保证冲裁时零件周边有足够的搭边值。

(2)最大条料宽度能在导料板间送进,并与导料板间有一定的间隙。此外,在确定条料宽度的大小时还必须考虑模具的结构中是否采用侧压装置或侧刃定距,应分别进行计算。

①有侧压装置时条料的宽度与导料板间距离如图 2-16(a)所示。

条料宽度:

$$B_{-\Delta}^{\ 0} = (D_{\max} + 2a)_{-\Delta}^{\ 0} \tag{2-14}$$

导料板间距离:

$$A = B - C = D_{\max} + 2a - C \tag{2-15}$$

②无侧压装置时条料的宽度与导料板间距离如图 2-16(b)所示。

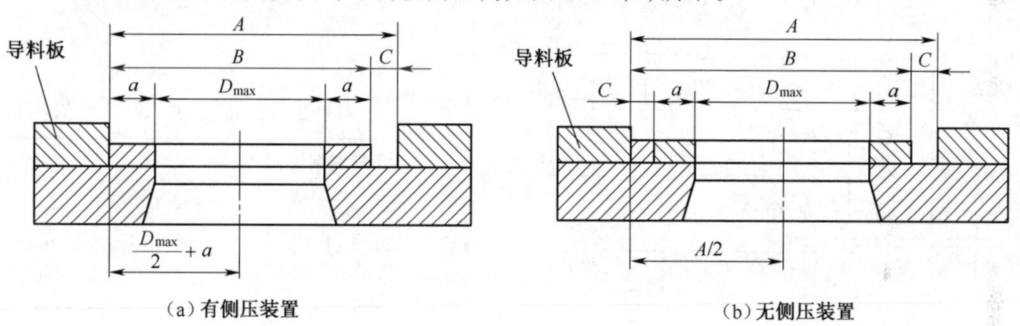

(a)有侧压装置　　(b)无侧压装置

图 2-16　条料宽度的确定

条料宽度:

$$B_{-\Delta}^{\ 0} = (D_{\max} + 2a + C)_{-\Delta}^{\ 0} \tag{2-16}$$

导料板间距离:

$$A = B + C = D_{\max} + 2a + C \tag{2-17}$$

式中　B——条料宽度(mm);

$D_{\max}$——工件垂直于送料方向的最大尺寸(mm);

α——侧搭边(mm);

Δ——条料宽度的公差(mm),见表 2-10;

C——条料与导料板间的间隙(mm),见表 2-11。

表 2-10　条料宽度公差 Δ

条料宽度 B/mm	材料厚度 t/mm			
	~1	1~2	2~3	3~5
≥50	0.4	0.5	0.7	0.9
50~100	0.5	0.6	0.8	1.0
100~150	0.6	0.7	0.9	1.1
150~220	0.7	0.8	1.0	1.2
220~300	0.8	0.9	1.1	1.3

表 2-11 条料与导料板间的间隙 C

条料厚度 t/mm	无侧压装置			有侧压装置	
	条料宽度 B/mm				
	≤100	>100~200	>200~300	≤100	>100
≤1	0.5	0.5	1	5	8
>1~5	0.5	1	1	5	8

③当模具采用侧刃定距时条料宽度为导料板间距离如图 2-17 所示。

条料宽度:

$$B_{-\Delta}^{\ 0} = (L_{max} + 2a' + nb_1)_{-\Delta}^{\ 0} = (L_{max} + 1.5a + nb_1)_{-\Delta}^{\ 0} \tag{2-18}$$

导料板间距离:

$$B' = B + C = (L_{max} + 1.5a + nb_1) + C \tag{2-19}$$

$$B'_1 = L_{max} + 1.5a + y \tag{2-20}$$

式中 n——侧刃;

C——侧刃冲切的条边宽度(mm),见表 2-12;

y——冲裁后的条料宽度与导尺间的单向间隙(mm),见表 2-12。

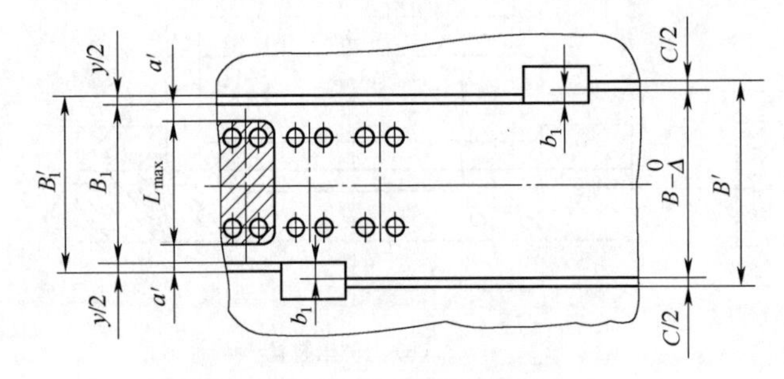

图 2-17 有侧刃的条料宽度

表 2-12 C、y 值 单位:mm

条料厚度	c	y
≤1.5	1.5	0.1
>1.5~2.5	2.0	0.15
>2.5~3	2.5	0.2

最后形成排样图,如图 2-18 所示。一张完整的排样图应标注条料宽度尺寸 B、条料长度 L、条料厚度 t 、端距 l、步距 S、工件间搭边 a_1 和侧搭边 α。并以剖面线表示冲压位置。

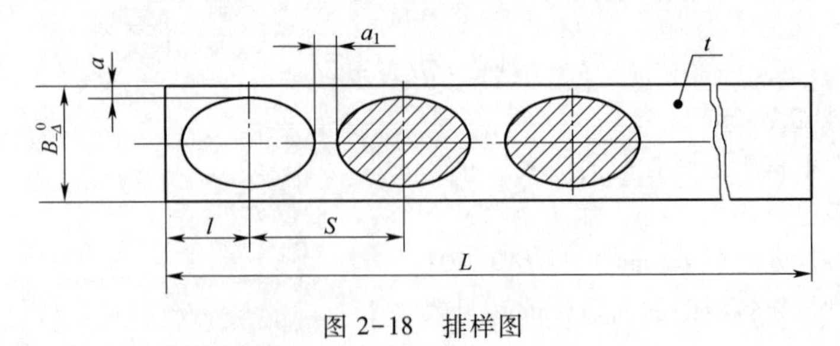

图 2-18 排样图

2.6 冲裁力和压力中心的计算

2.6.1 冲裁力的计算

冲裁力是冲裁过程中凸模对板料施加的压力。冲裁力的大小是选择压力机吨位的依据,因此在模具设计过程中必须计算冲裁力的大小,以避免“大马拉小车”或者“小马拉大车”现象。

计算冲裁力之前必须要明白,在冲裁过程中冲裁力的大小是不断变化的,图 2-19 所示为冲裁时冲裁力-凸模行程曲线。图中 AB 段相当于冲裁的弹性变形阶段。在这个阶段,凸模接触材料后,载荷急剧上升。当压力超过材料的屈服强度,即凸模刃口开始挤入材料时,就进入了塑性变形阶段,此时载荷的上升速度变慢,如 BC 段所示,在此阶段一方面随着切刃的深入使得冲裁的断面不断减小而使冲裁力降低,另一方面由于材料的加工硬化使得冲裁力增加,当二者达到平衡时,冲裁力达到最大值,即图中的 C 点。此后冲裁面积的减小超过加工硬化对力的影响时,冲裁力不断减小。凸模继续下行,材料内部产生裂纹并迅速扩展,使冲裁力急剧下降,从而进入了冲裁的断裂分离阶段,如图 2-19 CD 段所示。此后的冲裁力表现为克服摩擦力推出已分离的料。

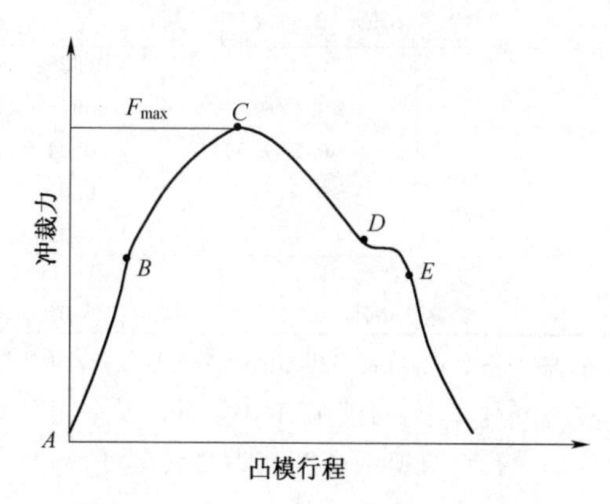

图 2-19　冲裁力-凸模行程曲线

用普通平刃口模具冲裁时,冲裁力 F 一般按下式计算:

$$F = KLt\tau_b$$

式中　F——冲裁力(N);

L——冲裁周边长度(mm);

t——材料厚度(mm);

τ_b——材料抗剪强度(MPa);

K——系数。考虑模具刃口的磨损、模具间隙的波动、材料力学性能的变化,以及材料厚度偏差,一般取 $K=1.3$。

2.6.2　卸料力及推件力的计算

当冲裁过程完成后,由于材料的弹性变形,冲裁出的废料(或工件)孔径将沿着径向发生弹性收缩,会紧箍在凸模上。同样冲裁出的工件(或废料)径向会扩张,并因要力图恢复弹性穹弯,而会卡在凹模孔内。为了使冲裁过程连续、操作方便,就需把箍在凸模上的材料卸下,把卡在凹模孔内的冲件或废料推出。这种从凸模上卸下箍着的料所需要的力称为卸料力 $F_{卸}$,将塞在凹模内的料顺冲裁方向推出所需要的力称为推件力 $F_{推}$,逆着冲裁方向将料从凹模腔顶出的力称为顶件力 $F_{顶}$。

很显然 $F_{卸}$、$F_{推}$、$F_{顶}$ 与冲裁力的大小有关。而影响冲裁力大小的因素主要有材料的力学性能、材料厚度、冲裁的周长、模具间隙、凸凹模表面粗糙度、零件形状,以及润滑情况等。因此难以准确计算这些力,实际生产中常用下列经验公式计算:

$$F_{卸} = K_{卸} F \tag{2-21}$$

$$F_{推} = K_{推} F \tag{2-22}$$

$$F_{顶} = K_{顶} F \tag{2-23}$$

式中　F——冲裁力(N);

$K_{卸}$、$K_{推}$、$K_{顶}$——分别为卸料力、推件力、顶件力系数,其值见表 2-13。

表 2-13　卸料力、推件力、顶件力系数

料　厚 t/mm		$K_{卸}$	$K_{推}$	$K_{顶}$
钢	≤0.1	0.065~0.075	0.1	0.14
	>0.1~0.5	0.045~0.055	0.063	0.08
	>0.5~2.5	0.04~0.05	0.055	0.06
	>2.5~6.5	0.03~0.04	0.045	0.05
	>6.5	0.02~0.03	0.025	0.03
铝　铝合金		0.025~0.08	0.03~0.07	
紫铜　黄铜		0.02~0.06	0.03~0.09	

注:卸料力系数 $K_{卸}$ 在冲多孔、大搭边和轮廓复杂时取上限值。

在生产过程中,凹模洞口中会同时卡有几个工件,所以在计算推件力时应考虑被卡工件数目。设 h 为凹模孔口直壁的高度,t 为材料厚度,则工件数为:

$$n = h/t。\tag{2-24}$$

冲裁时,所需冲压力为冲裁力、卸料力和推件力之和,在选择压力机时是否要考虑这些力,应根据不同的模具结构区别对待。压力机的公称压力必须大于或等于各种冲压工艺力的总和 $F_{总}$。

采用刚性卸料装置和下出料方式冲裁模的总冲压力为:

$$F_{总} = F_{冲} + F_{推}\tag{2-25}$$

采用弹性卸料装置和下出料方式的总冲压力为:

$$F_{总} = F_{冲} + F_{卸} + F_{推}\tag{2-26}$$

采用弹性卸料装置和上出料方式的总冲压力为:

$$F_{总} = F_{冲} + F_{卸} + F_{顶}\tag{2-27}$$

2.6.3　降低冲裁力的方法

冲裁厚度大外形尺寸大或者强度高的材料时,有时需要合理降低冲裁力,以适应车间设备吨位或降低能耗。从冲裁力的公式 $F=KLt\tau$ 可知,可以从减小材料厚度 t、分解冲裁周长 L 和降低材料的抗剪强度三方面着手,常采用下列方法:

1. 阶梯凸模冲裁($\downarrow L$)

在多凸模的冲模中,将凸模做成不同长度,使其工作端面呈阶梯式布置,使各凸模冲裁力的最大峰值不同时出现,相当于分解了冲裁的周长,从而降低总的冲裁力,如图 2-20 所示。

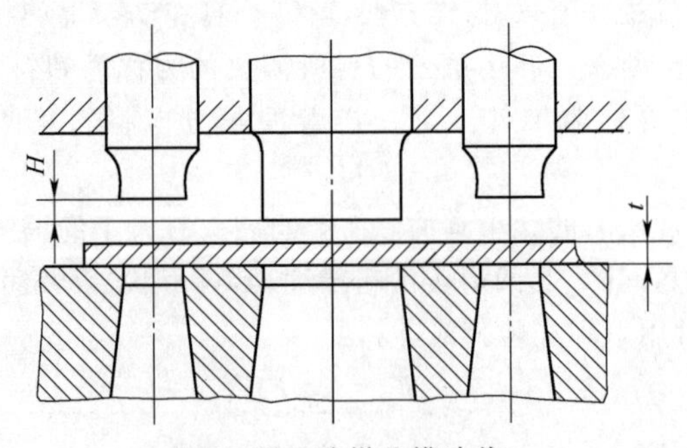

图 2-20　阶梯凸模冲裁

同时,在多凸模中直径相差较大,距离又很近的情况下,阶梯凸模冲裁还能避免小直径凸模由于承受材料的侧压力而产生折弯甚至折断现象。为此,应将小直径凸模长度设计短一些,以保护小凸模。凸模间的高度差 H 应大于冲裁断面的光亮带高度,其值取决于材料厚度 t:

当 $t<3$ mm 时，$H=t$；

当 $t\geqslant 3$ mm 时，$H=0.5t$。

阶梯凸模冲裁力，一般只按产生最大冲裁力的那一层凸模来进行估算，同时各层凸模布置时，应尽量对称以使模具受力平衡。

阶梯凸模冲裁的缺点是长凸模进入凹模较深，容易磨损，修模刃口也比较麻烦。

2. 斜刃冲裁(↓t)

斜刃冲裁就是将冲模刃口制成与其轴线倾斜一定的角度，这样冲裁时刃口就不是全部同时切入板料，而是将板料沿其周边逐个切离，相当于分解了冲裁板料的厚度，剪切面积减小，因而冲裁力将显著降低。斜刃冲裁不但能够降低冲裁力，使得载荷均匀且平稳、减少噪声，同时还可以实现用较小吨位的压力机完成较大尺寸零件的冲压加工，因此，斜刃口、波浪状刃口在铁路货车大型模具中得到了广泛应用。斜刃的形式如图 2-21 所示。为了使冲裁件平整，落料时凸模应做成平刃，凹模做成斜刃，如图 2-21(a)、(b)所示；冲孔时凹模做成平刃，凸模做成斜刃，如图 2-21(c)所示；冲裁弯曲状工件时，可采用有圆头的凸模，如图 2-21(d)所示；斜刃一般做成对称布置，以免冲裁时模具承受单向侧压力而发生偏移，啃伤刃口，如图 2-21(e)所示；向一边斜的斜刃只能用于切口折弯，如图 2-21(f)所示。斜刃模用于大型零件时，一般把斜刃布置成多个波峰的形式。

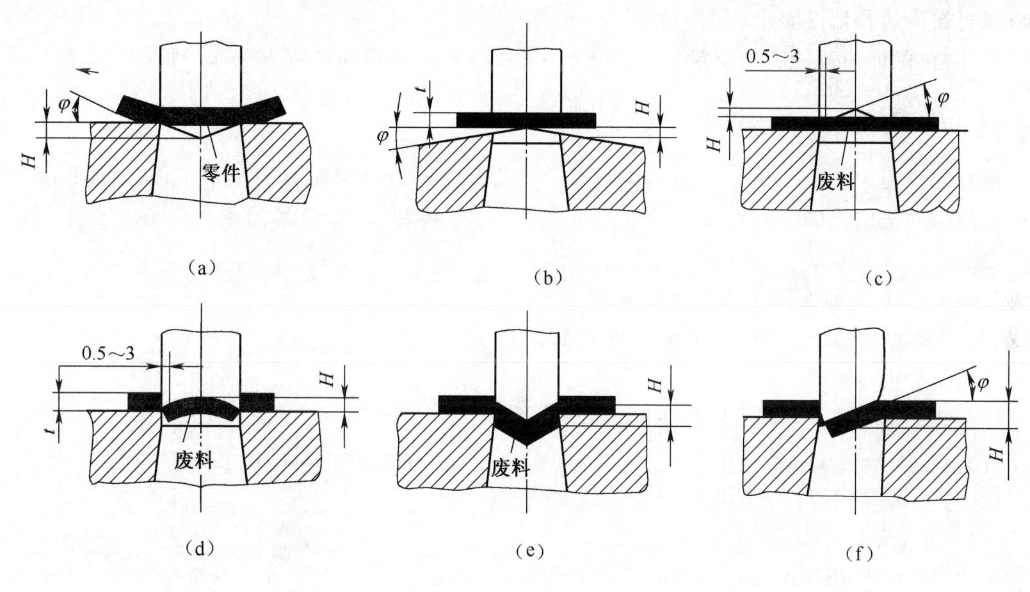

图 2-21　斜刃的形式

斜刃主要参数的设计：斜刃角 φ 和斜刃高度 H 与板料厚度有关，按表 2-14 选用。平刃部分的宽度取 0.5~3 mm，如图 2-21 所示。

表 2-14　斜 刃 参 数

材料厚度 t/mm	斜刃高度 H	斜刃角 φ
<3	$2t$	<5°
3~10	t	<8°

斜刃冲模的冲裁力(N)可用斜刃剪切公式近似计算：

$$F_{斜}=K\frac{0.5t^2\tau}{\mathrm{tg}\ \varphi} \tag{2-28}$$

式中 K ——系数,一般取 1.3;

φ ——斜刃角(°);

τ——材料抗剪强度(MPa);

t——材料厚度(mm)。

斜刃冲裁力也可用下面简化公式计算:

$$F = K'Lt\tau \tag{2-29}$$

式中 L——冲裁周长(mm);

K'——降低冲裁力系数。

当 $H=t$ 时,$K'=0.4\sim0.6$,当 $H=2t$ 时,$K'=0.2\sim0.4$。

值得一提的是,斜刃冲模虽能降低冲裁力,但增加了模具制造和修磨的困难,刃口易磨损,零件不够平整,且不易冲裁外形复杂的零件。因此,一般只用于大型件冲裁及厚板冲裁。

3. 加热冲裁($\downarrow \tau_b$)

板料在加热时,抗剪强度 τ_b 将明显下降,从而降低了总冲裁力。但材料加热后会产生氧化皮,且劳动条件差。此外还应考虑条料不宜过长,搭边值应适当放大,以及设计模具时,刃口尺寸应考虑零件的冷缩量,冲裁间隙可适当减小,凸、凹模应选用热冲模具材料等。加热冲裁一般只适用于厚板或表面质量及精度要求不高的零件。

此外,在保证冲裁件断面质量的前提下,还可通过放大冲模间隙等方法来降低冲裁力。

2.6.4 压力中心的确定

模具的压力中心是冲压力合力的作用点。为了保证压力机和模具的正常工作,应使模具的压力中心与压力机滑块的中心线相重合。因此,在设计模具时,计算模具的压力中心是必不可少的环节之一。

1. 简单模具几何图形压力中心的确定

(1)对称冲件的压力中心,位于冲件轮廓图形的几何中心上。

(2)冲裁直线段时,其压力中心位于直线段的中心。

(3)冲裁圆弧线段时,其压力中心的位置如图 2-22 所示,按下式计算:

$$y = 180R\sin\alpha/\pi\alpha = Rs/b \tag{2-30}$$

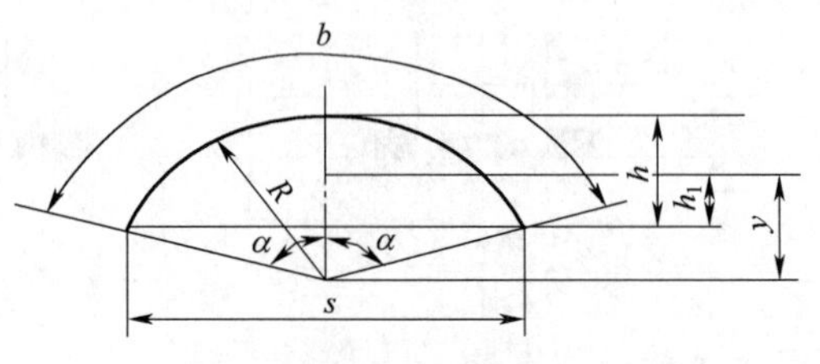

图 2-22 圆弧线段压力中心

2. 多凸模模具压力中心的确定

确定多凸模模具的压力中心,是将各凸模的压力中心确定后,再根据同一轴线合力矩等于各分力矩之和的原理计算模具的压力中心(x_0, y_0),如图 2-23 所示,计算公式如下:

$$x_0 = \frac{F_1x_1 + F_2x_2 + \ldots + F_nx_n}{F_1 + F_2 + \cdots + F_n} = \frac{\sum_{i=1}^{n} F_ix_i}{\sum_{i=1}^{n} F_i} \tag{2-31}$$

$$y_0 = \frac{F_1y_1 + F_2y_2 + \ldots + F_ny_n}{F_1 + F_2 + \cdots + F_n} = \frac{\sum_{i=1}^{n} F_iy_i}{\sum_{i=1}^{n} F_i} \tag{2-32}$$

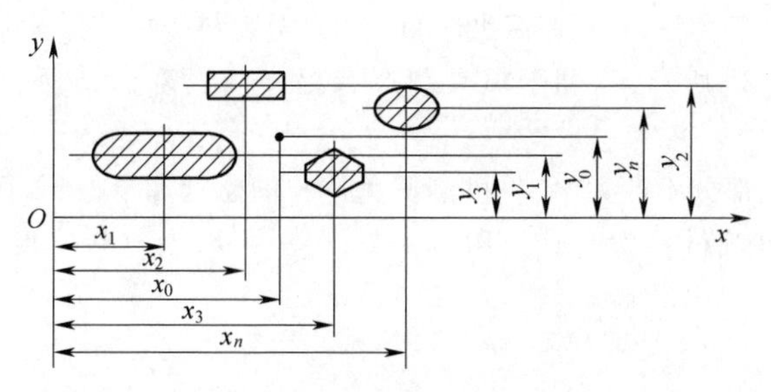

图 2-23　多凸模压力中心

3. 复杂形状零件模具压力中心的确定

复杂形状零件模具压力中心的计算原理与多凸模冲裁压力中心的计算原理相同,即将复杂的轮廓形状分解成由直线段、圆弧线等简单地多凸模组成,再按照多凸模模具的压力中心的计算方法计算出复杂模具的压力中心,如图 2-24 所示。

除上述的解析法外,还可以用作图法和悬挂法,确定复杂形状零件模具的压力中心。

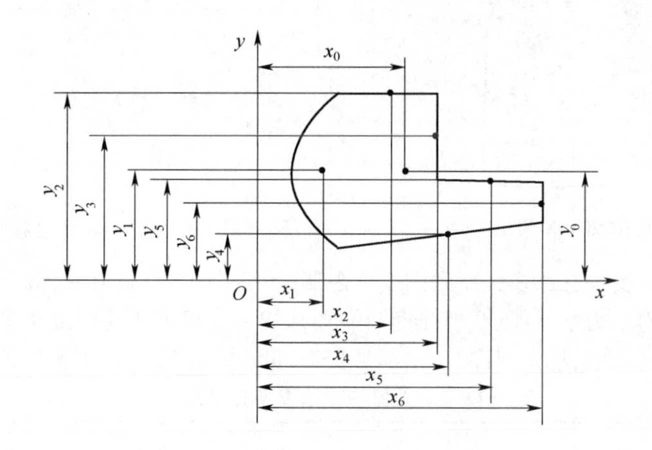

图 2-24　复杂模具压力中心

2.7　冲裁的工艺设计

冲裁的工艺设计主要包括冲裁件的工艺分析和冲裁工艺方案的确定。如果工艺性较好,工艺方案合理,就可以降低材料消耗,减少工序数量和工时,使冲裁件的质量好且稳定,并使模具结构简单,模具寿命高,因而可以减少劳动量和冲裁成本。

2.7.1　冲裁件的工艺性分析

冲裁件的工艺性是指冲裁件对冲裁工艺的适应性。冲裁工艺性好是指能用普通冲裁方法,在模具寿命和生产率较高、成本较低的条件下得到质量合格的冲裁件。一般情况下,对冲裁件工艺性影响较大的是制件的结构形状、精度要求、形位公差及技术要求等。冲裁件的工艺性合理与否,影响到冲裁件的质量、模具寿命、材料消耗、生产率等,设计中应尽可能提高其工艺性。

1. 冲裁件的结构工艺性

冲裁件的形状应尽可能简单、对称、避免复杂形状的曲线,在许可的情况下,把冲裁件设计成少、无废料排样的形状,以减少废料。矩形孔两端宜用圆弧连接,以利于模具加工。冲裁件各直线或曲线的连接处应尽量避免锐角,严禁尖角。除在少、无废料排样或采用镶拼模结构时,都应有适当的圆角相连,如图 2-25 所示,以利于模具制造和提高模具寿命,圆角半径 R 的最小值可参考表 2-14 选取。

冲裁件凸出或凹入部分不能太窄,尽可能避免过长的悬臂和窄槽,如图 2-26 所示。最小宽度 b 一般不小于 $1.5t$,当冲裁材料为高碳钢时,$b \geqslant 2t$,$L_{max} \leqslant 5b$,当材料厚度 $t<1$ mm 时,按 $t=1$ mm 计算。

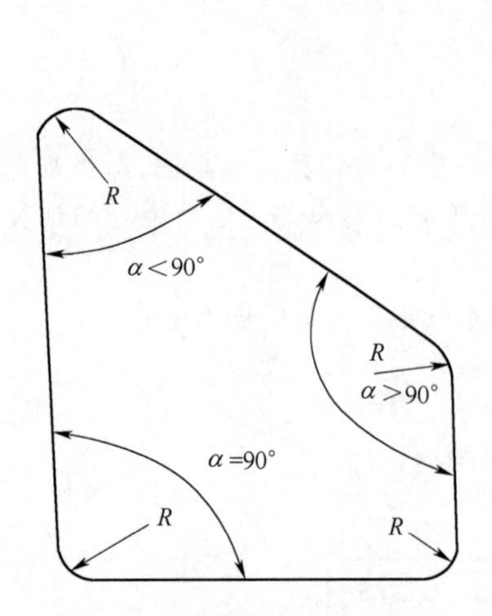

图 2-25 冲裁件的交角和圆角

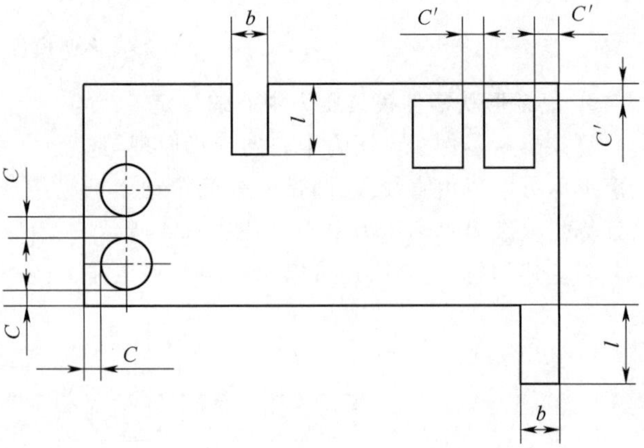

图 2-26 冲裁件凸出的悬臂与凹槽尺寸

冲裁件的孔径因受冲孔凸模强度和刚度的限制,不宜太小,否则容易折断或压弯,冲孔的最小尺寸取决于冲压材料的力学性能、凸模强度和模具结构。各种形状孔的最小尺寸可参考表 2-15。如果采用带保护套的凸模,稳定性高,凸模不易折损,最小冲孔尺寸可以减少,参考表 2-16。

表 2-15 用无保护套凸模冲孔的最小尺寸 单位:mm

材 料	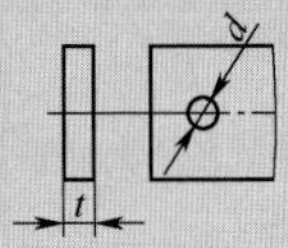	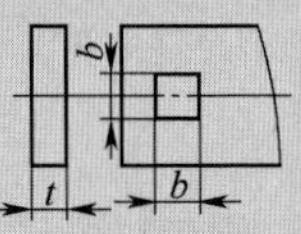	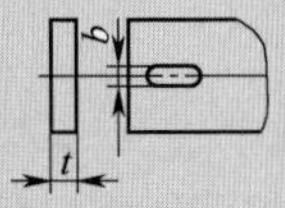	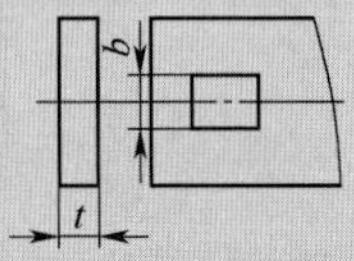
钢 τ>700 MPa	$d \geqslant 1.5t$	$b \geqslant 1.35t$	$b \geqslant 1.1t$	$b \geqslant 1.2t$
钢 τ=400~700 MPa	$d \geqslant 1.3t$	$b \geqslant 1.2t$	$b \geqslant 0.9t$	$b \geqslant t$
钢 τ<400 MPa	$d \geqslant t$	$b \geqslant 0.9t$	$b \geqslant 0.7t$	$b \geqslant 0.8t$
黄铜、铜	$d \geqslant 0.9t$	$b \geqslant 0.8t$	$b \geqslant 0.6t$	$b \geqslant 0.7t$
铝、锌	$d \geqslant 0.8t$	$b \geqslant 0.7t$	$b \geqslant 0.5t$	$b \geqslant 0.6t$
纸胶板、布胶板	$d \geqslant 0.7t$	$b \geqslant 0.7t$	$b \geqslant 0.4t$	$b \geqslant 0.5t$
硬纸、纸	$d \geqslant 0.6t$	$b \geqslant 0.5t$	$b \geqslant 0.3t$	$b \geqslant 0.4t$

注:t——材料厚度。

表 2-16 带保护套凸模冲孔的最小尺寸 单位:mm

材 料	硬 钢	软钢及黄铜	铝及锌	材 料	硬 钢	软钢及黄铜	铝及锌
圆形孔径 d	$0.5t$	$0.35t$	$0.3t$	长方孔宽 b	$0.4t$	$0.3t$	$0.28t$

冲孔件上孔与孔、孔与边缘之间的距离不宜过小，以避免工件变形、模壁过薄或因材料易被拉入凹模而影响模具寿命。

一般孔边距：对圆孔，$a=(1\sim1.5)t$；对矩形孔，$a=(1.5\sim2)t$。

在弯曲件或拉深件上冲孔时，为避免凸模受水平推力而折断，孔壁与工件直壁之间应保证一定的距离，以便避开弯曲或拉深圆角区。

2. 冲裁件的尺寸精度和表面粗糙度要求

冲裁件的精度一般可分为精密级与经济级两类。对于普通冲裁件，其经济精度不高于 ITll，一般要求落料件公差等级最好低于 IT10 级，冲孔件最好低于 IT9 级。冲裁件外形与内孔尺寸公差见表 2-17。如果工件精度高于上述要求，则需要在冲裁后整修或采用精密冲裁。冲裁件两孔心距所能达到的公差见表 2-18。

表 2-17　冲裁件外形与内孔尺寸公差

材料厚度/mm	普通冲裁模				高级冲裁模			
	零件尺寸/mm							
	<10	10~50	50~150	150~300	<10	10~50	50~150	150~300
0.2~0.5	$\frac{0.08}{0.05}$	$\frac{0.10}{0.08}$	$\frac{0.14}{0.12}$	0.20	$\frac{0.025}{0.02}$	$\frac{0.03}{0.04}$	$\frac{0.05}{0.08}$	0.08
0.5~1	$\frac{0.12}{0.05}$	$\frac{0.16}{0.08}$	$\frac{0.22}{0.12}$	0.30	$\frac{0.03}{0.02}$	$\frac{0.04}{0.04}$	$\frac{0.06}{0.08}$	0.10
1~2	$\frac{0.18}{0.06}$	$\frac{0.22}{0.10}$	$\frac{0.30}{0.16}$	0.50	$\frac{0.04}{0.03}$	$\frac{0.06}{0.06}$	$\frac{0.08}{0.10}$	0.12
2~4	$\frac{0.24}{0.08}$	$\frac{0.28}{0.12}$	$\frac{0.40}{0.20}$	0.70	$\frac{0.06}{0.04}$	$\frac{0.08}{0.08}$	$\frac{0.10}{0.12}$	0.15
4~6	$\frac{0.30}{0.10}$	$\frac{0.35}{0.15}$	$\frac{0.50}{0.25}$	1.00	$\frac{0.10}{0.06}$	$\frac{0.12}{0.10}$	$\frac{0.15}{0.15}$	0.20

注：1. 表中分子为外形的公差值，分母为内孔的公差值。

2. 普通冲裁模是指模具工作部分、导向部分零件按 IT7~IT8 级制造，高级冲裁模按 IT5~IT6 级精度制造。

表 2-18　冲裁件孔心距公差

材料厚度/mm	普通冲裁模			高级冲裁模		
	孔中心距基本尺寸/mm					
	<50	50~150	150~300	<50	50~150	150~300
<1	±0.10	±0.15	±0.20	±0.03	±0.05	±0.08
1~2	±0.12	±0.20	±0.30	±0.04	±0.06	±0.10
2~4	±0.15	±0.25	±0.35	±0.06	±0.08	±0.12
4~6	±0.20	±0.30	±0.40	±0.08	±0.10	±0.15

冲裁件的断面粗糙度与材料塑性、材料厚度、冲裁模间隙、刃口锐钝及冲模结构等有关。当冲裁厚度为 2 mm 以下的金属板料时，其断面粗糙度 Ra 一般可达 3.2~12.5 μm。冲裁件断面的近似表面粗糙度和允许的毛刺高度见表 2-19 和表 2-20。

表 2-19　冲裁件断面的近似表面粗糙度

材料厚度/mm	≤1	1~2	2~3	3~4	4~5
粗糙度 Ra/μm	6.3	12.5	25	50	100

表 2-20 冲裁件断面允许毛刺高度 单位:mm

冲裁材料厚度	~0.3	>0.3~0.5	>0.5~1.0	>1.0~1.5	>1.5~2.0
新模式冲时允许毛刺高度	≤0.015	≤0.02	≤0.03	≤0.04	≤0.05
生产时允许毛刺高度	≤0.05	≤0.08	≤0.10	≤0.13	≤0.15

3. 冲裁件的尺寸基准

冲裁件的尺寸基准应尽可能和制模时的定位基准重合,并选择在冲裁过程中基本上下不变动的面或线上,以避免产生基准不重合误差,如图 2-27 所示。原设计尺寸的标注图 2-27(a)不合理,因为这样标注,尺寸 L_1、L_2 必须考虑模具的磨损而相应给以较宽的公差,从而造成孔心距的不稳定,孔心距公差会随着模具磨损而增大。改用图 2-27(b)的标注,两孔的孔心距不受模具磨损的影响,比较合理。

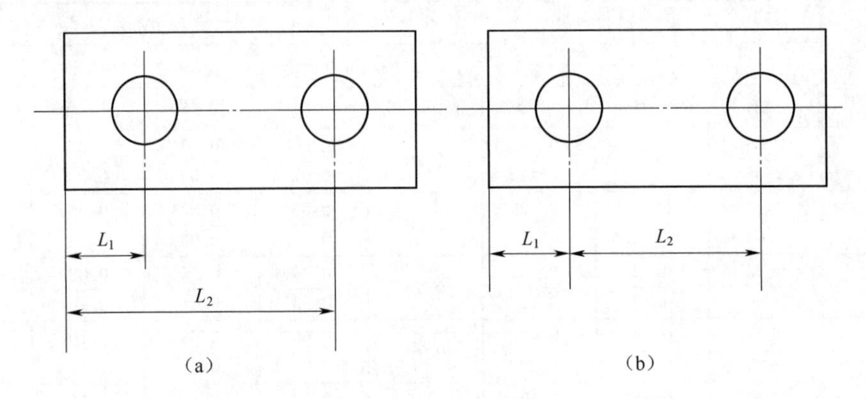

图 2-27 冲裁件的尺寸标注

2.7.2 冲裁工艺方案的确定

工艺方案确定是在对冲压件的工艺性分析之后应进行的重要环节。确定工艺方案主要包括确定工序数、工序的组合和工序顺序的安排等。冲压工艺方案的确定要考虑多方面的因素,例如:工件的批量、形状、精度、尺寸大小等。有时还要进行必要的工艺计算,因此实际中通常提出几种可能的方案,再根据多方面的因素全面考虑、综合分析,选取一个较为合理的冲裁方案。

1. 冲裁工序的组合

冲裁件工序的组合主要与冲裁件的生产批量、尺寸精度、形状复杂程度、模具成本以及零件的几何复杂程度、孔间距、孔的位置和孔的数量等有关。简单形状零件,采用单工序冲裁(一次落料或冲孔工序);形状复杂零件,常将内、外轮廓分成几个部分,用复合冲裁或者用几副模具组成的级进模冲裁,因而工序数量由孔间距、孔的位置和孔的数量多少来决定。

单工序冲裁是在压力机的一次行程中,一副模具中只能完成一道冲压工序;复合冲裁是在压力机的一次行程中,在模具的同一位置同时完成两个或两个以上的工序;级进冲裁是把一个冲裁件的几个工序,排列成一定顺序,组成级进模,在压力机的一次行程中,在模具的不同位置同时完成两个或两个以上的工序,除最初几次冲程外,每次冲程都可完成一个冲裁件。

(1)生产批量

由于模具费用在制件成本中占有一定的比例,所以冲裁件的生产批量在很大程度上决定了冲裁工序的组合程度,即决定所用的模具结构。一般说来,新产品试制与小批量生产时,模具结构简单,力求制造快、成本低,采用单工序冲裁;对于中批和大批量生产,模具结构力求完善,要求效率高、寿命长,采用复合冲裁或级进冲裁。

(2)冲裁件尺寸精度

单工序冲裁因存在多次工序误差的积累,其工件精度较低。复合冲裁因避免了多次冲压的定位误差,并且在冲裁过程中可以进行压料,工件较平整、不翘曲,因此所得工件公差等级较高,内、外形同轴度一般可达∅0.02~∅0.04 mm。级进冲裁所得工件的尺寸公差等级较复合冲裁低,工件不够平整,有拱弯。

(3)对工件尺寸、形状的适应性

冲裁件的尺寸较小时,考虑到单工序送料不方便且生产效率低,常采用复合冲裁或级进冲裁;对于尺寸中等的冲裁件,由于制造多副单工序模具的费用比复合模贵,则采用复合冲裁。当冲裁件上的孔与孔之间或孔与边缘之间的距离过小,不宜采用复合冲裁或单工序冲裁时,应采用级进冲裁。所以级进冲裁可以加工形状复杂、宽度很小的异形冲裁件,且可冲裁的材料厚度比复合冲裁时要大,但级进冲裁受压力机工作台面尺寸与工序数的限制,冲裁件尺寸不宜太大,冲裁工件一般为中、小型件。为提高生产效率与材料利用率,常采用多排冲压,而复合冲裁则很少采用。

(4)模具制造、安装调整和成本

对复杂形状的工件,采用复合冲裁与连续冲裁相比,模具制造以安装调整较易,成本较低。尺寸中等的工件由于制造多副单工序模的费用比复合模昂贵,也宜采用复合冲裁。对形状简单、精度不高的零件采用级进冲裁模具结构比复合模简单,易于制造。

(5)操作方便与安全

复合冲裁出件或清除废料较困难,安全性较差,而级进冲裁较安全。

2. 冲裁顺序的安排

级进冲裁和多工序冲裁时的工序顺序安排可参考以下原则:

(1)级进冲裁的顺序安排

①先冲孔(缺口或工件的结构废料),然后落料或切断,将工件与条料分离。首先冲出的孔一般作后续工序定位用。若定位要求较高,则要冲出定位用的工艺孔。

②采用定距侧刃时,侧刃切边工序一般安排在前,与首次冲孔同时进行,以便控制送料进距,采用两个定距侧刃时,也可安排成一前一后。

③套料级进冲裁时,按由里向外的顺序为先冲内轮廓,后冲外轮廓。

(2)多工序工件用单工序冲裁时的顺序安排

①先落料使毛坯与条料分离,然后以外轮廓定位进行其他冲裁。后续各冲裁工序的定位基准要一致,以避免定位误差和尺寸链换算。

②冲裁大小不同、相距较近的孔时,为减少孔的变形,应先冲大孔,后冲小孔。

2.8　冲裁模零部件设计

2.8.1　模具零件的分类

根据冲裁模具零件的不同作用,可将零件分为两大类:工艺零件和结构零件。

工艺零件:在冲裁过程中与材料直接接触的零件。工艺零件可分为如下三类:

(1)工作零件:凸模、凹模、凸凹模;

(2)定位零件:定位板、定位销、挡料销、侧刃、导正销、导尺等;

(3)压料、卸料、出件零件:卸料板、推件装置、顶件装置、压料板、弹簧、橡胶等。

结构零件:在模具的结构中起装配、安装和导向作用的零件。结构零件包括如下三类:

(1)固定零件:上、下模座、模柄、凸、凹模固定板、垫板、限位器等;

(2)连接零件:螺钉、销钉、键等;

(3)导向零件:导柱、导套、导筒、导板等。

2.8.2 冲模标准化的意义

冲模标准化是指在模具设计与制造中应遵循和应用的技术规范与基准。实现标准化的意义主要体现在四个方面:

(1)可缩短模具设计与制造周期,降低模具成本;

(2)有利于保证质量;

(3)有利于实现模具的计算机辅助设计与制造;

(4)有利于国内和国际的交流与合作。

因此在设计模具时,应尽量选用标准化的零件,对于非标准的零件可参考标准件设计。

模具标准化程度是指“模具标准件使用覆盖率”。由于我国模具标准化工作起步较晚,模具标准件生产、销售、推广和应用工作也比较落后,因此,模具标准件品种规格少、供应不及时、配套性差等问题长期存在,从而使模具标准件使用覆盖率一直较低。据初步估计,我国目前模具标准化程度在50%左右,而国际上一般在75%以上。

有关统计资料表明:采用模具标准件可使企业的模具加工工时节约25%~45%,能缩短模具生产周期30%~40%。随着工业产品多品种、小批量、个性化、快周期生产的发展,为了提高市场经济中的快速应变能力和竞争能力,在模具生产周期显得越来越重要的今天,模具标准化的意义更为重大。

2.8.3 工作零件的设计与标准的选用

1. 凸模

(1)凸模结构形式及固定方法

凸模的结构形式很多,主要有圆形凸模、非圆形凸模、大中型凸模、护套式冲小孔凸模等,其结构形式如图2-28所示。

圆形凸模有阶梯式、快换式等。为了增加凸模的强度和刚度,凸模非工作部分直径应做成逐渐增大的阶梯形式。圆形凸模大多采用台肩固定、螺钉压紧,如图2-28(a)所示。

非圆形凸模有阶梯式、直通式等,主要采用台肩固定、铆接、黏结剂浇注法等固定形式。

大、中型凸模有整体式、镶拼式,主要采用螺钉和销钉固定。

护套式冲小孔凸模的设计重点主要在提高其强度和刚度。所谓小孔一般指直径 $d<t$ 或 $d<1$ mm的圆孔或孔面积 $A<1\ mm^2$ 的异形孔。它大大超出了一般冲孔零件结构设计上的工艺要求。冲小孔凸模细长,冲孔时容易弯曲或折断,所以对其采取保护措施就非常重要。常用保护小凸模的措施有:

①加保护套保护与导向小孔凸模。

②采用短凸模的冲孔模。

③在冲模的其他结构设计与制造上采取保护小凸模措施,如:提高模架刚度和精度,采用较大的冲裁间隙,保证凸、凹模间隙的均匀性,减小工作表面粗糙度,采用斜刃壁凹模以减小冲裁力等。

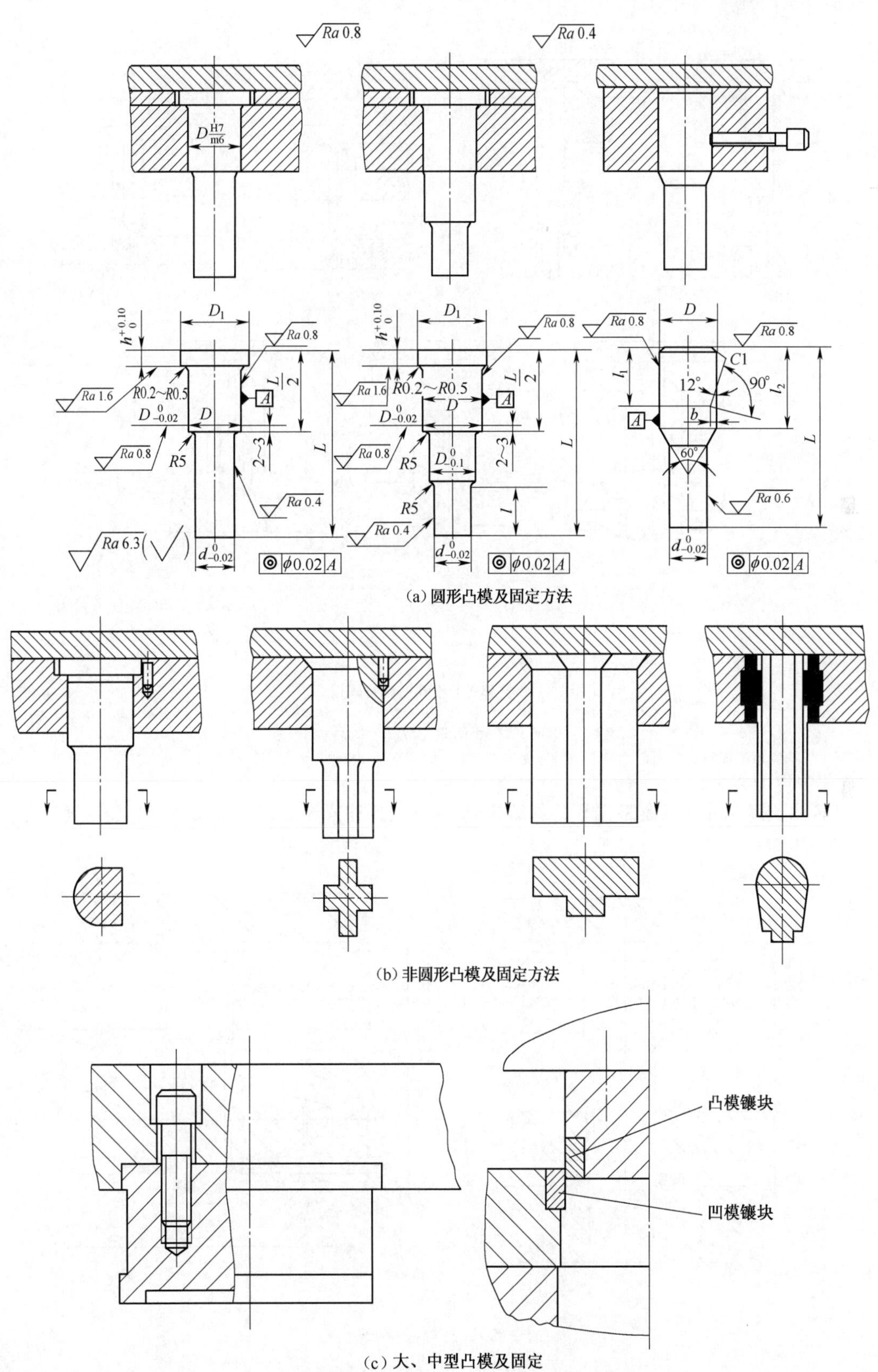

(a) 圆形凸模及固定方法

(b) 非圆形凸模及固定方法

(c) 大、中型凸模及固定

图 2-28　凸模结构形式及固定方法

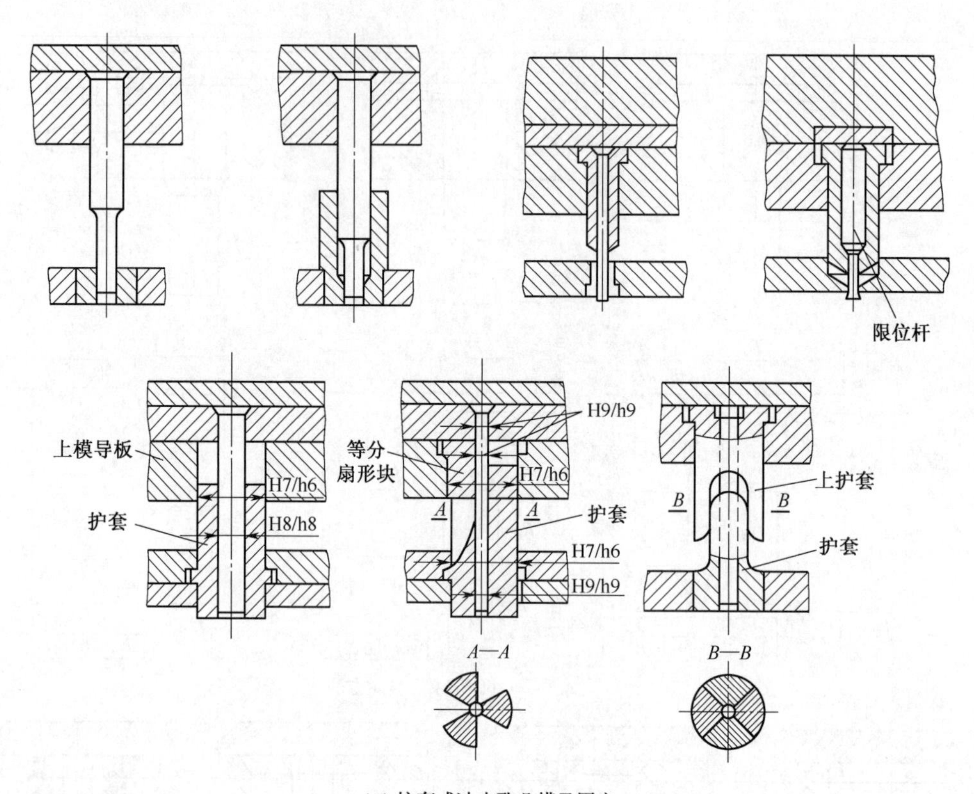

(d)护套式冲小孔凸模及固定

图 2-28 凸模结构形式及固定方法(续)

(2)凸模的长度

凸模的长度尺寸主要是根据模具的结构需要、安装操作安全方便及凸模强度等加以确定。当采用固定卸料板和导料板时[见图 2-29(a)],其凸模长度按下式计算:

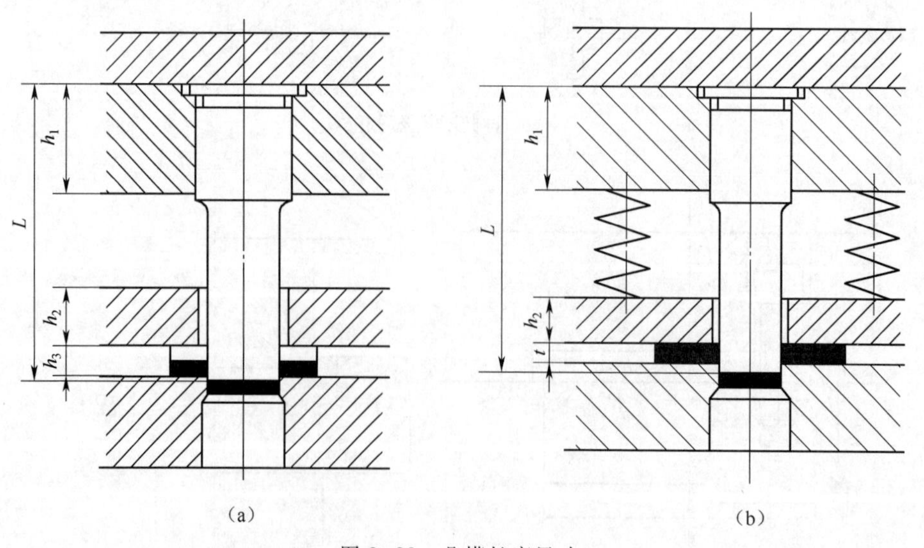

图 2-29 凸模长度尺寸

$$L = h_1 + h_2 + h_3 + h$$

当采用弹性卸料板时[见图 2-29(b)],其凸模长度按下式计算:

$$L = h_1 + h_2 + t + h$$

式中　L——凸模长度(mm);

t——材料厚度(mm);

h_1——凸模固定板厚度(mm);

h_2——卸料板厚度(mm);

h_3——导料板厚度(mm);

h——附加长度(mm)。它包括凸模的修磨量,凸模进入凹模的深度,凸模固定板与卸料板之间的安全距离等。一般取 $h = 15 \sim 20$ mm。

(3)凸模强度校核

在一般情况下,凸模的强度是足够的,不必进行强度计算。但是对特别细长的凸模或凸模断面尺寸较小而毛坯厚度又比较大的情况下,必须进行承压能力和抗纵向弯曲能力两方面的校核,以检查其危险断面尺寸和自由长度是否满足强度要求。

对于圆形凸模:

$$d_{min} \geqslant 4t\tau / [\delta_{压}] \tag{2-33}$$

对于其他各种断面的凸模:

$$A_{min} \geqslant F / [\delta_{压}] \tag{2-34}$$

式中　d_{min}——凸模最小直径,$[d_{min}]$为 mm;

t——料厚,$[t]$ 为 mm;

τ——抗剪强度,$[\tau]$ 为 MPa;

F——冲裁力,$[F]$ 为 N;

A——凸模最狭窄处的截面积;$[A_{min}]$为 mm^2;

$[\delta_{压}]$——凸模材料的许用应力,$[\delta_{压}]$为 MPa。凸模的许用应力决定于凸模材料的热处理和凸模的导向性。一般工具钢,凸模淬火至 58~62 HRC,$[\sigma_p] = 1\ 000 \sim 1\ 600$ MPa 时,可能达到的最小相对直径$(d/t)_{min}$之值列于表 2-21。

表 2-21　凸模允许的最小相对直径$(d/t)_{min}$

冲压材料	抗剪强度 τ/MPa	(d/t)min	冲压材料	抗剪强度 τ/MPa	(d/t)min
低碳钢	300	0.75~1.20	不锈钢	500	1.25~2.00
中碳钢	450	1.13~1.80	硅钢片	190	0.48~0.76
黄　铜	260	0.65~1.04		450	1.13~1.80

注:表值为按理论冲裁力的计算结果,若考虑实际冲裁力应增加 30%,则用 1.3 乘以表值。

(4)弯曲应力校核

当凸模断面小而长时,必须进行纵向弯曲应力的校核。容易理解有无导向装置其凸模的抗弯能力是不一样的。

①无导向装置的凸模。

对于圆形凸模:

$$L_{max} \leqslant 90d^2 / \sqrt{F} \tag{2-35}$$

对于其他各种断面的凸模:

$$L_{max} \leqslant 425\sqrt{F} \tag{2-36}$$

②有导向装置的凸模。

对于圆形凸模:

$$L_{max} \leqslant 270d^2/\sqrt{F} \tag{2-37}$$

对于其他各种断面的凸模:

$$L_{max} \leqslant 1\ 200\sqrt{F} \tag{2-38}$$

式中 L_{max}——允许的凸模最大自由长度,[L]为 mm;

d——凸模的最小直径,[d]为 mm;

F——冲裁力,[F]为 N;

J——凸模最小横截面积的轴惯矩,[J]为 mm^4。

2. 凹模

(1)凹模外形结构

凹模外形结构有圆形和板形如图 2-30 所示。

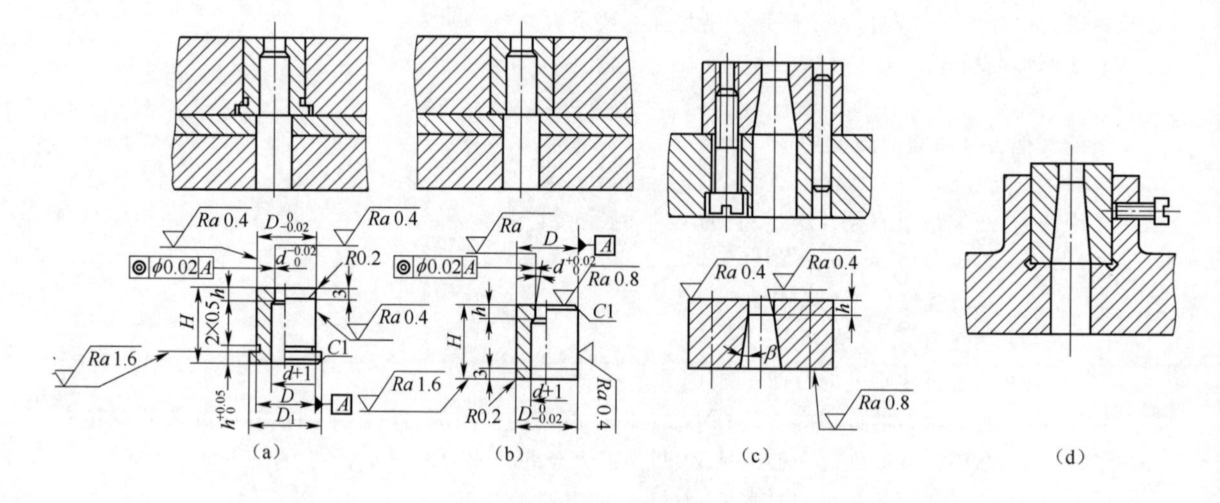

图 2-30 凹模外形结构

(2)凹模刃口形式

凹模刃口通常有直筒形、锥形两种,如图 2-31 所示。

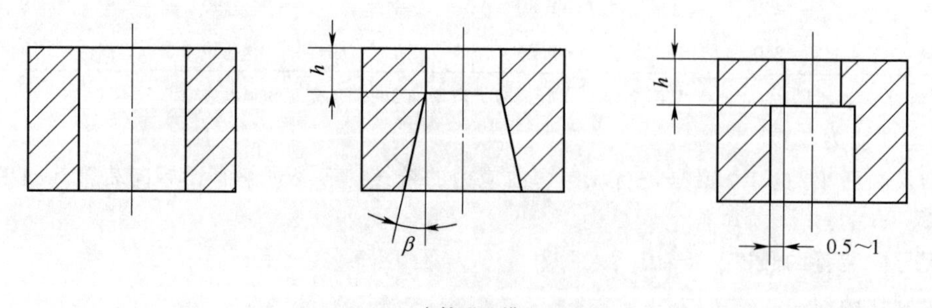

直筒形凹模

图 2-31 凹模的刃口形式

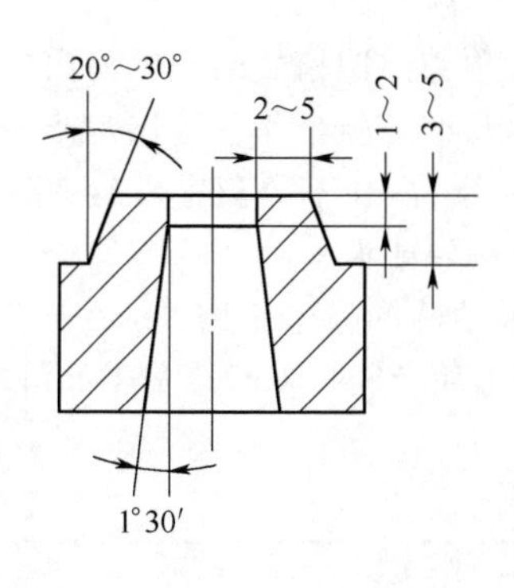

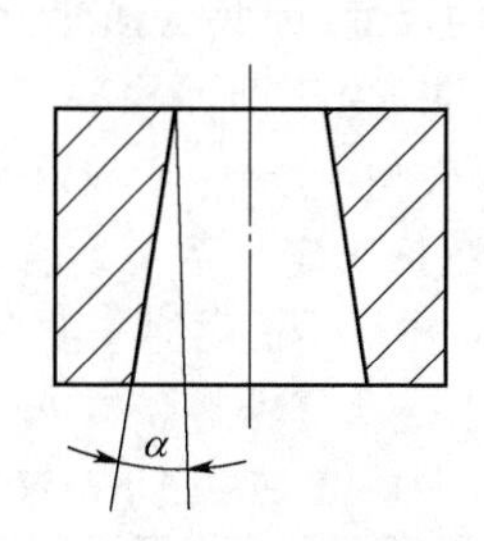

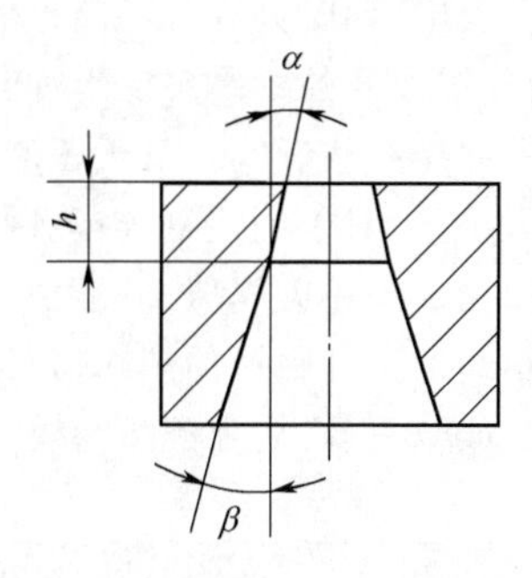

锥形凹模

图 2-31　凹模的刃口形式(续)

凹模工作部分高度 h 及斜度 α、β,视工件的材料及加工方法而定,其数值参见表 2-22。

表 2-22　凹模孔口主要参数

主要参数				附　　注
材料厚度 t/mm	α	β	h/mm	
<0.5	15′	2°	≥4	表中 α、β 值仅适用于钳工加工。电火花加工时:α=4′~20′(复杂模具取小值),β=20′~50′。带斜度装置的线切割时:β=1°~1.5°
>0.5~1			≥5	
>1~2.5			≥6	
>2.5~6	30′	3°	≥8	
>6			—	

(3)凹模外形和尺寸的确定

圆形凹模可由冷冲模国家标准或工厂标准中选用。非标准尺寸的凹模一般按经验公式概略地计算,如图 2-32 所示。

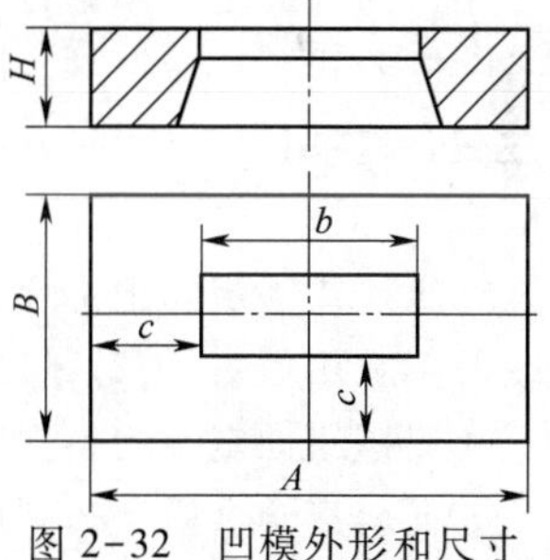

图 2-32　凹模外形和尺寸

凹模高:　　$H=Kb$　(≥15mm)　　(2-39)

凹模壁厚:　$c=(1.5\sim2)H$　(≥30~40mm)　　(2-40)

式中　b——冲压件最大外形尺寸;

K——系数,考虑板材厚度的影响,其值可查表 2-23。

表 2-23　系 数 K 值

b/mm	料　厚　t/mm				
	0.5	1	2	3	>3
<50	0.3	0.35	0.42	0.5	0.6
50~100	0.2	0.22	0.28	0.35	0.42
100~200	0.15	0.18	0.2	0.24	0.3
>200	0.1	0.12	0.15	0.18	0.22

上述方法适用于确定普通工具钢经过正常热处理,并在平面支撑条件下工作的凹模尺寸。冲裁件形状简单时,壁厚系数取较小值,形状复杂时取较大值。用于大批量生产条件下的凹模,应该在计算结果中增加高度的总修模量。

3. 凸凹模

复合模中,同时具有落料凸模和冲孔凹模作用的工作零件称为凸凹模。凸凹模的内外缘均为刃口,内外缘之间的壁厚决定于冲裁件的尺寸,因此从强度考虑,壁厚受最小值限制。凸凹模的最小壁厚受冲模结构影响。对于正装复合模,由于凸凹模装于上模,内孔不会积存废料,张力小,最小壁厚可小些;对于倒装复合模,因孔内会积存废料,所以最小壁厚要大些。

凸凹模的最小壁厚值,一般由经验数据决定。倒装复合模的凸凹模最小壁厚:对于黑色金属和硬材料约为工件料厚的1.5倍,但不小于0.7 mm;对于有色金属及软材料约等于工件料厚,但不小于0.5 mm。正装复合模凸凹模的最小壁厚可参考表2-24。

表2-24 凸凹模量小壁厚 *a*　　单位:mm

<table>
<tr><td>料厚 t</td><td>0.4</td><td>0.5</td><td>0.6</td><td>0.7</td><td>0.8</td><td>0.9</td><td>1.0</td><td>1.2</td><td>1.5</td><td>1.75</td></tr>
<tr><td>最小壁厚 a</td><td>1.4</td><td>1.6</td><td>1.8</td><td>2.0</td><td>2.3</td><td>2.5</td><td>2.7</td><td>3.2</td><td>3.8</td><td>4.0</td></tr>
<tr><td>最小直径 D</td><td colspan="5">15</td><td colspan="3">18</td><td colspan="2">21</td></tr>
<tr><td>料厚 t</td><td>2.0</td><td>2.1</td><td>2.5</td><td>2.75</td><td>3.0</td><td>3.5</td><td>4.0</td><td>4.5</td><td>5.0</td><td>5.5</td></tr>
<tr><td>最小壁厚 a</td><td>4.9</td><td>5.0</td><td>5.8</td><td>6.3</td><td>6.7</td><td>7.8</td><td>8.5</td><td>9.3</td><td>10.0</td><td>12.0</td></tr>
<tr><td>最小直径 D</td><td>21</td><td colspan="2">25</td><td colspan="2">28</td><td colspan="2">32</td><td>35</td><td>40</td><td>45</td></tr>
</table>

4. 凸模、凹模的镶块结构

形状复杂和大型的凹模与凸模大多选择镶拼结构,以获得良好的工艺性。这种结构的模具局部损坏更换方便,并能节约优质钢材,对大型模具可以解决锻造和热处理困难及变形的问题,因此被广泛采用。但镶拼模具装配较困难。

(1)镶拼式凸、凹模的固定方法

①平面式固定。用销钉和螺钉直接定位并固定在模板上,用于大型冲剪模。

②嵌入式固定。把拼合的镶块嵌入两边或四周都有凸台的模板槽内定位,采用K7/h6基轴式过渡配合,再用螺钉、销钉或垫片与楔块(键)紧固。这类结构侧向承载能力强,常用于中小型凸凹模固定。

③压入式固定。把拼合的镶块用U8/h7过盈配合压入固定板或固定槽,用于形状复杂的小型冲模及不宜用螺钉、销钉紧固的情况。

④斜楔式固定。用斜楔紧固拼块,使装拆调整方便。

⑤低熔点合金固定。利用低熔点合金冷却膨胀的原理使凸模、凹模与固定板之间形成一定强度的连接。

(2)镶块分块应考虑的原则

①改善加工工艺性,减少钳工工作量,提高模具加工精度。

a. 分块后将内形加工转变为外形加工,如图2-33(a)~图2-33(g)所示;

b. 拼块的形状、尺寸相同,如图2-33(h)和图2-33(i)所示;

c. 沿转角、尖角分割,拼块角度大于或等于90°如图2-33(j)所示;

d. 圆弧单独分块,拼接线在离切点4~7 mm的直线处,如图2-34所示;

e. 拼接线应与刃口垂直,且不宜过长,一般为12~15 mm,如图2-34所示。

②便于装配调整和维修。

a. 较薄弱或易磨损的局部凸、凹部分,应单独分块;

b. 拼块间应能通过磨削或增减垫片的方法,调整其间隙;

c. 拼块间应尽量以凸、凹槽形相嵌,便于拼块定位。

③满足冲压工艺要求,提高冲压件质量。凸模与凹模的拼接线应至少错开 3~5 mm。

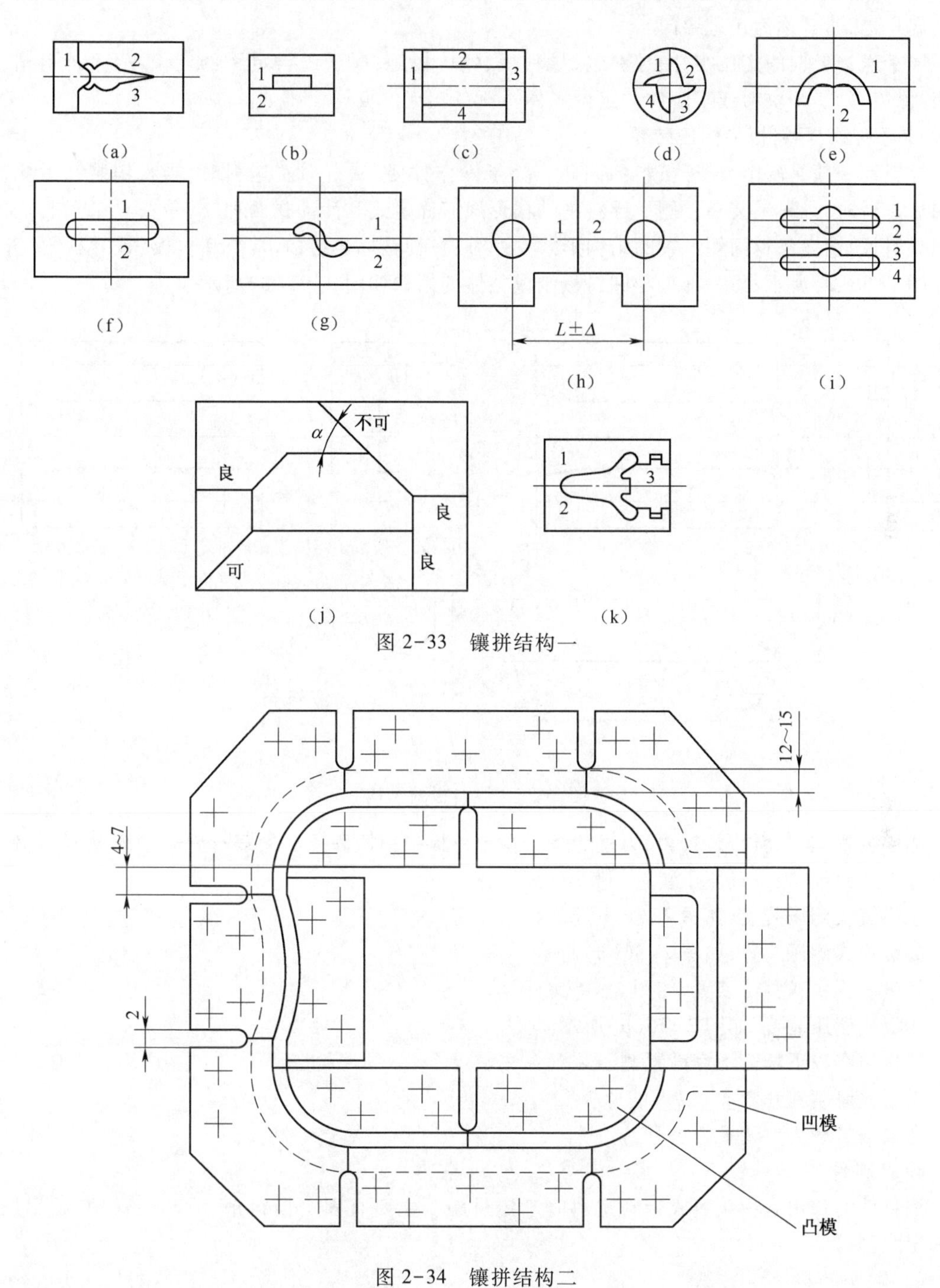

图 2-33　镶拼结构一

图 2-34　镶拼结构二

2.8.4　定位零件

定位零件是指保证条料或毛坯在模具中位置正确的零件。包括导料板(或导料销)、挡料销等。毛坯在模具中的定位包含两方面内容:一是在送料方向上的限位通常称为挡料即控制条料一次送进的距离称为送料定距(又称步距);二是在与送料方向垂直方向上的定位,保证条料沿正确的方向送进,通常称为送进导向。

属于送进导向的定位零件:导料销、导料板、侧压板等;属于送料定距的定位零件:挡料销、导正销、侧刃等;属于块料或工序件的定位零件:定位销、定位板等。

1. 导料销、导料板和侧压装置

导料销一般是两个,位于条料的同侧。为了操作方便,从右向左送料时,导料销装在后侧;从前向后送料时,导料销装在左侧。导料销结构形式有固定式和活动式两种。

导料板:设在条料两侧。它的结构形式有两种:一种是标准结构,常与卸料板(或导板)分开制造如图 2-35(a)所示;另一种是与卸料板制成整体的结构如图 2-35(b)所示。

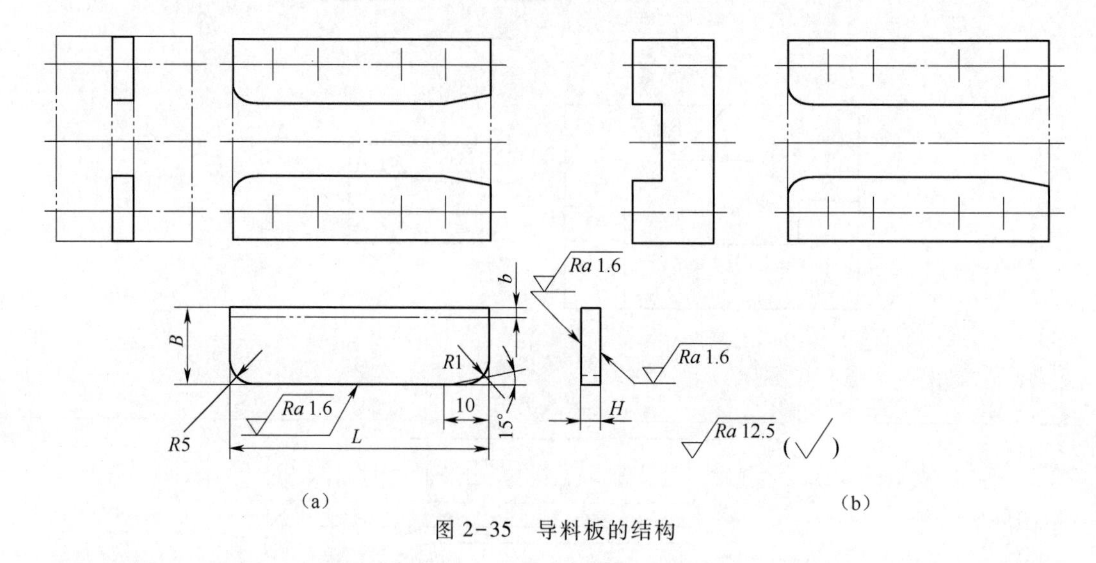

图 2-35 导料板的结构

侧压装置:若条料公差较大,为避免条料在导料板中偏摆和条料紧靠导料板一侧送料时,使最小搭边得到保证,须设置侧压装置。其结构形式有:

①弹簧式侧压装置,如图 2-36(a)所示。

②簧片式侧压装置,如图 2-36(b)所示。

③簧片压块式侧压装置,如图 2-36(c)所示。

④板式侧压装置,如图 2-36(d)所示。

很显然在以下场合不宜设置侧压装置:

①板料厚度在 0.3 mm 以下的薄板。

②辊轴自动送料装置的模具。

2. 挡料件

挡料件的作用是在条料或带料送料时确定进距。主要有固定挡料销、活动挡料销、始用挡料销和定距侧刃等。

(1)固定挡料销

固定挡料销结构简单,直接固定在凹模上,常用的为圆头式,如图 2-37 所示 A 型挡料销。当挡料销孔离凹模刃口太近时,挡料销可移离一个进距,以免削弱凹模强度,这时也可以采用钩形挡料销,如图 2-37 所示 B 型挡料销。

(2)活动挡料销

活动挡料销的后端带有弹簧、弹簧片或橡胶,挡料销能自由活动,其主要形式有:

①弹簧弹顶挡料装置,如图 2-38(a)所示。
②扭簧弹顶挡料装置,如图 2-38(b)所示。
③橡胶弹顶挡料装置,如图 2-38(c)所示。
④回带式挡料装置,如图 2-38(d)所示。

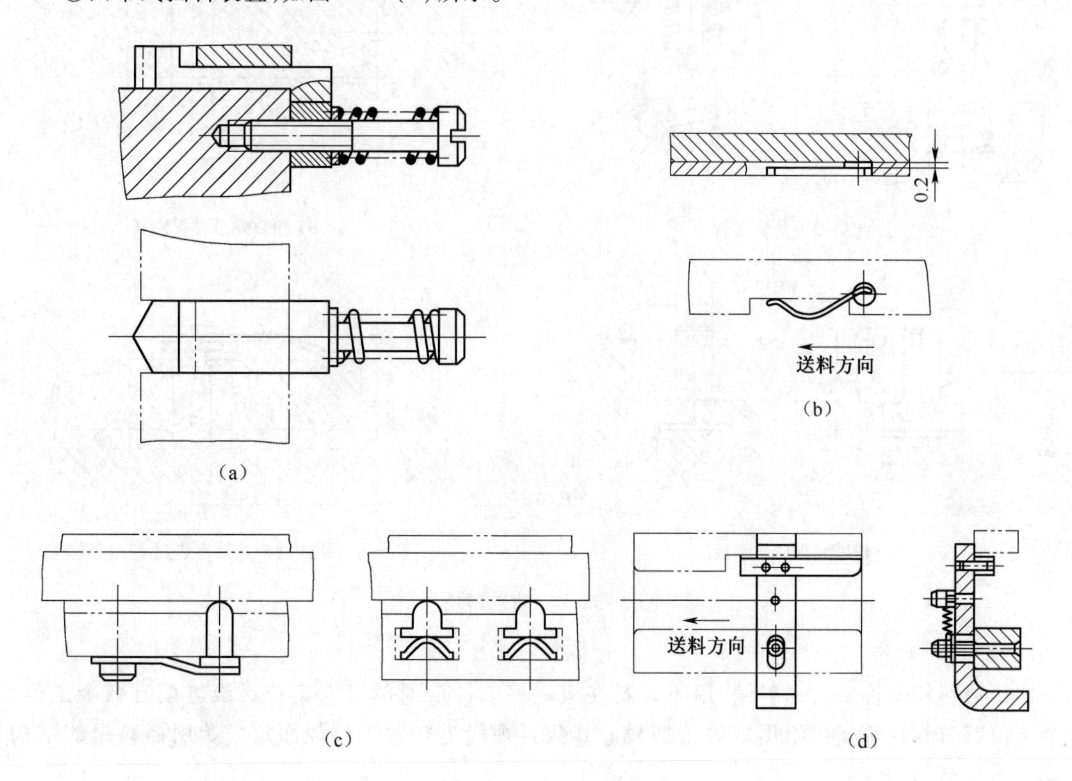

图 2-36　侧压装置

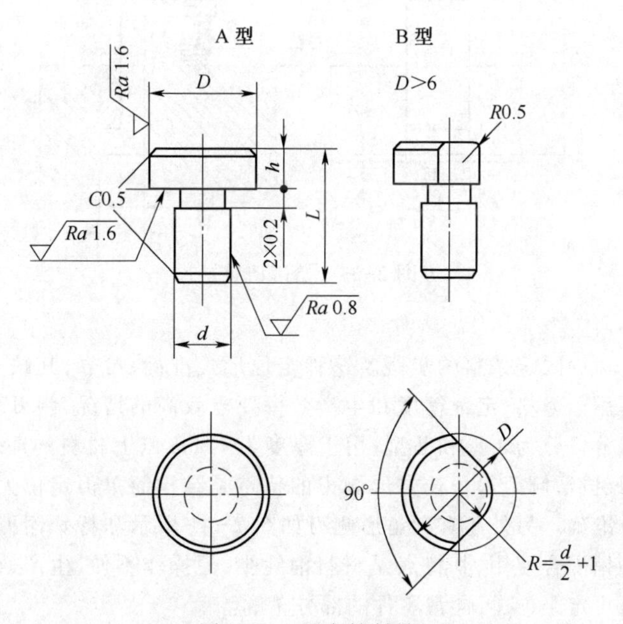

图 2-37　固定挡料销

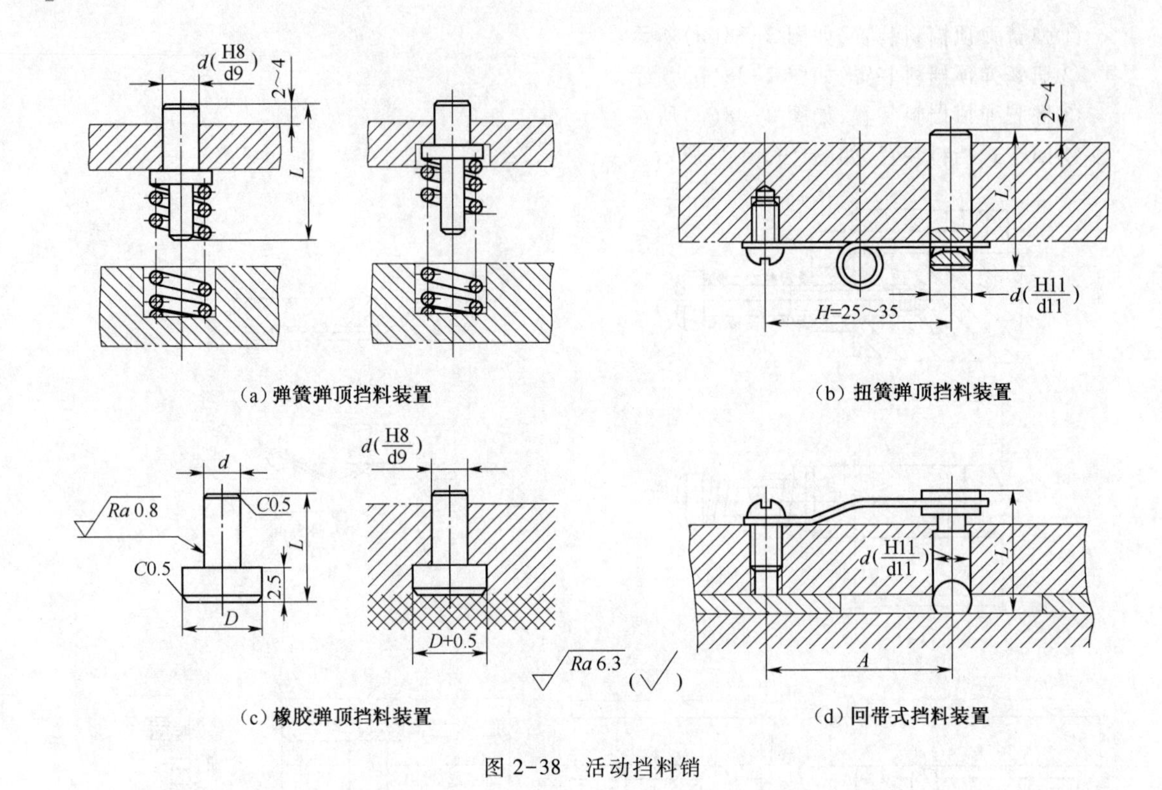

图 2-38 活动挡料销

(3)始用挡料销

始用挡料销又称临时挡料销,用于条料在级进模上冲压时的首次定位。级进模有数个工位,数个工位有时往往都需用始用挡料销挡料。其数目视级进模的工位数而定。始用挡料销的结构形式如图 2-39 所示。

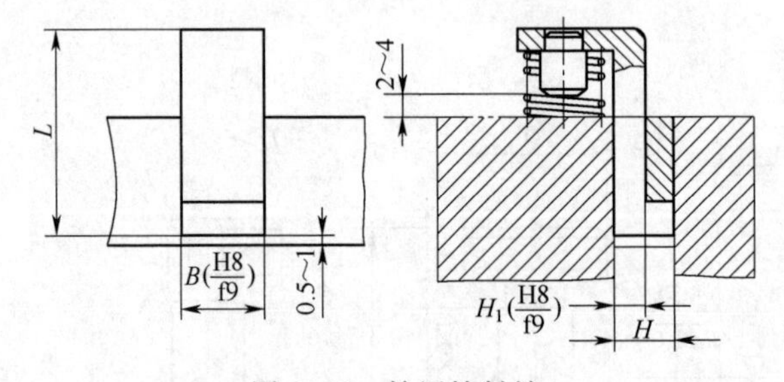

图 2-39 始用挡料销

3. 侧刃

侧刃用于在级进模中限定条料的步距。这种定位形式准确、可靠,其缺点是材料消耗增加及冲裁力增大。侧刃适用于薄料、定距精度和生产效率要求较高的情况,侧刃结构如图 2-40 所示。按侧刃工作端面形状分可分为Ⅰ型和Ⅱ型:用于厚度为 1 mm 以上材料的冲裁。按侧刃截面形状分可分为长方形侧刃、成形侧刃等。长方形侧刃的特点是结构简单但定位欠准确;成形侧刃的特点是制造困难但定位准确。另外还有尖角形侧刃如图 2-41 所示和特殊侧刃如图 2-42 所示。尖角形侧刃可与弹簧挡销配合使用,其特点是材料消耗少,但操作不便,生产效率低,可用于冲裁贵重金属。特殊侧刃既可定距,又可冲裁零件的部分轮廓。

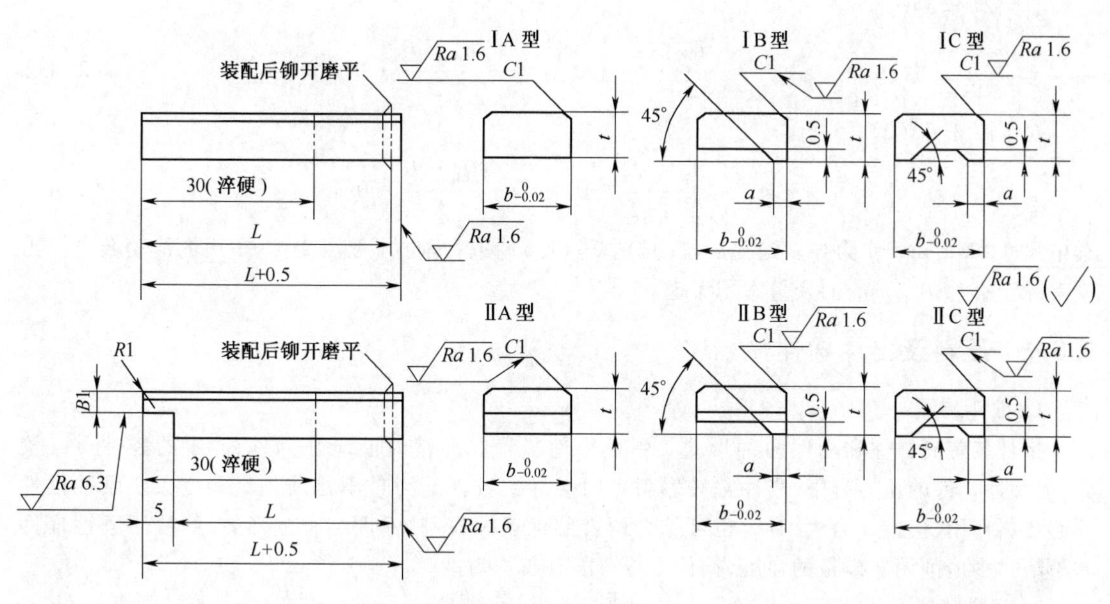

图 2-40　侧刃结构

侧刃凹模按侧刃实际尺寸配制，留单边间隙。侧刃数量：一个或两个。侧刃布置：并列布置、对角布置。

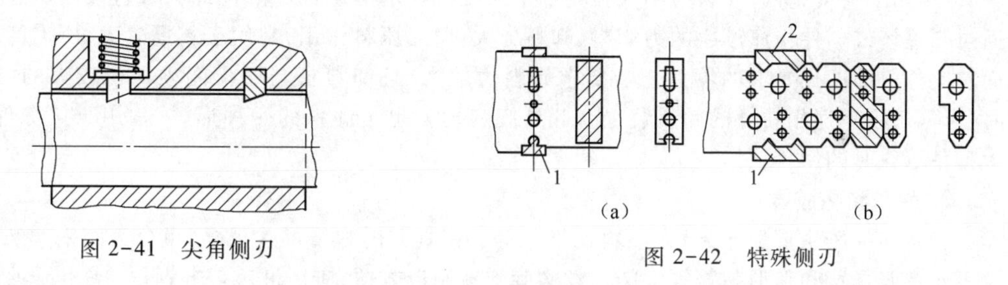

图 2-41　尖角侧刃

图 2-42　特殊侧刃

4. 导正销

导正销多用于级进模，一般是装在第二工位之后的凸模上，称为间接导正。也有直接安装的，这时称为直接导正。冲压时先将导正销插进已冲好的孔中，以保证内孔与外形的相对位置精度，消除由于送料引起的误差。但对于薄料（$t<0.3$ mm），导正销插入孔内会使孔边弯曲，不能起到正确定位的作用，此外孔的直径太小（$d<1.5$ mm）时导正销易折断，也不宜采用，此时可考虑与挡料销或侧刃配合使用，前者精定位，后者粗定位。

导正销的结构形式：导入部分为圆锥形的头部；导正部分为圆柱形，导正部分直径 d 与导正孔采取 H7/h6 或 H7/h7 配合。导正部分高度 h 不宜太大，否则不易脱件，但也不能太小，一般取 $h=(0.8\sim1.2)t$。考虑到冲孔后弹性变形收缩，导正销直径比冲孔的凸模直径要小 0.04~0.20 mm。

冲孔凸模、导正销及挡料销之间的相互位置关系如图 2-43 所示。

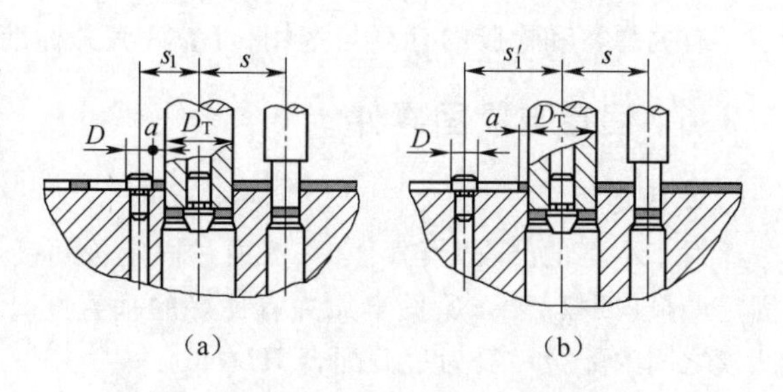

图 2-43　冲孔凸模、导正销及挡料销之间的相互位置关系

对于图 2-43(a):

$$s_1 = s - \frac{D_T}{2} + \frac{D}{2} + 0.1 = s - \frac{D_T - D}{2} + 0.1 \tag{2-41}$$

对于图 2-43(b):

$$s_1' = s + \frac{D_T}{2} - \frac{D}{2} - 0.1 = s + \frac{D_T - D}{2} - 0.1 \tag{2-42}$$

其中尺寸"0.1 mm"作为导正销往后拉[见图 2-43(a)]或往前推[见图 2-43(b)]的活动余量。当没有导正销时,0.1 mm 的余量不用考虑。

2.8.5 压料及出件零件

1. 推件装置

推件装置有弹性和刚性两种形式。弹性推件装置在冲裁时能压住制件,冲出的制件质量较高,但弹性元件的压力有限,当冲裁较厚材料时会导致推件的力量不足或使结构变大。刚性推件不起压料作用,但推件力大,有时也可综合两者的优点做成刚、弹性结合的形式,能使用刚性推件时不应过多地削弱上模板的强度,推件力尽可能分布均匀。

2. 卸料装置

卸料装置也分为刚性(即固定卸料板)和弹性两种。弹性卸料装置由卸料板、卸料螺钉和弹性元件组成,依靠弹性元件被压缩时产生的力来卸料,因此卸料力较小,但有压料作用,冲裁件质量较好,常用于料薄、所需卸料力不大但制件平面度有要求的冲裁。刚性卸料板直接固定在凹模上,通过与毛坯或零件相撞产生的力卸料,卸料力大,但无压料作用,常用于料厚较大,所需卸料力大,而对制件平面度无要求的零件。当要求卸料力较大、且卸料板与凹模间须保持较大的空间位置时,可采用刚弹性相结合的卸料装置。此外废料切刀也是卸料的一种形式,常用于拉深件切边或大型件落料时的卸料。

3. 弹簧和橡胶零件

弹簧和橡胶主要用于卸料、压料或推件等。模具用的弹簧形式很多,可分为圆钢丝螺旋弹簧、方钢丝螺旋弹簧和碟形弹簧等。圆钢丝螺旋弹簧制造方便,应用最广。方钢丝(或矩形钢丝)螺旋弹簧所产生的压力比圆钢丝螺旋弹簧大得多,主要用于卸料力或压料力较大的模具。

在中小工厂,广泛使用橡胶作为冲模的弹性零件,其优点是使用十分方便,价格便宜。但橡胶和油接触,容易被腐蚀损坏。

近年来常使用聚氨酯橡胶作为弹性零件,它比橡胶的压力大,寿命也长,但价格较贵。在小型设备上可在压力机工作台孔内安装弹顶装置,即使模具的结构尺寸大大简化、减小,又可提供较大的压力和行程。

有关弹簧和橡胶的计算与选用,可参考有关标准及设计资料。

2.8.6 固定与紧固零件

1. 固定板

对于小型的凸、凹模零件,一般通过固定板间接固定在模板上,以节约贵重的模具钢。固定板固定凸模(凹模)要求紧固牢靠并有良好的垂直度,因此固定板必须有足够的厚度。固定板与凸、凹模之间的配合一般为过渡配合 H7/m6。

2. 垫板

当零件的料厚较大而外形尺寸又较小时,冲压时凸模上端面或凹模下端面对模板作用有较大的单位压力,有时可能超过模板的允许抗压应力,此时就应采用垫板。采用刚性推件装置时上模板被挖空,也需要采用垫板。

3. 模板

模板分带导柱和不带导柱两种情况。可按冷冲模国家标准或工厂标准选择合适的形式和尺寸,或参照标准进行设计。

4. 模柄

对中小型模具用模柄固定上模。

5. 螺钉和销钉

螺钉常用于紧固模具零件,冲模中多采用内六角头或圆头螺钉。螺钉主要承受拉应力,其尺寸及数量一般根据经验确定,小型和中型模具常采用4~6个M6、M8、M10或M12等规格的螺钉,要按具体布置而定。大型模具可选M16或更大规格,选用过大会给攻螺纹带来困难。

冲模中圆柱销起定位作用,圆柱销承受一般的错移力。一般使用两个以上圆柱销,布置时常距离模具刃口较远,对中小型模具一般选用 $d=6$ mm、8 mm、10 mm、12 mm几种尺寸,遇到错移力较大的情况时可适当选大一些。

2.8.7　导向零件

1. 导柱和导套

对生产批量大,要求模具寿命高,工件精度要求较高的冲模,一般采用导柱、导套来保证上、下模的精确导向。导柱、导套有滑动和滚动两种结构形式。

(1)滑动导柱、导套都是圆柱形。其加工方便,容易装配,是模具行业应用最广的导向装置。

导柱与导套之间采用间隙配合,根据冲压工序性质、冲压件的精度及材料厚度等的不同,其配合间隙也稍有不同。例如:对于冲裁模,导柱和导套的配合可根据凸、凹模间隙选择。凸、凹模间隙小于0.3 mm时,采用H6/h5配合;大于0.3 mm时,采用H7/h6配合。

(2)滚珠导柱、导套是一种无间隙、精度高、寿命较长的导向装置,适用于高速冲模、精密冲裁模以及硬质合金模具的冲压工作。

导柱、导套设计时应尽可能按国家标准选用。

2. 导板导向

固定卸料板又起凸模导向作用,厚度比普通的卸料板厚一些,导板与凸模采用间隙配合,工作时要求凸模不脱离导板。用特别细长的凸模冲孔时,为了更好地保护凸模不被折断,应增加凸模保护套,使凸模在整个工作过程中始终有导向,不致弯曲折断。

2.8.8　冲模零件的材料选用

应根据模具的工作特性、受力情况、冲压件材料性能、冲压件精度以及生产批量等因素,合理选用模具材料。凸、凹模材料的选用原则为:对于形状简单、冲压件尺寸不大的模具,常用碳素工具钢(如T8A、T10A等)制造;对于形状较复杂、冲压件尺寸较大的模具,选用合金钢或高速钢制造;而对冲压件精度要求较高、产量又大的高速冲压或精密冲压模具,常选用硬质合金或钢结硬质合金等材料制造。表2-25列出了冲模常用材料及热处理要求,供选择参考。

表2-25　模具材料及热处理

零件名称		材　料	热处理硬度/HRC
凸凹模	形状简单、尺寸小	T10A、9Mn2V、CrWMn	58~62

续上表

零件名称		材料	热处理硬度/HRC
凸凹模	形状复杂、尺寸大	CrWMn、9CrSi、Cr12、Cr12MoV、YG15、YG20	58~62
	要求高耐磨	Cr12MoV、W18Cr4V、GCr15、YG15、YG20	60~64
	加热冲裁	5CrNiMo、5CrMnMo、3Cr2W8	48~52
上、下模座(板)		HT200、Q235、45	58~62
导柱、导套	(滑动)	20 渗碳淬火	60~64
	(滚动)	GCr15 淬火	58~62
模柄		Q235、45	—
固定板、卸料板、推料板、顶板、承料板等		Q235、45	—
垫板、定位板		45	43~48
		T8A	54~58
顶杆、推杆、打杆、挡料板、挡料钉等		45	43~48
侧刃、废料切刀、斜楔、滑块、导正销等		T8、T8A、T10、T10A	56~60
弹簧、簧片		65Mn、60Si2Mn	43~48

2.9 冲裁模的典型结构

冲裁模是冲压生产中不可缺少的工艺装备,模具结构优劣很大程度上决定了工艺方案的可靠程度和冲裁件质量的高低。冲裁模结构是否合理、先进,还直接影响生产效率及冲裁模本身的使用寿命和操作的安全、方便性等。

冲裁模的典型结构类型主要有:单工序模、复合模和级进模(又称连续模或跳步模)三种。三种冲裁模的结构类型各有特点,生产中到底选用何种类型的结构,主要根据冲裁件形状、尺寸、精度和生产批量及生产条件等因素加以考虑,本节主要讨论冲压生产中常见的典型冲裁模类型和结构特点。

2.9.1 单工序冲裁模

单工序冲裁模是指在压力机一次行程内只完成一个冲压工序的冲裁模,如落料模、冲孔模、切边模、切口模等。下面以落料模、冲孔模单工序模为例介绍单工序模的结构特点。

1. 落料模

单工序落料模的典型结构,由上模和下模两部分组成。上模包括上模座及装在其上的全部零件;下模包括下模座及装在其上的全部零件。冲模在压力机上安装时,可通过模柄夹紧在压力机滑块的模柄孔中,使上模和滑块一起上下运动;下模则通过下模座用螺钉、压板固定在压力机工作台面上。

(1)无导向单工序落料模

图 2-44 所示为无导向单工序落料模。工作零件为凸模 2 和凹模 5,定位零件为两个导料板 4 和定位板 7,导料板 4 对条料送进起导向作用,定位板 7 的作用是限制条料的送进距离;卸料零件为两个固定卸料板 3;支承零件为带模柄的上模座 1 和下模座 6;此外还有紧固螺钉等。上、下模之间没有直接导向关系。分离后的冲件靠凸模直接从凹模洞口依次推出。箍在凸模上的废料由固定卸料板刮下。

该模具具有一定的通用性,通过更换凸模和凹模,调整导料板、定位板、卸料板位置,可以冲裁不同冲件。另外，改变定位零件和卸料零件的结构，还可用于冲孔，即成为冲孔模。

从图2-44所示的无导向单工序落料模的结构和分析可以看出：无导向冲裁模的特点是结构简单、制造容易、成本低，但安装和调整凸、凹模之间间隙较麻烦，冲裁件质量差，模具寿命低，操作不够安全。因而，无导向简单冲裁模适用于冲裁精度要求不高、形状简单、批量小的冲裁件。

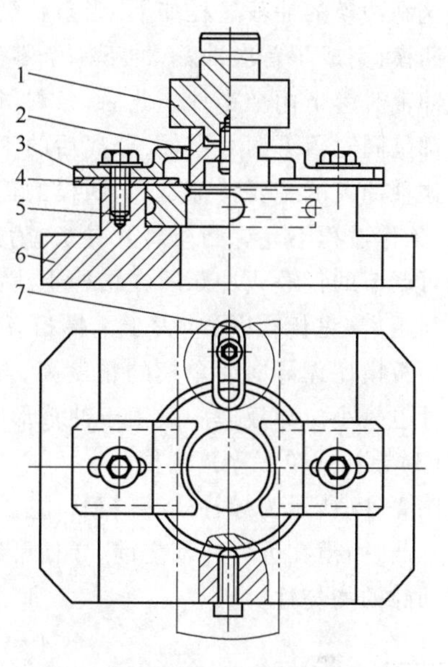

图2-44 无导向单工序落料模

1—上模座；2—凸模；3—卸料板；4—导料板；5—凹模；6—下模座；7—定位板

(2)导板式单工序落料模

图2-45所示为导板式单工序落料模。其上、下模的导向是依靠导板9与凸模5的间隙配合（一般为H7/h6）进行的，故称导板模。

冲模的工作零件为凸模5和凹模13；定位零件为导料板10和固定挡料销16、始用挡料销20；导向零件是导板9（兼起固定卸料板作用）；支承零件是凸模固定板7、垫板6、上模座3、模柄1、下模座15；此外还有紧固螺钉、销钉等。根据排样的需要，这副冲模的固定挡料销所设置的位置对首次冲裁起不到定位作用，为此采用了始用挡料销20。在首件冲裁之前，用手将始用挡料销压入已限定条料的位置，在以后各次冲裁中，开始用挡料销，始用挡料销被弹簧弹出，不再起挡料作用，而使用固定挡料销对条料定位。

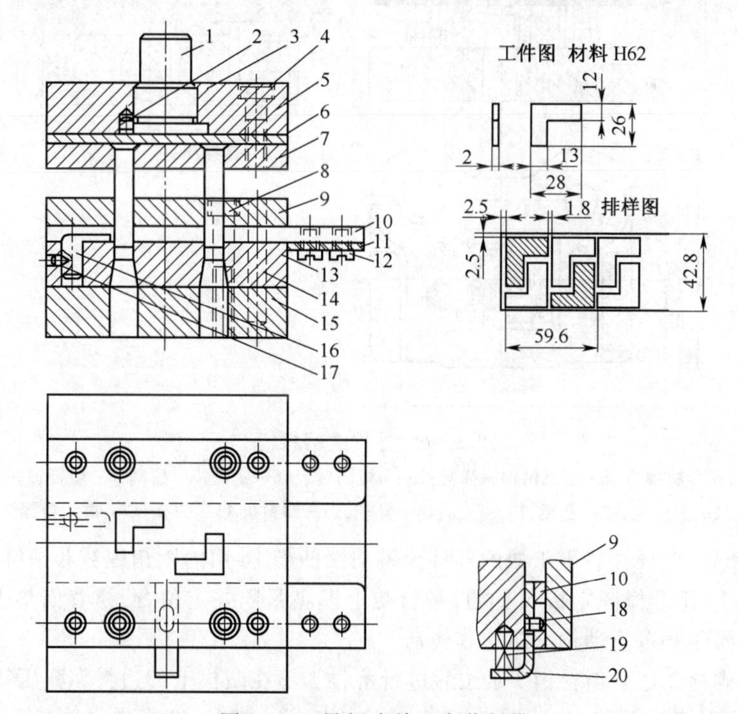

图2-45 导板式单工序落料模

1—模柄；2—止动销；3—上模座；4、8—内六角螺钉；5—凸模；6—垫板；7—凸模固定板；9—导板；10—导料板；11—承料板；12—螺钉；13—凹模；14—圆柱销；15—下模座；16—固定挡料销；17—止动销；18—限位销；19—弹簧；20—始用挡料销这副冲模的冲裁过程如下:当条料沿导料板10送到始用挡料销20时,凸模5由导板9导向而进入凹模,完成了首次冲裁,冲下一个零件。条料继续送至固定挡料销16时,进行第二次冲裁,第二次冲裁时落下两个零件。此后,条料继续送进,其送进距离由固定挡料销16控制,而且每一次冲压都是同时落下两个零件,分离后的零件靠凸模从凹模洞口中依次推出。

这种冲模的主要特征是凸、凹模的正确配合依靠导板导向。为了保证导向精度和导板的使用寿命,工作过程不允许凸模离开导板,为此,要求压力机行程较小。根据这个要求,宜选用行程较小且可调节的偏心式冲床。在结构上,为了方便拆装和调整间隙,固定导板的两排螺钉和销钉内缘之间距离(见俯视图)应大于上模相应的轮廓宽度。

导板模比无导向简单模的精度高,寿命也较长,使用时安装较容易,卸料可靠,操作较安全,轮廓尺寸也较小。导板模一般用于冲裁形状比较简单、尺寸不大、厚度大于0.3 mm的冲裁件。

(3)导柱式单工序落料模

图2-46所示为导柱式落料模。这种冲模的上、下模正确位置利用导柱14和导套13的导向来保证。凸、凹模在进行冲裁之前,导柱已经进入导套,从而保证了在冲裁过程中凸模12和凹模16之间间隙的均匀性。

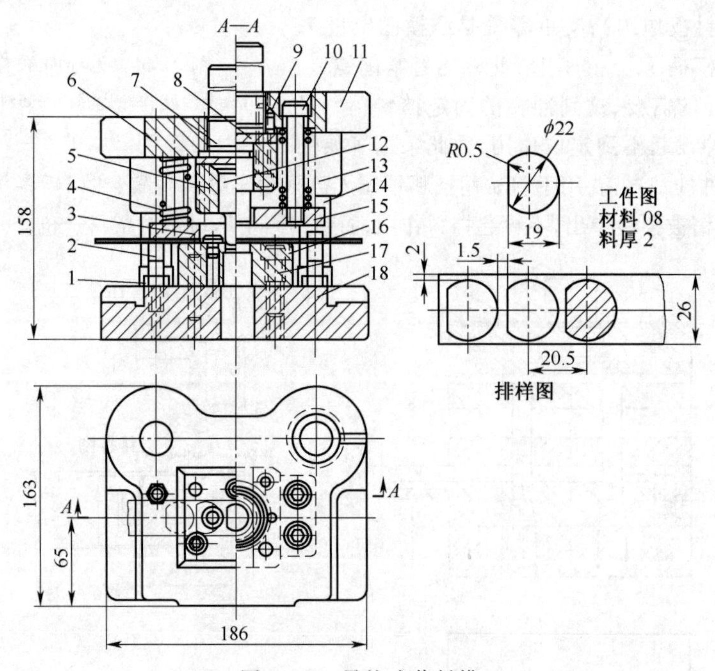

图2-46 导柱式落料模

1—落帽;2—导料螺钉;3—挡料销;4—弹簧;5—凸模固定板;6—销钉;7—模柄;8—垫板;9—止动销;10—卸料螺钉;11—上模座;12—凸模;13—导套;14—导柱;15—卸料板 16—凹模;17—内六角螺钉;18—下模座

上、下模座和导套、导柱装配组成的部件为模架。凹模16用内六角螺钉和销钉与下模座18紧固并定位。凸模12用凸模固定板5、螺钉、销钉与上模座紧固并定位,凸模背面垫上垫板8。压入式模柄7装入上模座并以止动销9防止其转动。

材料沿导料螺栓2送至挡料销3定位后进行落料。箍在凸模上的边料靠弹压卸料装置进行卸料,弹压卸料装置由卸料板15、卸料螺钉10和弹簧4组成。在凸、凹模进行冲裁工作之前,由于弹簧力的作用,卸料板先压住条料,当上模继续下压时进行冲裁分离,此时弹簧被压缩(见图2-46左半边)。上模回程时,弹簧恢复推动卸料板把箍在凸模上的边料卸下。

导柱式冲裁模的导向比导板式的可靠，精度高，寿命长，使用安装方便，但轮廓尺寸较大，模具较重，制造工艺复杂，成本较高。它广泛用于生产批量大、精度要求高的冲裁件。

2. 冲孔模

冲孔模的结构与一般落料模相似，但冲孔模有自己的特点，冲孔模的对象是已经落料或其他冲压加工后的半成品，所以冲孔模要解决半成品在模具上如何定位、如何使半成品放进模具以及如何在冲好后既方便又安全的取出成品；而冲小孔时，必须考虑凸模的强度和刚度，以及设置快速更换凸模的结构；成形零件上侧壁孔冲压时，必须考虑凸模水平运动方向转换机构的设置方式等。

(1)导柱式冲孔模

图 2-47 所示为导柱式冲孔模。可将冲件上的所有孔一次全部冲出，是多凸模的单工序冲裁模。

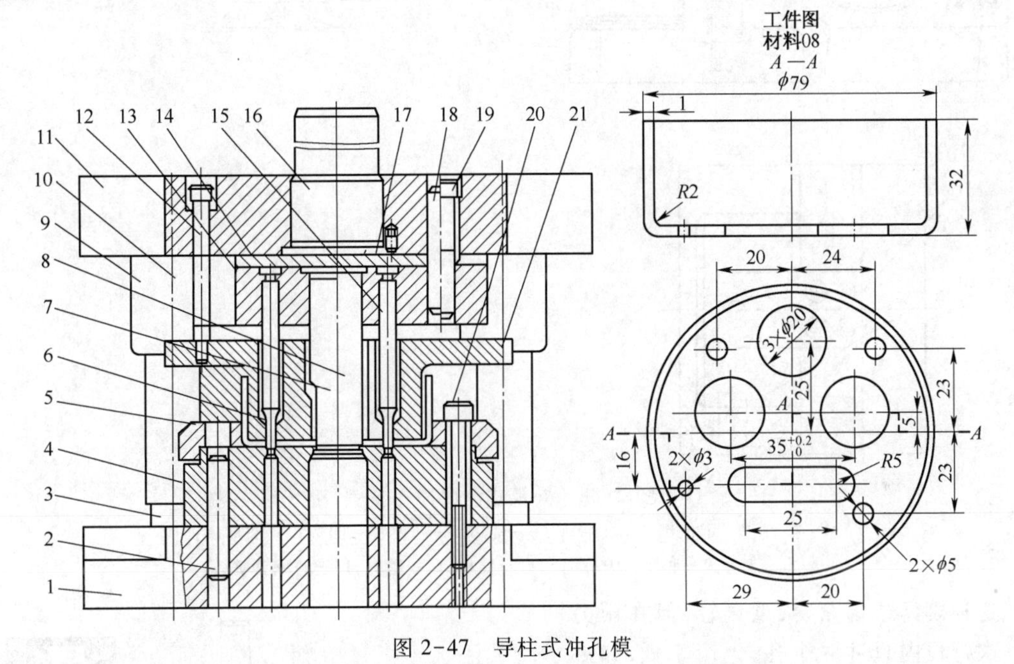

图 2-47　导柱式冲孔模

1—下模座；2、18—圆柱销；3—导柱；4—凹模；5—定位圈；6、7、8、15—凸模；9—导套；10—弹簧；11—上模座；12—卸料螺钉；13—凸模固定板；14—垫板；16—模柄；17—止动销 19、20—内六角螺钉；21—卸料板

由于工序件是经过拉深的空心件，而且孔边与侧壁距离较近，因此应使工序件口部朝上，用定位圈 5 实行外形定位，以保证凹模有足够强度，但这样增加了凸模长度，设计时必须注意凸模的强度和稳定性问题。如果孔边与侧壁距离大，则可使工序件口部朝下，利用凹模实行内形定位。该模具采用弹性卸料装置，除卸料作用外，该装置还可保证冲孔零件的平整，提高零件的质量。

(2)冲侧孔模

图 2-48 所示为导板式侧面冲孔模。模具的最大特征是凹模 6 嵌入悬壁式的凹模体 7 上，凸模 5 靠导板 11 导向，以保证与凹模的正确配合。凹模体固定在支架 8 上，并以销钉 12 固定防止转动。支架与底座 9 以 H7/h6 配合，并以螺钉紧固。凸模与上模座 3 用螺钉 4 紧定，更换较方便。

工序件的定位方法是：径向和轴向以悬臂凹模体和支架定位；孔距定位由定位销 2、摇臂 1 和压缩弹簧 13 组成的定位器来完成，保证冲出的六个孔沿圆周均匀分布。

冲压开始前，拨开定位器摇臂，将工序件套在凹模体上，然后放开摇臂，凸模下冲，即冲出第一个孔。随后转动工序件，使定位销落入已冲好的第一个孔内，接着冲第二个孔，并用同样的方法冲出其他孔。

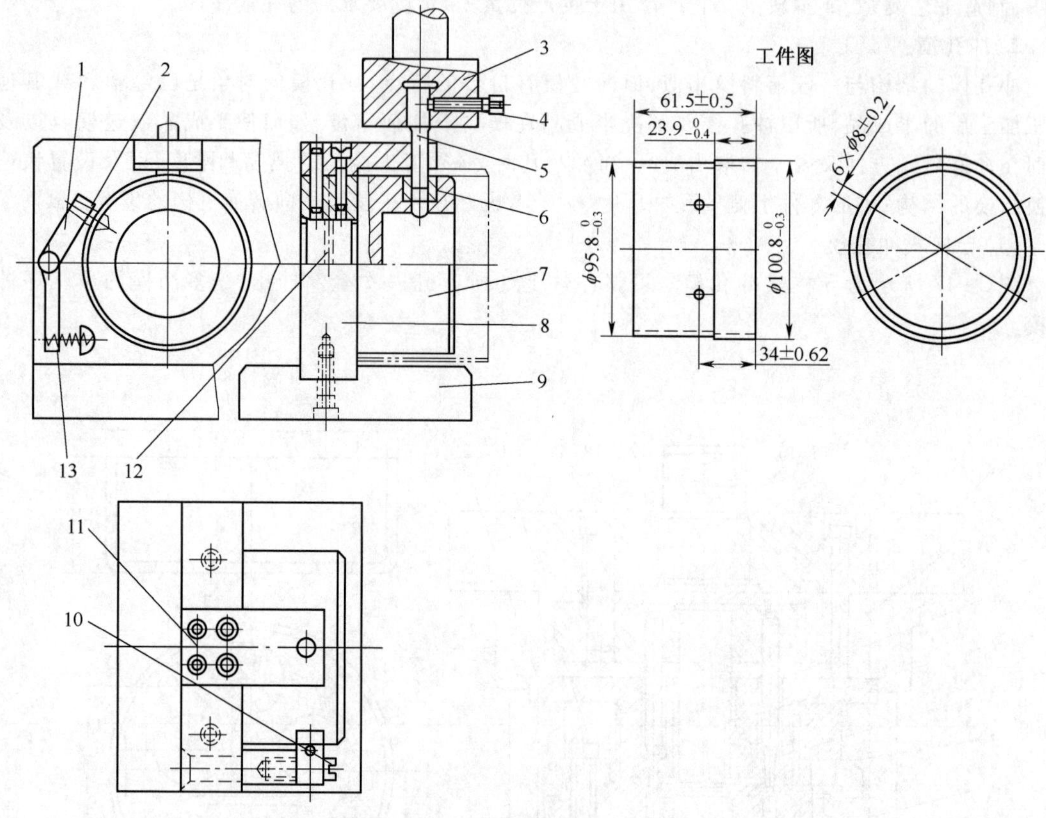

图 2-48　导板式侧面冲孔模

1—摇臂;2—定位销;3—上模座;4—螺钉;5—凸模;6—凹模;7—凹模体;8—支架;9—底座;10—螺钉;11—导板;12—销钉;13—压缩弹簧

这种模具结构紧凑,重量轻,但在压力机一次行程内只冲一个孔,生产率低,如果孔较多,则会造成孔距积累误差较大。因此,这种冲孔模主要用于生产批量不大、孔距要求不高的小型空心件的侧面冲孔或冲槽。

图 2-49 所示为斜楔式水平冲孔模。该模具的最大特征是依靠斜楔 1 把压力机滑块的垂直运动变为滑块 4 的水平运动,从而带动凸模 5 在水平方向进行冲孔。凸模与凹模 6 地对准依靠滑块在导槽内滑动来保证。斜楔的工作角度 α 以 40°~50°为宜。需要较大冲裁力时,α 角也可以取 30°,以增大水平推力。如果为了获得较大的工作行程 α 角可加大到 60°。为了排除冲孔废料,需要开设漏料孔与下模座的漏料孔相通。

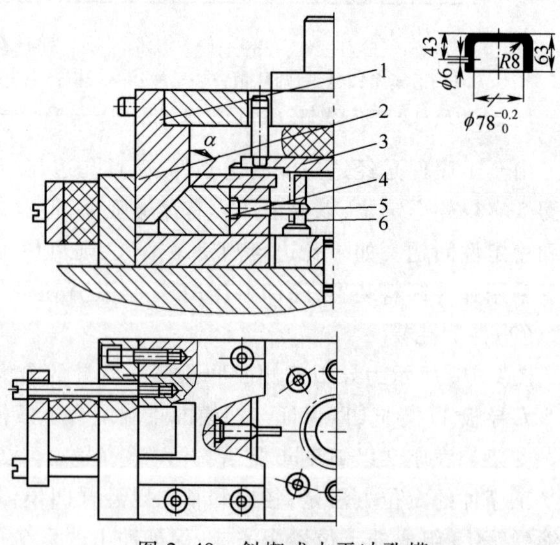

图 2-49　斜楔式水平冲孔模

1—斜楔;2—座板;3—弹簧板;4—滑块;5—凸模;6—凹模

滑块的复位依靠橡胶来完成,也可以靠弹簧或斜楔本身的另一工作角度来完成。

工序件以内形定位,为了保证冲孔位置的准确,应使弹压板 3 在冲孔前将工序件压紧。该模具在压力机一次行程中冲一个孔。类似这种模具,如果安装多个斜楔滑块机构,可以同时冲多个孔,孔的相对位置由模具精度来保证。其生产率高,但模具结构较复杂,轮廓尺寸较大。这种冲模主要用于冲空心件或弯曲件等成形零件的侧孔、侧槽、侧切口等。

(3)小孔冲模

图 2-50 所示为全长导向结构的小孔冲模,它与一般冲孔模的区别是:凸模在工作行程中除了进入被冲材料内的工作部分外,其余全部得到不间断的导向作用,因而大大提高凸模的稳定性和强度。该模具的结构特点如下:

①导向精度高:图 2-50 所示模具的导柱不但在上、下模座之间进行导向,而且也可对卸料板实施导向。在冲压过程中,导柱装在上模座上,在工作行程中上模座、导柱、弹压卸料板一同运动,使与上、下模座平行装配的卸料板中的凸模护套精确地与凸模滑配,当凸模受侧向力时,卸料板通过凸模护套承受侧向力,保护凸模不发生弯曲。

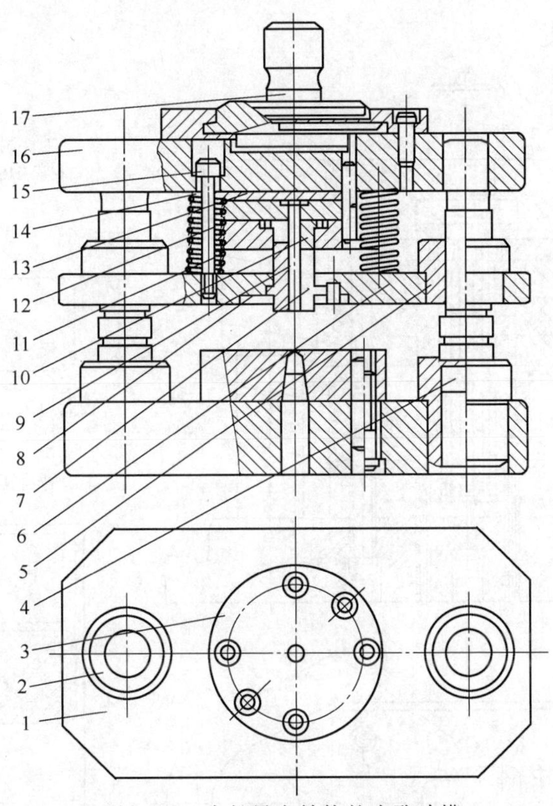

图 2-50　全长导向结构的小孔冲模

1—下模座;2、5—导套;3—凹模;4—导柱;6—弹压卸料板;7—凸模;8—托板;
9—凸模护套;10—扇形块;11—扇形块固定板;12—凸模固定板;13—垫板;
14—弹簧;15—阶梯螺钉;16—上模座;17—模柄

为了提高导向精度,排除压力机导轨的干扰,图 2-50 所示模具采用了浮动模柄的结构。但必须保证在冲压过程中,导柱始终不脱离导套。

②凸模全长导向:该模具采用凸模全长导向结构。冲裁时,凸模 7 由凸模护套 9 导向,伸出护套后,即冲出一个孔。

③在所冲孔周围先对材料加压:从图 2-50 可见,凸模护套伸出于卸料板,冲压时,卸料板不接触材料。由于凸模护套与材料在接触面积上的压力很大,使其产生了立体的压应力状态,改善了材料的塑性条件,有利于塑性变形过程。因而,在冲制的孔径小于材料厚度时,仍能获得断面光洁的孔。

2.9.2 复合冲裁模

复合冲裁模(复合模)是一种多工序的冲模。是在压力机的一次工作行程中,在模具同一部位同时完成数道分离工序的模具。复合模的设计难点是如何在同一工作位置上合理地布置好几对凸、凹模。它在结构上的主要特征是有一个既是落料凸模又是冲孔凹模的凸凹模。按照复合模工作零件的安装位置不同,可分为正装式复合模和倒装式复合模两种。

图 2-51 所示为正装式落料冲孔复合模,凸凹模 6 在上模,落料凹模 8 和冲孔凸模 11 在下模。

正装式复合模工作时,板料以导料销 13 和挡料销 12 定位。上模下压,凸凹模外形和凹模 8 进行落料,冲件卡在凹模中,同时在冲孔凸模与凸凹模内孔进行冲孔,冲孔废料卡在凸凹模孔内。卡在凹模中的冲件由顶件装置顶出凹模面。顶件装置由带肩顶杆 10 和顶件块 9 及装在下模座底下的弹顶器组成。

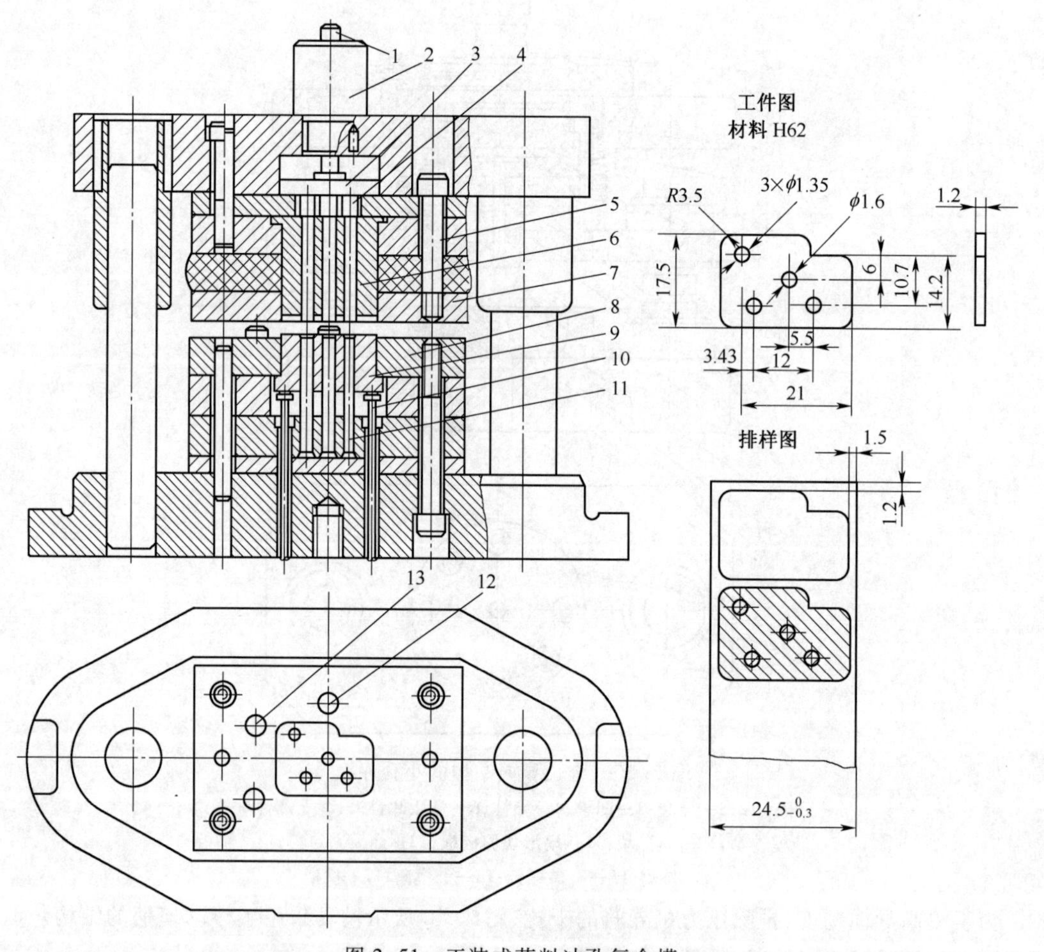

图 2-51 正装式落料冲孔复合模

1—打杆;2—模柄;3—推板;4—推杆;5—卸料螺钉;6—凸凹模;7—卸料板;
8—落料凹模;9—顶件块;10—带肩顶杆;11—冲孔凸模;12—挡料销;13—导料销

该模具采用装在下模座底下的弹顶器推动顶杆和顶件块,弹性元件高度不受模具空间的限制,顶件力大小容易调节,因而可获得较大的顶件力。卡在凸凹模内的冲孔废料由推件装置推出。推件装置由打杆 1、推板 3 和推杆 4 组成。当上模上行至上止点时,把废料推出。每冲裁一次,冲孔废料被推下一次,凸凹模孔内不积存废料,张力小,不易破裂。但冲孔废料落在下模工作面上,不易清除,尤其在冲孔较多时。边料由弹压卸料装置卸下。由于采用固定挡料销和导料销,在卸料板上需要钻出让位孔,或采用活动导料销或挡料销。

从上述工作过程可以看出,正装式复合模工作时,板料是在压紧的状态下分离,冲出的冲件平直度较高。但由于弹顶器和弹压卸料装置的作用,分离后的冲件容易被嵌入边料中影响操作,从而影响生产率。

图 2-52 所示为倒装式复合模。凸凹模 18 装在下模,落料凹模 17 和冲孔凸模 14、16 装在上模。

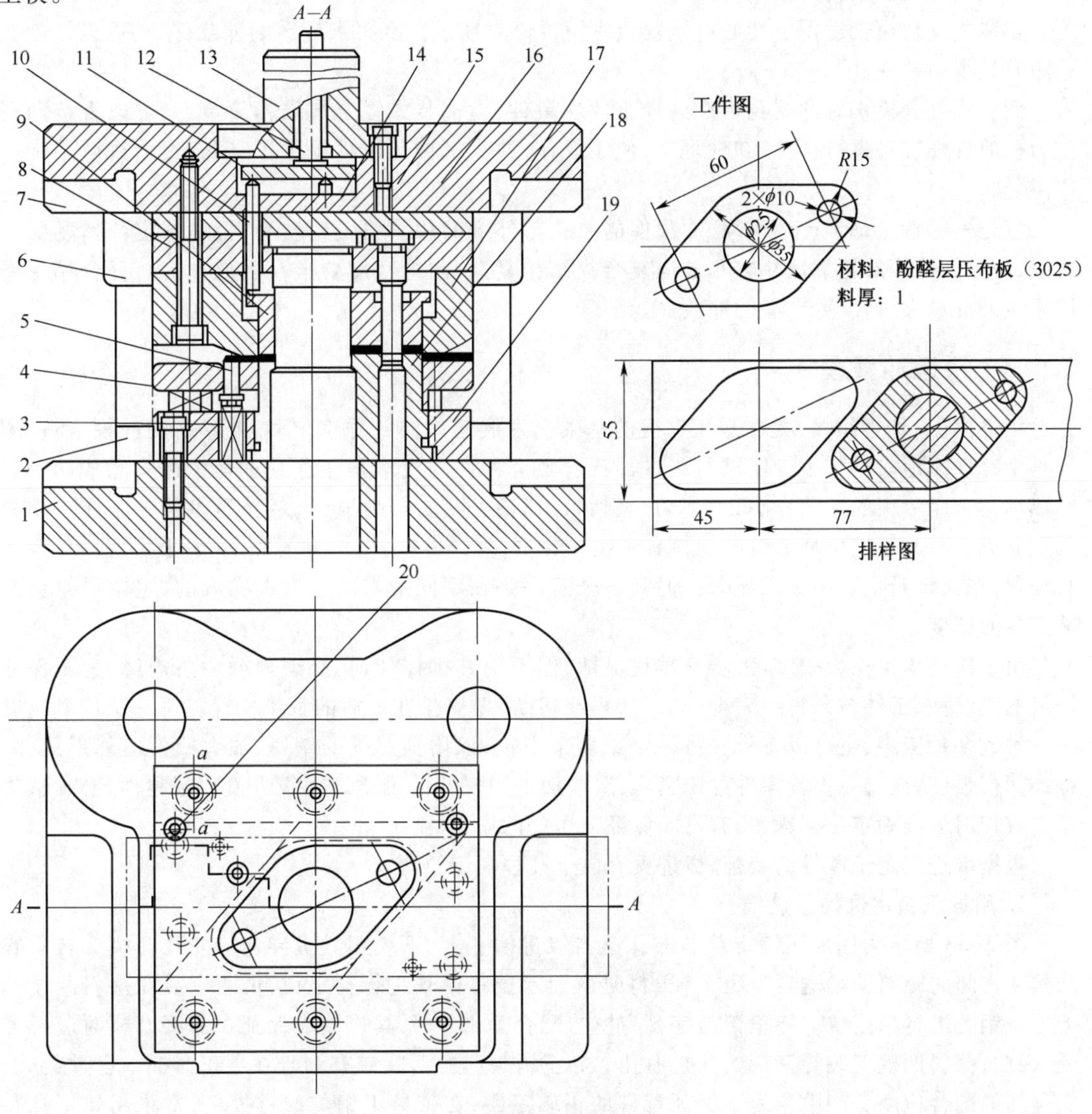

图 2-52 倒装式复合模

1—下模座;2—导柱;3、20—弹簧;4—卸料板;5—活动挡料销;6—导套;7—上模座;8—凸模固定板;9—推件块;10—连接推杆;11—推板;12—打杆;13—模柄;14、16—冲孔凸模;15—垫板;17—落料凹模;18—凸凹模;19—固定板倒装式复合模通常采用刚性推件装置把卡在凹模中的冲件推下,刚性推件装置由打杆12、推板11、连接推杆10和推件块9组成。冲孔废料直接由冲孔凸模从凸凹模内孔推下,无顶件装置,结构简单,操作方便,但如果采用直刃壁凹模洞口,则凸凹模内有积存废料,张力较大,当凸凹模壁厚较小时,可能导致凸凹模破裂。

板料的定位靠导料销和弹簧弹顶的活动挡料销5来完成。运行非工作行程时,挡料销5由弹簧3顶起,可供定位;工作时,挡料销被压下,上端面与板料平行。由于采用弹簧弹顶挡料装置,所以在凹模上不必钻相应的让位孔。但这种挡料装置的工作可靠性较差。

采用刚性推件的倒装式复合模,板料不是处在被压紧的状态下冲裁,因而平直度不高。这种结构适用于冲裁较硬的或厚度大于0.3 mm的板料。如果在上模内设置弹性元件,即采用弹性推件装置,就可以用于冲制材质较软的或板料厚度小于0.3 mm,且平直度要求较高的冲裁件。

正装式和倒装式复合模结构比较:

正装式复合模较适用于冲制材质较软或板料较薄且平直度要求较高的冲裁件,还可以冲制孔边距离较小的冲裁件。

倒装式复合模不宜冲制孔边距离较小的冲裁件,但倒装式复合模结构简单、又可以直接利用压力机的打杆装置进行推件,卸件可靠,便于操作,并为机械化出件提供了有利条件,故应用十分广泛。

复合模的特点是生产效率高,冲裁件的内孔与外缘的相对位置精度高,板料的定位精度要求比级进模低,冲模的轮廓尺寸较小。但复合模结构复杂,制造精度要求高且成本高。复合模主要用于生产批量大、精度要求高的冲裁件。

2.9.3 级进冲裁模

级进模(又称连续模)是在单工序模的基础上发展起来的一种工位多、效率高的冲模,在一副模具中有规律地安排多个工序进行级进冲压。整个冲件的成形是在连续过程中逐步完成的。连续成形是工序集中的工艺方法,可使切边、切口、切槽、冲孔、塑性成形、落料等多种工序在一副模具上完成。因此级进模冲裁可减少模具和设备数量,生产率高,操作方便安全,便于实现冲压生产自动化,在大批量生产中效果显著。但其各个工序是在不同的工步位置上完成的,定位误差会影响工件的精度。

由于级进模工位数较多,工步安排很灵活,但不论其排样如何,必须遵循一条规律:为了保证进料的连续性,工件与条料的完全分离(落料或切断)要安排在最后的工步位置。每一工位可以安排一种或多种工序,也可以特意安排一个或多个空位,以增加凹模的壁厚,加大凹模的外形尺寸,提高凹模强度,或避免模具零件过于紧凑,造成加工和安装的困难。用级进模冲制零件,必须解决条料或带料的准确定位问题,才有可能保证冲压件的质量。

根据级进模定位零件的特征,级进模有以下几种典型结构。

1. 用导正销定位的级进模

图2-53所示为用导正销定距的冲孔落料级进模。上、下模用导板导向。冲孔凸模3与落料凸模4之间的距离就是送料步距 s。送料时由固定挡料销6进行初定位,由两个装在落料凸模上的导正销5进行精定位。导正销与落料凸模的配合为H7/r6,其连接应保证在修磨凸模时装拆方便,因此,落料凹模安装导正销的孔是通孔。导正销头部的形状应有利于在导正时插入已冲的孔,它与孔的配合应略有间隙。为了保证首件的正确定距,在带导正销的级进模中,常采用始用挡料装置。它安装在导板下的导料板中间。在条料上冲制首件时,用手推始用挡料销7,使它从导料板中伸出以抵住条料的前端即可冲出第一件上的两个孔。以后各次冲裁时都由固定挡料销6控制

送料步距作粗定位。

这种定距方式多用于板料较厚、冲件上有孔、精度低于 IT12 级的冲件冲裁。它不适用于软料或板厚 $t<0.3$ mm、孔径小于 1.5 mm 或落料凸模较小的冲件。

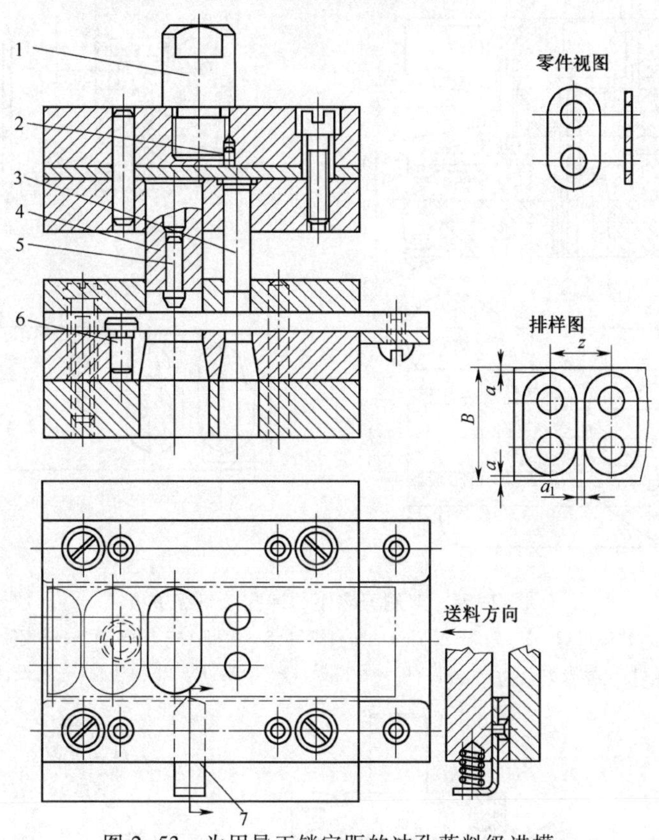

图 2-53　为用导正销定距的冲孔落料级进模

1—模柄；2—螺钉；3—冲孔凸模；4—落料凸模；5—导正销
6—固定导料销；7—始用导料销

2. 侧刃定距的级进模

图 2-54 所示为双侧刃定距的冲孔落料级进模。它以侧刃 16 代替了始用挡料销、挡料销和导正销控制条料送进距离（进距或俗称步距）。侧刃是特殊功用的凸模，其作用是在压力机每次冲压行程中，沿条料边缘切下一块长度等于步距的料边。由于沿送料方向，在侧刃前后，两导料板间距不同，前宽后窄形成一个凸肩，所以条料上只有切去料边的部分才能通过，通过的距离即等于步距。为了减少料尾损耗，尤其工位较多的级进模，可将两个侧刃前后对角排列。由于该模具冲裁的板料较薄（0.3 mm），所以选用弹压方式卸料。

图 2-55 所示为侧刃定距的弹压导板级进模。该模具除了具有上述侧刃定距级进模的特点外，还具有如下特点：

（1）凸模通过装在弹压导板 2 中的导板镶块 4 导向，弹压导板通过导柱 1、10 导向，导向准确，可保证凸模与凹模的正确配合，并且加强了凸模纵向稳定性，避免小凸模产生纵弯曲。

（2）凸模与固定板为间隙配合，凸模装配调整和更换较方便。

（3）弹压导板用卸料螺钉与上模连接，且凸模与固定板为间隙配合，因此能消除压力机导向误差对模具的影响，有利于延长模具寿命。

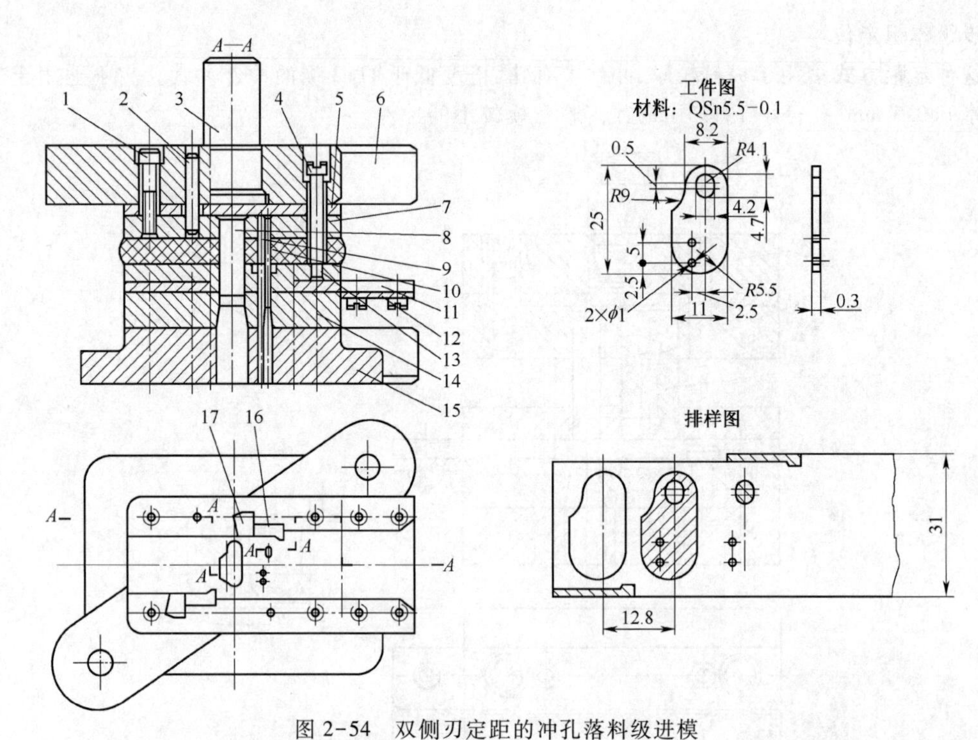

图 2-54　双侧刃定距的冲孔落料级进模

1—内六角螺钉；2—销钉；3—模柄；4—卸料螺钉；5—垫板；6—上模座；7—凸模固定板；
8、9、10—凸模；11—导料板；12—承料板；13—卸料板；14—凹模；15—下模座；16—侧刃；17—侧刃挡块

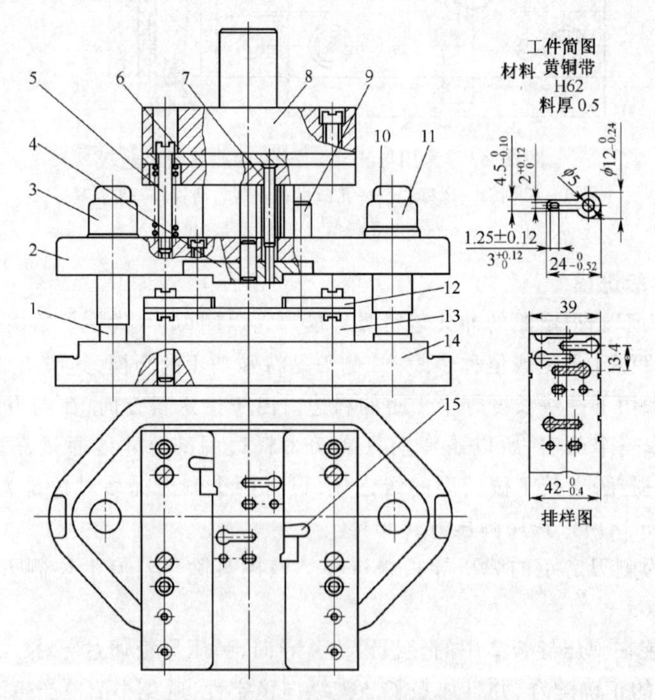

图 2-55　侧刃定距的弹压导板级进模

1、10—导柱；2—弹压导板；3、11—导套；4—导板镶块；5—卸料螺钉；6—凸模固定板；
7—凸模；8—上模座；9—限位柱；12—导料板；13—凹模；14—下模座；15—侧刃挡块

(4)冲裁排样采用直对排,一次冲裁获得两个零件,两个零件的落料工位离开一定距离,这样既增强了凹模强度,又便于加工和装配。

这种模具用于冲压零件尺寸小而复杂、需要保护凸模的场合。

在实际生产中,对于精度要求高的冲压件和多工位级进冲裁,采用了既有侧刃(粗定位)又有导正销定位(精定位)的级进模。

总之,级进模比单工序模生产率高,减少了模具和设备的数量,工件精度较高,便于操作和实现生产自动化。对于特别复杂或孔边距较小的冲压件,用简单模或复合模冲制有困难时,可用级进模逐步冲出。但级进模轮廓尺寸较大,制造较复杂,成本较高,一般适用于大批量生产小型冲压件。

3. 排样

应用级进模冲压时,排样设计十分重要,它不但要考虑材料的利用率,还应考虑零件的精度要求、冲压成形规律、模具结构及模具强度等问题。下面讨论这些因素对排样的要求。

(1)零件的精度对排样的要求。当零件精度要求高时,除了注意采用精确的定位方法外,还应尽量减少工位数,以减少工位积累的误差;孔距公差较小的应尽量在同一工步中冲出。

(2)模具结构对排样的要求。零件较大或零件虽小但工位较多时,应尽量减少工位数,可采用连续一复合排样法,如图2-56(a)所示,以缩小模具轮廓尺寸。

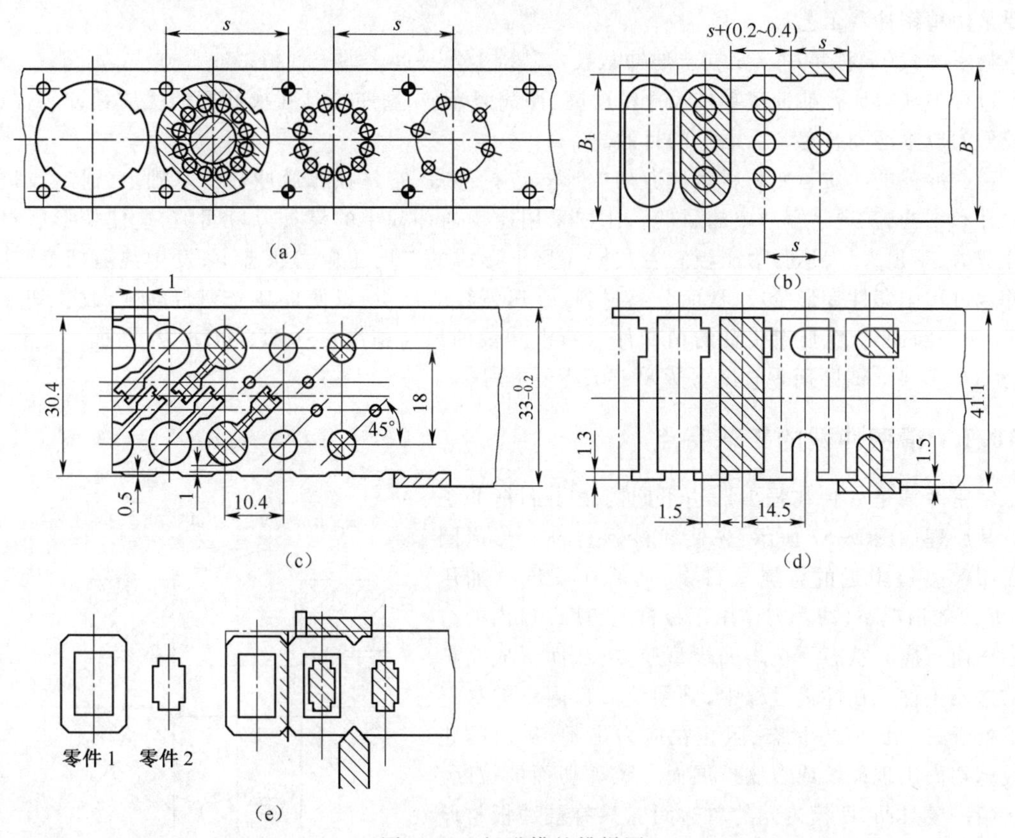

图2-56 级进模的排样图

(3)模具强度对排样的要求。孔间距小的冲件,需要分步冲孔,如图2-56(b)所示;工位之间凹模壁厚小的,应增设空步如图2-56(c)所示;外形复杂的冲件应分步冲出,以简化凸、凹模形状,增强其强度,便于加工和装配,如图2-56(d)所示;侧刃的位置应尽量避免导致凸、凹模局部工作而损坏刃口,如图 2-56(b)所示;侧刃与落料凹模刀口距离增大 0.2~0.4 mm 就是为了避免落料凸、凹模切下条料端部的极小宽度。

(4)零件成形规律对排样的要求。需要弯曲、拉深、翻边等成形工序的零件,采用级进模冲压时,位于成形过程变形部位上的孔,一般应安排在成形工步之后冲出,落料或切断工步一般安排在最后工位上。

全部为冲裁工步的级进模,一般是先冲孔后落料或切断。先冲出的孔可作为后续工位的定位孔,若该孔不适合于定位或定位精度要求较高时,则应冲出辅助定位工艺孔(导正销孔),如图 2-56(a)所示。

套料级进冲裁时应按由里向外的顺序进行,如图 2-56e 所示。

2.10 精密冲裁工艺及模具设计

由前面的普通冲裁可知,普通冲裁的材料都是从模具侧刃口处产生裂纹而剪切分离,制件尺寸精度低,在 IT11 级以下,切断面表面粗糙度 *Ra* 值在 12.5~6.3 μm 之间,断面不平直,且有一定斜度,往往不能满足零件较高的技术要求,有时还需再进行多道后续的机械加工。因此,一些对光洁度和尺寸精度要求较高的零件或要求剪切断面与工件垂直的零件,一般冲裁方法达不到要求,需要采用精密冲裁工艺。

精密冲裁(简称精冲),是在普通冲裁技术基础上发展起来的一种精密冲裁方法。它能在一次冲压行程中获得比普通冲裁零件尺寸精度高、冲裁面光洁、翘曲小且互换性好的优质精冲零件,并以较低的成本达到改善产品质量的目的。

精密冲裁的实质是使材料呈纯剪切的形式进行冲裁,它是在普通冲裁的基础上,通过改进模具设计和结构,实现精密冲裁的目的。比如采用比普通冲裁小的模具刃口间隙,迫使变形区材料在冲裁力、反顶力、齿形强力压板三者共同作用下形成的三向压应力状态下,发生纯剪切变形,延长冲裁过程中塑性变形阶段,从而分离材料,推迟裂纹的产生,以便提高光亮带高度,改善切断面质量,获得断面光洁、质量优良的精冲件。精密冲裁的尺寸精度可达 IT6~IT8 级,断面粗糙度 *Ra* 值为 1.6~0.4 μm,断面垂直度可达 89°30′甚至更高。

2.10.1 精密冲裁的工艺特点

精密冲裁是一种在强力压边下间隙很小的精冲工艺。其原理如图 2-57 所示,先使卸料板上的 V 形齿圈压入凹模刃口附近的金属板材上,然后在反压力加压(即 $F_{顶}$)的情况下,冲裁力作用于板材上,使刃口内的材料在三向压应力状态下挤入凹模型腔内,从而形成高精度的冲压零件。在冲裁过程中,必须使刃口附近的材料始终处于三向压应力状态,阻止拉应力出现,从而防止冲裁剪切面出现裂纹或裂纹扩展而导致剪切面的拉断。由于精冲模具凸、凹模之间的单边间隙只有被冲板材厚度的 0.5%左右,再加上凸、凹模之间的相对运动是在精度很高的滚珠导柱系统和(或)闭锁系统的精密导向下完成的,所以精冲件的剪切面垂直度好,十分光洁。

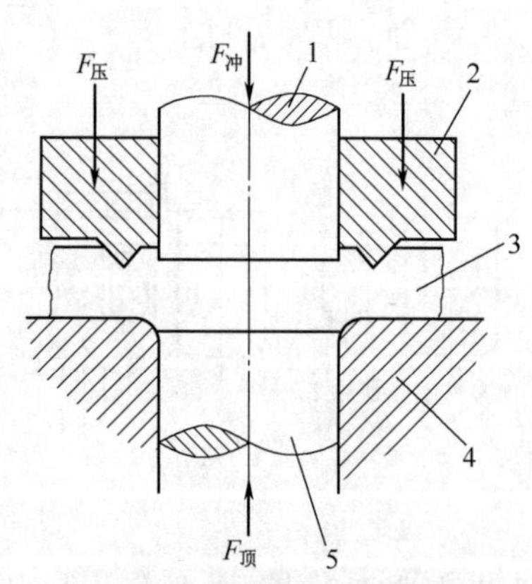

图 2-57 精冲模的工作原理

1—凸模;2—齿圈压板;3—板料;4—凹模;5—顶出器

精冲工艺过程如图 2-58 所示:图 2-58(a)所示为

将材料送进模具；图2-58(b)所示为模具闭合，材料被齿圈、凸模、凹模、顶出器压紧；图2-58(c)所示为材料在受压状态下被冲裁；图2-58(d)所示为冲裁结束，模具开启；图2-58(e)所示为齿圈压板卸下废料，并向前送料；图2-58(f)所示为顶出器顶出零件，并排出零件。

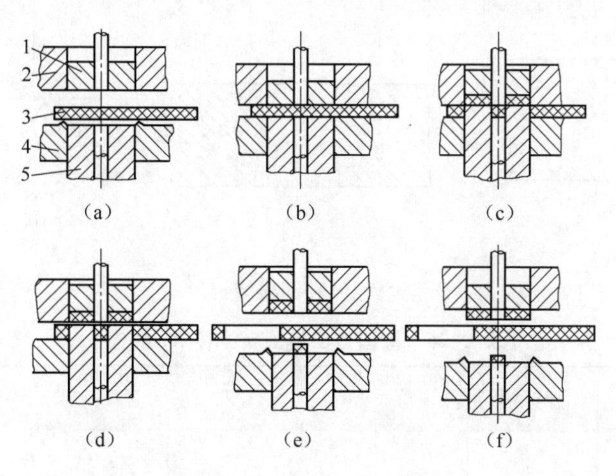

图2-58 精冲工艺过程

1—顶出器；2—凹模；3—板料；4—齿圈压板；5—凸模

精冲技术与普通冲裁工艺相比，具有如下特点：

(1)尺寸精度和表面粗糙度高。优质精冲零件剪切面的尺寸精度可达IT6~IT8级，表面粗糙度可达$Ra0.8 \sim 0.4\ \mu m$。

(2)生产效率高。对于许多形状复杂的零件，如齿轮、棘轮、链轮、凸轮等扁平类零件，仅用一次精冲工序即可完成，时间仅需几秒钟，这样可减少大量的铣、刨、磨、镗等切削工序。因此，采用精冲工艺可提高工作效率10倍以上。

(3)低耗。精冲工艺不仅避免了切削工序所造成的大量能耗和材料消耗，而且由于精冲后的表面具有很强的冷作硬化效果，因而有时可以取代后序淬火工序而进一步降低能耗和成本。

(4)应用范围广。精冲工艺的应用覆盖面很广，它已广泛用于汽车、摩托车、纺织机械、农用机械、计算机、家用电器、仪器仪表和量刃具等领域。而且可广泛采用精冲复合工艺，并与其他成形工序(如弯曲、挤压、压印等)合在一起进行复合或级进冲压。目前，有相当部分的铸、锻件毛坯，已可采用精冲(复合)工艺来取代原来的切削加工工艺生产出合格的零件来。

2.10.2 精冲工艺

1. 光洁冲裁

光洁冲裁又称小间隙圆角凹模冲裁。与普通冲裁相比，其特点是采用了小圆角刃口和很小的冲模间隙。落料时，凹模刃口有小的圆角或椭圆角如图2-59所示，凸模为普通形式。冲孔时凸模刃口有圆角，而凹模为普通形式。凸、凹模双面间隙值小于0.01，这是因为当存在间隙时，即使刃口有圆角，也会产生拉伸力而得到断裂带，所以希望间隙值尽可能地小，一般在0.02 mm以下。由于凹模刃口为圆角加之采用极小间隙，故提高了切割区的静水压应力，减少了拉应力，加之圆角刃口还可减小应力集中，因此，消除或延缓了裂纹的产生，通过塑性剪切使断面形成光亮的切断面。

图2-59所示为三种凹模结构形式。图2-59(a)是带椭圆角凹模，其圆弧与直线联结处应光滑且均匀一致，不得出现棱角。圆角半径R_1的取值见表2-26，先选用表中数值的2/3，在试冲过程中视需要再增大圆角半径。为了制造方便，也可采用图2-59(b)或图2-59(c)所示的凹模刃口

形式。其圆角半径可取材料厚度的10%~20%。

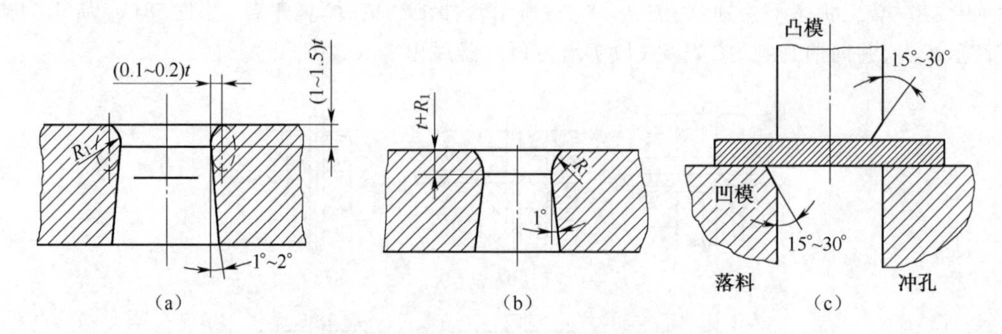

图 2-59 三种凹模结构形式

表 2-26 椭圆角凹模圆角半径 R_1 的值 单位:mm

材料	材料状态	材料厚度	圆角半径R_1	材料	材料状态	材料厚度	圆角半径R_1
软钢	热轧	4.0	0.5	铝合金	硬	4.0	0.25
		6.4	0.8			6.4	0.25
		9.0	1.4			9.6	0.4
	冷轧	4.0	0.25	钢	软	4.0	0.25
		6.4	0.8			6.4	0.25
		9.6	1.1			9.6	0.4
铝合金	软	4.0	0.25		硬	4.0	0.25
		6.4	0.25			6.4	0.25
		9.6	0.4			9.6	0.4

小间隙圆角凹模冲裁适用于塑性较好的材料,如软铝、紫铜、低碳钢等,加工表面粗糙度达 *Ra*1.8~0.4 μm,尺寸精度可达IT9~11。由于刃口带有圆角,切断时所需的力能有所增大,冲裁力比普通冲裁大50%。冲裁工件上若有直角或尖角,则角顶需要做成圆角过渡,以防产生撕裂。

2. 负间隙冲裁

负间隙冲裁如图2-60所示,凸模尺寸大于凹模尺寸,冲裁过程中出现的裂纹方向与普通冲裁相反,形成一个倒锥形毛坯。凸模继续下压时将倒锥毛坯压入凹模内,相当于整修过程。所以,负间隙冲裁实际上是落料与整修的复合工序。由于凸模尺寸大于凹模,故冲裁完毕时,凸模不进入凹模内孔,而应与凹模表面保持0.1~0.2 mm距离。此时毛坯尚未全部压入凹模,要待下一个零件冲裁时,再将它全部压入。

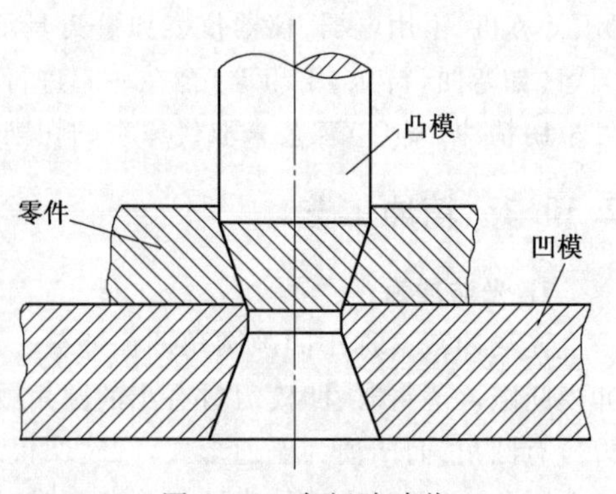

图 2-60 负间隙冲裁

负间隙冲裁的凸、凹模间单边负间隙值的分布很重要,对于圆形工件其间隙是均匀分布的,可取(0.1~0.2)t(t为材料厚度)。对于形状复杂的工件,单边负间隙值的分布是不均匀的,如图2-61所示,在凸出的尖角处应比其余部分大一倍,凹进的角落则应减少一半。

值得注意的是,因零件从凹模孔推出时,会有0.02~0.06 mm的回弹量,故在设计确定凹模尺寸时,应予以修正即凹模工作部分尺寸应减少0.02~0.06 mm。

负间隙冲裁只适用于软的有色金属及其合金、软钢等低强度、高伸长率、流动性好的软材料，一般尺寸精度可达 IT9~IT11，断面粗糙度 Ra 值可达 0.8~0.4 μm。模具结构简单，可在普通压力机上进行冲裁。但对于料厚小于 1.5 mm 的大尺寸薄板精冲件，容易产生明显的拱弯。由于精冲过程中，凸模不能进入凹模，故工件常产生难以除去的纵向毛刺，且工件圆角带也较大。此工艺方法不能精冲外形复杂，带有弯曲、压扁、起伏等成形工序的精冲零件。精冲过程中，冲件变薄现象极为严重。目前采用较多的是带小圆角凹模的负间隙冲裁，其断面的表面粗糙度 Ra 可达 0.8 μm。

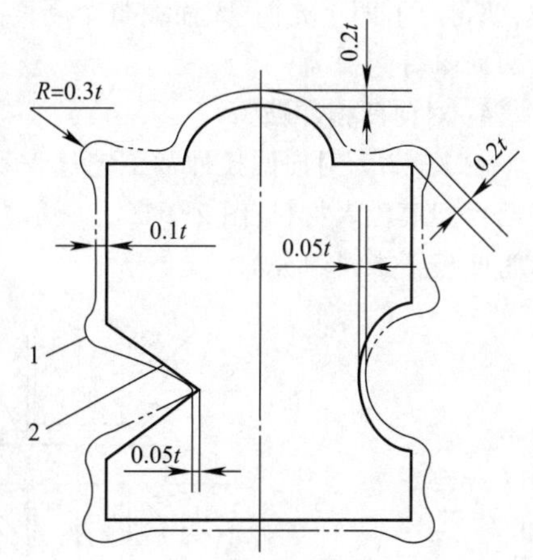

图 2-61　复杂非圆形凸凹模间隙分布情况

1—凸模；2—凹模

负间隙冲裁力，可按下式计算：

$$F' = CF \tag{2-43}$$

式中　F——普通冲裁时所需最大压力（N）；

C——系数，按不同材料选取，铝：C=1.3~1.6；黄铜：C=2.25~2.8；软钢：C=2.3~2.5。

3. 上、下冲裁

上、下冲裁又称往复冲裁，是用两个凸模从上、下两个方向进行两次冲裁工作，使冲裁断面的上、下两个拐角处形成塌角，以防止毛刺的产生如图 2-62 所示。因此上、下冲裁的切削面光洁、尺寸精度高、塌角小、垂直度好。

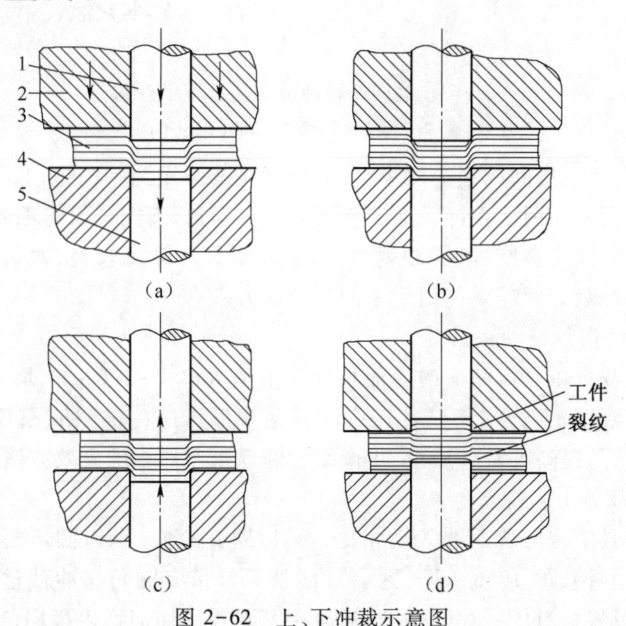

图 2-62　上、下冲裁示意图

1—上凸模；2—上凹模；3—坯料；4—下凹模；5—下凸模

从图 2-62 所示为上、下冲裁工艺过程，其中图 2-62(a) 所示为上、下凹模压紧材料，上凸模开始冲裁；图 2-62(b) 所示为上凸模挤入材料深度达 (0.15~0.3) t，(t 为板料厚度) 后停止挤入；图 2-62(c) 为下凸模向上冲裁，上凸模回升；图 2-62(d) 为下凸模继续冲裁，直至材料分离。

从图 2-62 还可以看出上、下冲裁的变形特点与普通冲裁相似，所不同的是经过上下两次冲裁,获得上下两个光面,光面在整个断面上的比例增加,板厚的中间有毛面,没有毛刺,因而工件的断面质量得到提高。

4. 对向凹模冲裁

图 2-63 为对向凹模冲裁工艺过程示意图。图 2-63(a)所示为送料定位;图 2-63(b)所示为带凸台凹模压入材料;图 2-63(c)所示为带凸台凹模下压到一定深度后停止不动;图 2-63(d)所示为凸模下推材料分离。

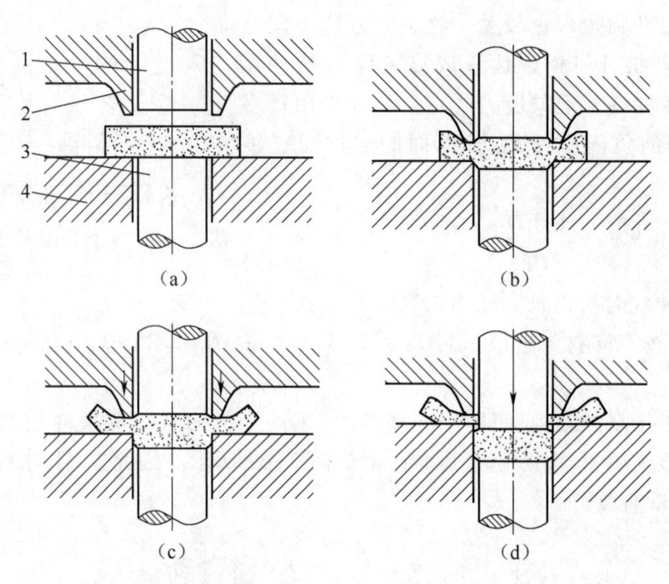

图 2-63 对向凹模冲裁工艺过程示意图

1—凸模;2—带凸台凹模;3—顶杆;4—平凹模

冲裁时,随着两个凹模之间的距离缩小,一部分材料被挤入到平凹模内,同时也有一部分材料被挤入到带凸台的凹模内。因此在冲完的工件两面都有塌角,而完全没有毛刺。

对向凹模冲裁过程属于整修过程,冲裁力比较小,模具寿命比较高,对具有高强度、厚度或脆性的材料也可以进行冲裁。但需要使用专用的三动压力机。

5. 齿圈压板冲裁(俗称精冲法)

采用齿圈压板冲裁可以获得断面的表面粗糙度值为 $Ra0.2\sim1.6\ \mu m$,尺寸精度 IT6~IT9 的零件(内孔比外形高一级),而且还可把精冲工序与其他成形工序(如弯曲、挤压、压印等)合在一起进行复合或连续冲压,是提高冲裁件质量、生产率和降低生产成本的有效方法。

(1)齿圈压板冲裁的工艺特点

齿圈压板冲裁模具结构与普通冲裁模相比,模具结构上多一个齿圈压板与顶出器,而且凸凹模间隙极小(只有普通冲裁的 10%,甚至更小),凹模刃口带有圆角。冲裁过程中,凸模接触材料前,通过力使齿圈压板将材料压紧在凹模上,从而在 V 形齿的内面产生横向侧压力,以阻止材料在剪切区内撕裂并阻止金属的横向流动,在冲裁凸模压入材料的同时,利用顶出器的反压力,将材料压紧,并利用极小间隙与带圆角的凹模刃口消除了应力集中,从而使剪切区内的金属处于三向压应力状态,消除了该区内的拉应力,提高了材料的塑性,从根本上防止了普通冲裁中出现的弯曲—拉伸—撕裂现象,使材料沿着凹模的刃边形状,呈纯剪切的形式被冲裁成零件,从而获得高质量的光洁、平整的剪切面。精冲时,压紧力、冲裁间隙及凹模刃口圆角三者相辅相成。它们的影响是互相联系的,当间隙均匀、圆角半径适当时,便可获得光洁的断面。

(2)齿圈压板冲裁零件的工艺性

齿圈压板冲裁零件的工艺性是指对该零件精冲的难易程度。影响齿圈压板冲裁件工艺性的因素有:零件的几何形状、零件的尺寸公差和形位公差、剪切面的质量、材质及厚度等,其中零件几何形状是主要因素。齿圈压板冲裁时,对零件的结构尺寸,如细长悬臂宽度、窄长凹槽宽度、孔边距和小孔径等尺寸与被冲材料厚度相比的比值都可比普通冲裁小。

6. 整修

整修是利用整修模将普通冲裁后的毛坯放在整修模上沿冲裁件外缘或内孔进行一次或数次整修加工。其整修过程如图 2-64 所示,通过整修刮去一层薄薄的切屑,以除去普通冲裁时在断面上留下的塌角、锥度、毛面和毛刺等,从而提高冲裁件尺寸精度,并得到光滑而垂直的切断面。整修后零件的尺寸精度可达 IT6~IT7 级,表面粗糙度 *Ra* 值可达 0.4~0.8 μm。常用的整修方法主要有外缘整修、内孔整修、叠料整修和振动整修等。

(1)外缘整修

外缘整修的过程相当于切削加工如图 2-64(a)所示,将普通冲裁预先留有整修余量的工件置于整修凹模上,由凸模将毛料压入凹模,余量被凹模切去。从图 2-64 中可以看出,多余的金属沿着一定的冲裁方向逐层被切除。随着凸模下降,切屑逐步外移断裂,直至整个余量被切除为止,最后获得光亮的断面。但在最后切下去的地方,由于崩裂而形成一条很窄的粗糙带(约为 0.1 mm)。整修时应将毛坯尺寸大的一端放在凹模上,否则会使粗糙带增大且有毛刺。外缘整修的质量与整修次数、整修余量以及整修模结构等因素有关。

整修次数与工件的板料厚度及形状有关,尽可能采用一次整修。对于厚度小于 3 mm 且外形简单的工件,一般只需一次整修;板料厚度大于 3 mm 或工件有尖角时,需要进行多次整修。

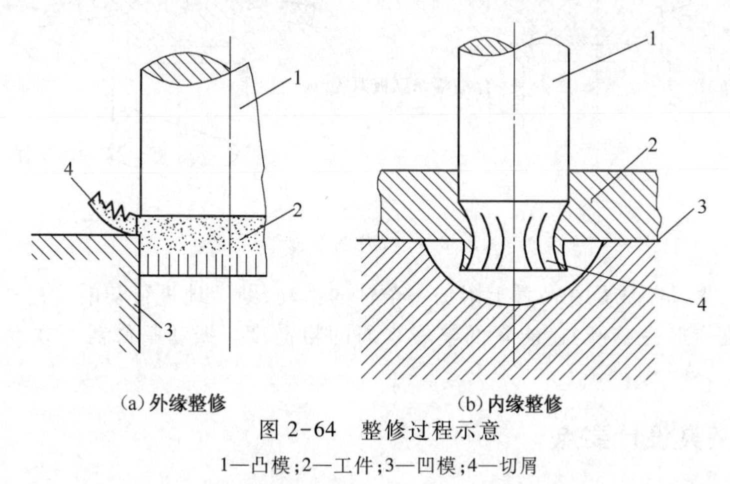

图 2-64　整修过程示意

1—凸模;2—工件;3—凹模;4—切屑

(2)内孔整修

①切掉余量的内孔整修。切掉余量的内孔整修,其工作原理与外缘整修相似如图 2-64 所示,不同的它是利用凸模切除余量。整修的目的是校正孔的坐标位置、降低粗糙度并提高孔的尺寸精度。整修后的精度可达 IT5~IT6 级,表面粗糙度 *Ra* 值达 0.2 μm。该整修方法除要求凸模刃口锋利外,还需有合适的余量。过大的余量不仅会降低凸模寿命,而且切断面将被拉裂,影响光洁程度与精度。过小的余量则不能达到整修的目的。整修所需的余量与材料种类、厚度、预先制孔的方式(冲孔或钻孔)等因素有关。

内孔整修时,凸模应从孔的小端进入。孔在整修后由于材料的弹性变形,使孔径稍有缩小,其缩小值近似为:铝 0.005~0.010 mm,黄铜 0.007~0.012 mm,软钢 0.008~0.015 mm。

②用心棒精压。它是利用硬度很高的心棒或钢珠,强行通过尺寸稍小一些的毛坯孔,将孔表面压平。此法适用于 $d/t \geqslant 3\sim4$ 以及 $t<3$ mm 的情况。冲孔与精压可以同时进行。凸模的整修部分与冲孔部分的直径差等于一般冲裁的正常间隙值 Z。用心棒精压不但可以利用钢珠加工圆形孔,而且可以利用心棒加工带有缺口等的非圆形孔。

③叠料整修。用一般整修方法,因间隙极小,要求模具制造精度高,而且还存在最佳整修余量的选择问题,所以通过一次整修不一定能得到光滑的表面,采用叠料整修则可避免上述问题。叠料整修是将两件毛坯重叠在一起,且凸模直径大于凹模直径,凸模是隔着一件毛坯对正在进行整修的毛坯加压。当整修进行到毛坯板厚的 2/3 ~ 3/4 时,再送入第二件毛坯,进行下一次整修进程如图 2-65 所示。由于整修时凸模不进入凹模,所以模具制造容易。该法适用于整修的材料范围与允许的加工余量范围均较一般整修方法宽。其缺点是在下一行程的毛坯进入之后,就必须除去切屑,所以要有相应的措施,可采用在凹模端面上加工出 10° ~ 15°的前角或断屑槽,并用高压的压缩空气吹掉切屑。此外,由于下一次行程的毛坯起了凸模作用。而毛坯比凸模材料软得多,相当于在凸模刃口加上圆角,因而产生的毛刺相当大。

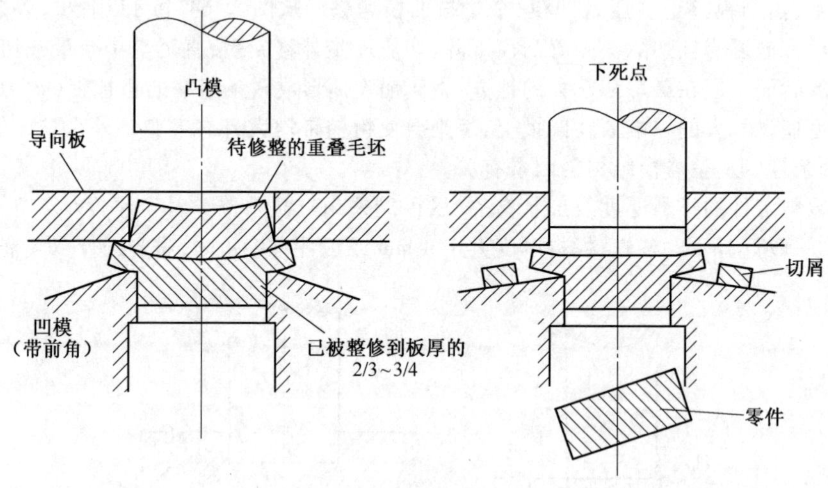

图 2-65 叠料整修

④振动整修。振动整修是在凸模上附加一个轴向振动,断续地进行切削。这样能使原来比较难于整修的材料变得容易整修,还能降低整修表面的粗糙度。振动整修需要在专门的压力机上进行。

2.10.3 精冲模具设计要点

1. 精冲力的计算

精冲是在材料处于三向压应力状态下进行冲裁的,其变形抗力比普通冲裁要大得多。据苏联学者罗曼洛夫斯基介绍,在这种情况下的抗剪强度不能用一般平均值来考虑,而必须考虑间歇的大小、材料的相对厚度等因素。因此实际计算时必须对各个压力分别进行计算,再求出精冲所需的总压力,从而选用合适吨位的精冲机。

精冲冲裁力 F_1(N)可按经验公式计算:

$$F_1 = Lt\sigma_b f_1 \tag{2-44}$$

式中 L ——内外剪切线的总长(mm);

t ——料厚(mm);

σ_b——材料强度极限(MPa)；

f_1——系数。其值为 0.6~0.9,常取 0.9。

齿圈压板压力的大小影响工件切断面质量。压力太小,将出现撕裂;压力过大,因摩擦力增加,会使凸模易于损坏。此外,齿圈压板压力的大小还对冲压力和模具寿命等有影响。压边力 F(N)的计算公式为:

$$F = Lh\sigma_b f_{压} \tag{2-45}$$

式中　h—— 齿圈齿高(mm)；

$f_{压}$——系数,常取 4;其余符号意义同前。

顶出器的反压力过小会影响工件的尺寸精度、平面度、剪切面质量,加大工件塌角,反压力过大会增加凸模的负载,降低凸模的使用寿命。一般反推压力 F 顶可按经验公式计算:

$$F_{顶} = (0.2\sim0.4)F_1 \tag{2-46}$$

齿圈压力与反压力的取值大小主要靠试冲调整。

精冲时的总压力:

$$F = F_1 + F_{压} + F_{顶} \tag{2-47}$$

选用压力机吨位时,若为专用精冲压力机,应以主冲力 F_1 为依据。若为普通压力机,则以总压力 F 为依据。

2. 凸凹模间隙

凸凹模间隙值的大小及其沿刃口周边的均匀性是影响工件剪切面质量的主要因素,合理的间隙值不仅能提高工件质量,而且能提高模具的寿命。间隙过大,将使工件断面产生撕裂而引起断面粗糙;间隙太小,会缩短磨具寿命。从延长模具寿命的方面考虑,往往要允许切断面上出现少量撕裂现象(对厚板可允许撕裂层厚达板厚的 10%)。间隙值大小与材料性质、材料厚度、工件形状等因素有关。对塑性好的材料,间隙值可适当取大一些;对塑性差的材料其间隙值要相应小一些,具体数值可按表 2-27 选取。

表 2-27　精冲凸、凹模的双面间隙

材料厚度/mm	外形间隙	内形间隙		
			$d = t \sim 5t$	
0.5		2.5%	2%	1%
1		2.5%	2%	1%
2		2.5%	1%	0.5%
3		2%	1%	0.5%
4		1.7%	0.75%	0.5%
6	1%	1.7%	0.5%	0.5%
10		1.5%	0.5%	0.5%
15		1%	0.5%	0.5%

3. 凸凹模刃口尺寸设计

精冲模刃口尺寸的计算与普通冲裁刃口的尺寸计算基本相同。落料件以凹模为基准,冲孔件以凸模为基准,采用修配法加工。不同的是精冲后工件外形和内孔一般约有 0.005~0.01 mm 的收缩量。因此,落料凹模和冲孔凸模在理想情况下,应比工件要求尺寸大 0.005~0.01 mm。此外,还应考虑使用中的磨损,故精冲模刃口尺寸计算公式如下。

落料：
$$D_d = \left(D_{min} + \frac{1}{4}V\right)_{0}^{+\frac{1}{4}V} \tag{2-48}$$

凸模按凹模实际尺寸配制,保证双面间隙值 Z。

冲孔：
$$d_p = \left(d_{max} - \frac{1}{4}V\right)_{-\frac{1}{4}V}^{0} \tag{2-49}$$

凸模按凹模实际尺寸配制,保证双面间隙值 Z。

孔中心距：
$$C_d = \left(C_{min} + \frac{1}{2}V\right)^{\pm\frac{1}{3}V} \tag{2-50}$$

式中 D_d、d_p——凹凸模尺寸(mm)；

C_d——凹模孔中心距尺寸(mm)；

D_{min}——工件最小极限尺寸(mm)；

d_{max}——工件最大极限孔径(mm)；

C_{min}——工件孔中心距最小极限尺寸(mm)；

V——工件公差(mm)。

4. 齿圈压板设计

齿圈是精冲的重要组成部分,常用的形式为尖状齿形圈(或称 V 形圈)。根据加工方法的不同,分为对称角度齿形和非对称角度齿形两种,如图 2-66 所示,其尺寸可参考表 2-28。齿圈的形状根据加工零件的形状和要求考虑。加工形状简单的零件时,可使齿圈与零件外形相同;加工形状复杂的零件时,可在有特殊要求的部位做出与零件外形类似的齿圈,其他部分则可简化或做成近似形状,具体齿圈的平面布置如图 2-67 所示。

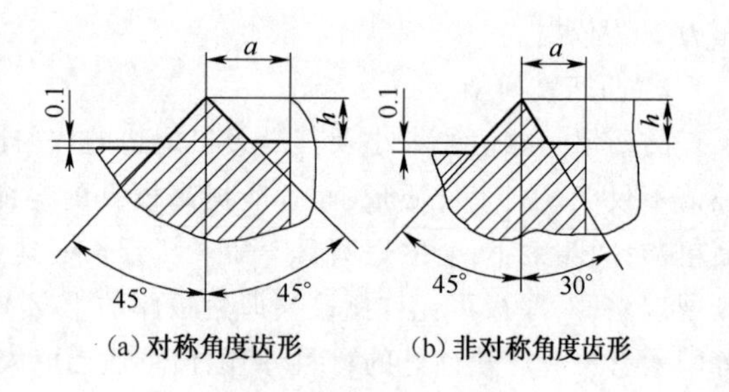

图 2-66 齿圈的齿形

当板料厚度在 3.5 mm 以下时,只需在带齿压料板上设齿圈,即单面齿圈;当板料厚度在 3.5 mm 以上时,则在带齿压料板和凹模上均要设齿圈,即双面齿圈,而且上、下齿圈应稍微错开。

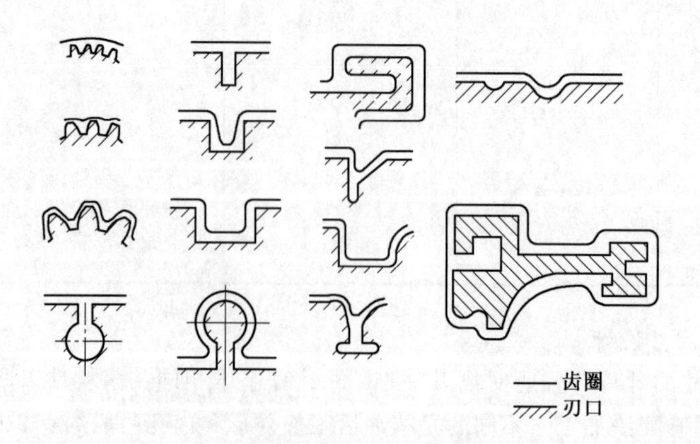

图 2-67 齿圈的平面布置

表 2-28　单面齿圈齿形尺寸　单位:mm

材料厚度 t/mm	材料抗拉强度/MPa					
	$\sigma_b < 450$		$450 < \sigma_b < 600$		$600 < \sigma_b < 700$	
	a	h	a	h	a	h
1	0.75	0.25	0.60	0.20	0.50	0.15
2	1.50	0.50	1.20	0.40	1.00	0.30
3	2.30	0.75	1.80	0.60	1.50	0.45
3.5	2.60	0.90	2.10	0.70	1.70	0.55

对冲孔而言,冲小孔时,因为剪切区以外不会发生材料的流动,故一般不需要齿圈;冲大孔时(孔径大于料厚的 10 倍),建议在顶杆上加齿圈(用于固定凸模式模具)。如材料厚度超过 4 mm,或材料韧性较好时,通常使用两个齿圈,一个装在压边圈上,另一个装在凹模上。为了保证材料在齿圈嵌入后具有足够的强度,上下齿圈可以稍微错开。

5. 搭边与排样

因为精冲时齿圈压板要压紧材料,故精冲的搭边值比普通冲裁时要大些,搭边值与材料厚度的关系见表 2-29。精冲的排样原则基本上与普通冲裁相同。但要注意,应将零件上形状复杂或带齿形的部分,以及剪切断面质量要求较高的部分放在靠材料送进的这一端,使这部分断面从没有精冲过的材料中剪切下来,以保证较好的断面质量如图 2-68 所示。

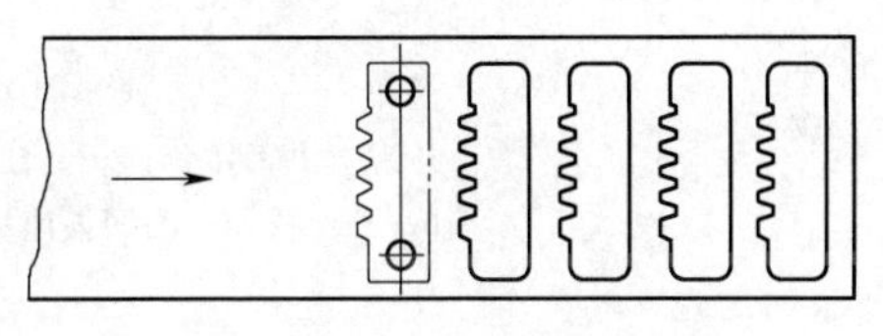

图 2-68　精冲排样

表 2-29　精冲模搭边数值　单位:mm

材料厚度		0.5	1.0	1.25	1.5	2.0	2.5	3.0	3.5	4.0	5	6	8	10	12	15
搭边	a	1.5	2	2	2.5	3	4	4.5	5	5.5	6	7	8	10	12	15
	a_1	2	3	3.5	4	4.5	5	5.5	6	6.5	7	8	10	12	15	18

2.10.4　精冲模结构及特点

1. 精冲模特点

精冲模与普通冲裁模相比,具有以下特点:

①因精冲总冲裁力比普通冲裁力大 1.5~3 倍,而凸、凹模间隙较小,故对刚性和精度要求较高。

②因凸、凹模间隙较小,为了确保凸、凹模同心,使间隙均匀要有精确而稳定的导向装置。

③为避免刃口损坏,应严格控制凸模进入凹模的深度,使之在 0.025~0.05 mm 范围以内。

④模具工作部分应选择耐磨、淬透性好、热处理变形小的材料。

⑤应考虑模具工作部分的排气问题,以免影响顶出器的移动距离。

2. 精冲模结构

专用精冲压力机使用的模具,按其结构特点可分为活动凸模式与固定凸模式两种。其结构如图 2-69 和图 2-70 所示。由于通用模架能实现模芯快速更换,大大缩短制造周期并降低了成本,所以通用模架被广泛采用。

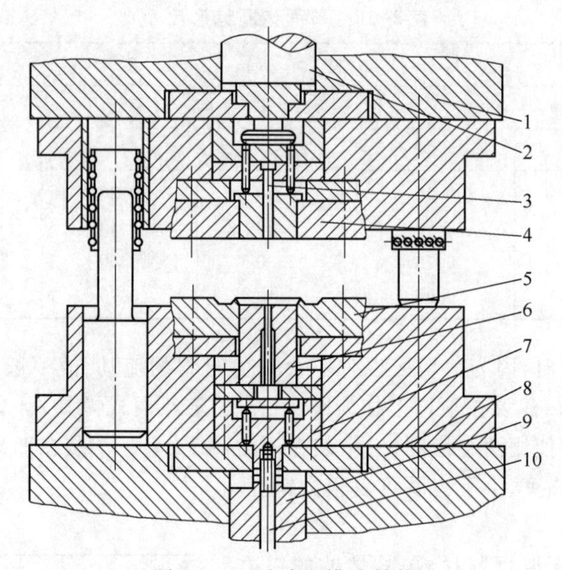

图 2-69　活动凸模式结构

1—上工作台;2—上柱塞;3—凸模;4—凹模;5—齿圈压板;
6—凸凹模;7—凸凹模座;8—下工作台;9—滑块;10—凸凹模拉杆

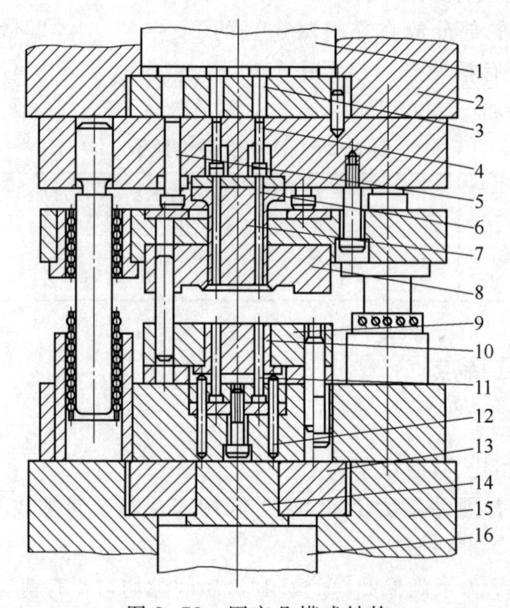

图 2-70　固定凸模式结构

1—上柱塞;2—上工作台;3、4、5—顶杆;6—顶料杆;7—凸模;8—齿圈压板;9—凹模;
10—推板;11—凸模;12—顶杆;13—下顶板;14—顶块;15—下工作台;16—下柱塞

2.11　冲裁模设计举例

以落料正装复合模为例,介绍冲裁模的设计。零件图如图 2-71 所示。生产批量:中小批量,材料:Q235,材料厚度:2 mm。技术要求:工件应平整,表面不得有划痕等缺陷。

1. 冲压件工艺性分析

冲压基本工序:落料和冲孔。孔与边缘之间的距离也满足要求,最小壁厚为 5 mm。工件的尺寸全部为自由公差,可看作 IT14 级,尺寸精度较低。

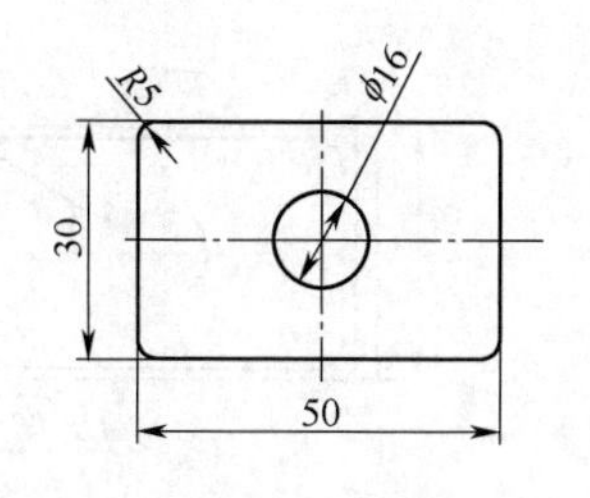

图 2-71 零件图

结论:普通冲裁完全能满足生产要求。

2. 冲压工艺方案的确定

方案一:先落料,后冲孔。采用单工序模生产。

方案二:落料—冲孔复合冲压。采用正装复合模生产。

方案三:冲孔—落料级进冲压。采用级进模生产。

分析:方案一采用单工序模,需要两道工序两副模具,生产成本高,生产效率低,落料后冲孔时操作不方便;方案二采用复合模只需要一副模具,工件的精度和生产效率都较高,操作较方便。方案三级进模也需一副模具,但此工件生产量为中小批量。

结论:综合比较,采用方案二最佳。

3. 主要设计计算

(1)排样方式的确定及其计算。排样方式采用有废料排样如图 2-72 所示。

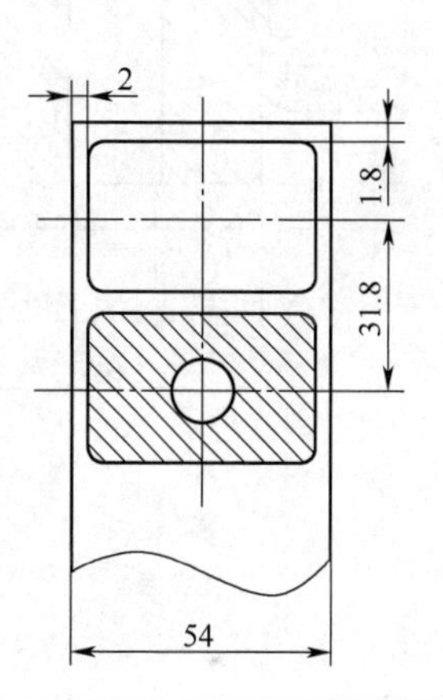

图 2-72 排样图

(2)冲压力的计算。

冲裁力 :$F=tL\sigma_b=181.7$ kN

卸料力:$F_Q=KF=0.05\times181.7=9.1$ kN

顶件力:$F_{Q2}=K_2F=0.05\times188.7=9.1$ kN

根据计算结果,同时为了安全起见,冲压设备拟选 J23-25A。其主要参数如下。

公称压力:250 kN,滑块行程:80 mm,最大装模高度 185 mm,装模高度调节量 70 mm,滑块中心至机身距离 210 mm,工作台板尺寸(前后×左右)400×600 mm,工作台板厚度 70 mm,模柄孔尺寸(直径×深度)ϕ40×70 mm。

(3)压力中心的确定:零件为规则几何体,压力中心在几何中心。

(4)工作零件刃口尺寸计算。

图 2-71 所示零件为落料冲孔件,应采用配合加工进行刃口尺寸的计算。

①落料凹模(见图 2-73)的基本尺寸:

$30_{-0.60}^{0}$ mm 对应凹模尺寸为 $(30-0.5\times0.60)_{0}^{+(0.25\times0.60)}$ mm $=29.7_{0}^{+0.15}$ mm

$50_{-0.68}^{0}$ mm 对应凹模尺寸为 $(50-0.5\times0.68)_{0}^{+(0.25\times0.68)}$ mm $=49.6_{0}^{+0.17}$ mm

$R5_{-0.30}^{0}$ mm 对应凹模尺寸为 $(R5-0.5\times0.30)_{0}^{+(0.25\times0.3)}$ mm $=R4.75_{0}^{+0.075}$ mm

落料凸模的基本尺寸与凹模相同,同时在技术条件中注明:凸模刃口尺寸与落料凹模刃口实际尺寸配制,保证间隙在 0.246~0.360 mm 之间。

②冲孔凸模(见图 2-74)的基本尺寸:

$\phi16_{0}^{+0.40}$ mm 对应凸模尺寸为 $(\phi16+0.5\times0.40)_{-0.25\times0.40}^{0}=\phi16.2_{-0.10}^{0}$

冲孔凹模的基本尺寸与凸模相同,同时应在技术条件中注明:凹模刃口尺寸与冲孔凸模刃口实际尺寸配制,保证间隙在 0.246~0.360 mm 之间。

4. 主要零部件设计

(1)工作零件结构设计。

包含凸凹模和冲孔凸模及凹模。

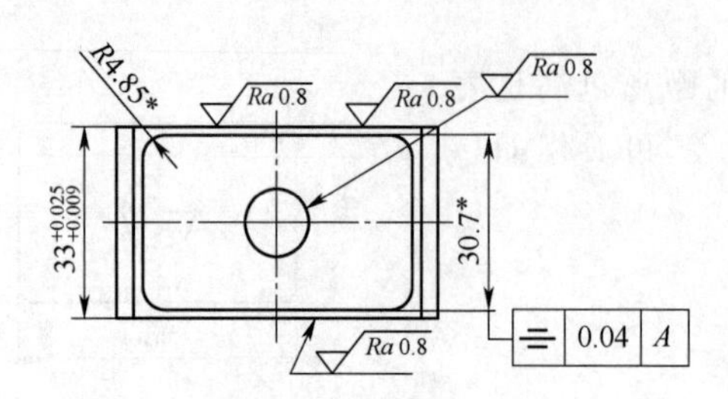

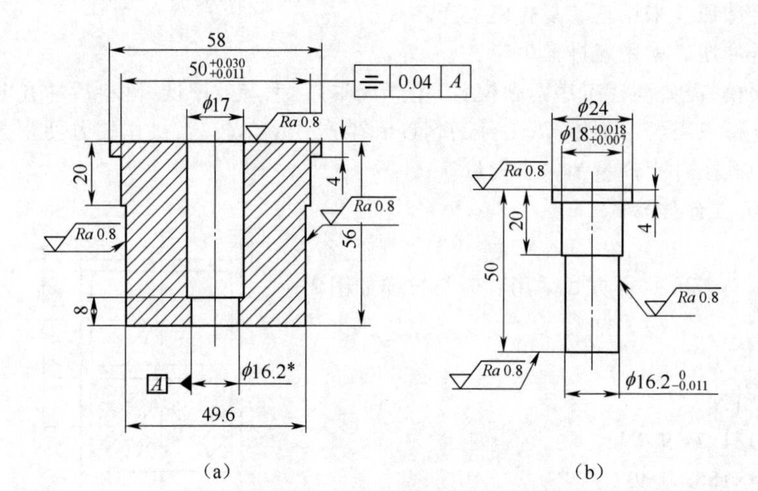

材料：Cr12MoV
热处理：58~62HRC
技术要求：有 * 尺寸与凹模对应尺寸配制，保证间隙在0.246~0.360 mm

（a）　　　　（b）

图 2-73　凸凹模和冲孔凸模图

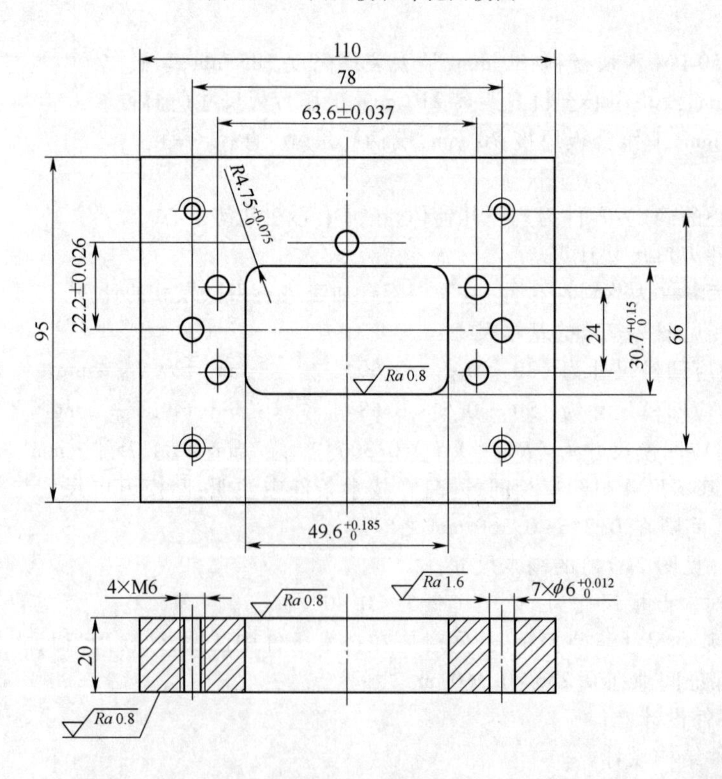

图 2-74　凹模图

(2)卸料、顶料部件的设计

①卸料板的设计:卸料板的周界尺寸与凹模的周界尺寸相同,厚度为 10 mm。卸料板采用 45 钢制造,淬火硬度为 40~45 HRC。

②卸料螺钉的选用:卸料板上设置 4 个卸料螺钉,公称直径为 6 mm,螺纹部分为 M6×10 mm 。

(3)模架及其他零部件设计

采用中间导柱模架。导柱 $d \times L$ 分别为 28 mm×160 mm,32 mm×160 mm;导套 $d \times L \times D$ 分别为 28 mm×115 mm×42 mm,32 mm×115 mm×45 mm。上模座厚度 H(上模)取 25 mm,上、下模垫板厚度 H 垫取 5 mm,上、下固定板厚度 H(固)取 20 mm,下垫块厚度 10 mm,下模座厚度 H(下模)取 30 mm。

该模具的闭合高度:$H_{闭}=(25+5+5+56+20+20+30+20-2)\text{ mm}=179\text{ mm}$。凸模冲裁后进入凹模的深度为 2 mm。

5. 模具总装图(见图 2-75)

正装复合模定位方式的选择:采用导料销控制条料的送进方向,无侧压装置。采用挡料销控制条料的进给步距。卸料、出件方式的选择:采用弹性卸料及上出件的出件方式。导向方式的选择:为了提高模具寿命和工件质量,方便安装调整,该模采用中间导柱的导向方式。

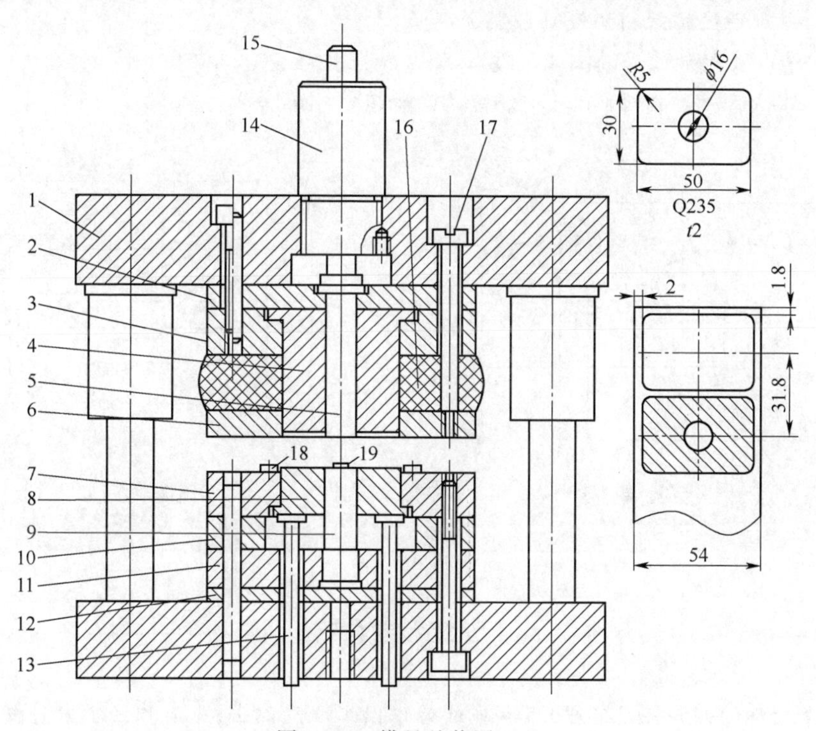

图 2-75　模具总装图

1—模架;2—垫板(一);3—凸凹模固定板;4—凸凹模;5—推杆;6—卸料板;7—落料凹模;8—推板;9—凸模;10— 垫板(二);11—凸模固定板;12—垫板(三);13—顶杆;14—模柄;15—打杆;16—橡胶;17—卸料螺钉;18—导料销;19—挡料销

思考题

1. 简述冲裁变形规律及冲裁件质量影响因素。

2. 简述间隙对冲裁件质量的影响。

3. 如何表征冲裁件断面质量。

4. 冲裁变形过程分为哪三个阶段？裂纹在哪个阶段产生？首先在什么位置产生？

5. 简述冲裁件断面的“三带一区”的形成过程。

6. 如图 2-76 所示的工件,材料为 45 钢,料厚为 1.5 mm。试确定冲裁凸模与凹模刃口部分的尺寸和制造公差。

7. 如图 2-77 所示的工件,材料为 08 钢,料厚为 2 mm。试计算冲孔力和落料距离的大小。

8. 如何提高材料利用率？

9. 什么是搭边？其作用有哪些？影响搭边值的因素有哪些？

10. 冲裁工序的组合需要考虑哪些因素？冲裁顺序的安排有哪些要求？

11. 对冲小孔凸模一般采取哪些措施提高其强度和刚度？

12. 凸凹模镶拼结构的设计原则是什么？

13. 精密冲裁的工艺有哪些？各有什么特点？

14. 与普通冲裁相比,精密冲裁模的结构有什么特点？

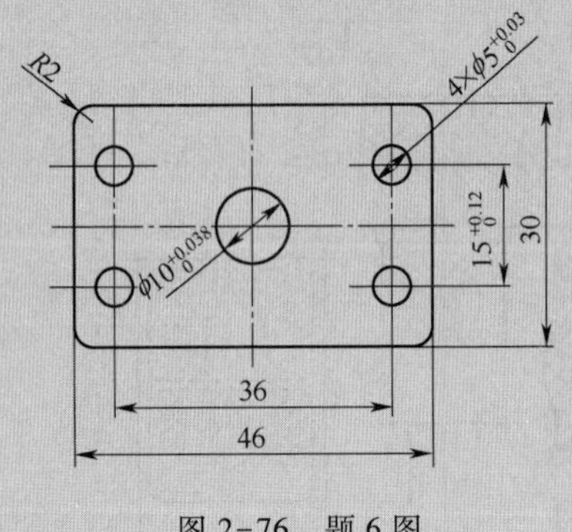

图 2-76 题 6 图

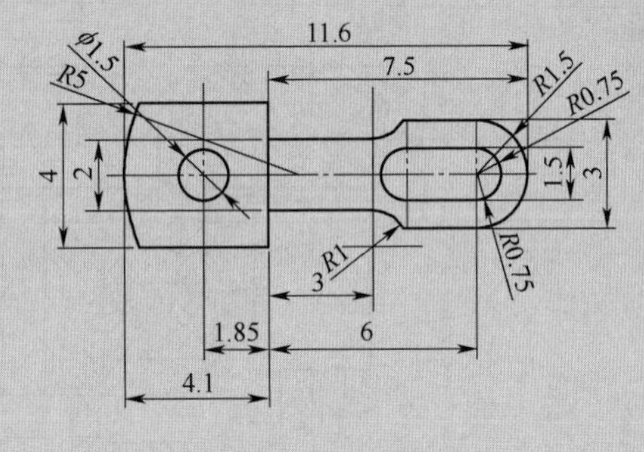

图 2-77 题 7 图

科学家简介

李德群(1945—2022),2015 年当选为中国工程院院士,先后担任华中科技大学材料科学与工程学院院长、国务院学位委员会材料学科评议组成员等。

李德群致力于面向宏微观结合的塑料注射成形过程集成系统和智能型塑料注射机的研发,为中国机械成形加工工程及自动化学科的发展作出了突出贡献。在科研方面,他不断进取,引领着我国智能制造行业的发展,三次获得国家科学技术进步奖二等奖,一次获得国家自然科学奖二等奖。在育人方面,他不遗余力托举晚辈,诠释着材料报国、重德育才的师者之心。他毫无保留地把自己在国外收集整理的全部技术资料提供给青年教师使用,并力荐中青年教师承担教材编著任务。他主推年轻人承担"八五"和"十五"国家攻关课题第一负责人的位置,他谦让年轻人名列省部级奖项榜首。今年,由他领衔的华中科技大学材料科学与工程学院数字化材料成形教师团队获评全国高校黄大年式教师团队。

回望一生科研历程,李德群始终以国家为重,与时代同行,将个人的科研与国家的发展紧密联结,拓宽了我国材料成形发展之路。

家训传承百余年,一门走出三院士。

位于江苏省泰州市姜堰区溱潼镇的姜堰院士旧居成功入选 2022 年度科学家精神教育基地名单,江苏省仅 10 家。这是一座始建于清朝乾隆年间、具有苏中里下河地区典型特色的古民居,因先后走出了李德仁、李德毅、李德群"一门三院士"而闻名海内外。

走进院士旧居,一幅字画被挂在最醒目的位置,上面写着:"爱我中华、兴我家邦、少小勤学、车胤孙康、弦歌雅乐、翰墨传香、尊师益友、孝德永彰、和亲睦邻、扶幼尊长、敬德修业、发愤图强……"这是李德群的曾祖父李贞发 1890 年手书的 80 字家训。据了解,李贞发曾任溱潼商会会长。他古道热肠、乐善好施,凡乡邻告贷,总是不吝资助。由于品德高尚,他曾获赠"孝德永彰"匾额。李贞发十分注重家风的传承和弘扬。被挂在墙上的 80 字家训至今已传承百余年。

在家训的代代相传下,家族走出了 3 位院士。李德群的两位堂哥李德仁和李德毅,一位是世界著名摄影测量与遥感学家、中国科学院院士、中国工程院院士、武汉大学教授,一位是指挥自动化和人工智能专家、中国工程院院士。三兄弟被誉为"一门三院士"。

正如家训中所写的"爱我中华、兴我家邦",三兄弟谨遵教诲,都在留学海外之后放弃国外发展机会,归国从事科研工作。

第3章　弯曲工艺与模具设计

3.1　概　　述

弯曲是将板料、棒料、型材或管材等弯曲成具有一定形状和角度的零件的一种冲压成形工序。它是冲压成形基本工序之一。采用弯曲方法加工的零件种类繁多,常见的如汽车纵梁、自行车车把、铰链和仪器仪表罩等。弯曲加工常用的方法是在压力机上使用弯曲模具压弯,此外还有使用折弯机折弯、使用拉弯机拉弯、使用辊弯机辊弯等,如图3-1所示。

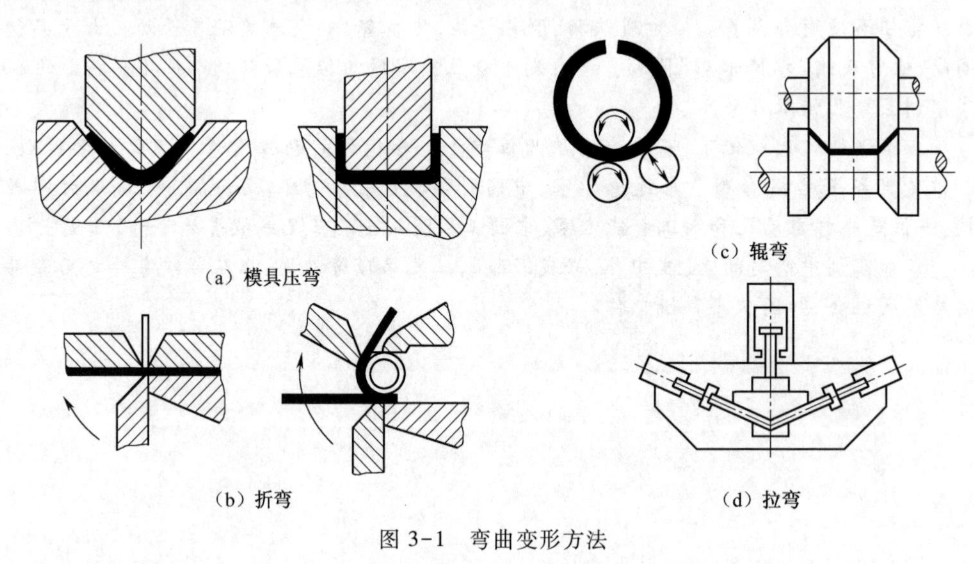

图3-1　弯曲变形方法

3.2　弯曲变形分析

3.2.1　弯曲变形过程

在压力机上采用压弯模具对板料进行压弯是弯曲工艺中运用最多的方法。弯曲变形的过程一般经历弹性弯曲变形、弹-塑性弯曲变形、塑性弯曲变形三个阶段,如图3-2所示。板料从平面弯曲成一定角度和形状,其变形过程是围绕着弯曲圆角区域展开的,弯曲圆角区域为主要变形区。弯曲成形的效果表现为曲率半径和两边直边夹角的变化。现以常见的V形件弯曲为例进行弯曲成形过程分析。

1. 弹性弯曲变形

弯曲开始时,模具的凸、凹模分别与板料在A、B处相接触。设凸模在A处施加的弯曲力为$2F$。这时在B处(凹模与板料的接触支点则产生反作用力并与弯曲力构成弯曲力矩$M=Fl_0/2$,使板料产生弯曲。在弯曲的开始阶段,弯曲圆角半径r_0很大,弯曲力矩很小,仅引起材料的弹性弯曲变形。

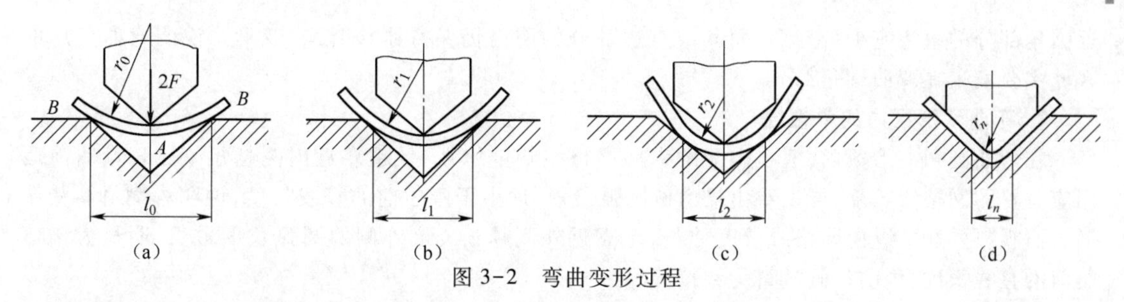

图 3-2　弯曲变形过程

2. 弹-塑性弯曲变形

随着凸模进入凹模深度的增大，凹模与板料的接触处位置发生变化，支点 B 沿凹模斜面不断下移，弯曲力臂逐渐减小，即 $l_n<l_3<l_2<l_1$。同时弯曲圆角半径 r 亦逐渐减小，即 $r_n<r_3<r_2<r_1$，板料的弯曲变形程度进一步加大。

弯曲变形程度可以用相对弯曲半径 r/t 表示，t 为板料的厚度。r/t 越小，表明弯曲变形程度越大。一般认为当相对弯曲半径 $r/t>200$ 时，弯曲圆角区域材料即开始进入弹-塑性弯曲阶段，毛坯变形区内（弯曲半径发生变化的部分）料厚的内外表面首先开始出现塑性变形，随后塑性变形向毛坯内部扩展。在弹-塑性弯曲变形过程中，促使材料变形的弯曲力矩逐渐增大，弯曲力臂继续减小，弯曲力则不断增大。

3. 塑性弯曲变形

凸模继续下行，当相对弯曲半径 $r/t<200$ 时，变形由弹-塑性弯曲逐渐过渡到塑性变形。这时弯曲圆角变形区内弹性变形部分所占比例已经很小，可以忽略不计，可视为板料截面都已进入塑性变形状态。最终，B 点以上部分在与凸模的 V 形斜面接触后被反向弯曲，再与凹模斜面逐渐靠紧，直至板料与凸、凹模完全贴紧。

若弯曲终了时，凸模与板料、凹模三者贴合后凸模不再下压，称为自由弯曲。若凸模继续下压，对板料再增加一定的压力，则称为校正弯曲，这时弯曲力将急剧上升。校正弯曲与自由弯曲的凸模下止点位置是不同的，校正弯曲使弯曲件在下止点受到刚性镦压，减小了工件的回弹。

3.2.2　弯曲变形的特点

为了观察板料弯曲时的金属流动情况，以便于分析材料的变形特点，可以采用在弯曲前的板料侧表面设置正方形网格的方法。通常用机械刻线或照相腐蚀制作网格，然后用工具显微镜观察测量弯曲前后网格的尺寸和形状变化情况，如图 3-3 所示。

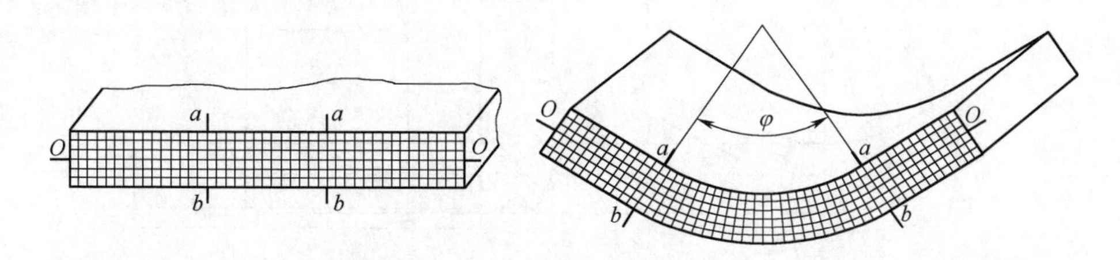

图 3-3　弯曲前后坐标网格变化

弯曲前，材料侧面线条均为直线，这些直线组成大小一致的正方形小格，纵向网格线长度 $aa=bb$。弯曲后，通过观察网格形状的变化，可以看出弯曲变形具有以下特点：

1. 弯曲圆角部分是弯曲变形的主要区域

可以观察到位于弯曲圆角部分的网格发生了显著的变化，原来的正方形网格变成了扇形。靠近圆角部分的直边有少量变形,而其余直边部分的网格仍保持原状,没有变形。说明弯曲变形的区域主要发生在弯曲圆角部分。

2. 弯曲变形区内的中性层

在弯曲圆角变形区内,板料内侧的纵向网格线长度缩短,且越靠近内侧越短。比较弯曲前后相应位置的网格线长度,可以看出最内侧圆弧最短,远小于弯曲前的直线长度,说明内侧材料受压缩。而板料外侧的纵向网格线长度伸长,越靠近外侧越长。最外侧的圆弧长度最长,明显大于弯曲前的直线长度,说明外侧材料受到拉伸。

从板料弯曲外侧纵向网格线长度的伸长过渡到内侧的缩短,可以体现出长度是逐渐改变的。由于材料的连续性,在伸长和缩短两个变形区域之间,其中必定有一层金属纤维材料的长度在弯曲前后保持不变,这一金属层称为应变中性层。

应变中性层的长度是弯曲件毛坯展开尺寸计算的重要依据。当弯曲变形程度很小时,应变中性层的位置基本上处于材料厚度的中心,但当弯曲变形程度较大时,可以发现应变中性层向材料内侧移动,变形量越大,内移量越大。

3. 变形区材料厚度变薄的现象

弯曲变形程度较大时,变形区外侧材料受拉伸长,使得厚度方向的材料减薄;变形区内侧材料受压,使得厚度方向的材料增厚。由于应变中性层位置的内移,外侧的减薄区域随之扩大,内侧的增厚区域逐渐缩小,外侧的减薄量大于内侧的增厚量,因此使弯曲变形区的材料厚度变薄。变形程度越大,变薄现象越严重。变薄后的厚度 $t'=\eta t$(η 是变薄系数,根据实验测定,η 值总是小于 1)。

4. 变形区横断面的变形

板料的相对宽度 b/t(b 是板料的宽度,t 是板料的厚度)对弯曲变形区的材料变形有很大影响。一般将相对宽度 $b/t>3$ 的板料称为宽板,相对宽度 $b/t\leqslant 3$ 的板料称为窄板。

窄板弯曲时,宽度方向的变形不受约束。由于弯曲变形区外侧材料受拉引起板料宽度方向收缩,内侧材料受压引起板料宽度方向增厚,其横断面形状变成了外窄内宽的扇形。变形区横断面形状尺寸发生的改变称为畸变,如图 3-4(a)所示。

宽板弯曲时,在宽度方向的变形会受到相邻部分材料的制约,材料不易流动,因此其横断面形状变化较小,仅在两端会出现少量变形,由于相对于宽度尺寸而言数值较小,横断面形状基本保持为矩形,如图 3-4(b)所示。

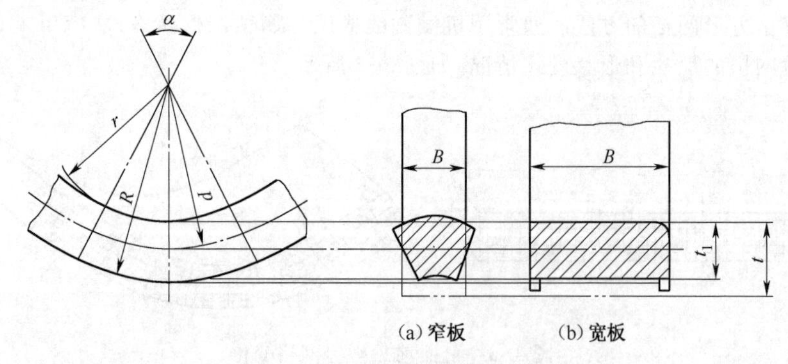

图 3-4　窄板和宽板变形后截面

虽然宽板弯曲仅存在少量畸变,但是在某些弯曲件生产场合,如铰链加工制造,需要两个宽板弯曲件的配合时,这种畸变可能会影响产品的质量。当对弯曲件质量要求高时,可以采取在变形部位预做圆弧切口的方法防止上述畸变的产生。

3.2.3　弯曲变形区的应力应变状态

板料塑性弯曲时，变形区内的应力和应变状态取决于弯曲变形程度以及弯曲毛坯的相对宽度 b/t。取材料的微小立方单元体表述弯曲变形区的应力和应变状态，δ_θ、ε_θ 表示切向（纵向、长度方向）应力、应变，δ_ρ、ε_ρ 表示径向（厚度方向）的应力、应变，δ_B、ε_B 表示宽度方向的应力、应变，如图 3-5 所示。

1. 应力状态

（1）切向应力 δ_θ。外侧材料受拉，切向应力 δ_θ 为正；内侧材料受压，切向应力 δ_θ 为负。切向应力为绝对值最大的主应力。外侧拉应力与内侧压应力间的分界层称为应力中性层，当弯曲变形程度很大时也有向内侧移动的特性。

由于应力中性层的内移，使外侧拉应力区域不断向内侧压应力区域扩展，原中性层内侧附近的材料层由压缩变形转变为拉伸变形，从而造成了应变中性层的内移。

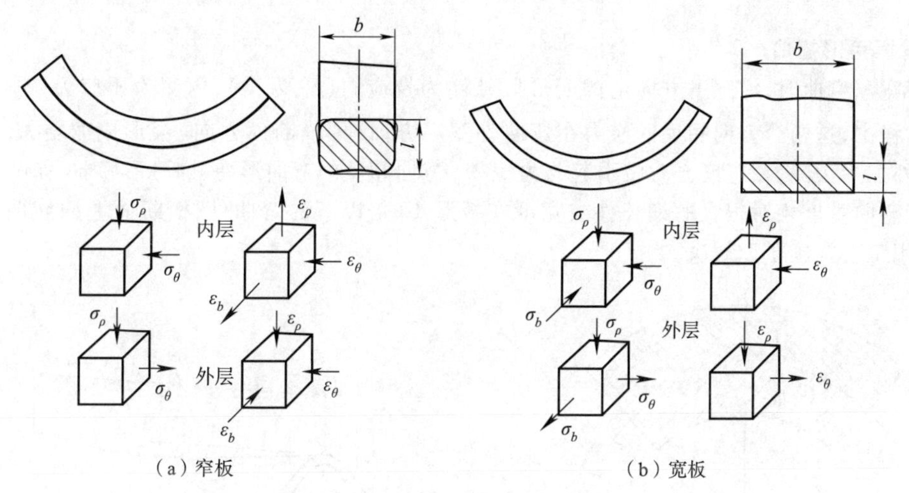

（a）窄板　　（b）宽板

图 3-5　自由弯曲时应力应变状态

（2）径向应力 δ_ρ 和切向应力 δ_θ。由于变形区各层金属间的相互挤压作用，内侧、外侧同为受压，径向应力 δ_ρ 均为负值。在径向压应力 δ_ρ 的作用下，切向应力 δ_θ 的分布性质产生了显著的变化，外侧拉应力的数值小于内侧区域的压应力。只有使拉应力区域扩大，压应力区域减小，才能重新保持弯曲时的静力平衡条件，因此应力中性层必将内移。

（3）宽度方向应力 δ_B。窄板弯曲时，由于材料在宽度方向的变形不受约束，因此内、外侧的应力均接近于零。宽板弯曲时，在宽度方向材料流动受阻、变形困难，结果在弯曲变形区外侧产生阻止材料沿宽度方向收缩的拉应力，δ_B 为正，而在变形区内侧产生阻止材料沿宽度方向增宽的压应力，δ_B 为负。

窄板弯曲和宽板弯曲的应力只在板宽方向不同。窄板弯曲的应力状态是平面的，宽板弯曲的应力状态是立体的。

2. 应变状态

（1）切向应变 ε_θ。外侧材料受拉，切向应变 ε_θ 为正，内侧材料受压缩，切向应变 ε_θ 为负，切向应变 ε_θ 为绝对值最大的主应变。

（2）径向应变 ε_ρ。根据塑性变形体积不变条件可得：$\varepsilon_\theta+\varepsilon_\rho+\varepsilon_B=0$，$\varepsilon_\rho$、$\varepsilon_B$ 必定和最大的切向应变 ε_θ 符号相反。因为弯曲变形区外侧的切向主应变为拉应变，所以外侧的径向应变 ε_ρ 为压应变；

而变形区内侧的切向主应变 ε_θ 为压应变,所以内侧的径向应变 ε_ρ 为拉应变。

(3)宽度方向应变 ε_B。窄板弯曲时,由于材料在宽度方向上可自由变形,所以变形区外侧应变 ε_B 为压应变;而变形区内侧应变 ε_B 为拉应变。宽板弯曲时,因材料流动受阻,弯曲后板宽基本不变。故内外侧沿宽度方向的应变几乎为零($\varepsilon_B \approx 0$),仅在两端有少量应变。

窄板弯曲和宽板弯曲的应变状态只有在板宽方向不同。窄板弯曲的应变状态是立体的,而宽板弯曲的应变状态是平面的。

3.2.4 弯曲产生的影响

1. 应变中性层随着弯曲过程产生的变化

板内侧的压应变使得内侧材料由板的内区向外区做径向移动,而应变中性层由于半径不变,因此相对向内区做径向移动。

Ⅰ区切向始终拉伸变形;Ⅱ区切向先压缩变形,后拉伸变形;Ⅲ区切向始终压缩变形如图 3-6 所示。

2. 宽板弓形翘曲

由于宽板弯曲时,沿宽度方向上的变形区外侧为拉应力(δ_B 为正);内侧为压应力(δ_B 为负),在弯曲过程中,这两个方向相反的应力在弯曲件宽度方向(即横断面方向)会形成力矩 M_B。弯曲结束后,外加力去除,在宽度方向将引起与力矩 M_B 方向相反的弯曲形变,即弓形翘曲,如图 3-7 所示。对于弯曲宽度相对很大的细长件或宽度在板厚 10 倍以下的弯曲件,横断面上的翘曲十分明显,应采用工艺措施予以解决。

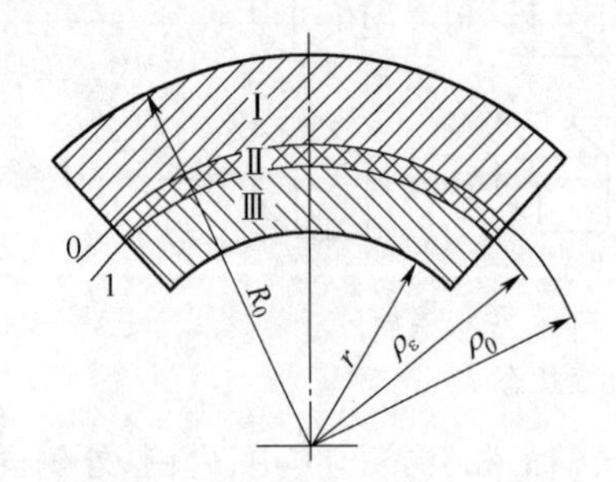

图 3-6 板料弯曲时的应力分析

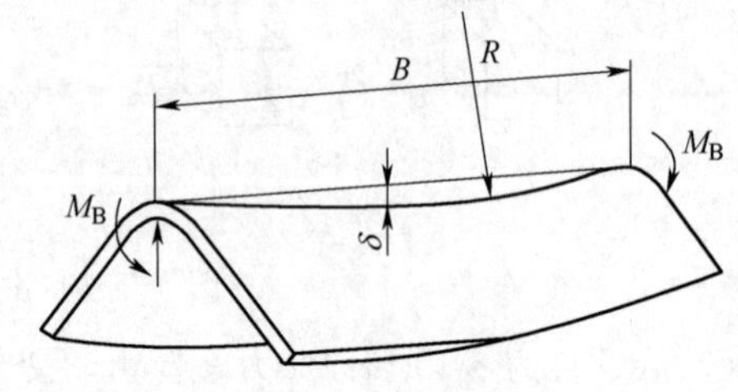

图 3-7 板料翘曲

3. 弯曲变形程度及其表示方法

如图 3-8 所示,设弯曲角为 α,应变中性层曲率为 ρ_ε,板厚为 t,则应变为:

$$\varepsilon_\theta = \ln\frac{(\rho_\varepsilon + y)\alpha}{\rho_\varepsilon \alpha} = \ln\left(1 + \frac{y}{\rho_\varepsilon}\right) \approx \frac{y}{\rho_\varepsilon}\text{(真实应变)} \tag{3-1}$$

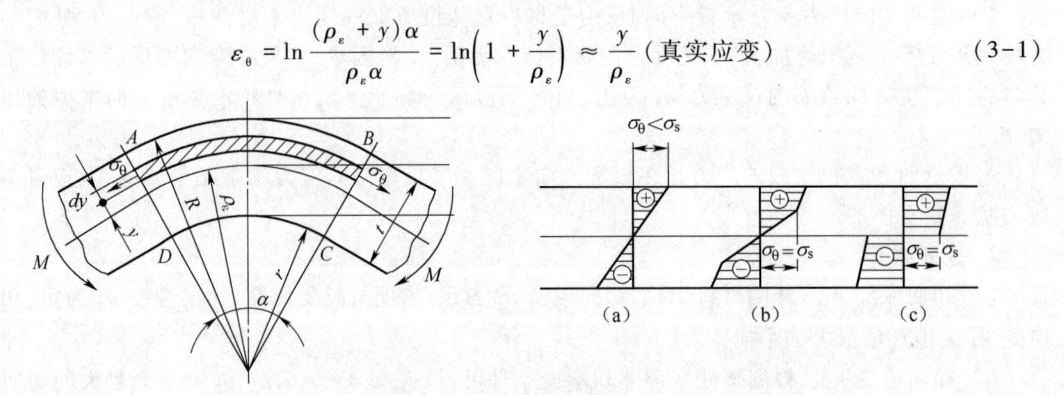

图 3-8 弯曲变形任意截面应力分布

而应变决定应力，所以弯曲变形区材料的应变和应力取决于 y/ρ_{ε}，而与 α 无关。

弯曲变形区的内、外表面的切向应力和应变最大，即：

$$\varepsilon_{\theta\max} \approx \pm \frac{t/2}{\rho_{\varepsilon}} = \pm \frac{t/2}{r + t/2} = \pm \frac{1}{1 + 2r/t} \tag{3-2}$$

式中　r/t ——板料的相对弯曲半径，是表示板料变形程度的重要参数。r/t 越小，表示弯曲程度越大。

4. 应变中性层的曲率半径

弯曲中性层的确定如图 3-9 所示。

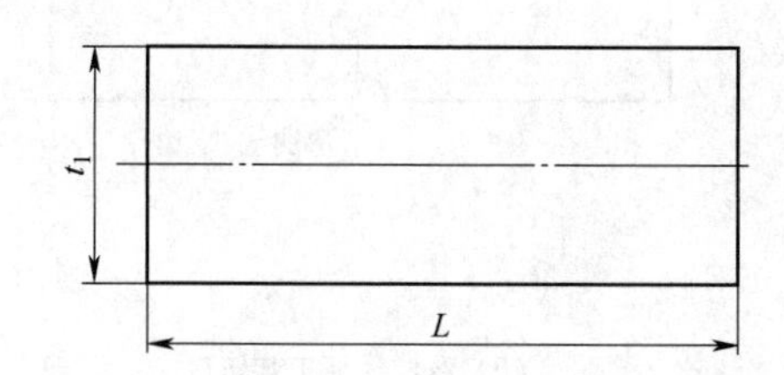

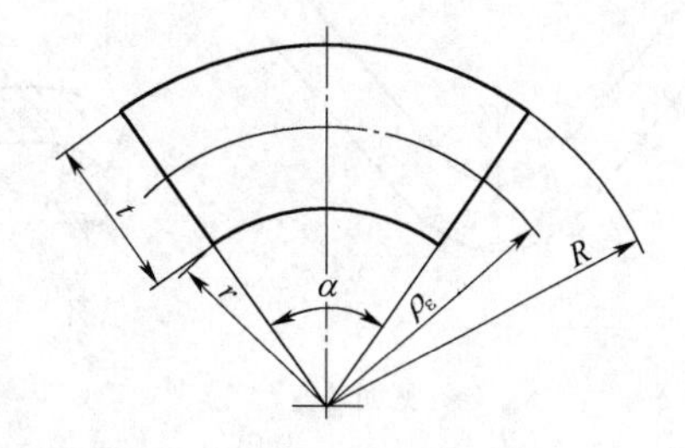

图 3-9　弯曲中性层确定

弯曲前体积：

$$V_0 = LBt = \rho_{\varepsilon}\alpha Bt \tag{3-3}$$

弯曲后体积：

$$V = (R^2 - r^2)\alpha B/2 \tag{3-4}$$

$$\left.\begin{aligned} & V_0 = V \Rightarrow t\rho_{\varepsilon}\alpha = (\pi R^2 - \pi r^2)\frac{\alpha}{2\pi} \Rightarrow \rho_{\varepsilon} = (R^2 - r^2)/2t \\ & R = r + t_1 \end{aligned}\right\} \Rightarrow \rho_{\varepsilon} = \left(r + \frac{t_1}{2}\right)\frac{t_1}{t}$$

$$\left.\begin{aligned} & \rho_{\varepsilon} = \left(r + \frac{t_1}{2}\right)\frac{t_1}{t} \\ & \frac{t_1}{t} = \eta(\text{变薄系数}) \leqslant 1 \end{aligned}\right\} \Rightarrow \rho_{\varepsilon} = \left(r + \frac{1}{2}\eta t\right)\eta = r + x_0 t < r + \frac{t}{2} \tag{3-5}$$

式中　x_0 ——应变中性层位移系数≤0.5。

3.3　弯曲过程常出现的缺陷及工艺控制措施

板料弯曲时主要的成形质量问题有：拉裂（见图 3-10）、截面畸变、翘曲和回弹。

1. 弯曲外层拉裂

拉裂多发生在弯曲半径和弯曲角度要求过于严格时，由于弯曲外层的拉伸应变量超过了材料应变极限而产生。当板材较厚时，应变梯度较小，抑制裂纹产生和发展的能力也小，更易产生拉裂现象。解决方法：①适当增大凸模圆角半径，或者使用经退火塑性较好的材料。②使弯曲曲线与板材纤维方向垂直或成 45°；③将有毛刺的一面放在弯曲凸模一侧；④采用附加反压的弯曲方法。

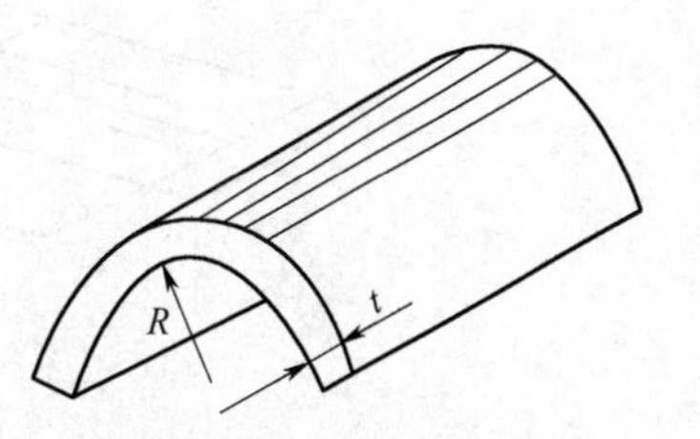

图 3-10　弯曲拉裂

2. 截面畸变

窄板弯曲时,外层切向受拉伸长,导致板宽和板厚收缩;内层切向受压收缩,使板宽和板厚增加。弯曲变形结果使得板材截面变为梯形,同时内外层表面产生微小的翘曲。如果弯曲零件的宽度精度要求较高,不允许出现图 3-11(a)所示的 $B_1>B$ 的鼓形产生,这时可在弯曲线两端预先做出工艺切口,如图 3-11(b)所示。

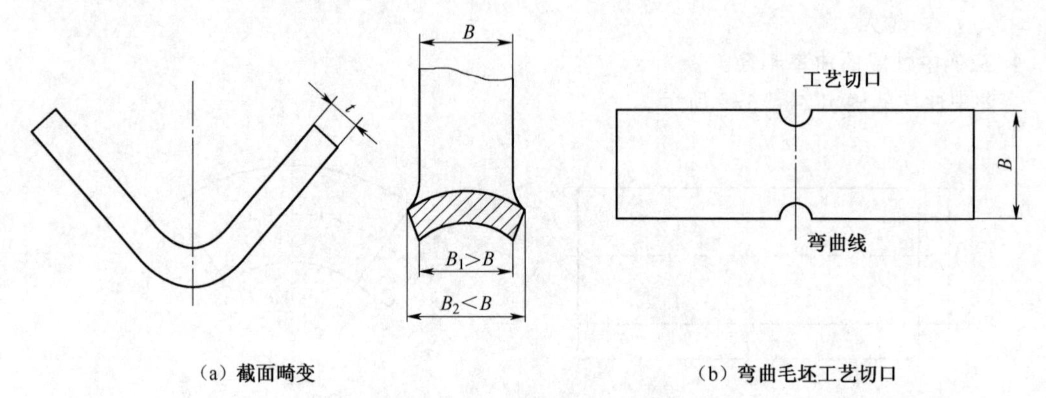

图 3-11　弯曲截面畸变及控制

3. 翘曲

宽板弯曲时,变形区内横截面形状变化不大,仍为矩形。这主要是因为宽度方向的应力在外层为拉应力,内层为压应力,因此宽度方向的变形受到限制。在弯曲过程中弯曲线保持的笔直形态,使两个拉压相反的应力在横向形成一平衡力矩 M。当卸载后取出工件,产生回弹的同时,在宽度方向上也会引起与弯矩 M 方向相反的弯曲变形,即纵向翘曲,如图 3-12 所示。可采用图 3-13 所示方法解决:在模具结构上采取措施,如采用带侧板结构的弯曲模,以阻碍材料沿弯曲线方向的流动;也可改变弯曲凸、凹模形状,将翘曲量设计在与翘曲方向相反的方向上。

图 3-12　翘曲

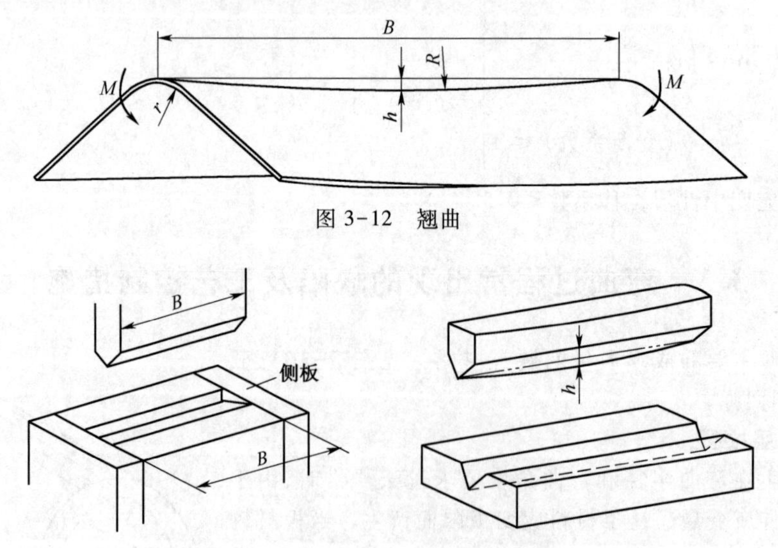

图 3-13　改进模具结构控制抑制翘曲变形

4. 弯曲回弹

(1)弯曲回弹的概念。常温下的塑性弯曲和其他塑性变形一样,在外力作用下产生的总变形由塑性变形和弹性变形两部分组成。当弯曲结束,外力去除后,塑性变形留存下来,而弹性变形则完全消失。弯曲变形区外侧因弹性恢复而缩短,内侧因弹性恢复而伸长,产生了弯曲件的弯曲角度和弯曲半径与模具相应尺寸不一致的现象。这种现象称为弯曲回弹(简称回弹)。这种反向的弹性回复加剧了工件形状和尺寸的改变。弯曲回弹是弯曲成形不可避免的现象。

在弯曲加载过程中,板料变形区内侧与外侧的应力应变性质相反,卸载时内侧与外侧的回弹变形性质也相反,而回弹的方向都是与弯曲变形方向反向的。另外综观整个坯料,不变形区占的比例比变形区大得多,大面积不变形区的惯性影响会加大变形区的回弹,这是弯曲回弹比其他成形工艺回弹严重的另一个原因。它们对弯曲件的形状和尺寸变化影响十分显著,使弯曲件的几何精度受到损害。

(2)弯曲回弹的表现。弯曲件的回弹现象通常表现为两种形式:一是弯曲半径的改变,由回弹前弯曲半径 ρ_ε 变为回弹后的 ρ'_ε;二是弯曲角度的改变,由回弹前弯曲中心角度 α(凸模的中心角度)变为回弹后的工件实际中心角度 α',如图3-14所示。回弹值的确定主要考虑这两个因素。若弯曲中心角 α 两侧有直边,则应同时保证两侧直边之间的夹角 θ(称为弯曲角)的精度。弯曲角 θ 与弯曲中心角度 α 之间的换算关系:$\theta=180°-\alpha$,两者之间呈反比关系。

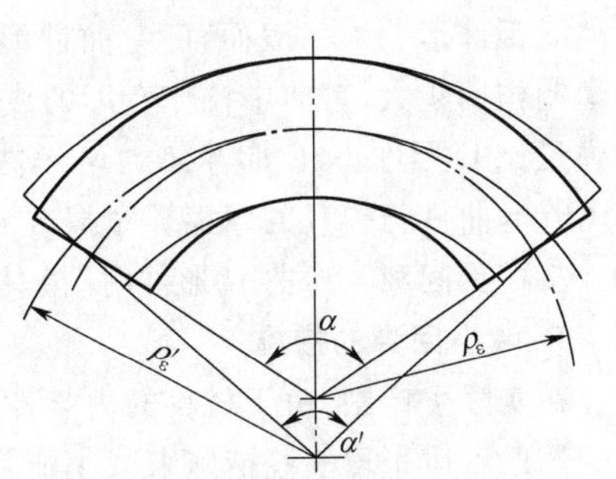

图3-14　弯曲回弹

(3)弯曲半径增大。卸载前弯曲中性层半径为 ρ_ε,卸载后增大为 ρ'_ε,则 $\Delta\rho$ 为:

$$\Delta\rho=\rho'_\varepsilon-\rho_\varepsilon \tag{3-6}$$

(4)弯曲中心角减小。卸载前弯曲变形区的弯曲中心角为 α,卸载后减小为 α',则 Δx 为:

$$\Delta\alpha=\alpha-\alpha' \tag{3-7}$$

(5)回弹值理论计算。弯曲加载和卸载过程如图3-15所示。

$$\left.\begin{array}{l}\varepsilon_{sp}=\varepsilon_{be}-\varepsilon_{re}\\ \varepsilon_{be}=\dfrac{t}{2\rho_\varepsilon},\quad \varepsilon_{sp}=\dfrac{Mt}{2EI},\quad \varepsilon_{be}=\dfrac{t}{2\rho'_\varepsilon}\end{array}\right\}\Rightarrow$$

$$\left\{\begin{array}{l}\rho'_\varepsilon=\dfrac{\rho_\varepsilon EI}{EI-M\rho_\varepsilon}\\ \Delta\alpha=\alpha-\alpha'=\dfrac{M\rho_\varepsilon}{EI}\alpha\end{array}\right. \tag{3-8}$$

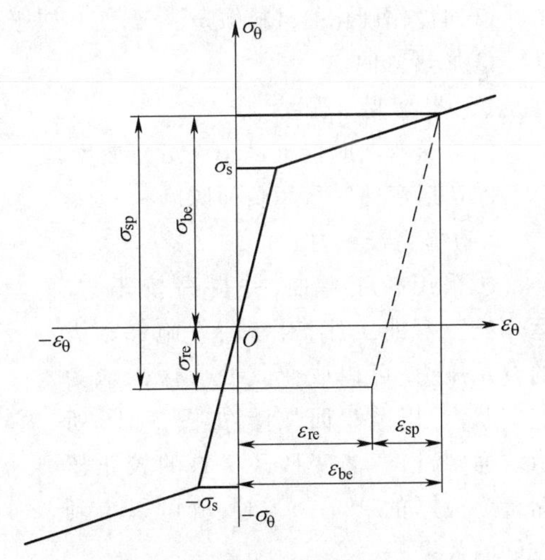

图3-15　弯曲加载和卸载过程

(6)影响弯曲回弹的因素:

①材料的力学性能。屈服强度 σ_s 越大,弹性模量 E 越小,回弹越大。

②相对弯曲半径。相对弯曲半径 r/t 越小,则回弹值越小。因为相对弯曲半径 r/t 越小,变形程度越大,变形区总的切向变形程度增大,塑性变形在总变形中占的比例增大,而相应弹性变形的比例则减少,从而回弹值减少。反之,相对弯曲半径 r/t 越大,则回弹值越大。

③弯曲中心角 α。α 越大,表示变形区越大,回弹积累越大,回弹角越大,但对半径回弹无影响。

④弯曲方式。在无底凹模内作自由弯曲时,回弹最大。在有底凹模内作校正弯曲时,回弹较小。

- 从坯料直边部分的回弹来看,由于凹模V形面对坯料有限制作用,当坯料与凸模三点接触后,随凸模继续下压,坯料的直边部分则向与以前相反的方向变形,弯曲终了时可以使产生了一定曲率的直边重新压平并与凸模完全贴合。卸载后弯曲件直边部分的回弹方向是朝向V形闭合方向(负回弹)。而圆角部分的回弹方向是朝向V形张开方向(正回弹),两者回弹方向相反。
- 从圆角部分的回弹来看,由于板料受凸、凹模压缩的作用,极大的校正弯曲力迫使变形区内侧产生了切向拉应变,与外侧切向应变相同,因此内外侧纤维都被拉长,于是圆角部分的内、外区回弹方向一致,故校正弯曲圆角部分的回弹比自由弯曲时大为减小。

⑤工件形状。一般而言,弯曲件形状越复杂,一次弯曲成形角的数量越多,则弯曲时各部分互相牵制作用越大,弯曲中拉伸变形的成分越大,故回弹量就越小。例如一次弯曲成形时,Z形件的回弹量比U形件小,U形件又比V形件小。

⑥弯曲件与模具的摩擦。摩擦改变了弯曲件的应力状态,减小回弹。

⑦模具间隙。弯曲U形件时,模具间隙小,回弹小。

5. 减小回弹的措施

在实际生产中,由于材料的力学性能和厚度的波动等原因,要完全消除弯曲件的回弹是不可能的。但可以采取一些措施来减小或补偿回弹所产生的误差,以提高弯曲件的精度。

(1)改进零件的结构,增加材料塑性

①尽量避免选用过大的相对弯曲半径。

②在弯曲区压制加强筋,提高零件的刚度,抑制回弹。

(2)提高材料塑性

①选用 σ_s/E 小、力学性能稳定和板料厚度稳定、波动小的材料。

②对冷作硬化的材料须先退火,使其屈服点降低。对回弹较大的材料,必要时可采用加热弯曲。

③加热弯曲。

(3)提高变形程度

①V形弯曲时接近最小许可弯曲半径。

②U形弯曲时采用负间隙。

(4)提高校正力

①采用校正弯曲,并提高校正力。运用校正弯曲工序,对弯曲件施加较大的校正压力,可以改变其变形区的应力应变状态,以减少回弹量,如图3-16所示。通常,当弯曲变形区材料的校正压缩量为板厚的2%~5%时,就可以得到较好的效果。

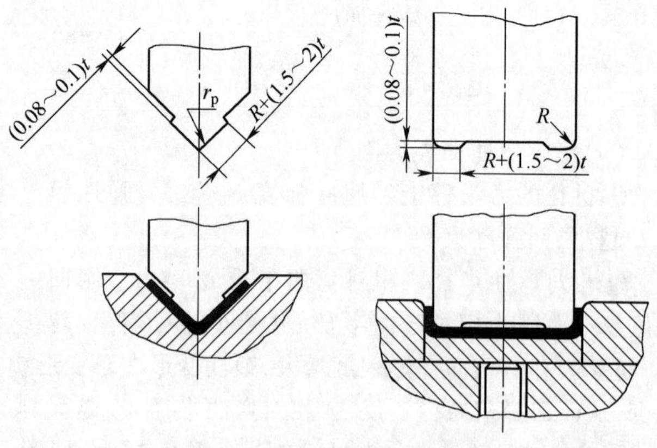

图3-16　弯曲校形模具

②局部精压。对于厚度在0.8 mm以上的软材料,相对弯曲半径不大时,可把凸模做成图3-16所示结构,使凸模的作用力集中在变形区,以改变应力状态达到减小回弹的目的,但易产生压痕。也可采用将凸模角减小2°~5°的方法来减小接触面积,从而减小回弹使压痕减轻。还可将凹模角度减小2°,以此减小回弹,从而减小弯曲件纵向翘曲度。

（5）补偿法

按回弹值修正凸模的角度和半径，使工件回弹得到补偿。利用弯曲件不同部位回弹方向相反的特点，按预先估算或试验所得的回弹量，修正凸模和凹模工作部分的尺寸和几何形状，以相反方向的回弹来补偿工件的回弹量，如图 3-17 所示。

（6）采用软凹模

利用聚氨酯凹模代替刚性金属凹模对材料进行压弯，如图 3-18 所示。弯曲时随着金属凸模逐渐进入聚氨酯凹模，聚氨酯对板料的单位压力也不断增加，弯曲件圆角变形区所受到的单位压力大于两侧直边部分。由于仅受聚氨酯侧压力的作用，直边部分不发生弯曲，随着凸模进一步下压，激增的弯曲力将会改变圆角变形区材料的应力应变状态，达到类似校正弯曲的效果，从而减少回弹量。通过调节凸模压入聚氨酯凹模的深度，可以控制弯曲力的大小，使卸载后的弯曲件角度符合精度要求。

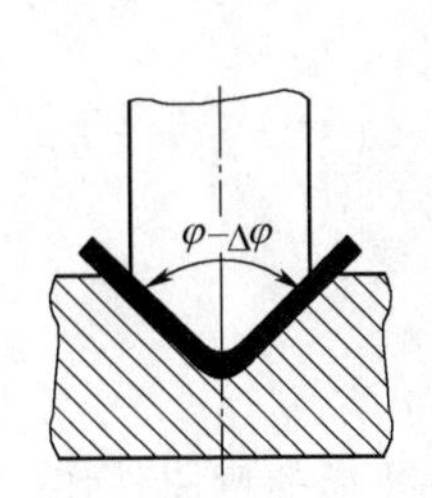

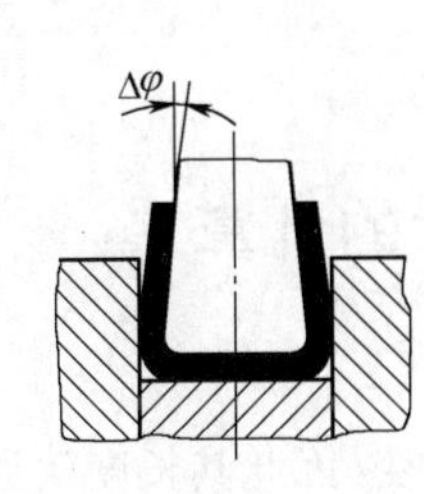

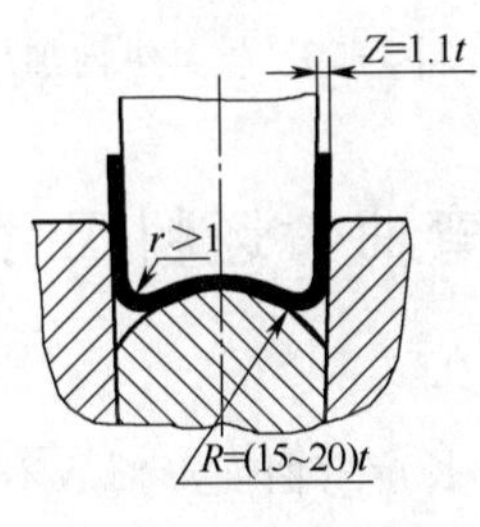

图 3-17　补偿弯曲模具

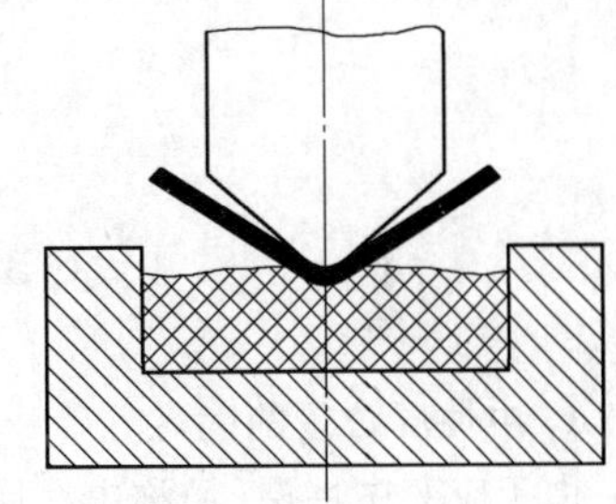

图 3-18　聚氨酯弯曲模具

（7）改变变形区应力状态

①拉弯法。对于相对弯曲半径较大的弯曲件，由于变形区大部分处于弹性变形状态，弯曲回弹量很大。所以应使弯曲变形的内、外区都产生拉应力而减少回弹量，从而得到精确的弯边高度。

工件在弯曲变形的过程中受到了切向（纵向）拉伸力的作用。施加的拉伸力应使变形区内的合成应力大于材料的屈服极限，中性层内侧压应变转化为拉应变，从而材料的整个横断面都处于塑性拉伸变形的范围（变形区内、外侧都处于拉应变范围内）。卸载后内外两侧的回弹趋势相互抵消，因此可大大减少弯曲件的回弹量。大曲率半径弯曲件的拉弯可以在拉弯机上进行。拉弯时，弯曲变形与拉伸的先后次序对回弹量有一定影响；先弯后拉比先拉后弯好。但先弯后拉的不足之处是已弯坯料与模具摩擦加大，拉力难以有效地传递到各部分，因此实际生产中采用拉-弯-拉的复合工艺方法。

图 3-19 所示为工件在拉弯中沿截面高度的应变分布。图 3-19（b）所示为拉伸时的应变；图 3-19（c）所示为普通弯曲时的应变；图 3-19（d）所示为拉弯总的合成应变；图 3-19（e）所示为卸载时的应变；图 3-19（f）所示为最后永久变形。从图 3-19（e）可看出，拉弯卸载时坯料内、外区弹复方向一致，从而大大减小工件的回弹。

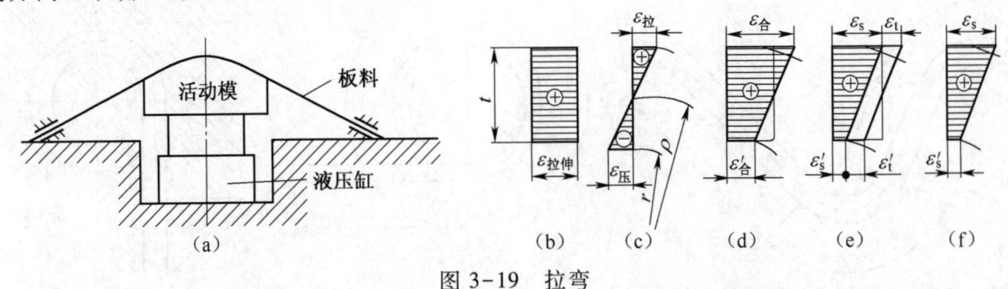

图 3-19　拉弯

一般小型弯曲件可采用在毛坯直边部分加压边力限制非变形区材料的流动,或者减小凸、凹模间隙使变形区的材料作变薄挤压拉伸的方法,以增加变形区的拉应变。

②直边端部加压法。在弯曲过程完成后,利用模具的突肩在弯曲件的端部纵向加压,如图 3-20 所示,使弯曲变形区横断面上受到压应力;卸载时工件内外侧的回弹趋势相反,使回弹大为降低。利用这种方法可获得较精确的弯边尺寸,但对毛坯精度要求较高。其中,图 3-20(a)为单角弯曲;图 3-20(b)为双角弯曲;图 3-20(c)为 Z 形弯曲的纵向加压示意图。

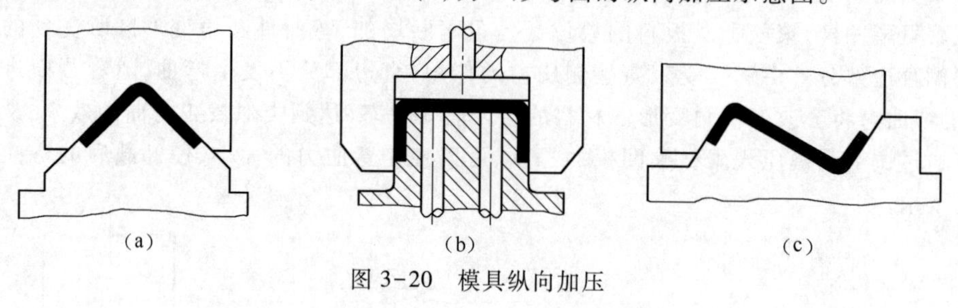

图 3-20 模具纵向加压

3.4 弯曲件坯料尺寸的计算

1. 中性层位置的确定

由于应变中性层(简称中性层)的长度弯曲变形前后不变,因此其长度就是所要求的弯曲件坯料展开尺寸的长度。而要想求得中性层的长度,必须先找到中性层的确切位置。中性层的位置以曲率半径 ρ_ε 表示

$$\rho_\varepsilon = \left(r + \frac{t}{2}\right)\eta = r + x_0 t \tag{3-9}$$

当弯曲变形程度很小时,可以认为中性层位于板料厚度的中心

$$\rho_\varepsilon = r + t/2 \tag{3-10}$$

2. 弯曲件毛坯长度的计算

(1)$r>0.5t$ 的弯曲件。弯曲部分变薄不严重且断面畸形较轻。弯曲前后应变中性层长度基本不变,如图 3-21 所示。

$$L = \sum l_i + \sum \rho_{\varepsilon n}\alpha_n = \sum l_i + \sum (r_n + x_{0n} t)\,\alpha_n \tag{3-11}$$

(2)$r<0.5t$ 的弯曲件。这类弯曲件的弯曲部分变薄严重、断面畸形严重且不稳定。毛坯展开长度一般根据弯曲前后体积相等的原则,考虑到弯曲圆角变形区以及相邻直边部分的变薄等因素,应采用经过修正的公式进行计算。

(3)铰链式(卷圆)弯曲件。铰链弯曲常用推卷的方法成形,如图 3-22 所示。材料除了弯曲以

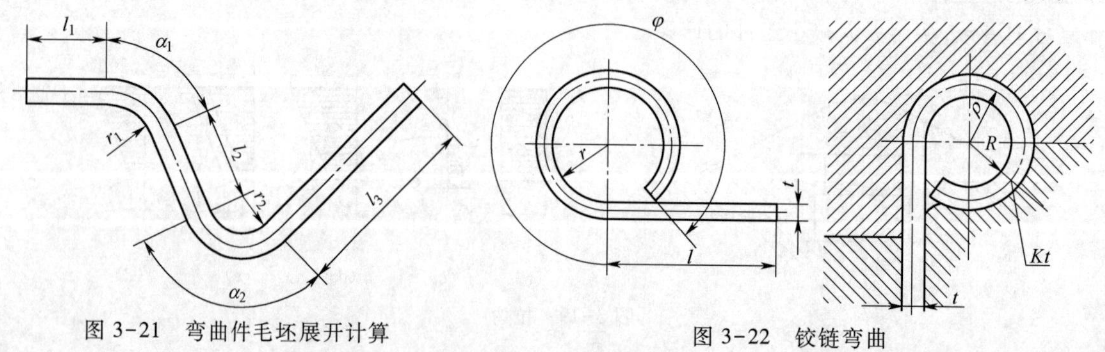

图 3-21 弯曲件毛坯展开计算

图 3-22 铰链弯曲

外还受到挤压作用，板料增厚，中性层将向外侧移动，中性层位移系数

$$x_1>0.5$$

则
$$L=l+5.7r+4.7x_1t \tag{3-12}$$

(4)试验法。通常板料弯曲中绝大部分属宽板弯曲，沿宽度方向的应变 $\varepsilon_b\approx 0$。根据变形区弯曲变形前后体积不变的条件，板厚减薄的结果必然使板料长度增加。相对弯曲半径 r/t 越小，板厚变薄量越大，板料长度增加越大。因此，对于相对弯曲半径 r/t 较小的弯曲件，必须考虑弯曲后材料的增长。此外，还有许多因素影响了弯曲件的展开尺寸，例如材料性能、凸模与凹模的间隙、凹模圆角半径以及凹模深度、模具工作部分表面粗糙度等，此外变形速度、润滑条件等也对弯曲件的展开尺寸有一定影响。因此按以上方法计算得到的毛坯展开尺寸，仅适用于一般形状简单、尺寸精度要求不高的弯曲件。

对于形状复杂而且精度要求较高的弯曲件，计算所得结果和实际情况常常会有所出入，必须经过多次试模修正，才能得出正确的毛坯展开尺寸。可以先制作弯曲模具，初定毛坯裁剪试样经试弯修正，尺寸修改正确后再制作落料模。

3.5　弯曲力的计算

为了选择弯曲时所需用的压力机并进行模具设计，需要计算确定弯曲力。影响弯曲力的因素很多，如材料的性能、工件形状尺寸、板料厚度、弯曲方式、模具结构等此外，模具间隙和模具工作表面质量也会影响弯曲力的大小。因此，理论分析的方法很难精确计算。在实际生产中，通常根据板料的机械性能以及厚度、宽度，按照经验公式进行计算，如图 3-23 所示。

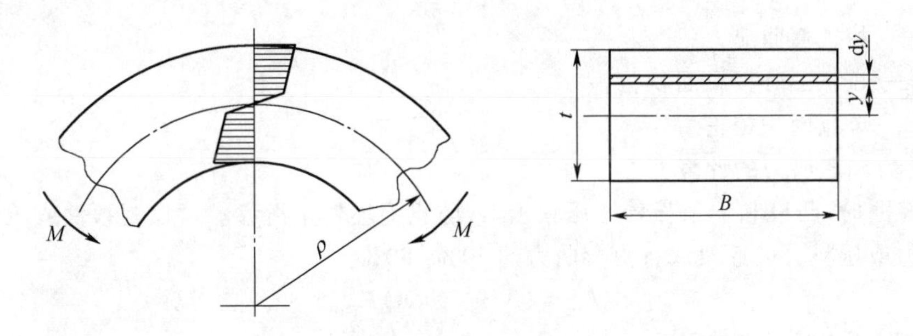

图 3-23　弯曲力计算

1. 弯矩的计算

$$\left.\begin{aligned}M&=2\int_0^{\frac{t}{2}}\sigma_\theta By\,\mathrm{d}y\\ \sigma_\theta&=K\varepsilon_\theta^n\end{aligned}\right\}\Rightarrow\left.\begin{aligned}M&=2\int_0^{\frac{t}{2}}K\varepsilon_\theta^n By\,\mathrm{d}y\\ \varepsilon_\theta&=y/\rho_\varepsilon\end{aligned}\right\}\Rightarrow M=\frac{2BK}{\rho_\varepsilon^n(n+2)}\left(\frac{t}{2}\right)^{n+2}\Bigg\}\Rightarrow M=\frac{1}{4}Bt^2\sigma_s \tag{3-13}$$

无硬化塑性变形时，$n=0,K=\sigma_s$

2. 自由弯曲力的计算

自由弯曲：用不带底的凹模进行弯曲，弯曲过程中其受力如图 3-24 所示。

$$M=\frac{1}{4}Bt^2\sigma_s=\frac{F}{2}\cdot\frac{l}{2}\Rightarrow F_{自}=\frac{Bt^2}{l}\sigma_s \tag{3-14}$$

经验公式 $$F_{自max}=\frac{CKBt^2}{r+t}\sigma_b$$

从公式中可以看出,对于自由弯曲,弯曲力随着材料抗拉强度的增加而增大,而且弯曲力和材料的宽度与厚度成正比。增大凸模圆角半径虽然可以降低弯曲力,但是会使弯曲件的回弹量增大。

3. 校正弯曲力的计算

校正弯曲是在自由弯曲阶段后进一步对贴合于凸、凹模表面的弯曲件进行挤压,如图 3-25 所示,其弯曲力比自由弯曲力大得多,而且两个力不同时存在。因此,校正弯曲时只需要计算校正弯曲力。

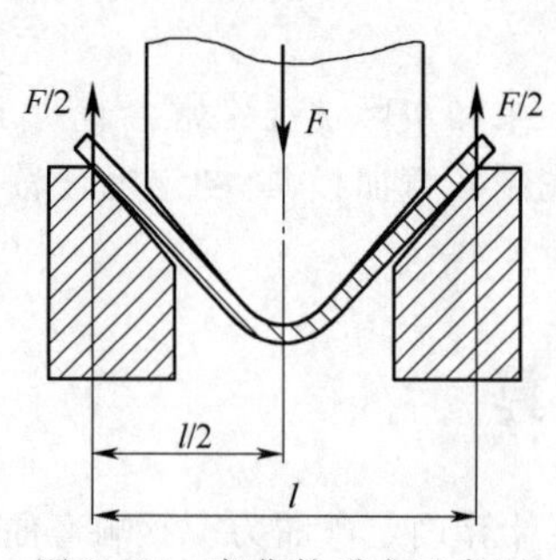

图 3-24 弯曲件受力示意图

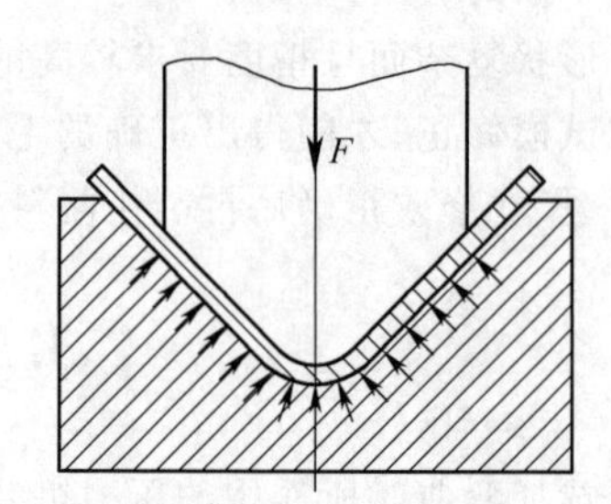

图 3-25 弯曲校形力计算

当凸模圆角半径 r、料厚 t 与凹模支点间距 L 之比很小时,在 V 形件校正弯曲中,投影面积按 $A=BL$ 计算;在 U 形件校正弯曲中,投影面积按 $A=B\times(L-2r-2t)$ 计算。

$$F_{校}=pA \tag{3-15}$$

式中 $F_{校}$——校正弯曲应力;

A——校正部分投影面积;

p——单位面积校正力。

4. 顶件力和压料力的计算

压料:弯曲时,凸模和下顶板始终压紧板料,防止毛坯发生滑移。对设置顶件或压料装置的弯曲模,顶件力或压料力可近似取自由弯曲力的 30%~80%:

$$F_Q=(0.3\sim0.8)F_{自max} \tag{3-16}$$

5. 弯曲时压力机压力的确定

(1)自由弯曲

$$F_{总}=F_{自max}+F_Q \tag{3-17}$$

一般情况下,压力机的公称压力应大于或等于冲压总工艺力的 1.3 倍,可以取压力机的压力为:

$$F_{压机}\geqslant 1.3F_{总} \tag{3-18}$$

(2)校正弯曲

由于校正弯曲力远大于自由弯曲力、顶件力和压料力,因而主要考虑校正弯曲力。在一般机械压力机上,校模深浅(即压力机闭合高度的调整)以及弯曲件材料厚度的变化和校正弯曲力有很大的关系。校模深浅和工件厚度的微小变化会极大程度地改变校正力的数值。最大校正弯曲力是在压力机滑块处于下止点时出现的,若下止点位置稍微下移将导致校正弯曲力的急剧增大。所以,可取压力机的压力为:

$$F_{压机}\geqslant(1.5\sim2)F_{校} \tag{3-19}$$

3.6　弯曲件的工艺性

弯曲件的工艺性是指弯曲零件的形状、尺寸、精度、材料以及技术要求等与弯曲加工的工艺要求的关系。具有良好工艺性的弯曲件,能简化弯曲的工艺过程及模具结构,提高工件的质量。

3.6.1　满足最小相对弯曲半径要求

1. 最小相对弯曲半径 r_{min}/t 的概念

相对弯曲半径 r/t 越小,弯曲时切向变形程度越大。当 r/t 小于一定值后,则板料的外面将超过材料的最大许可变形而产生裂纹。在保证弯曲变形区材料外表面不发生破坏的条件下,弯曲件内表面所能形成的最小圆角半径 r_{min} 称为最小弯曲半径。

最小弯曲半径与弯曲材料厚度的比值 r_{min}/t 称作最小相对弯曲半径,又被称为最小弯曲系数,是衡量弯曲变形程度的主要标志。

2. r_{min}/t 的理论计算

最小相对弯曲半径如图 3-26 所示。

$$\delta_{外} = \frac{R\alpha - \rho_{\varepsilon}\alpha}{\rho_{\varepsilon}\alpha} = \frac{t}{2r + t} \leqslant \delta_{\rho} \Rightarrow \frac{r_{min}}{t} = \frac{1 - \delta_{\rho}}{2\delta_{\rho}} \tag{3-20}$$

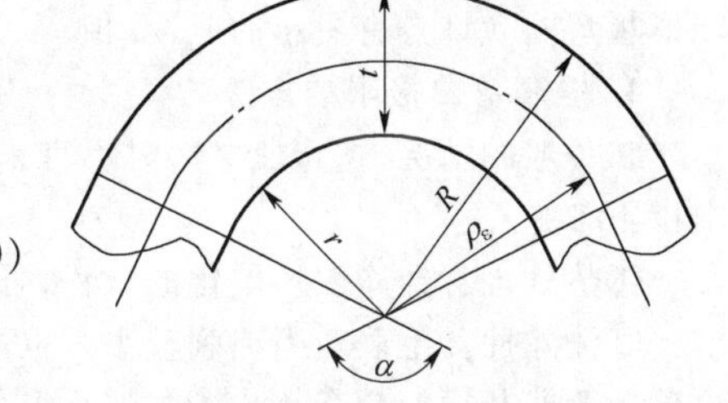

图 3-26　最小相对弯曲半径

3. 影响 r_{min}/t 的因素

(1)材料的力学性能

材料的塑性越好,许可的相对弯曲半径越小。对于塑性差的材料,其最小相对弯曲半径应大一些。在生产中可以采用热处理的方法来提高某些塑性较差材料及冷作硬化材料的塑性变形能力,以减小最小相对弯曲半径。

(2)弯曲中心角 α

弯曲中心角 α 是弯曲件圆角变形区圆弧所对应的圆心角。理论上弯曲变形区局限于圆角区域,直边部分不参与变形,似乎变形程度只与相对弯曲半径 r/t 有关,而与弯曲中心角无关。但实际上由于材料的相互牵制作用,接近圆角的直边也参与了变形,扩大了弯曲变形区的范围,分散了集中在圆角部分的弯曲应变,使圆角外表面受拉状态有所缓解,从而有利于降低最小弯曲半径的数值。弯曲中心角越小,变形分散效应越明显。

弯曲中心角越小,变形分散效应越显著,所以最小相对弯曲半径的数值也越小。反之,弯曲中心角越大,对最小相对弯曲半径的影响将越弱,当弯曲中心角大于 90°后,对相对弯曲半径已无影响。

(3)弯曲线的方向

板料经过轧制后产生了纤维状组织,这种纤维状组织具有各向异性的力学性能。沿纤维方向的力学性能较好,抗拉强度较高,不易拉裂。当工件的弯曲线与板料的纤维方向垂直时,可具有较小的 r_{min}/t。反之,工件的弯曲线与材料的纤维平行时,其 r_{min}/t 则大。

对于相对弯曲半径较小或者塑性较差的弯曲件,折弯线应尽可能垂直于轧制方向。当弯曲件为双侧弯曲,而且相对弯曲半径又比较小时,排样时应设法使折弯线与板料轧制方向成一定角度,如图 3-27 所示。

(4)板料的冲裁断面质量和表面质量

弯曲用的板料毛坯一般由冲裁或剪裁获得,材料剪切断面上的毛刺、裂口和冷作硬化以及板料表面的划伤、裂纹等缺陷的存在,将会造成弯曲时应力集中,材料易破裂的现象。因此表面质量和断面质量差的板料弯曲,其最小相对弯曲半径 r_{min}/t 的数值较大。

生产实际中需要较小的 r_{min}/t 值时,可以采用弯曲前去除毛刺或将材料有小毛刺的一面朝向弯曲凸模、切除剪切断面上的硬化层或者退火处理等方法,以避免工件的破裂。

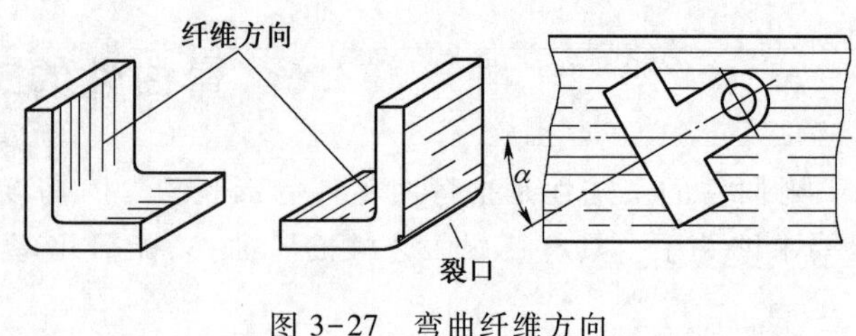

图 3-27 弯曲纤维方向

(5)板料的相对宽度

弯曲件的相对宽度 B/t 越大,材料沿宽度方向流动的阻碍越大;相对宽度 B/t 越小,则材料沿宽向流动越容易,这样可以改善圆角变形区外侧的应力应变状态,使材料易于向有利于弯曲的方向变形,从而使最小相对弯曲半径的数值较小。

(6)板料厚度

弯曲变形区切向应变在板料厚度方向上按线性规律变化,内、外表面最大,在中性层上为零。当板料的厚度较小时,中性层邻近的纤维层可以起到阻止外表面材料局部不均匀延伸的作用,所以薄板弯曲允许具有更小的 r_{min}/t 值。

4. 提高弯曲极限的方法

在一般的情况下,弯曲材料时不宜采用相对最小弯曲半径。为提高弯曲极限变形程度,常采取以下措施:

①热处理。经冷变形硬化的材料,可采用热处理的方法恢复其塑性,再进行弯曲。

②清除冲裁毛刺。当毛刺较小时也可以使有毛刺的一面处于弯曲受压的内缘(即有毛刺的一面朝向弯曲凸模),以免因应力集中而开裂。

③加热弯曲。

④两次弯曲。第一次采用较大的弯曲半径,然后退火;第二次再按工件要求的弯曲半径进行弯曲。这样就扩大了变形区域,减小了外层材料的伸长率。

⑤弯角内侧开槽,如图 3-28 所示。

5. 弯曲件的精度和弯曲件的材料

弯曲件的精度受坯料定位、偏移、翘曲和回弹等因素的影响,弯曲的工序数目越多,精度越低。一般弯曲件的经济公差等级在 IT13 级以下,角度公差大于 15′。

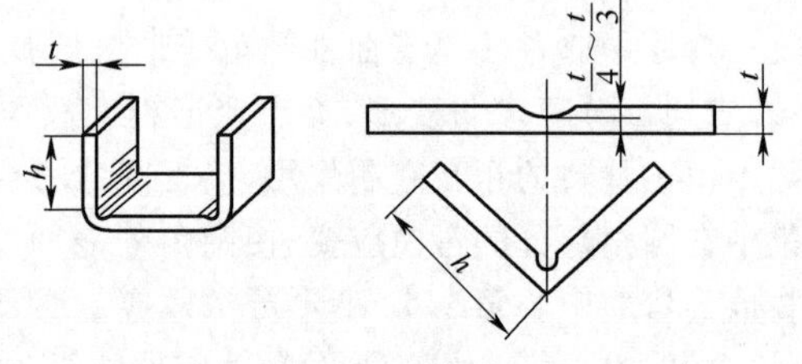

图 3-28 开槽弯曲

如果弯曲件的材料具有足够的塑性,屈强比(σ_s/σ_b)较小,屈服点与弹性模量的比值(σ_s/E)也较小,则有利于弯曲成形和工件质量的提高,如软钢、黄铜和铝等材料的弯曲成形性能好。而脆性较大的材料,如磷青铜、铍青铜、弹簧钢等,则最小相对弯曲半径大,回弹大,不利于成形。

3.6.2 弯曲件的结构工艺性

1. 直边高度

(1)先压槽,再弯曲

弯曲件的直边高度不宜过小,其值应为 $h>2t$,如图 3-29 所示。当 h 较小时,直边在模具上支持的长度过小,不容易形成足够的弯矩,很难得到形状准确的零件。当 $h<2t$ 时,则须预先压槽,再弯曲;或增加弯边高度,弯曲后再切掉。

(2)先加长直边弯曲,再切边

如果所弯直边带有斜角,则在斜边 $h<2t$ 的区段不可能弯曲到要求的角度,而且此处也容易开裂。因此必须改变零件的形状,加高直边尺寸,如图 3-30 所示。

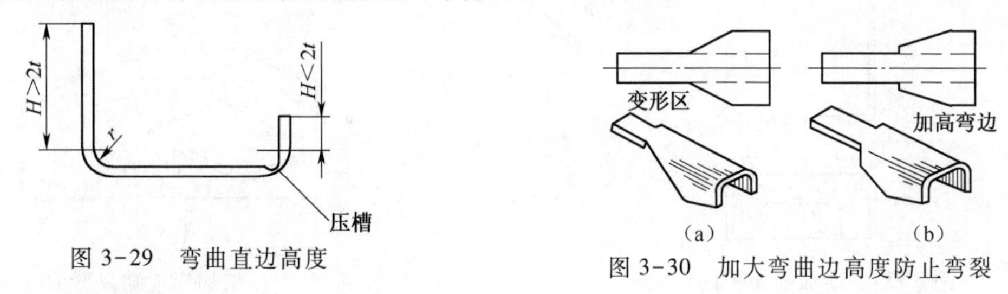

图 3-29　弯曲直边高度

图 3-30　加大弯曲边高度防止弯裂

2. 预制孔的位置

(1)加工工艺孔

弯曲有孔的工序件时,如果孔位于弯曲变形区内,则弯曲时孔要发生变形,为此必须使孔处于变形区之外,如图 3-31 所示。如果孔边至弯曲半径 r 中心的距离过小,为防止弯曲时孔变形,可在弯曲线上冲工艺孔或切槽。由工艺孔来吸收弯曲变形应力,以转移变形范围,使工艺孔变形后仍能保持所需要的孔不产生变形,如图 3-32 所示。

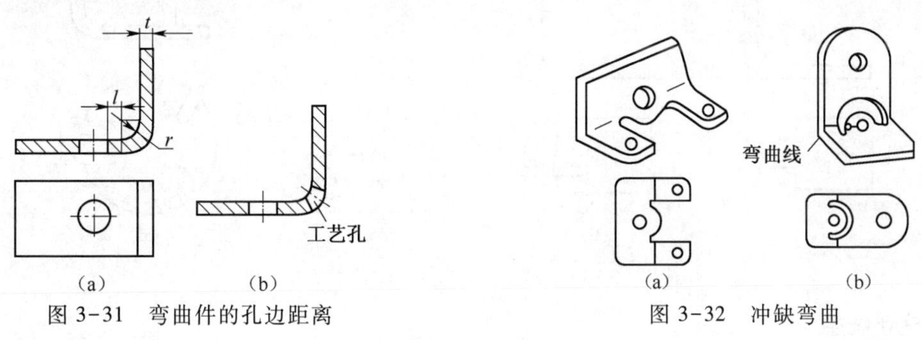

图 3-31　弯曲件的孔边距离

图 3-32　冲缺弯曲

(2)先弯曲,再冲孔

如对零件孔的精度要求较高,则应弯曲后再冲孔。

(3)冲凸缘缺口和月牙形槽。

3. 弯曲件形状

(1)一般要求弯曲件形状对称如图 3-33 所示。弯曲半径左右一致,则弯曲时坯料受力平衡而无滑动。如果弯曲件不对称,由于摩擦阻力不均匀,坯料在弯曲过程中会产生滑动,造成偏移。为保证坯料在弯曲模内准确定位,或防止在弯曲过程中坯料的偏移,最好能在坯料上预先增添定位工艺孔。

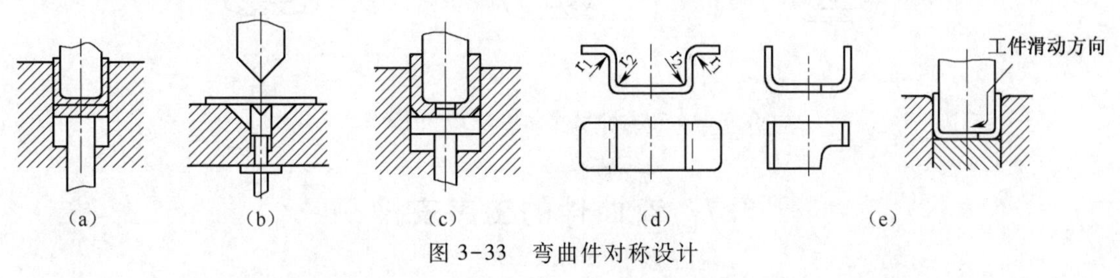

图 3-33　弯曲件对称设计

(2)弯曲件形状应尽量简单。在弯曲变形区附近有缺口的弯曲件,若在坯料上先将缺口冲出,弯曲时会出现岔口,严重时无法成形,这时应在缺口处留连接带,待弯曲成形后再将连接带切除,如图 3-34 所示。

(3)增加工艺缺口、槽和工艺孔。为了提高弯曲件的尺寸精度,对于弯曲时圆角变形区侧面产生畸变的弯曲件,可以预先在折弯线的两端切出工艺缺口或槽,如图3-35所示,以避免畸变对弯曲件宽度尺寸的影响。

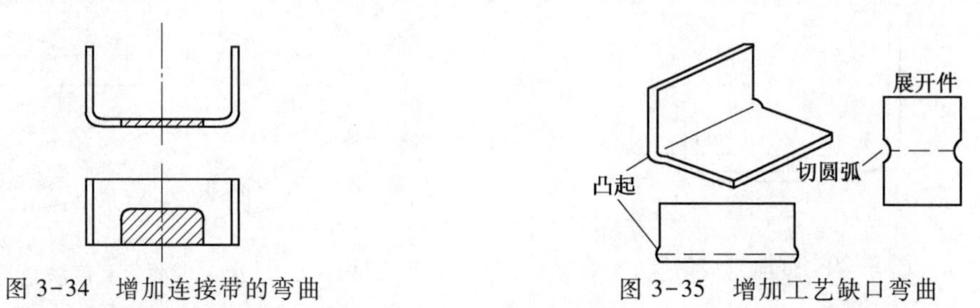

图3-34 增加连接带的弯曲　　图3-35 增加工艺缺口弯曲

(4)避免尺寸突变部分的弯曲。在局部弯曲材料某一段边缘时,应避免因尺寸突变处弯曲出现应力集中而撕裂,如图3-36所示。

①使尺寸突变处远离弯曲变形区;

②预先冲裁工艺孔、工艺槽,防止因弯曲部分受力不均而产生变形和裂纹。

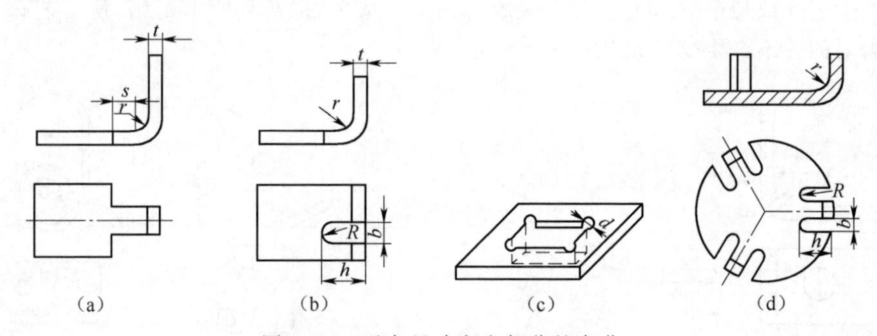

图3-36 避免尺寸突变部分的弯曲

4. 尺寸标注

尺寸标注对弯曲件的工艺也有较大的影响。图3-37所示为弯曲件孔的位置尺寸的三种标注法。对于第一种标注法,孔的位置精度不受坯料展开长度和回弹的影响,将大大简化工艺设计。因此,在不要求弯曲件有一定装配关系时,应尽量使用使冲压工艺方便的尺寸标注方法。

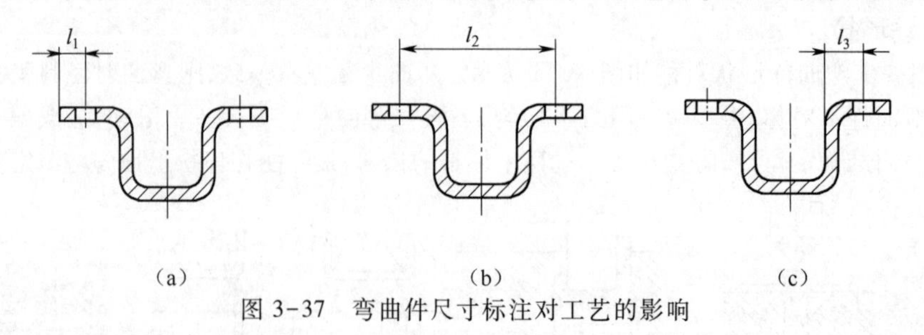

图3-37 弯曲件尺寸标注对工艺的影响

3.7 弯曲件的工序安排

弯曲件的工序安排应根据工件形状、精度等级、生产批量以及材料的力学性质等因素进行考虑。弯曲工序安排合理,则可以简化模具结构、提高工件质量和劳动生产率。

(1)对于形状简单的弯曲件,如V形、U形、Z形工件等,可以采用一次弯曲成形。对于形状复杂的弯曲件，一般需要采用二次（见图 3-38）或多次弯曲成形（见图 3-39）。

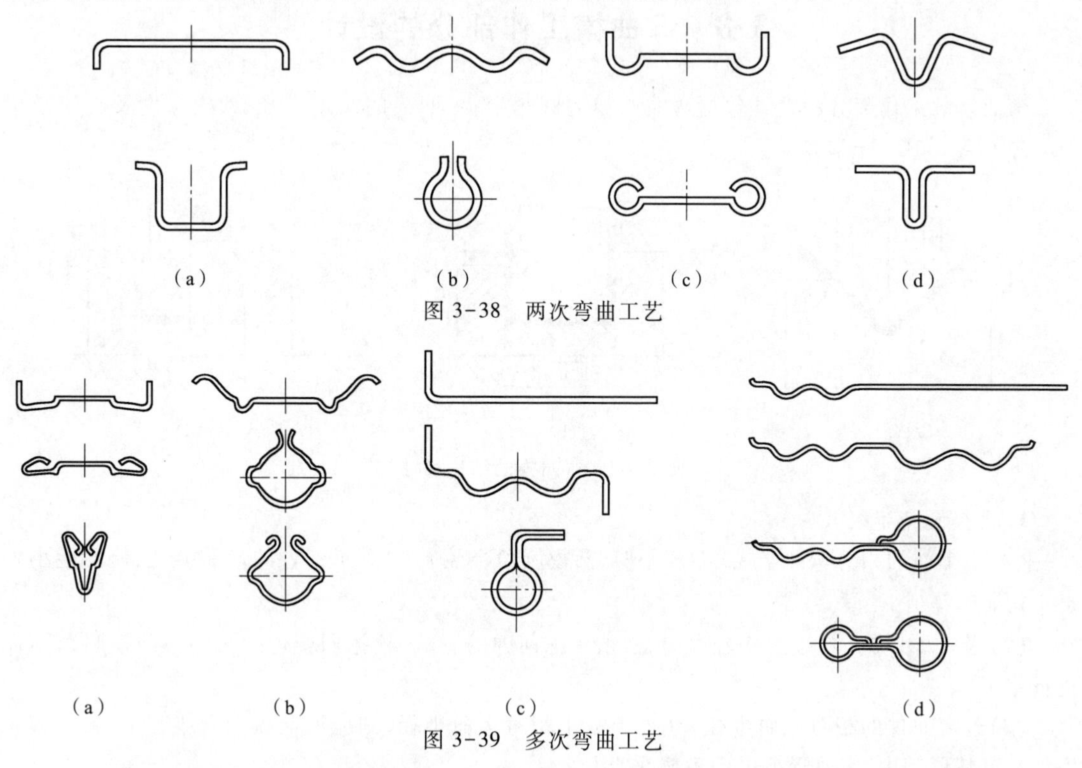

图 3-38　两次弯曲工艺

图 3-39　多次弯曲工艺

（2）需要将材料多次弯曲时，弯曲次序一般是先弯两端，后弯中间，前次弯曲应考虑后次弯曲有可靠的定位，后次弯曲不能影响前次已成形的形状。

（3）对于批量大而尺寸较小的弯曲件，为使操作方便、定位准确并提高生产率，应尽可能采用级进模或复合模，如图 3-40 所示。

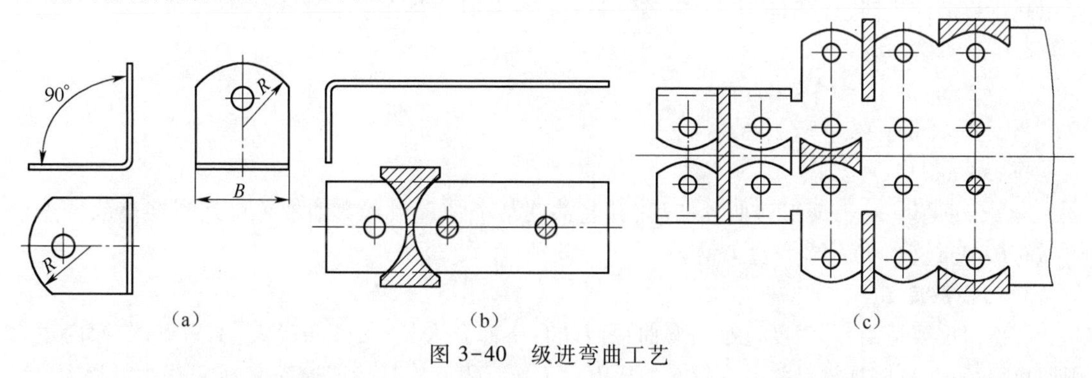

图 3-40　级进弯曲工艺

（4）当弯曲件几何形状不对称时，为避免压弯时坯料偏移，应尽量采用成对弯曲，然后再切成两件的工艺，如图 3-41 所示。

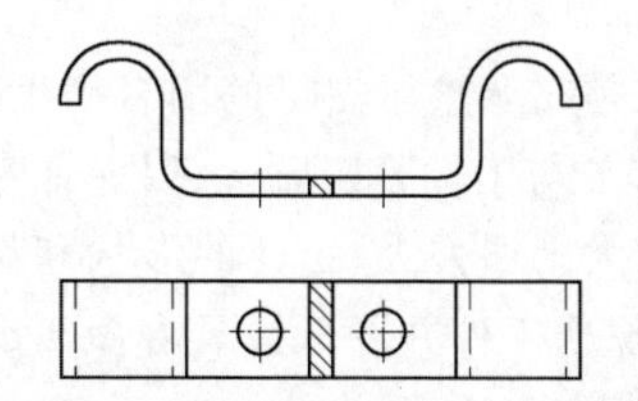

图 3-41　非对称件成对弯曲件工艺

3.8 弯曲模工作部分的设计

弯曲模的工作部分的设计包括弯曲凸模的圆角半径、凹模的圆角半径、凹模深度及凸凹模单边间隙 C 等,如图 3-42 所示。

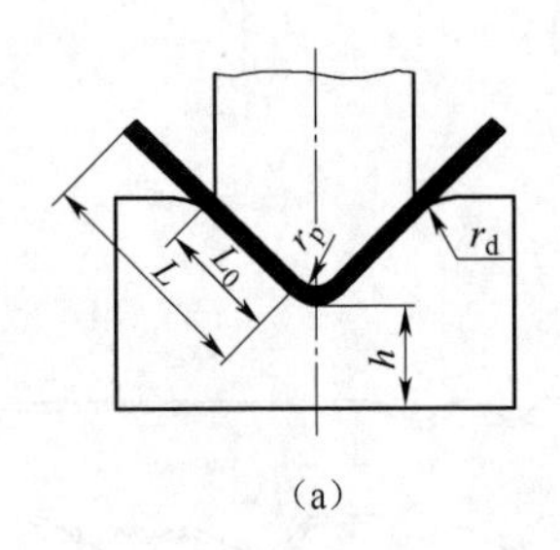

(a)

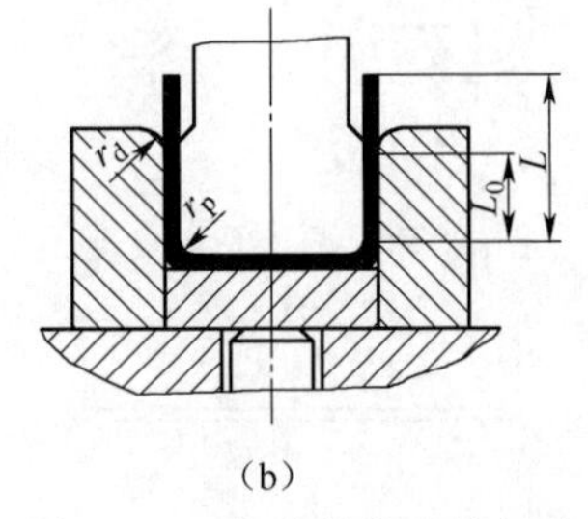

(b)

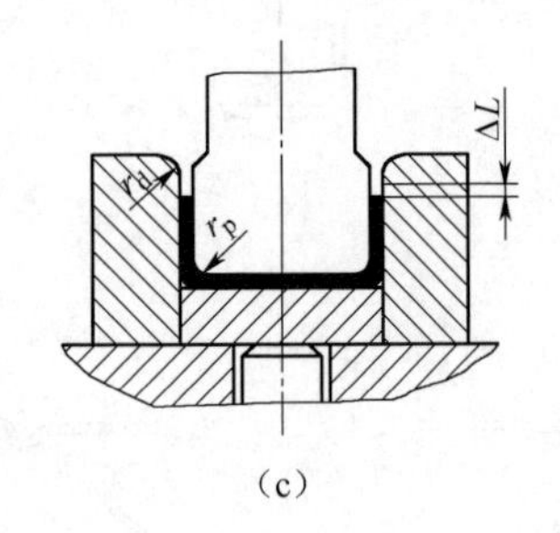

(c)

图 3-42 弯曲模的结构尺寸

1. 凸模圆角半径 r_p

(1)当工件的相对弯曲半径 r/t 较小时,凸模圆角半径 r_p 取等于工件的弯曲半径,但不能小于最小弯曲半径值 r_{min}。

(2)当 $r/t>10$ 时,精度要求较高时,必须考虑回弹的影响,根据回弹值的大小对凸模圆角半径进行修正。

(3)若弯曲件的相对弯曲半径 r/t 小于最小相对弯曲半径,则应取凸模圆角半径 $r_p>r_{min}$,然后增加一道整形工序,使整形模的凸模圆角半径 $r_p=r$。

2. 凹模圆角半径 r_d

凹模入口处圆角半径 r_d 的大小对弯曲力以及弯曲件的质量均有影响,过小的凹模圆角半径会使弯矩的弯曲力臂减小,毛坯沿凹模圆角滑入时的阻力增大,弯曲力增加,并易使工件表面擦伤甚至出现压痕。凹模两边的圆角半径应一致,否则在弯曲时坯料会发生偏移。

a. U 形凹模。

当 $t<2$ mm 时,$r_d=(3\sim6)t$;

当 $t=2\sim4$ mm 时,$r_d=(2\sim3)t$;

当 $t>4$ mm 时,$r_d=2t$。

b. V 形凹模。对于 V 形弯曲件凹模,其底部圆角半径可依据弯曲变形区坯料变薄的特点取 $r'_d=(0.6\sim0.8)(r_p+t)$或者开退刀槽。

3. 凹模深度 L_0

凹模深度要适当,若深度过小则弯曲件两端自由部分太长,工件回弹大,不平直;若深度过大则凹模增高,多耗模具材料并需要较大的压力机工作行程。V、U 形凹模深度 L_0 可根据板厚 t 和工件的精度要求查表。

4. 凸、凹模单边间隙 C

V 形件弯曲时,凸、凹模的间隙是靠调整压力机的闭合高度来控制的。但在模具设计中,必须考虑到模具闭合时应使模具工作部分与工件紧密贴合,以保证弯曲质量。

U 形件弯曲时,凸、凹模间隙过大则回弹大,工件的形状和尺寸误差增大。间隙过小会加大弯曲力,使工件厚度减薄,增加摩擦,擦伤工件并降低模具寿命。设计时,常按如下经验公式选取。

钢板:$C=(1.05\sim1.15)t$

有色金属：$C=(1.0\sim1.1)t$

5. U 形弯曲模宽度

(1)U 形件弯曲凸、凹模横向尺寸的计算原则：

①凸、凹模配做加工；

②工件标注外形尺寸时，应以凹模为基准件，间隙取在凸模上；

③工件标注内形尺寸时，应以凸模为基准件，间隙取在凹模上；

④应考虑模具的磨损补偿；

⑤使用“入体原则”标注。

(2)凸、凹模制造公差 δ_p、δ_d、δ_p、δ_d 按照 IT6~IT9 级精度确定，一般凸模精度比凹模高一级。

(3)工件尺寸标注在外侧，如图 3-43 所示，应以凹模为基准：

$$B_d=(B-0.75\Delta)_{0}^{+\delta_d} \tag{3-21}$$

凸模尺寸按照凹模配做，保证单边间隙 C：

$$B_p=(B_d-2C)_{-\delta_p}^{0} \tag{3-22}$$

(4)尺寸标注在内侧时，如图 3-43 所示，应以凸模为基准：

$$B_p=(B+0.75\Delta)_{-\delta_p}^{0} \tag{3-23}$$

凹模尺寸按照凸模配做，保证单边间隙 C：

$$B_d=(B_p+2C)_{0}^{+\delta_d} \tag{3-24}$$

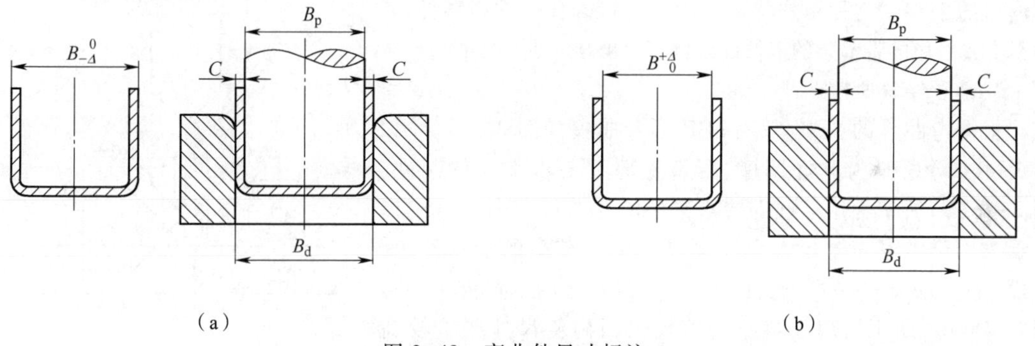

图 3-43　弯曲件尺寸标注

3.9　弯曲模典型结构

3.9.1　弯曲模结构设计应注意的问题

(1)模具结构应能保证坯料在弯曲时不发生偏移。为了防止坯料偏移，应尽量利用零件上的孔，通过定料销定位，定料销装在顶板上时应注意防止顶板与凹模之间产生窜动。工件无孔时可采用定位尖、顶杆、顶板等措施防止坯料偏移。

(2)模具结构不应妨碍坯料在合模过程中应有的转动和移动。

(3)模具结构应能保证弯曲时产生的水平方向的错移力得到平衡。

3.9.2　弯曲模的典型结构

1. V 形件弯曲模

简单的 V 形件弯曲模，其特点是结构简单、通用性好，如图 3-44 所示。但弯曲时坯料容易偏移，影响工件精度。图 3-44(b)至图 3-44(d)分别所示为带有定位尖、顶杆、V 形顶板的模具结构,可以防止坯料滑动,提高工件精度。图 3-44(e)所示的 V 形弯曲模,由于有顶板及定料销可以有效防止弯曲时坯料的偏移,得到边长差偏差为 0.1 mm 的工件。反侧压块的作用是平衡左边弯曲时产生的水平侧向力。

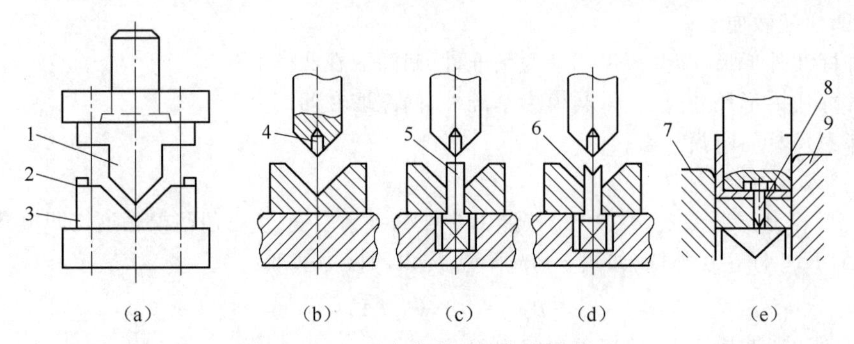

图 3-44 V 形弯曲模的一般结构形式

1—凸模;2—定位板;3—凹模;4—定位尖;5—顶杆;6—V 形顶板;7—顶板;8—定料销;9—反侧压块

V 形精弯模如图 3-45 所示。两块活动凹模 4 通过转轴 5 铰接,定位板 3(或定位销)固定在活动凹模上。弯曲前顶杆 7 将转轴顶到最高位置,使两块活动凹模成一平面。在弯曲过程中坯料始终与活动凹模和定位板接触,用以防止弯曲过程中坯料的偏移。这种结构特别适用于有精确孔位的小零件、坯料不易放平稳的带窄条的零件以及没有足够压料面的零件。

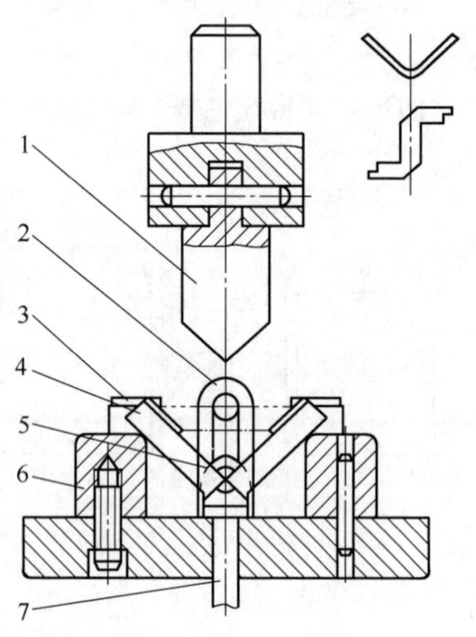

图 3-45 V 形精弯模

1—凸模;2—支架;3—定位板(或定位销);4—活动凹模;5—转轴;6—支承板;7—顶杆

2. U 形件弯曲模

根据弯曲件的要求,常用的 U 形弯曲模如图 3-46 所示。图 3-46(a)所示为开底凹模,用于底部不要求平整的制件。图 3-46(b)所示为用于底部要求平整的弯曲件。图 3-46(c)所示为用于料厚公差较大而外侧尺寸要求较高的弯曲件,其凸模为活动结构,可随料厚自动调整凸模横向尺寸。图 3-46(d) 所示为用于料厚公差较大而内侧尺寸要求较高的弯曲件,凹模两侧为活动结构,可随料厚自动调整凹模横向尺寸。图 3-46(e)所示为 U 形精弯模,两侧的凹模活动镶块用转轴分别与顶板铰接。弯曲前顶杆将顶板顶出凹模面,同时顶板与凹模活动镶块成一平面,镶块上有定位销可供工序件定位。弯曲时工序件与凹模活动镶块一起运动,这样就保证了两侧孔的同轴度。图 3-46(f)所示为弯曲件两侧壁厚变薄的弯曲模。

图 3-47 所示为弯曲角小于 90°的 U 形弯曲模。压弯时凸模首先将坯料弯曲成 U 形,当凸模继续下压时,两侧的转动凹模使坯料最后压弯成弯曲角小于 90°的 U 形件。凸模上升,弹簧使转动凹模复位,工件则由垂直图面方向从凸模上卸下。

3. Π 形件弯曲模

Π 形弯曲件可以一次弯曲成形,也可以二次弯曲成形。图 3-48 所示为用于一次成形的弯曲模。从图 3-48(a)可以看出,在弯曲过程中由于凸模肩部妨碍了坯料的转动,加大了坯料通过凹模圆角的摩擦力,使弯曲件侧壁容易擦伤和变薄,成形后弯曲件两肩部与底面不易平行[见图 3-48(c)]。特别是当材料较厚、弯曲件直壁较高、圆角半径较小时,这一现象更为严重。

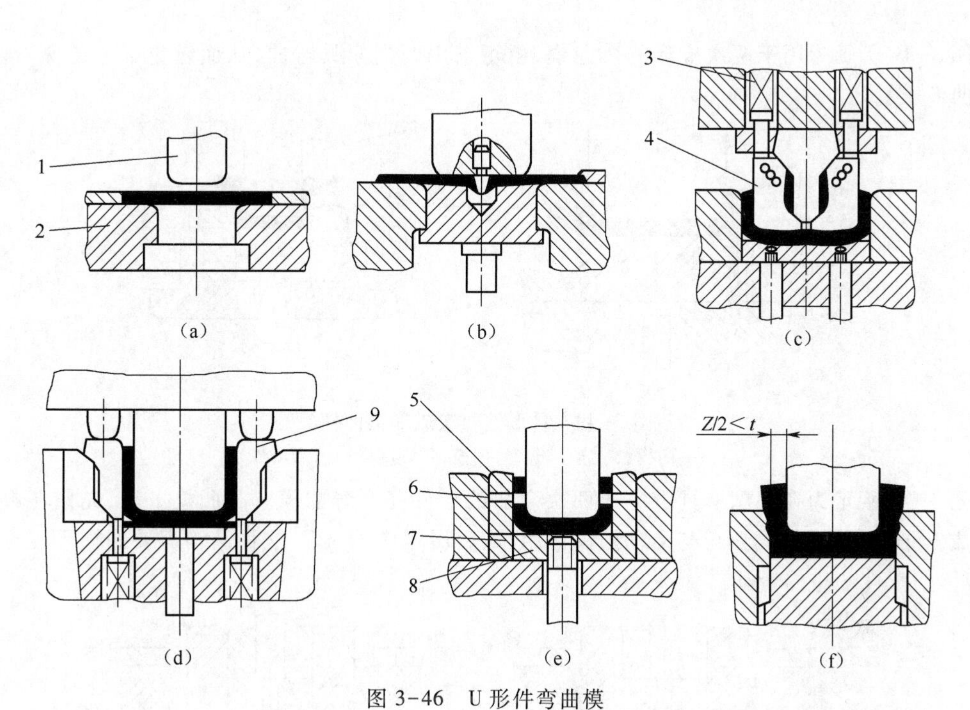

图 3-46　U 形件弯曲模

1—凸模;2—凹模;3—弹簧;4—凸模活动镶块;5、9—凹模活动镶块;6—定位销;7—转轴;8—顶板

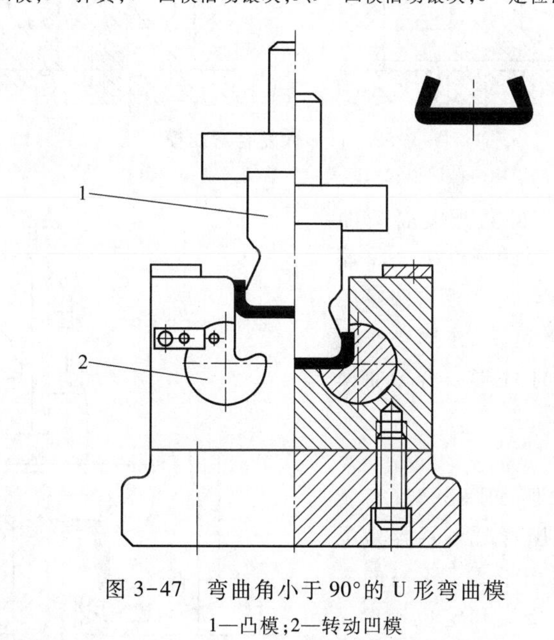

图 3-47　弯曲角小于 90°的 U 形弯曲模

1—凸模;2—转动凹模

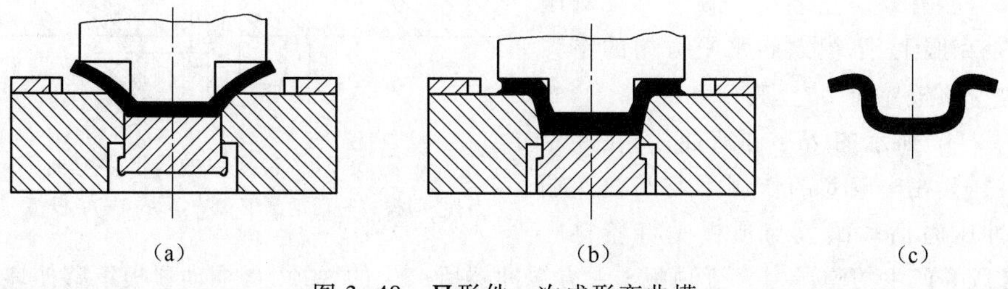

图 3-48　Π形件一次成形弯曲模

图 3-49 所示为用于两次成形的弯曲模,由于采用两副模具弯曲,从而避免了上述现象,提高了弯曲件质量。

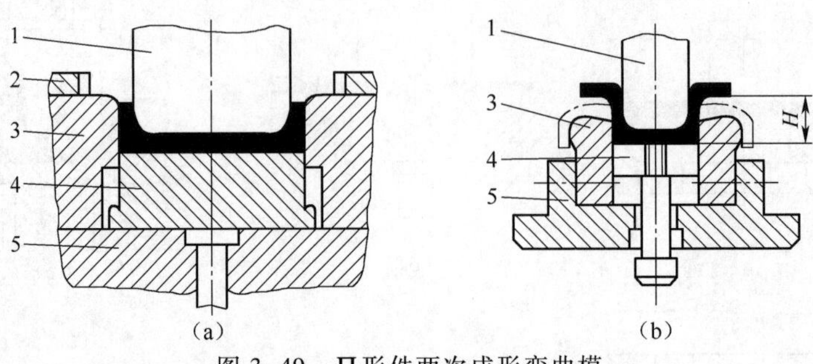

图 3-49 Π形件两次成形弯曲模

1—凸模;2—定位板;3—凹模;4—顶板;5—下模型

图 3-50 所示为在一副模具中完成两次弯曲的形件复合弯曲模。凸凹模下行,先使坯料凹模压弯成 U 形,凸凹模继续下行与活动凸模作用,最后压弯成 Π 形。这种结构需要凹模下腔空间较大,以方便工件侧边的转动。

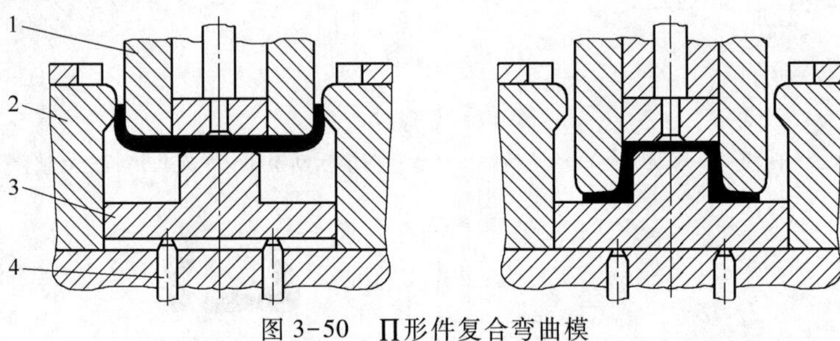

图 3-50 Π形件复合弯曲模

1—凸凹模;2—凹模;3—活动凸模;4—顶杆

图 3-51 所示为带摆块的Π形复合弯曲模。凹模下行,利用活动凸模的弹性力先将坯料弯成 U 形。凹模继续下行,当推板与凹模底面接触时,便强迫凸模向下运动,在摆块作用下最后弯成 Π 形。带摆块的 Π 形复合弯曲模的缺点是模具结构复杂。

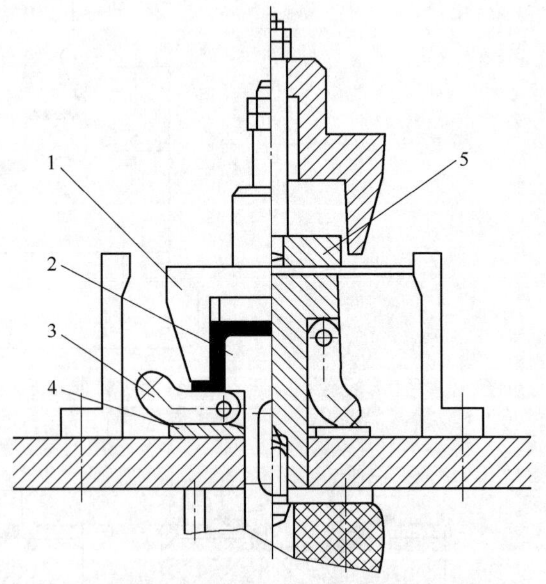

图 3-51 带摆块的Π形件弯曲模

1—凹模;2—活动凸模;3—摆块;4—垫板;5—推板

4. Z 形件弯曲模

Z 形件一次弯曲即可成形,如图 3-52(a)所示,但由于没有压料装置,压弯时坯料容易滑动,因此 Z 形件弯曲模只适用于要求不高的零件。图 3-52(b)所示为有顶板和定位销的 Z 形件弯曲模,能有效防止坯料的偏移。反侧压块的作用是克服上、下模之间水平方向的错移力,同时也为顶板导向,防止其窜动。

图 3-52(c)所示的 Z 形件弯曲模,在冲压前活动凸模 10 在橡胶 8 的作用下与凸模 4 端面平齐。冲压时活动凸模与顶板 1 将坯料压紧,由于橡胶 8 产生的弹压力大于顶板 1 下方缓冲器所产生的弹顶力,推动顶板下移使坯料左端弯

曲。当顶板接触下模座 11 后,橡胶 8 压缩,则凸模 4 相对于活动凸模 10 下移将坯料右端弯曲成形。当压块 7 与上模座 6 相碰时,整个工件得到校正。

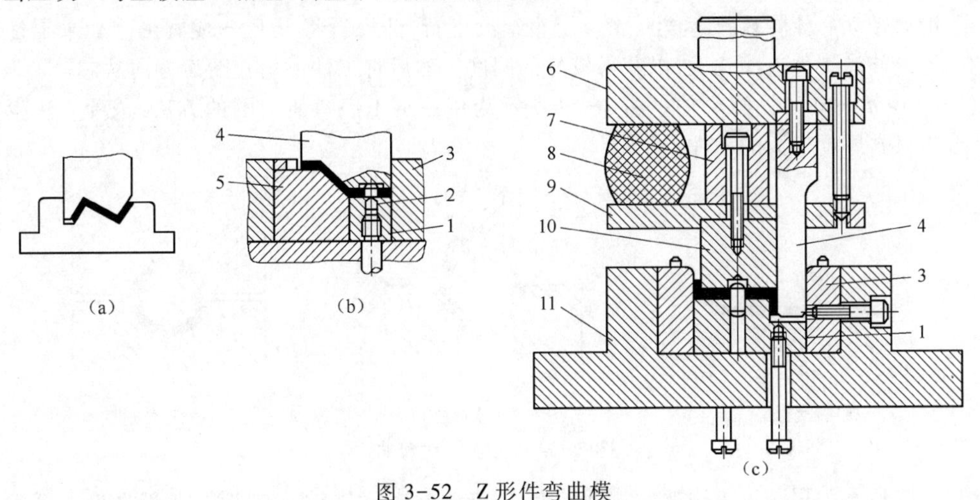

图 3-52　Z 形件弯曲模

1—顶板;2—定位销;3—反侧压块;4—凸模;5—凹模;6—上模座;7—压块;8—橡胶;9—凸模托板;10—活动凸模;11—下模座

5. 圆形件弯曲模

圆形件的尺寸大小不同,其弯曲方法也不同,一般按直径分为小圆和大圆两种。

(1)直径 $d \leq 5$ mm 的小圆形件。弯小圆的方法是先弯成 U 形,再将 U 形弯成圆形。用两套简单模弯圆的方法如图 3-53(a)所示。由于工件小,分两次弯曲操作不便,故可将两道工序合并。如

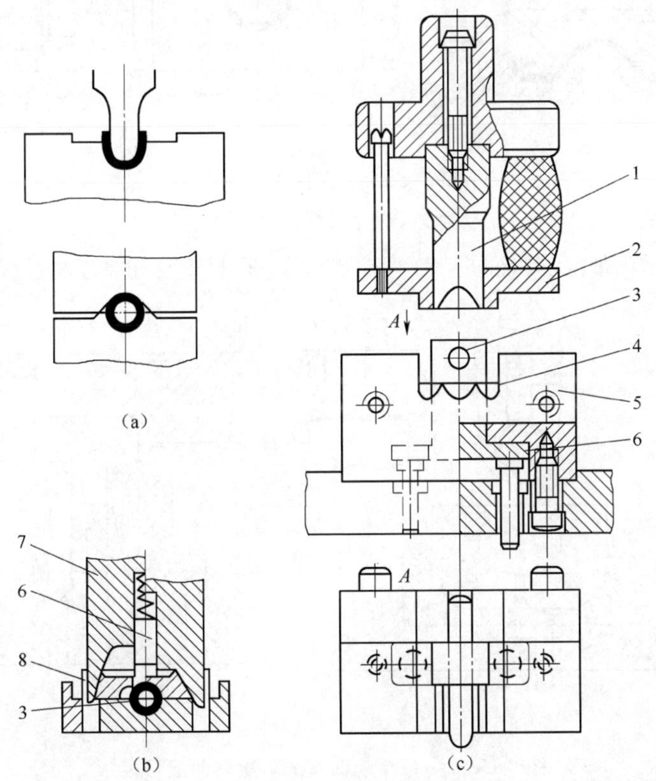

图 3-53　小圆弯曲模

1—凸模;2—压板;3—芯棒;4—坯料;5—凹模;6—滑块;7—楔模;8—活动凹模

图 3-53(b) 所示为有侧楔的一次弯圆模,上模下行,芯棒 3 先将坯料弯成 U 形,上模继续下行,侧楔推动活动凹模将 U 形弯成圆形。图 3-53(c)所示的也是一次弯圆模。上模下行时,压板将滑块往下压,滑块带动芯棒将坯料弯成 U 形。上模继续下行,凸模再将 U 形弯成圆形。如果工件精度要求高,可以旋转工件连冲几次,以获得较好的圆度。然后将工件由垂直图面方向从芯棒上取下。

(2)直径 $d\geqslant 20$ 的大圆形件。图 3-54 所示为用三道工序弯曲大圆的方法,这种方法生产率低,适合于材料厚度较大的工件。

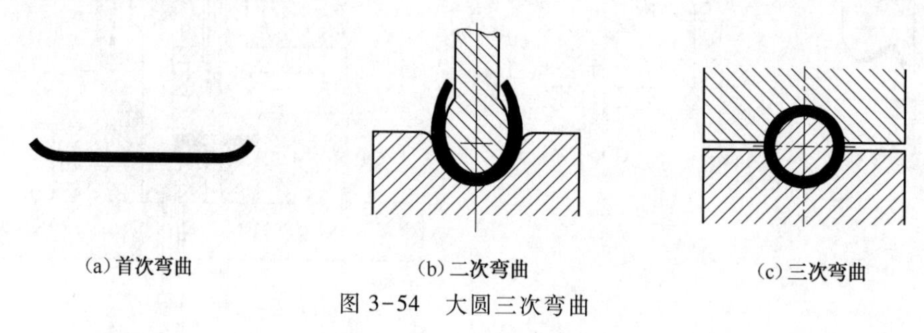

图 3-54 大圆三次弯曲

图 3-55 所示为用两道工序弯曲大圆的方法,先预弯成三个 120°的波浪形,然后再用第二套模具弯成圆形,工件顺凸模轴线方向取下。

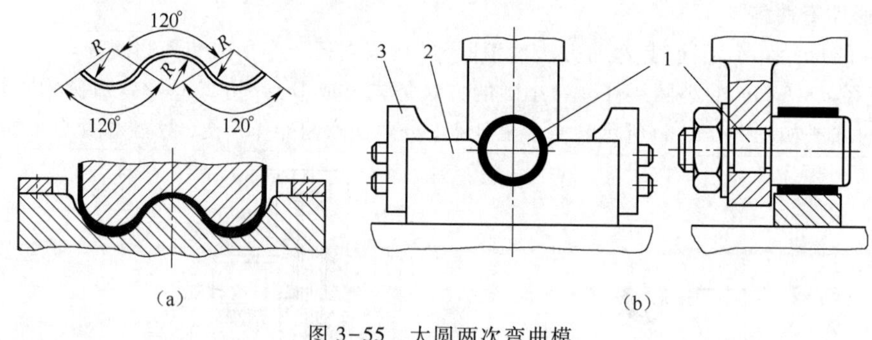

图 3-55 大圆两次弯曲模

1—凸模;2—凹模;3—定位板

图 3-56(a)所示为带摆动凹模的一次弯曲成形模,凸模下行先将坯料压成 U 形,凸模继续下

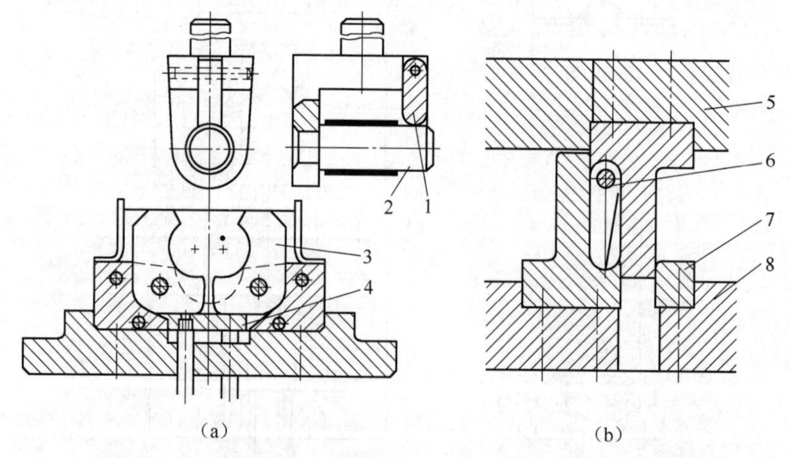

图 3-56 一带摆动凹模的一次弯曲成形模

1—支撑;2—凸模;3—摆动凹模;4—顶板;5—上模座;6—芯棒;7—反侧压块;8—下模座

行，摆动凹模将U形弯成圆形，工件可顺凸模轴线方向推开支撑取下。这种模具生产率较高，但由于回弹在工件接缝处留有缝隙和少量直边，工件精度差、模具结构也较复杂。图3-56(b)所示为坯料绕芯棒卷制圆形件的方法。反侧压块的作用是为凸模导向，并平衡上、下模之间水平方向的错移力。模具结构简单，工件的圆度较好，但需要安装行程较大的压力机。

6. 铰链件弯曲模

图3-57所示为常见的铰链件形式和弯曲工序的安排。

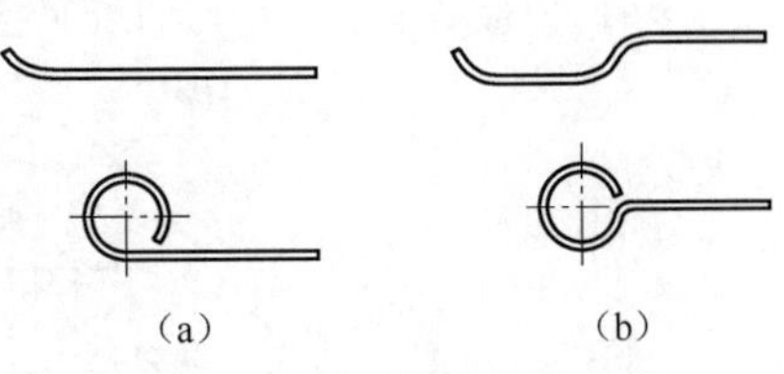

图3-57　铰链件的弯曲工艺

铰链件弯曲模如图3-58所示。卷圆通常采用推圆法。图3-58(b)所示为立式卷圆模，这种模具结构简单。图3-58(c)所示为卧式卷圆模，这种模具设有压料装置，工件质量较好，操作方便。

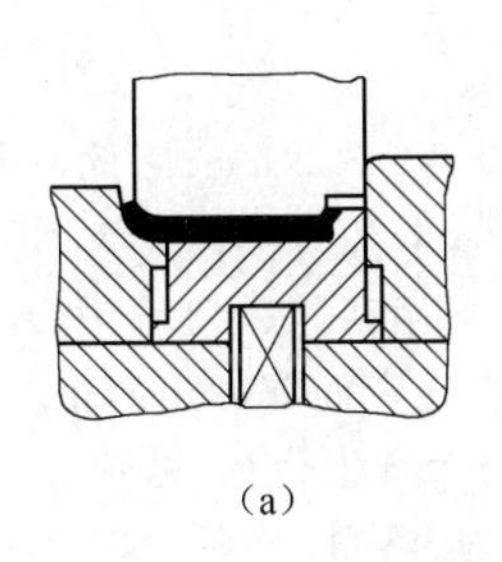

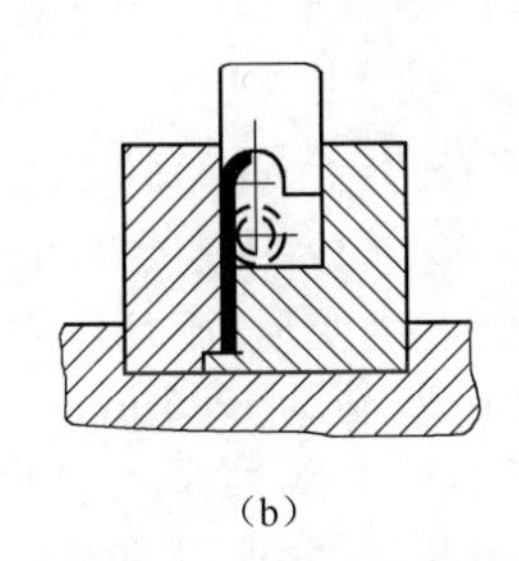

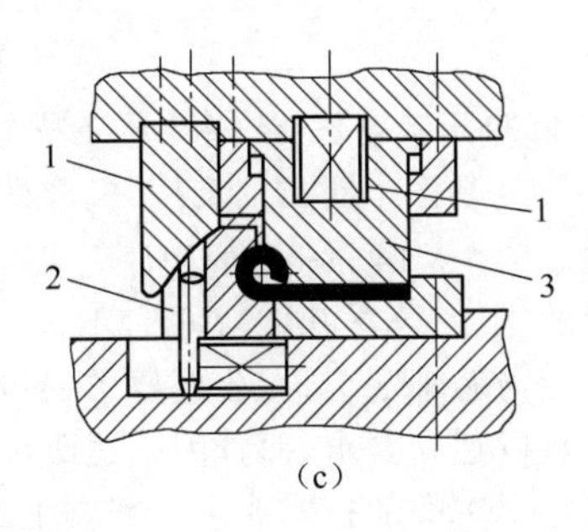

图3-58　铰链件弯曲模

1—摆动凸模；2—压料装置；3—凹模

7. 其他形状弯曲件的弯曲模

对于其他形状弯曲件，由于品种繁多，其工序安排和模具设计只能根据弯曲件的形状、尺寸、精度要求、材料的性能以及生产批量等来考虑，不可能有一个统一不变的弯曲方法。图3-59、图3-60、图3-61所示为几种工件弯曲模。

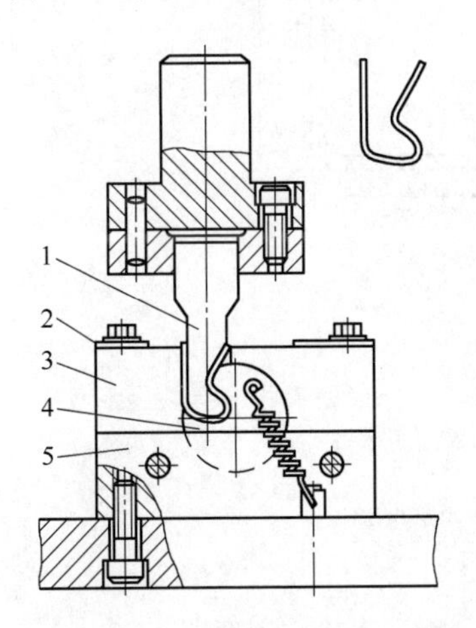

图3-59　滚轴式弯曲模

1—凸模；2—定位板；3—凹模；4—滚轴；5—挡板

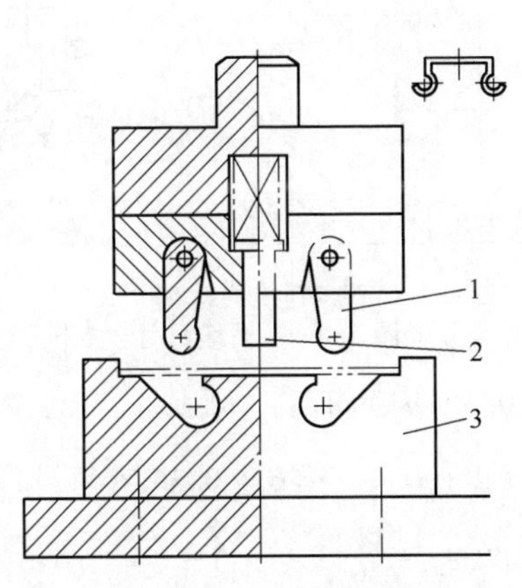

图3-60　带摆动凸模弯曲模

1—摆动凸模；2—压料装置；3—凹模

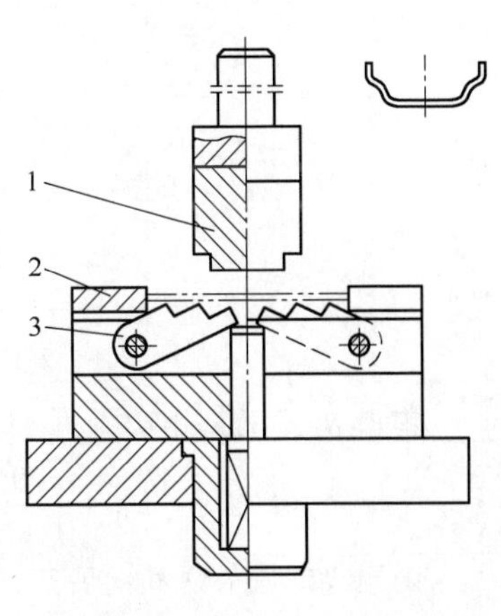

图3-61　带摆动凹模的弯曲模

1—凸模；2—定位板；3—摆动凹模

3.10 弯曲模设计举例

某弯曲件的尺寸如图 3-62 所示,材料为退火 35 号钢板,料厚 $t=4$ mm,成批生产,要求分析弯曲件的冲压工艺性,选择冲压工艺方案,计算毛坯尺寸,确定模具工作部分尺寸与公差并绘制模具结构简图。

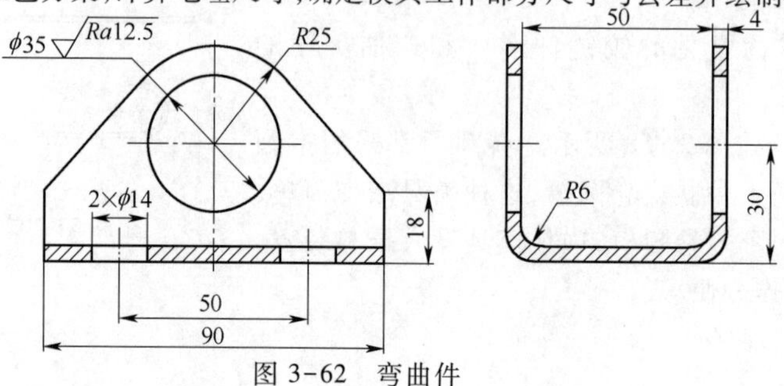

图 3-62 弯曲件

1. 分析冲压工艺性,选择冲压工艺方案

该零件是某汽车底盘的支撑件,弯曲半径 $R=6$ mm,大于 $R_{min}=0.8t=3.2$ mm,因此弯曲时不会产生裂纹。两个∅14 mm 孔的边距弯曲中心线为 12 mm,大于 $2t=8$ mm,故可采用先落料、冲孔,再弯曲成形的工序,这样孔在弯曲时不仅不会产生变形,而且还可以利用两个∅14 孔作为定位孔。两壁∅35 孔与芯轴配合,有公差要求,粗糙度 Ra 值为 12.5 μm。如果在弯曲前冲出两个∅35 孔,不仅粗糙度难以达到要求,而且因孔边距离弯曲中心线太近,弯曲时孔会发生变形,故应在弯曲后通过机加工达到∅35 的技术要求。根据上述分析,较合理的工艺方案为:落料、冲两个∅14 孔复合工序;弯曲成形;机加工两个∅35 孔。

2. 毛坯尺寸的计算

由根据图 3-63 所示,可得:

$$L_1 = 20\ \text{mm},\quad L_2 = 38\ \text{mm}$$

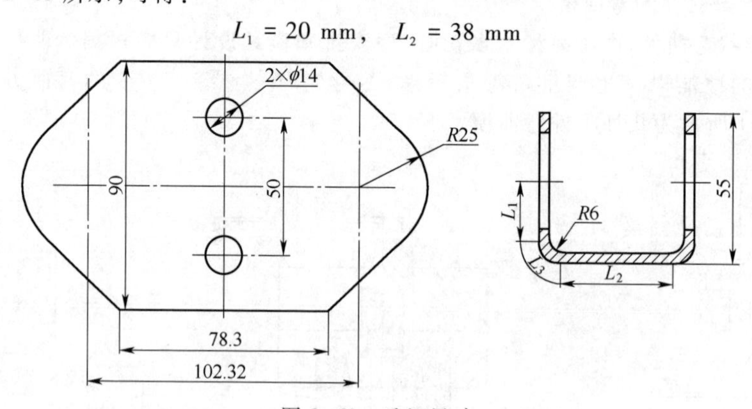

图 3-63 毛坯尺寸

根据 $R/t=1.5$,由表查出 $x=0.36$,从而可得:

$$L_3 = \frac{\pi 90°}{180°}(R + xt) = \frac{\pi}{2}(6 + 0.36 \times 4) = 11.68\ \text{mm}$$

两端 $R25$ 圆心之间的展开长度为:

$$L = 2L_1 + L_2 + 2L_3 = 2 \times 20 + 38 + 2 \times 11.68 = 101.36\ \text{mm}$$

3. 模具工作部分尺寸的计算

该弯曲件事内形尺寸标注,应以凸模为基准进行计算,可得:

$$A_{凸} = (A + 0.75\Delta)_{-\delta}^{\ 0}$$

由表可得：

$\Delta=0.62$ mm(按 IT4 级精度选取)

$\delta_{凸}=0.062$ mm(按 IT9 级精度选取)

$A_{凸}=(50+0.75\times0.62)_{-0.062}^{0}=50.46_{-0.062}^{0}$ mm

凸、凹模单边间隙按下面公式确定：

$$c=t+\Delta+Kt$$

板料厚度正偏差 $\Delta=0.2$ mm

由公式(3-18)中查出：

$$K=0.05\ \text{mm}$$

因此：$c=4+0.2+0.05\times4=4.4$ (mm)

凹模工作部分尺寸 $A_{凹}$ 按凸模实际尺寸配制，保证双边间隙 $2c$。

凹模圆角半径：$R_{凹}=2t=8$ mm。

4. 模具结构简图绘制

该工件弯曲模具结构简图如图 3-64 所示。由于产品生产批量大，为了调整模具方便，上、下模的导向采用导柱、导套。毛坯由顶板的两个定位销定位，这样可以保证在压弯过程中不产生偏移。顶板不仅能够顶料，而且还起到压料作用。压料力是利用弹簧(图中未画出)通过顶杆来实现的。上模卸料杆可防止弯曲件卡在凸模上。

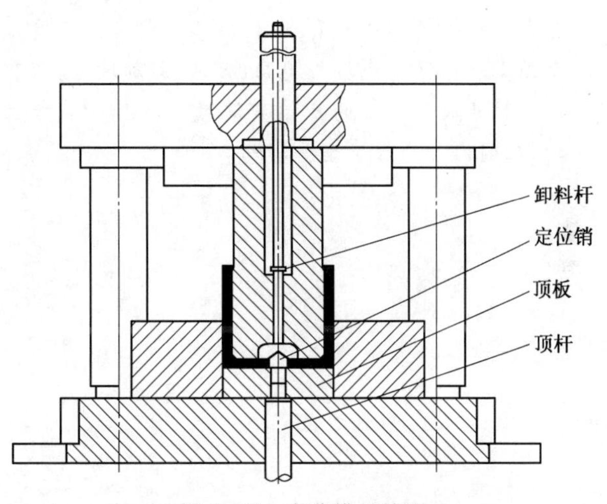

图 3-64　弯曲模具简图

思　考　题

1. 简要说明板料弯曲变形区的应力和应变情况。

2. 影响弯曲回弹的因素有哪些？采取什么措施能减小弯曲回弹？

3. 板料弯曲时的变形程度用什么表示？弯曲时的极限变形程度受到哪些因素的影响？

4. 弯曲过程中引起坯料偏移的原因有哪些？可以采取哪些措施来防止偏移？

5. 安排弯曲件的弯曲工序顺序时要注意什么？

6. 试计算图 3-65 所示弯曲零件展料尺寸。材料为 08 钢，料厚 1 mm。

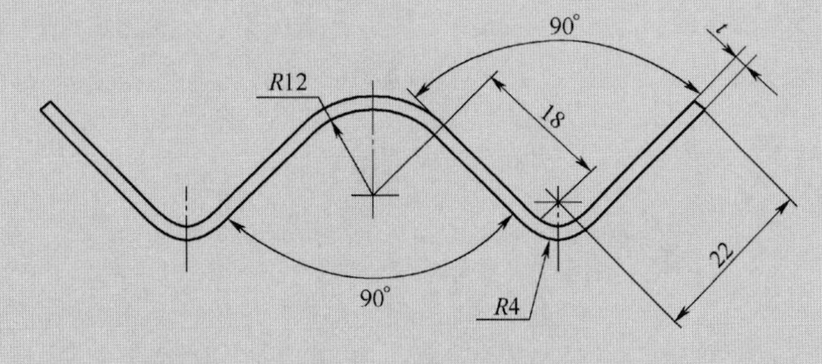

图 3-65　弯曲零件

科学家简介

阮雪榆(1933—2019),中国工程院院士,上海交通大学塑性成形工程系(现塑性成形技术与装备研究院)、模具CAD国家工程研究中心、上海模具技术研究所的创建者。

阮雪榆院士在国际上首创冷挤压许用变形程度理论,在国内首先研制成功黑色金属冷挤压技术,著有《冷挤压技术》等4部专著,先后9次获得国家和省部级奖励,对指导和推动我国精密锻造理论与技术的发展做出了重大贡献。他在国内率先将CAD/CAM、数值模拟技术和人工智能技术的研究、开发与应用引入到塑性加工与模具技术领域,先后完成科研成果400余项,成果转移和技术服务覆盖全国20多个省、自治区、直辖市以及多个国家和地区。先后与美国、日本、新加坡、德国和瑞士等国家的国际知名企业与知名研究机构开展了广泛的产学研深度、长期合作,建立了30多家联合研究室和联合研究中心,在国内外产生了重要影响。

第 4 章　拉深工艺及模具设计

4.1 概　　述

拉深（又称拉延）是利用拉深模在压力机的压力作用下，将平板坯料或空心工序件制成开口空心零件的加工方法。拉深工艺可以加工成圆筒、阶梯形、球形、锥形、抛物面形等旋转体零件，还可加工盒形零件及其他形状复杂的薄壁零件，如图 4-1 所示。

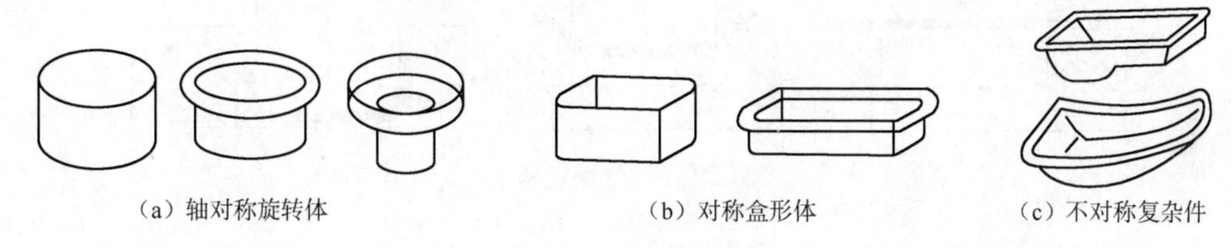

（a）轴对称旋转体　　（b）对称盒形体　　（c）不对称复杂件

图 4-1　拉深件类型

拉深是冲压的基本工序之一，它加工的范围相当广泛，从几毫米的小零件到几米的大部件，都可以用拉深方法制造。因此，在汽车、电子、日用品、仪表、航空和航天等各种工业部门的产品生产中，拉深工艺均占有重要地位。

拉深可分为不变薄拉深和变薄拉深。前者拉深成形后的零件，其各部分的壁厚与拉深前的坯料相比基本不变；后者拉深成形后的零件，其壁厚与拉深前的坯料相比有明显的变薄，这种变薄是产品要求的，零件呈现是底厚、壁薄的特点。在实际生产中，应用较多的是不变薄拉深。本章重点介绍不变薄拉深工艺与模具设计。

4.2　圆筒形件拉深变形分析

4.2.1　拉深模的特点

拉深所使用的模具称为拉深模。拉深模结构相对较简单，与冲裁模比较，工作部分有较大的圆角，表面质量要求高，凸、凹模间隙略大于板料厚度。图 4-2 为有压边圈的首次拉深模结构图，平板坯料放入定位板内，当上模下行时，首先由压边圈和凹模将平板坯料压住，随后凸模将坯料逐渐拉入凹模孔内形成直壁圆筒。成形后，当上模回升时，顶住机构顶件，并利用压边圈将拉深件从凸模上卸下。为了便于成形和卸料，在凸模上开设有通气孔。压边圈在这副模具中，既起压边作用，又起卸载作用。

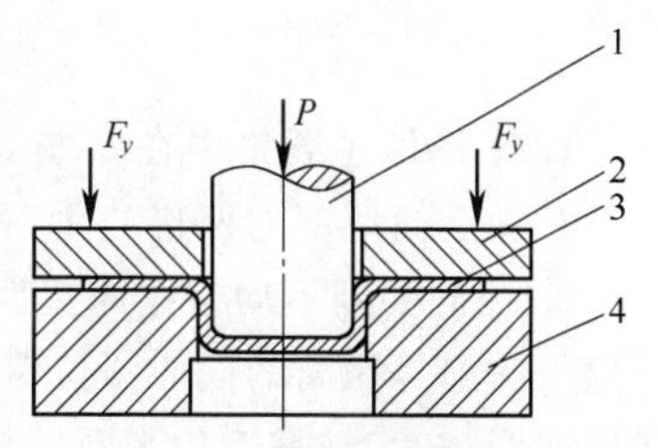

图 4-2　有压边圈的首次拉深模结构图

1—凸模；2—压边圈；3—板料；4—凹模

（1）凸模和凹模都没有锋利的刃口，具有较大的圆角半径。

（2）凸、凹模之间的间隙一般稍大于板料的厚度。

(3)在凸模上开设有通气孔。

4.2.2 拉深变形过程

圆筒形件是最典型的拉深件。平板圆形坯料拉深成圆筒形件的变形过程如图 4-3 所示,根据变形特点,可分成两种变形方式。

1. 平面塑性变形

直径为 D 的圆形板料,在凹模凸缘(或凹模与压边圈之间的间隙)产生塑性变形。

2. 立体塑性变形

板料被拉入凸、凹模之间的间隙,形成直径为 d、高度为 h 的圆筒形零件。

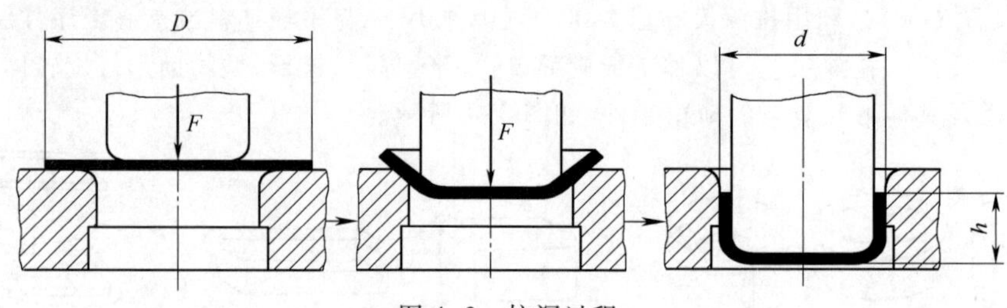

图 4-3 拉深过程

4.2.3 拉深变形的特点

为了了解材料在拉深过程中产生了怎样的流动,可以做坐标网格试验。即拉深前在毛坯上画一些由等距离的同心圆和等角度的辐射线组成的网格,如图 4-4 所示,然后进行拉深,通过比较拉深前后网格的变化来了解材料的流动情况。

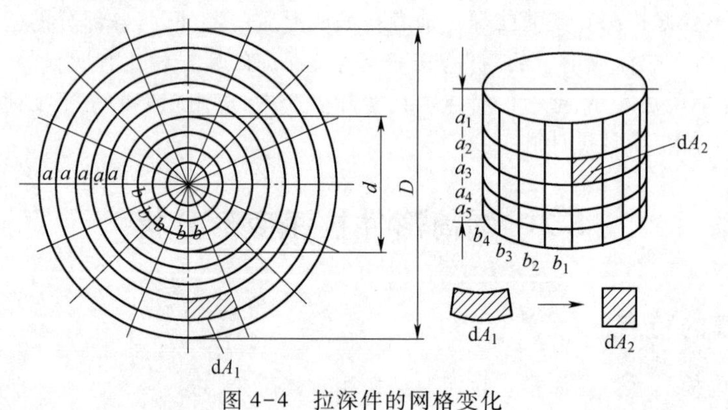

图 4-4 拉深件的网格变化

1. 变形区主要集中在 D 与 d 之间的环形部分

拉深后筒底部的网格变化不明显,而侧壁上的网格变化很大。

2. 径向受到不均匀拉伸塑性变形

拉深前等距离的同心圆拉深后变成了与筒底平行的不等距离的水平圆周线,越接近口部圆周线则间距越大,越靠近边缘则拉伸变形越大,即

$$a_1 > a_2 > a_3 > \cdots > a$$

3. 切向受到均匀压缩塑性变形

拉深前等角度的辐射线拉深后变成了筒壁上的垂直线,其间距完全相等,即

$$b_1 = b_2 = b_3 = \cdots = b$$

4. 材料沿高度方向产生了塑性流动

原来的扇形网格 dA_1,拉深后在工件的侧壁变成了等宽度的矩形 dA_2,离底部越远矩形的高度越大。测量此时工件的高度,发现筒壁高度大于环行部分的半径差$(D-d)/2$。

分析金属往高度方向流动的现象时,应选择一个扇子的格子如图 4-5 所示。扇形的宽度大于矩形的宽度,而高度却小于矩形的高度,因此扇形格拉深后要变成矩形格,必须宽度减小而长度增加。很明显扇形格只要切向受压产生压缩变形,径向受拉产生伸长变形就能产生这种情况。

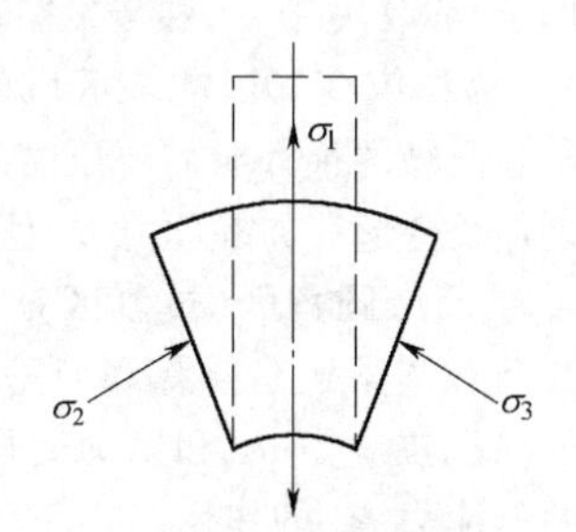

图 4-5　拉深时扇形单元的应力与变形分析

5. 圆筒底部没有产生塑性变形

在拉深力的作用下,毛坯内部各个单元之间产生了内应力,即径向拉应力与切向压应力。在这两种应力的作用下,材料发生了塑性变形,且变形区主要集中在$(D-d)$凸缘区。该处材料在拉深过程中不断被拉入凹模内,形成了圆筒形零件。

4.2.4　拉深过程中的应力应变状态

在实际生产时,拉深件各部分厚度是不一致的,如图 4-6 所示,拉伸件底部略微变薄,但基本与原毛坯厚度相等;筒壁上段增厚,越靠上端增厚越大;筒壁下段变薄,越靠下段变薄越大;筒壁底部圆角转角处变薄最为厉害,甚至破裂。此外,高度方向各部分的硬度也有所不同,越接近上端硬度越大。这些都说明在拉深过程中应力、应变很复杂,根据拉深过程中毛坯各部分应力、应变状况的不同,现将其划分成 5 个部分。

图 4-7 所示为拉深过程中某一时刻毛坯的应力应变状态。图中:

σ_1、ε_1 ——材料径向的应力与应变;

σ_2、ε_2 ——材料轴向(厚度方向)的应力与应变;

σ_3、ε_3 ——材料切向的应力与应变。

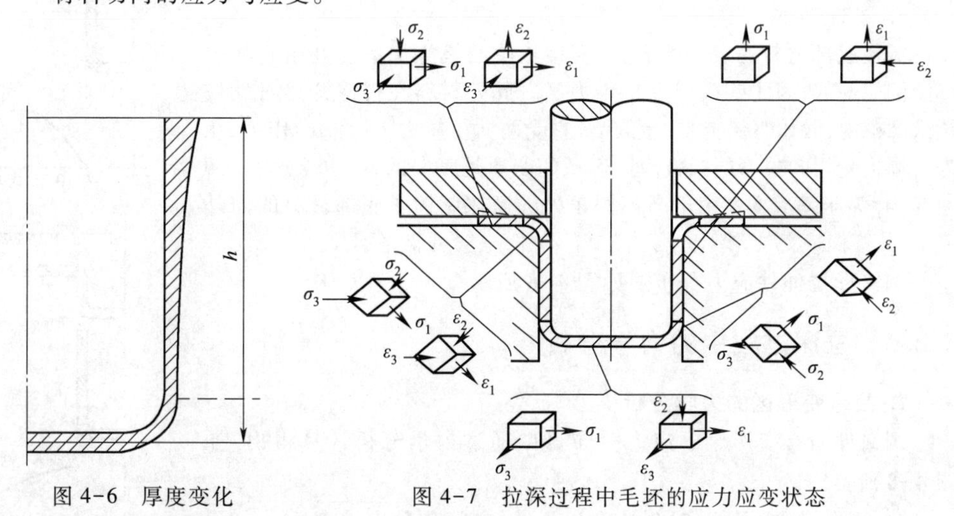

图 4-6　厚度变化　　图 4-7　拉深过程中毛坯的应力应变状态

1. 平面凸缘区(主要变形区)

平面凸缘区是拉深变形的主要变形区,也是扇形格子变成矩形格子的区域。此处材料被拉深凸模拉进凸、凹模间隙而形成筒壁。这一区域主要承受切向的压应力 σ_3 和径向的拉应力 σ_1,厚度方向承受由压边力引起的压应力 σ_2 的作用,处于二压一拉的三向应力状态。

由网格试验知:切向压缩与径向伸长的变形均由凸缘的内边向外边逐渐增大,因此 σ_1 和 σ_3 的值也是变化的。

单元体的应变状态也可由网格试验得出:切向产生压缩变形 ε_3、径向产生伸长变形 ε_1、厚向的变形 ε_2 都取决于 σ_1 和 σ_3 之间的比值。当 σ_1 的绝对值最大时,ε_2 为压应变,当 σ_3 的绝对值最大时,ε_2 为拉应变。因此该区域的应变也是三向的。

在凸缘的最外缘需要压缩的材料最多,因此此处的 σ_3 应是绝对值最大的主应力,凸缘外缘的 ε_2 应是伸长变形。如果此时 σ_3 值过大,则此处材料因受压过大失稳而起皱,导致拉深不能正常进行。

2. 凸缘圆角区(过渡区)

凸缘圆角区是凸缘和筒壁部分的过渡区,材料的变形比较复杂,除有与凸缘部分相同的特点,即径向受拉应力 σ_1 和切向受压应力 σ_3 作用外,厚度方向上还要受凹模圆角的压力和弯曲作用产生的压应力 σ_2 的作用。由于该部分径向拉应力 σ_1 的绝对值最大,所以 ε_1 是绝对值最大的主变形,ε_2 和 ε_3 是压变形,此处材料厚度减薄。

3. 桶壁部分(传力区)

桶壁部分将凸模的作用力传给凸缘,因此是传力区。拉深过程中直径受凸模的阻碍不再发生变化,即切向应变 ε_3 为零。如果间隙合适,厚度方向上将不受力的作用,即 σ_2 为零。σ_1 是凸模产生的拉应力,由于材料在切向受凸模的限制下不能自由收缩,σ_3 也是拉应力。因此变形与应力均为平面状态。其中 ε_1 为伸长应变,ε_2 为压缩应变。

4. 底部圆角部分(过渡区)

底部圆角部分是筒壁和圆筒底部的过渡区,材料承受筒壁较大的拉应力 σ_1、凸模圆角的压力、弯曲作用产生的压应力 σ_2 及切向拉应力 σ_3。在这个区间的筒壁与筒底转角处稍上的地方,拉深开始时材料处于凸、凹模间,需要转移的材料较少,受变形的程度小,冷作硬化程度低,加之该处材料变薄,使传力的截面积变小,所以此处往往成为整个拉深件强度最薄弱的地方,是拉深过程中的危险断面。

5. 圆筒底部

圆筒底部材料处于凸模下方,直接接收凸模施加的力并由它将力传给圆筒壁部,因此该区域也是传力区。此处材料在拉深开始时就被拉入凹模内,并始终保持平面形状。它受两向拉应力 σ_1 和 σ_3 作用,相当于周边受均匀拉力的圆板。此区域的变形是三向的,ε_1 和 ε_3 为拉伸应变,ε_2 为压缩应变。由于凸模圆角处的摩擦制约了底部材料的向外流动,故圆筒底部变形不大,只有 1%~3%,一般可忽略不计。

圆筒形拉伸件应力分布图如图 4-8 所示。

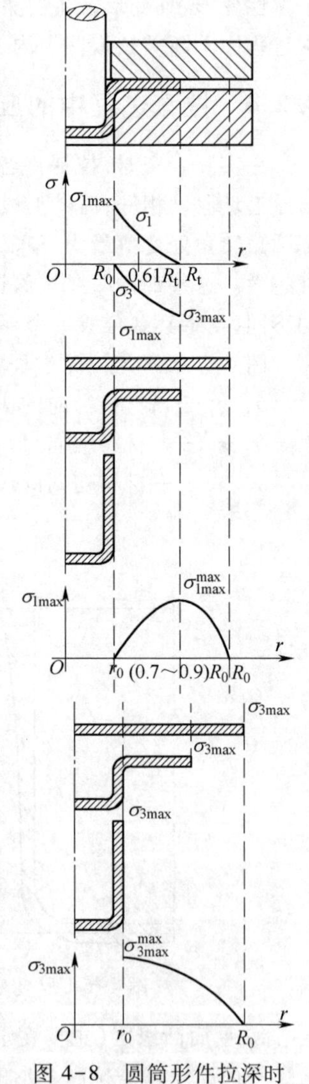

图 4-8 圆筒形件拉深时应力分布图

4.2.5 拉深过程中的力学分析

1. 凸缘变形区的力学分析

圆筒件凸缘变形区的应力分布可以通过力学分析计算得出,如图 4-8 所示。

(1)凸缘变形区在 t 时刻的力学分析(空间分布):

$$\sigma_1 = \sigma_\rho = 1.1\overline{\sigma}_s \ln(R_t/r) \tag{4-1}$$

$$\sigma_3 = \sigma_\theta = -1.1\overline{\sigma}_s[1 - \ln(R_t/r)] \tag{4-2}$$

其中:$r_0<r<R_t$,$\overline{\sigma}$ 为流动应力,r_0 为凸缘内径,R_t 为 t 时刻凸缘

外径。

a. 最大切向应力出现在凸缘外缘 $\sigma_{3\max}=-1.1\overline{\sigma}_s$；

b. 最大径向应力出现在凸缘内缘 $\sigma_{1\max}=1.1\overline{\sigma}_s\ln(R_t/r_0)$；

c. σ_1 和 σ_3 在 $r=0.61R_t$ 处达到绝对值相等；

d. 区间 $(r_0,0.61R_t)$，$|\sigma_1|>|\sigma_3|$，ε_1 最大，板厚减薄；

e. 区间 $(0.61R_t,R_t)$，$|\sigma_1|<|\sigma_3|$，ε_2 最大，板厚增厚。

(2)整个拉深过程中，最大径向应力 $\sigma_{1\max}$ 的变化规律（时间分布）：

$$\sigma_{1\max}=1.1\overline{\sigma}_s\ln\frac{R_t}{r_0} \tag{4-3}$$

其中：$r_0<R_t<R_0$，r_0 为凸缘内径，R_t 为 t 时刻凸缘外径，R_0 为初始凸缘外径。

a. 变形增大，材料硬化，$\overline{\sigma}_s$ 增大 。

b. $\overline{\sigma}_{1\max}$ 在 $R_t=(0.7\sim0.9)R_0$ 处达到最大值 $\sigma_{3\max}$。

(3)整个拉深过程中，最大切向应力 $\sigma_{3\max}$ 的变化规律(时间分布)：

$$\sigma_{3\max}=1.1\overline{\sigma}_s$$

随着拉深变形程度增加，材料硬化，$\overline{\sigma}_s$ 增大，$\sigma_{3\max}$ 在 $R_t=r_0$ 时达到绝对值最大 $\sigma_{3\max}^{\max}$。

2. 筒壁传力区的力学分析

筒壁单向拉应力 $\sigma_1=\sigma_{1\max}+\sigma_M+\sigma_\mu+\sigma_\omega$。$\sigma_{1\max}$ 是拉深时变形区内边缘受的径向最大拉应力，是只考虑拉深时转移剩余材料所需的变形力。此力是凸模拉深力 F 通过筒壁传到凹模口处而产生的。假如筒壁传过来的力刚好等于 $\sigma_{1\max}$，则不能实现拉深变形，因为拉深时除了变形区所需的变形力 $\sigma_{1\max}$ 外，还需要克服其他一些附加阻力(见图 4-9)。包括材料在压边圈和凹模上平面间的间隙里流动时产生摩擦应力引起的摩擦阻力应力，毛坯流过凹模圆角表面遇到的摩擦阻力，毛坯经过凹模圆角时产生弯曲变形，以及离开凹模圆角进入凸凹模间隙后又被拉直而产生反向弯曲所需要的力，拉深初期毛坯在凸模圆角处产生的弯曲应力。因此，从筒壁传力区传过来的力至少应等于上述各力之和。上述各附加阻力可根据各种假设条件，并考虑拉深中材料的硬化程度来求出。

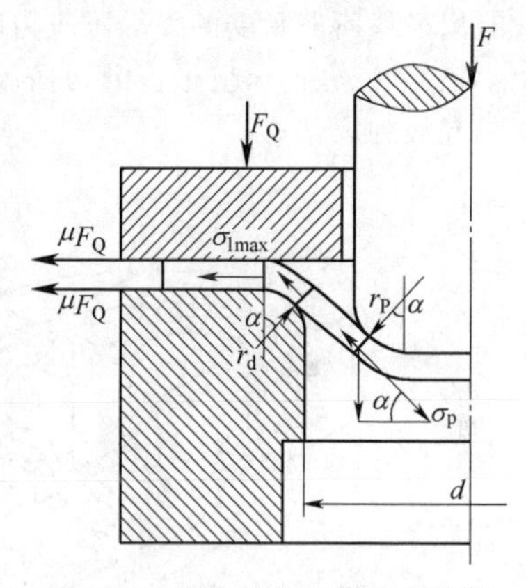

图 4-9　筒壁传力区的受力分析

(1)凸缘材料的径向变形抗拉应力为 $\sigma_{1\max}$；

(2)压边力 F_Q 在凸缘上下表面产生的摩擦阻力

$$\sigma_M=2\mu F_Q/\pi dt \tag{4-4}$$

(3)凹模圆角的摩擦阻力：

$$\sigma_\mu=(\sigma_{1\max}+\sigma_M)e^{\mu\pi/2} \tag{4-5}$$

(4)材料绕过凹模圆角的弯曲阻力：

$$\sigma_\omega=\sigma_b/(2r_d/t+1) \tag{4-6}$$

4.2.6　影响拉深的各种因素

1. 板材塑性应变比 $r=\varepsilon_b/\varepsilon_t$ 对拉深的影响

r 反映板材在平面和厚度方向应变能力的差异，r 越大，表示板材在平面方向越容易产生塑性变形，拉深性能越好。

2. 凹、凸模圆角半径对拉深的影响

(1)凹模圆角 r_d。

a. $r_d<2t$ 则材料在凹模圆角部分的变形加剧,拉深力增大;凸缘圆角容易断裂;且容易将凹模圆角压碎;

b. $r_d>2t$ 拉深容易,但毛坯自由表面易起皱。

(2)凸模圆角 r_p。r_p 过小,底部弯曲变形严重,易断裂和降低危险断面强度。

3. 摩擦对拉深的影响

(1)凸缘摩擦增加了拉深力,需要润滑。

(2)筒壁摩擦增大传递拉深力的能力,有利于拉深。

4. 毛坯尺寸对拉深的影响

毛坯尺寸增大,σ_{1max} 增大,筒壁拉应力 σ_1 增大。

4.2.7 起皱与防皱

1. 起皱

在拉深过程中,毛坯凸缘产生塑性失稳而拱起的现象称为起皱,如图 4-10 所示。拉深时凸缘变形区的每个小扇形块在切向均受到 σ_3 压应力的作用。当 σ_3 过大时,扇形块较薄,而当 σ_3 超过此时扇形块所能承受的临界压应力时,扇形块就会因失稳弯曲而拱起。当沿着圆周的每个小扇形块都拱起时,在凸缘变形区沿切向就会形成高低不平的皱褶。通常起皱首先从凸缘外边缘发生。影响起皱的因素有:

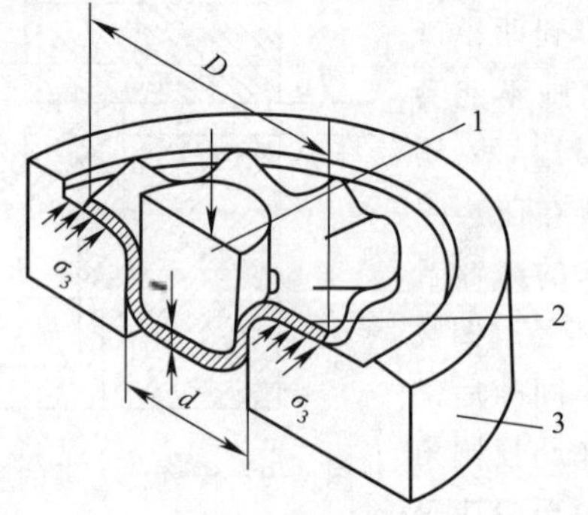

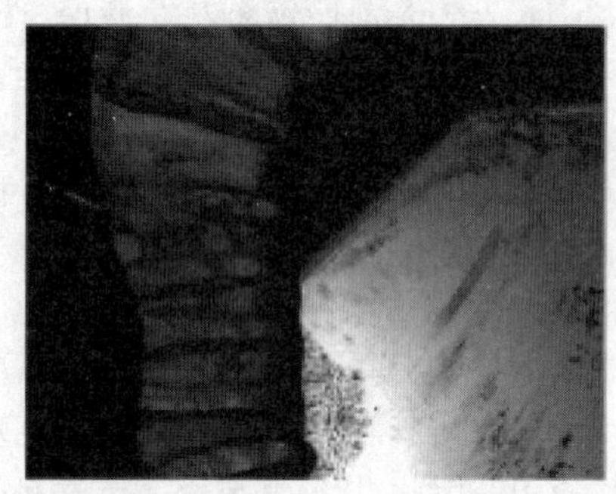

图 4-10 凸缘起皱

1—凸模;2—毛坯;3—凹模

(1)凸缘部分材料的相对厚度 $t/(D_0-d)$。凸缘相对料厚越大,即说明变形区较小较厚,因此抗失稳能力强,稳定性好,不易起皱。反之,则材料抗纵向弯曲能力弱,容易起皱。

(2)切向压应力 σ_3 的大小。拉深时 σ_3 的值决定于变形程度,变形程度越大,需要转移的剩余材料越多,加工硬化现象越严重,即 σ_3 越大,就越容易起皱。

(3)材料的力学性能。板料的屈强比 σ_s/σ_b 小,则屈服极限小,变形区内的切向压应力也相对减小,因此板料不容易起皱。当板塑性应变比 $r=\varepsilon_b/\varepsilon_t$ 大于 1 时,说明板料在宽度方向上的变形易于厚度方向,材料易于沿平面流动,因此不容易起皱。

(4)凹模工作部分的几何形状。与普通的平端面凹模相比,锥形凹模允许使用相对厚度较小的毛坯而不致起皱。

2. 起皱的危害

(1)影响表面质量及尺寸精度。

(2)使板料难以通过凸、凹模间隙而被拉断。

(3)起皱后的材料在通过模具间隙时与模具间的压力增加,导致与模具间的摩擦加剧,磨损严重,使得模具的寿命大为降低。

凸缘外边缘的切向压应力 σ_{3max} 在拉深过程中不断增加,这会增加失稳起皱的趋势。但随着拉深的进行,凸缘变形区不断缩小,材料厚度不断增大,凸缘的相对厚度逐渐增大,这样提高了材料抵抗失稳起皱的能力。两个作用相反的因素在拉深中相互消长,导致起皱只可能在拉深过程中某时刻才发生。实验证明,凸缘失稳起皱最强烈的时刻即应力等于 σ_{1max} 时。

3. 防皱措施

(1)用压边圈。压边圈压边材料被强迫在压边圈和凹模平面间的间隙中流动,稳定性得到增加,如图 4-11 所示。压边力 F_Q 的大小对拉深力有很大的影响:F_Q 太大会增加危险截面的拉应力,导致拉裂或严重变薄;F_Q 太小则防皱效果不好。理论上,F_Q 的大小最好与最大拉深力的变化一致,当 $R_t=0.85R_0$ 时起皱最严重,应使压边力 F_Q 达到最大值,但实际上很难满足。

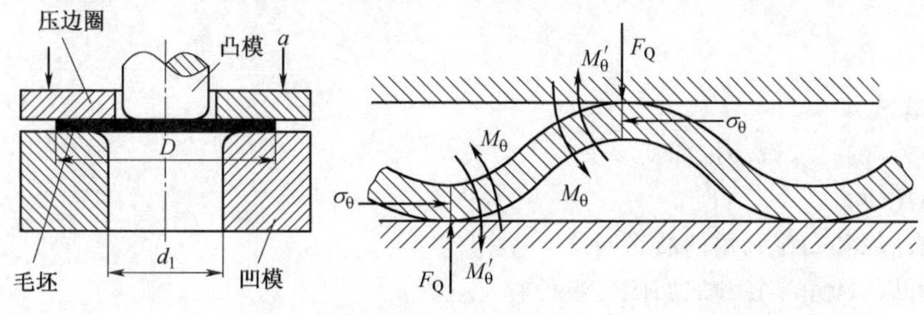

图 4-11　压边圈压边

(2)模具采用拉深肋或拉深圈。材料在通过拉深肋或拉深圈时,毛坯向凹模内流动的阻力加大,从而提高了拉深时的径向拉应力,相对减小了切向压应力,图 4-12 所示为拉深肋。

(3)采用反拉深。反拉深即凸模从筒形毛坯底部反向拉深,这是使其内壁外翻的一种拉深方法。反拉深可增大变形区的径向拉应力,相对减小切向压应力,图 4-13 所示为反拉深。

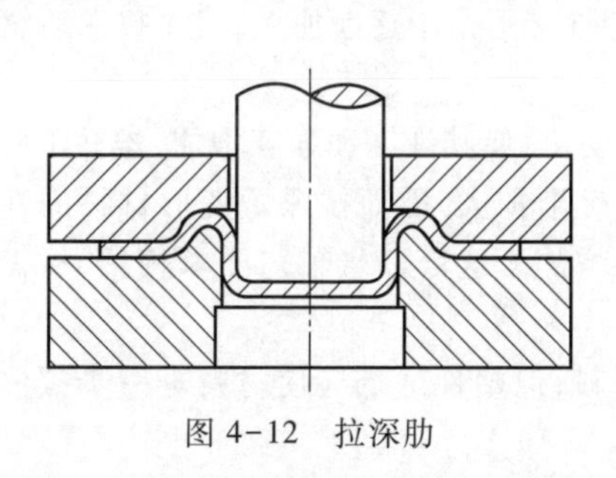

图 4-12　拉深肋

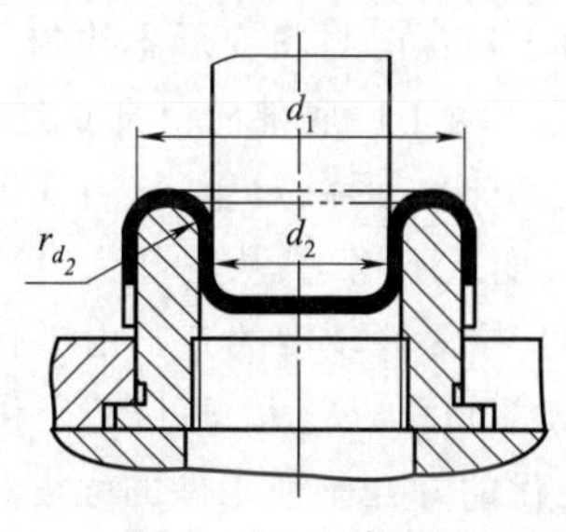

图 4-13　反拉深

(4)改进拉深零件设计。

①尽量降低拉深高度;②设计加强肋提高零件刚度;③选用屈服点低的材料;④增大板料厚度。

4.2.8　拉裂与防裂

1. 拉裂

拉裂:筒壁拉应力大于危险断面的抗拉强度而产生破裂。

拉深后得到工件的厚度沿底部向口部方向是不同的。在圆筒件侧壁的上部厚度增加最多,约为 30%;而在筒壁与底部转角稍上的地方板料厚度最小,厚度减少了将近 10%,拉深时此处最容易被拉断。通常称此断面为“危险断面”。当该断面的应力超过材料此时的强度极限时,零件在此处产生破裂。即使拉深件未被拉裂,由于材料变薄过于严重,也可能使产品报废。

2. 影响因素

筒壁是否会被拉裂主要取决于两个方面:一方面是筒壁传力区中的拉应力;另一方面是筒壁传力区的抗拉强度。当筒壁拉应力超过筒壁材料的抗拉强度时,拉深件就会在底部圆角与筒壁相切处即危险断面产生破裂如图 4-14 所示。

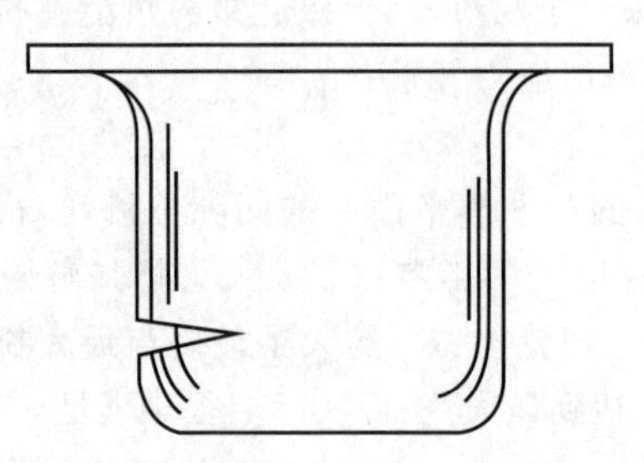

图 4-14 拉裂

3. 防裂措施

(1)减小拉深高度,减小拉深变形量。

(2)减小压边力。

(3)增加凸缘和凸缘圆角的凸缘润滑。

(4)增大凸缘圆角半径和底圆圆角半径。

(5)增大凸模和筒壁的摩擦。

(6)选用抗拉强度高,屈服强度小的材料。

(7)防止凸缘起皱。

4.2.9 硬化

(1)由于拉深时材料变形不均匀,从底部到筒口部塑性变形由小逐渐加大,因而拉深后材料变形的硬度分布由工件底部向口部是逐渐增加的。

拉深是塑性变形的过程,材料变形后必然发生加工硬化,使其硬度和强度增加,塑性下降。但由于拉深时变形不均匀,从底部到筒口部塑性变形由小逐渐加大,因而拉深后变形材料的性能也是不均匀的,拉深件硬度的分布由工件底部向口部逐渐增加。这恰好与工艺要求相反,从工艺角度看工件底部硬化应较大,而口部硬化应较小。

(2)硬化的好处是使工件的强度和刚度高于毛坯材料,但塑性降低又使材料进一步拉深时变形困难。

(3)多次拉深时,应正确选择各次的变形量,并考虑半成品件是否需要退火以恢复其塑性。对一些硬化能力强的金属(不锈钢、耐热钢等)更应注意。

4.3 旋转体拉深件坯料尺寸的确定

1. 计算原则

(1)体积不变原则。对于不变薄拉深,假设变形前后料厚不变,拉深前坯料表面积与拉深后冲件表面积近似相等,得到坯料尺寸。在计算毛坯尺寸时,应该以零件厚度的中线为基准来计算,即零件尺寸从料厚中间算起。

(2)相似原则。利用拉深前坯料的形状与冲件断面形状相似,得到坯料形状。当冲件的断面是圆形、正方形、长方形或椭圆形时，其坯料形状应与冲件的断面形状相似，但坯料的周边必须由光滑的曲线连接。对于形状复杂的拉深件，利用相似原则仅能初步确定坯料形状，必须通过多次试压，反复修改，才能最终确定出坯料形状。因此，拉深件的模具设计一般是先设计拉深模，坯料形状尺寸确定后再设计冲裁模。

(3)板料厚度 $t \geq 1$ mm 时，应按照工件中线尺寸计算；板料厚度 $t<1$ mm 时，可随意按照内形或外形尺寸计算。

(4)计算毛坯尺寸时要加上修边余量 δ。

2. 拉深件的修边余量 δ

由于材料的各向导性以及拉深时金属流动条件的差异，拉深后工件口部不平，通常拉深后需切边，因此计算毛坯尺寸时应在工件高度方向上（无凸缘件）或凸缘上增加修边余量 δ。修边余量 δ 的值可根据零件的相关参数查表 4-1、表 4-2。

表 4-1　无凸缘拉深件的修边余量 δ　　单位：mm

工件高度 h	工件的相对高度 h/d 或 h/b				附　图
	>0.5~0.8	>0.8~1.6	>1.6~2.5	>2.5~4.0	
≤10	1.0	1.2	1.5	2	
>10~20	1.2	1.6	2	2.5	
>20~50	2	2.5	3.3	4	
>50~100	3	3.8	5	6	
>100~150	4	5	6.5	8	
>150~200	5	6.3	8	10	
>200~250	6	7.5	9	11	
>250~300	7	8.5	10	12	

注：1. b 为矩形件边宽度。

2. 拉深高度尺寸较浅的工件可不考虑修边余量。

3. 对于板料厚度小于 0.5 mm 的薄材料做多次拉深时，应按表值增加 30%。

表 4-2　有凸缘零件的修边余量 δ　　单位：mm

凸缘直径 $d_f(b_f)$	凸缘的相对直径 d_f/d 或 h/d				附　图
	<1.5	1.5~2.0	2.0~2.5	2.5~3.0	
≤25	1.8	1.6	1.4	1.2	
>25~50	2.5	2.0	1.8	1.6	
>50~100	3.5	3.0	2.5	2.2	
>100~150	4.3	3.6	3.0	2.5	
>150~200	5.0	4.2	3.5	2.7	
>200~250	5.5	4.6	3.8	2.8	
>250	6.0	5.0	4.0	3.0	

3. 形状简单的拉深件毛坯计算

为了便于计算，应把零件分解成若干个简单几何体，分别求出其表面积后再相加，求出工件总的表面积。由于旋转体零件的毛坯应该是圆形，其直径按面积相等的原则计算，求出坯料直径。如图 4-15 所示，将其分为三个部分，每部分的面积如下。

(1)底圆面积：$A_1 = \dfrac{\pi d_1^2}{4}$

(2)底部圆角面积：$A_2 = \dfrac{\pi r_g}{2}(\pi d_1 + 4r_g)$

(3)圆筒面积：$A_3 = \pi d_1(h + \delta)$

将三部分的面积相加,得到毛坯面积：$A = A_1 + A_2 + A_3$,可得：

$$A = L_{每段长度}\ S_{母线重心旋转周长} = \sum A_i = \sum L_i S_i = \sum 2\pi r_i l_i$$

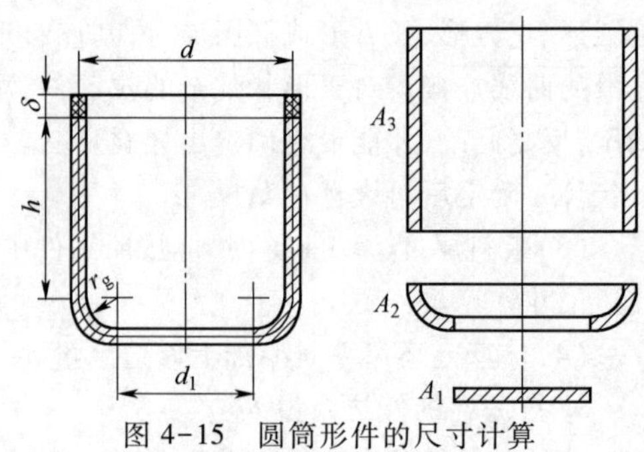

图 4-15　圆筒形件的尺寸计算

其中,D 为拉深件的毛坯直径,A 为拉深件的总面积(含有修边余量),A_i 为拉深件各组成部分的面积。

在计算中,零件尺寸均按厚度的中线尺寸计算;但当板料厚度小于 1 mm 时,也可以按外形或内形尺寸计算。

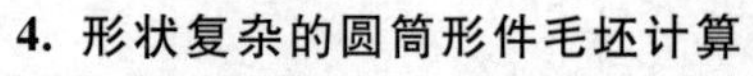

4. 形状复杂的圆筒形件毛坯计算

对于各种形状复杂的旋转体零件,其确定毛坯直径的原则是:任何形状的母线绕旋转轴旋转一周所得到的旋转体表面积,等于该母线的长度 L 与其重心绕旋转轴一周所得到的周长 $2\pi R_s$ 的乘积,如图 4-16 所示,即:

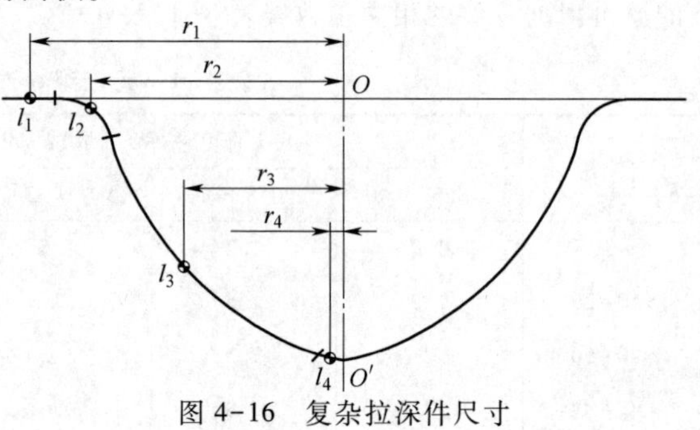

图 4-16　复杂拉深件尺寸

$$A = L_{母线长度}\ S_{母线重心旋转周长} = \sum A_i = \sum L_i S_i = \sum 2\pi r_i l_i$$

由于毛坯为圆形,直径：$D = \sqrt{\dfrac{4}{\pi}A} = \sqrt{8\sum r_i l_i}$

式中　A——旋转体表面积(mm^2);

L——旋转体母线长度,其值等于各部分长度之和,即 $L = l_1 + l_2 + \cdots + l_n$(mm);

D——毛坯直径(mm)。

其他复杂形状零件的毛坯尺寸计算可查有关资料。

4.4　圆筒形件拉深工艺计算

4.4.1　圆筒形件拉深变形程度表示——拉深系数

1. 拉深系数的概念和意义

拉深系数 m:拉深后圆筒形件的筒壁直径与拉深前的毛坯直径(或前道工序件的筒壁直径)之比。拉深系数是拉深工艺中的一个重要参数,它作为拉深工艺计算的基础,反映出了拉深前后毛坯直径的变化量和毛坯外边缘在拉深时切向压缩变形的大小,因此可以用它来衡量拉深变形程度。知道了拉深系数就等于知道了工件总的变形量和每次拉深的变形量,工件所需拉深的次数及各次半成品的尺寸也就可以求出。

$$m = \frac{d'(拉深后筒壁直径)}{D(毛坯直径)\ 或\ d(前道工序筒壁直径)}$$

第一次拉深系数：

$$m_1 = \frac{d_1}{D}$$

第二次拉深系数：

$$m_2 = \frac{d_2}{d_1}$$

第 n 次拉深系数：

$$m_n = \frac{d_n}{d_{n-1}} = \frac{d}{d_{n-1}}$$

$d_1, d_2, d_3, \cdots, d_n$ 为各次半成品(或工件)的直径,如图 4-17 所示。

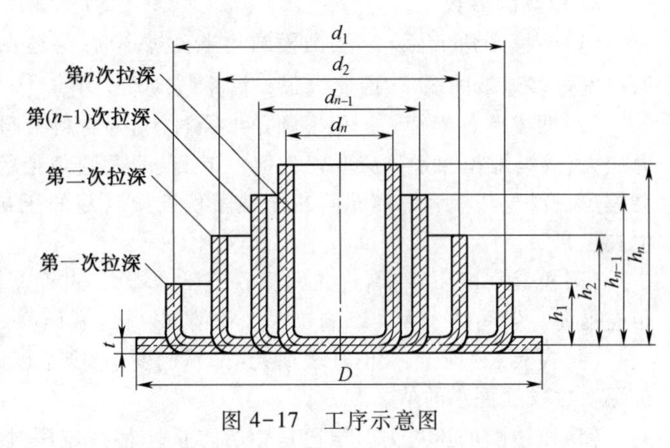

图 4-17　工序示意图

总理论拉深系数：

$$m_\Sigma = \frac{d}{D} = m_1 m_2 m_3 \cdots m_n$$

由拉深系数的表达式可以看出 m 值小于 1,而且 m 值越小,拉深时发生的变形程度也就越大。因为 $m = \frac{d}{D} = \frac{\pi d}{\pi D} = \frac{拉深后周长}{拉深前周长}$,拉深系数也等于拉深后的工件周长与拉深前的毛坯(或半成品)周长之比。当工件不是圆筒件时,工件的拉深系数便可通过拉深前后的周长来进行计算。

2. 极限拉深系数

拉深系数值的选择是否合理与拉深工艺的成败有着直接关系。若拉深系数过大,则变形程度小,材料性能未被充分利用,每次拉深所产生的变形量很小,此时则需增加拉深次数,使冲模数量增加,从而导致成本增加。另一方面,若拉深系数取值过小,则拉深变形程度大,有可能会使工件局部变薄甚至被拉破。得不到合格的工件。因此,拉深时采用的拉深系数既不能太大,也不能太小,应使材料的塑性被充分利用且不致被拉破。生产上为了减少拉深次数,一般希望采用较小的拉深系数。

一种材料在一定拉深条件下允许的拉深变形程度,即拉深系数是一定的。既能把材料拉深成形又不被拉破时的最小拉深系数称为极限拉深系数。

4.4.2　影响极限拉深系数 m_{min} 的因素

极限拉深系数的影响因素很多,主要有板料的内部组织和力学性能、模具的参数、拉深工艺、拉深条件等。

1. 材料的组织与力学性能

(1)屈强比$\frac{\sigma_s}{\sigma_b}$。因 σ_s 小则表示变形区抗力小,材料容易变形。而 σ_b 大则说明危险断面处强度高而不易破裂,因而$\frac{\sigma_s}{\sigma_b}$小时材料拉深系数可取小些。

(2)材料的塑性即伸长率 δ。δ 值小时,因塑性变形能力差,则拉深系数应取大些。

(3)材料的厚向异性系数 r。由于 r 大时,板平面方向比厚度方向变形容易,即板厚方向变形较小,不易起皱,传力区不易拉破。

(4)硬化指数 n。n 大时表示加工硬化程度大,则抗局部颈缩失稳能力强,变形均匀,因此板料的总体成形极限提高。

(5)板料的相对厚度 $\frac{t}{D}$。当材料的相对厚度大时,凸缘抵抗失稳起皱的能力有所增强,因而所需压边力减小(甚至不需要),这就减小了因压边力而引起的摩擦阻力,从而使总的变形抗力减少,故极限拉深系数可减小。

2. 模具的参数

(1)凸模圆角半径 r_p。当凸模圆角半径过小时,毛坯在此圆角处的弯曲变形程度增加,危险断面强度过多地被削弱了,因此极限拉深系数应取大值。

(2)凹模圆角半径 r_d。凹模圆角半径过小,则材料沿圆角部分流动时的阻力增加,会引起拉深力加大,故极限拉深系数应取较大值。但凸、凹模圆角半径也不宜过大,若采用过大的圆角半径,会减少板料与凸模和凹模端面的接触面积及压料圈的压料面积,板料悬空面积增大,从而容易产生失稳起皱。

(3)模具间隙 c。材料进入间隙后挤压力增大,进而摩擦力增加,拉深力增大,故极限拉深系数相应提高。但间隙太大会影响拉深件的精度、锥度和回弹。

(4)模具表面质量。模具表面光滑,粗糙度小,则摩擦力小,便于拉深工艺的进行,从而使极限拉深系数取到更小的值。

(5)压边圈的压边力。压边是为了防止坯料在拉深过程中起皱,但压边带来的压边力却增大了筒壁传力区的拉应力。压边力太大,可能导致拉裂。拉深工艺必须做到既不起皱又不拉裂。为此,必须正确调整压边力,即在保证不起皱的前提下,尽量减小压边力,提高拉深工艺的稳定性。

(6)凹模形状。锥形凹模因其支撑材料变形区的面是锥形却不是平面(见图 4-18)而且有较好的防皱效果,因此可以减小包角 α,从而减少材料流过凹模圆角时的摩擦阻力和弯曲变形力,使极限拉深系数降低。

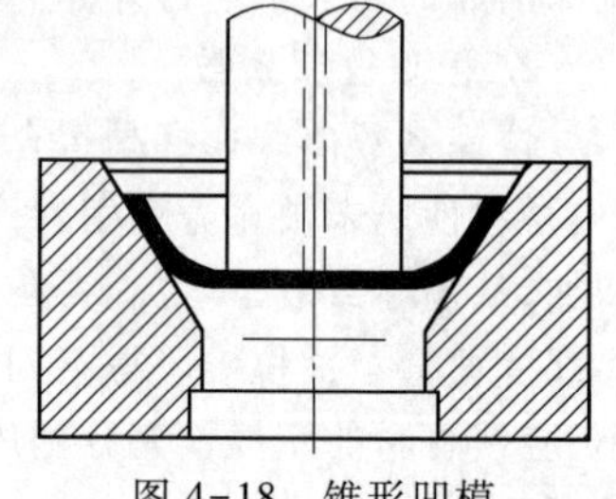

图 4-18 锥形凹模

此外,影响极限拉深系数的因素还有拉深方法、拉深次数、拉深速度、拉深件的形状等。采用反拉深、软模拉深等可以降低极限拉深系数;首次拉深极限拉深系数比后次拉深极限拉深系数小;拉深速度慢,有利于拉深工作的正常进行。

3. 拉深工艺

拉深工艺包括拉深方法、拉深次数及拉深速度。

4. 拉深条件

(1)是否采用压边圈。拉深时若不采用压边圈,会使变形区起皱的倾向增加,因为每次拉深时工件的拉深变形不能太大,故极限拉深系数应增大。

(2)拉深次数。第一次拉深时材料还没硬化,塑性好,故极限拉深系数可小些。以后的拉深因材料已经硬化,塑性越来越低,变形越来越困难,故极限拉深系数逐渐变大。

(3)润滑情况。润滑好则摩擦小,此时极限拉深系数可选小些。但凸模不可润滑,否则会减弱凸模表面摩擦对危险断面处的有益作用。

(4)工件形状。工件的形状不同,则拉深变形时应力与应变状态不同,极限变形量也就不同,因而极限拉深系数不同。

4.4.3 极限拉深系数的确定

生产上采用的极限拉深系数是考虑了各种具体条件后用试验方法求出的。通常 $m_{1\max}=0.46\sim0.60$,以后各次的拉深系数在 0.70~0.86 之间。

无凸缘圆筒形工件有压边圈和无压边圈时的拉深系数分别可查表 4-3、表 4-4。实际生产中采用的拉深系数一般均大于表中所列数字,因采用过小的接近于极限值的拉深系数会使工件在凸模圆角部位过分变薄,在以后的拉深工序中这种变薄严重的缺陷会转移到工件侧壁上去,使零件质量降低,所以,当零件质量要求较高时,在计算工序数和各工序尺寸时,一般不取极限拉深系数,而取大于极限拉深系数的数值进行计算,以利于提高零件的质量,同时提高工艺的稳定性。

表 4-3 无凸缘圆筒形件的极限拉深系数(带压边圈)

拉深系数	坯料相对厚度(t/D)/%					
	0.08~0.15	0.15~0.3	0.3~0.6	0.6~1.0	1.0~1.5	1.5~2.0
m_1	0.60~0.63	0.58~0.60	0.55~0.58	0.52~0.55	0.50~0.53	0.48~0.50
m_2	0.80~0.82	0.79~0.80	0.78~0.79	0.76~0.78	0.75~0.76	0.73~0.75
m_3	0.82~0.84	0.81~0.82	0.80~0.81	0.79~0.80	0.78~0.79	0.76~0.78
m_4	0.85~0.86	0.83~0.85	0.82~0.83	0.81~0.82	0.80~0.81	0.78~0.80
m_5	0.87~0.88	0.86~0.87	0.85~0.86	0.84~0.85	0.82~0.84	0.80~0.82

注:1. 表中拉深系数适用于08钢、10钢和15Mn钢等普通碳钢及黄铜H62。对于拉深性能较差的材料,如20钢、25钢、Q215钢、Q235钢、硬铝等,应比表中数值大1.5%~2.0%。
2. 表中数据适用于未经中间退火的拉深。若采用中间退火工序,则取值应比表中数值小2%~3%。
3. 表中较小值适用于大的凹模圆角半径[$r_d=(8\sim15)t$],较大值适用于小的圆角半径[$r_d=(4\sim8)t$]。

表 4-4 无凸缘圆筒形件的极限拉深系数(不带压边圈)

拉深系数	坯料相对厚度(t/D)/%				
	1.5	2.0	2.5	3.0	>3
m_1	0.65	0.60	0.55	0.53	0.50
m_2	0.80	0.75	0.75	0.75	0.70
m_3	0.84	0.80	0.80	0.80	0.75
m_4	0.87	0.84	0.84	0.84	0.78
m_5	0.90	0.87	0.87	0.87	0.82
m_6	—	0.90	0.90	0.90	0.85

注:此表适用于08钢、10钢及15Mn钢等材料。其余各项同表4-3。

4.4.4 后续各次拉深的特点

后续各次拉深所用的毛坯不是平板而是筒形件,因此,它与首次拉深比,有许多不同之处:

(1)毛坯不是平板而是筒形件。

(2)首次拉深时,凸缘变形区是逐渐缩小的,而后续各次拉深时,其变形区保持不变,只是在拉深以后才逐渐缩小。

(3)首次拉深时,平板毛坯的厚度和力学性能都是均匀的,而后续各次拉深时筒形毛坯的壁厚及力学性能都不均匀。

(4)首次拉深时,拉深力的变化是变形抗力增加与变形区减小两个相反的因素互相消长的过程,因而在开始阶段较快的达到最大的拉深力,然后逐渐减小到零。而后续各次拉深变形区保持不变,但材料的硬化及厚度增加都是沿筒的高度方向进行的,所以其拉深力在整个拉深过程中一直都在增加(见图 4-19),直到拉深的最后阶段才由最大值下降至零。

(5)后续各次拉深变形区的外缘有筒壁的刚性支持,所以稳定性比首次拉深好。只是在拉深的最后阶段,筒壁边缘进入变形区以后,变形区的外缘失去了刚性支持,这时才易起皱。

(6)后续各次拉深时的危险断面与首次拉深时一样,都是在凸模的圆角处,但首次拉深的最大拉深发生在初始阶段,所以破裂也发生在初始阶段,而后续各次拉深的最大拉深发生在拉深的终了阶段,所以破裂往往发生在结尾阶段。

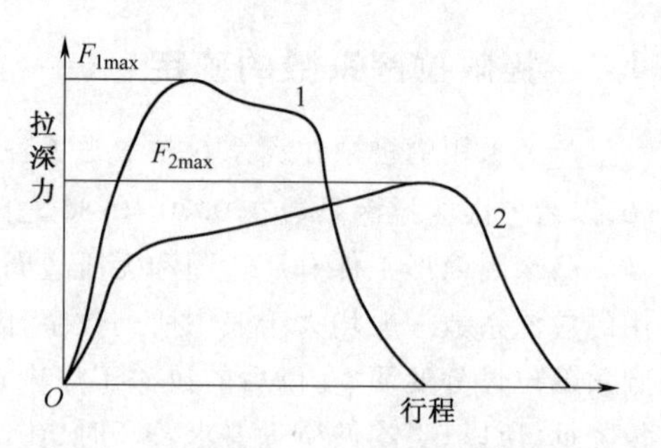

图 4-19 首次拉深与二次拉深的拉深力变化

1—首次拉深;2—二次拉深

(7)后续各次拉深时由于材料已冷作硬化,加上变形复杂(毛坯的筒壁必须经过两次弯曲才能被凸模拉入凹模内),所以它的极限拉深系数要比首次拉深大得多,而且通常后一次拉深系数都大于前一次。

4.4.5 拉深次数的确定

当 $m_{\Sigma}>m_{\min}$ 时,拉深件可一次拉成,否则需要多次拉深。其拉深次数的确定有以下几种方法:

1. 查表法

根据拉深件的相对高度 h/d 和毛坯相对厚度 t/D,查表 4-5。

表 4-5 拉深件的相对高度 h/d 与拉深次数的关系(无凸缘圆筒形件)

拉深次数	坯料相对厚度(t/D)%					
	0.08~0.15	0.15~0.3	0.3~0.6	0.6~1.0	1.0~1.5	1.5~2.0
1	0.38~0.46	0.45~0.52	0.5~0.62	0.57~0.71	0.65~0.84	0.77~0.94
2	0.7~0.9	0.83~0.96	0.94~1.13	1.1~1.36	1.32~1.60	1.54~1.88
3	1.1~1.3	1.3~1.6	1.5~1.9	1.8~2.3	2.2~2.8	2.7~3.5
4	1.5~2.0	2.0~2.4	2.1~2.9	2.9~3.6	3.5~4.3	4.3~5.6
5	2.0~2.7	2.7~3.3	3.3~4.1	4.1~5.2	5.1~6.6	6.6~8.9

注:1. 大的 h/d 值适用于第一道工序的大凹模圆角[$r_d=(8\sim15)t$]。

2. 小的 h/d 值适用于第二道工序的小凹模圆角[$r_d=(4\sim8)t$]。

3. 表中数据适用材料为 08F 钢、10F 钢。

2. 推算法

根据已知条件,由表 4-3、表 4-4 查出各次极限拉深系数,选取各次拉深直径时,要比极限拉深系数稍大。然后计算出各次拉深直径,直到直径略小于或等于工件直径时,计算的次数即为拉深次数。调整各次拉深系数的值,最后确定各次拉深直径。最终满足

$$m_{\Sigma}>m_{1极限}\ m_{2极限}\cdots m_{n极限}$$

4.4.6 圆筒形件拉深半成品尺寸计算

圆筒形件拉深半成品尺寸计算包括半成品的直径 d_n、筒底圆角半径 r_n 和筒壁高度 h_n。

1. 工序件筒壁直径

$$d_1=m_1D,\quad d_2=m_2d_1,\quad \cdots,\quad d_n=m_nd_{n-1}$$

2. 工序件圆角半径

(1)凸缘圆角半径:

$$r_{d1} = 0.8\sqrt{(D - D_d)t} \quad r_{dn} = (0.6 \sim 0.8)r_{d(n-1)} \tag{4-7}$$

(2)底部圆角半径：

$$r_{pn} = (0.7 \sim 1.0)r_{dn} \tag{4-8}$$

r_p 最后等于工件半径。

3. 无凸缘工序件高度

$$h_1 = 0.25\left(\frac{D}{m_1} - d_1\right) + 0.43\frac{r_{p1}}{d_1}(d_1 + 0.32r_{p1}) \tag{4-9}$$

$$h_2 = 0.25\left(\frac{D}{m_1 m_2} - d_2\right) + 0.43\frac{r_{p2}}{d_2}(d_2 + 0.32r_{p2}) \tag{4-10}$$

4.4.7 无凸缘圆筒形件拉深工序设计计算步骤

计算步骤如下。

(1)确定修边余量(δ)。

(2)计算毛坯直径(D)。

(3)确定拉深次数(n)。

(4)调整各次拉伸的实际拉深系数(m)。

(5)计算各工序件尺寸。

(6)画出工序图。

例　试对图 4-20 所示圆筒形件进行拉深工序设计计算。

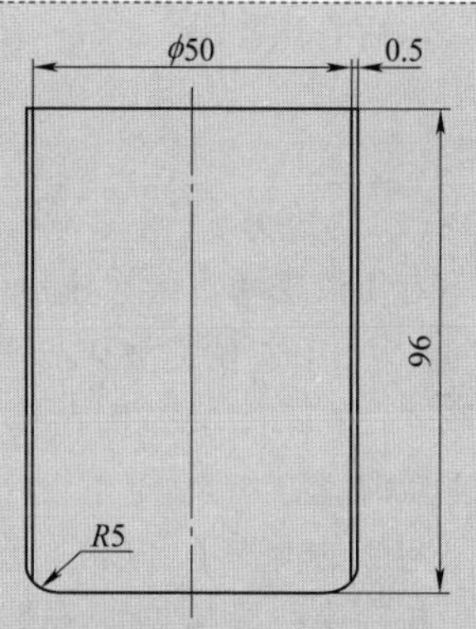

图 4-20　拉深圆筒件

解：①计算毛坯直径：

$$D = \sqrt{d_1^2 + 4d_2(h + \delta) + 6.28rd_1 + 8r^2}$$

$$= \sqrt{40^2 + 4 \times 50 \times (91 + 6) + 6.28 \times 5 \times 40 + 8 \times 5^2} = 150\ (\text{mm})$$

②确定拉深次数：

$m_\Sigma = \dfrac{d}{D} = \dfrac{50}{150} = 0.33$，毛坯相对厚度：$\dfrac{t}{D} = \dfrac{0.5}{150} = 0.33\%$

经查表，各极限拉深系数为 $m_{1极限} = 0.55$，$m_{2极限} = 0.78$，$m_{3极限} = 0.80$，$m_{4极限} = 0.82$。

$$m_{1极限} \cdot m_{2极限} = 0.44$$

$$m_{1极限} \cdot m_{2极限} \cdot m_{3极限} = 0.35$$

$m_{1极限} \cdot m_{2极限} \cdot m_{3极限} \cdot m_{4极限} = 0.29 < m_\Sigma$，所以需用四次拉深。

③调整各次拉深的实际拉深系数：

$m_1 = 0.58$，$m_2 = 0.81$，$m_3 = 0.83$，$m_4 = 0.85$；$m_1 \cdot m_2 \cdot m_3 \cdot m_4 = 0.33 = m_\Sigma$

④计算各次拉深直径：

$D = 150$ mm

$d_1 = m_1 D = 0.58 \times 150 = 87$ (mm)

$d_2 = m_2 d_1 = 0.81 \times 87 = 70.5$ (mm)

$d_3 = m_3 d_2 = 0.83 \times 70.5 = 58.5$ (mm)

$d_4 = m_4 d_3 = 0.85 \times 58.5 = 50$ (mm)

4.4.8 压边力、拉深力和拉深功

1. 压边计算

为了解决拉深过程中的起皱问题,生产实际中的主要方法是在模具结构上采用压料装置。常用的压料装置有刚性压料装置和弹性压料装置两种。是否采用压料装置主要看拉深过程中是否可能发生起皱,在实际生产中可按表来判断拉深过程中是否起皱和是否应采用压料装置。

压边:在凸缘变形区施加轴向压力,防止起皱。可按表4-6的条件决定。

表4-6 采用或不采用压边圈的条件

拉深方法	首次拉深		以后各次拉深	
	$(t/D)\times100$	m_1	$(t/d_{n-1})\times100$	m_n
用压边圈	<1.0	<0.6	<1	<0.8
可用压边圈	1.5~2.0	0.6	1~1.5	0.8
不可用压边圈	>2.0	>0.6	>1.5	>0.8

(1)压边条件。

首次拉深:

$$\frac{t}{D} < 0.045(1 - m_1) \tag{4-11}$$

以后各次拉深:

$$\frac{t}{D} < 0.045\left(\frac{1}{m_n} - 1\right) \tag{4-12}$$

(2)压边力 F_Q 计算。压边力是为了防止毛坯起皱,保证拉深过程顺利进行而施加的力,它的大小对拉深影响很大。压边力的数值应适当,太小时防皱效果不好,太大时则会增大危险断面处的拉应力,引起拉裂破坏或严重变薄超差如图4-21所示。在生产中,压边力都有一定的调节范围如图4-22所示,其范围在最大压边力 F_{Qmax} 和最小压边力 F_{Qmin} 之间。当拉深系数小至接近极限拉深系数时,这个变动范围较小,压边力的变动对拉深工作的影响较显著。实际应用中,在保证变形区不起皱的前提下,应尽量选用小的压边力。

拉深中凸缘起皱的规律与 σ_{1max} 的变化规律相似,起皱趋势最严重的时刻是毛坯外缘缩小到 $0.85R_0$ 时如图4-23所示。理论上合理的压边力应随起皱趋势的变化而变化,当起皱严重时压边力变大,起皱不严重时压边力就随着减少,但要实现这种变化是很困难的。

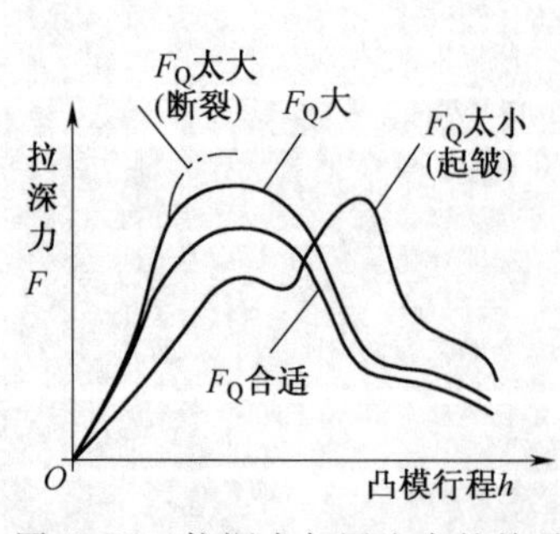

图4-21 拉深力与压边力的关系

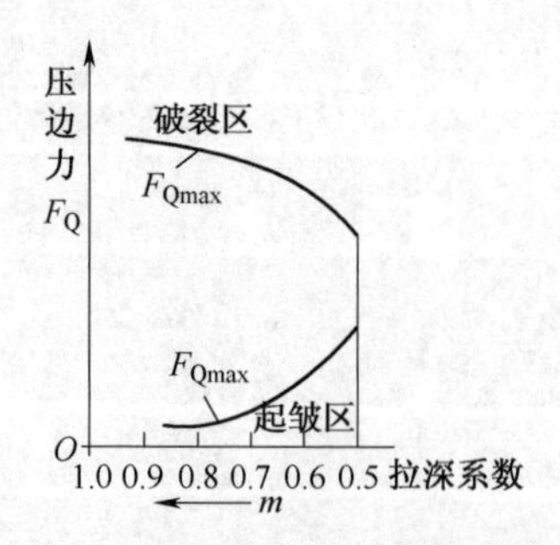

图4-22 压边力对拉深的影响

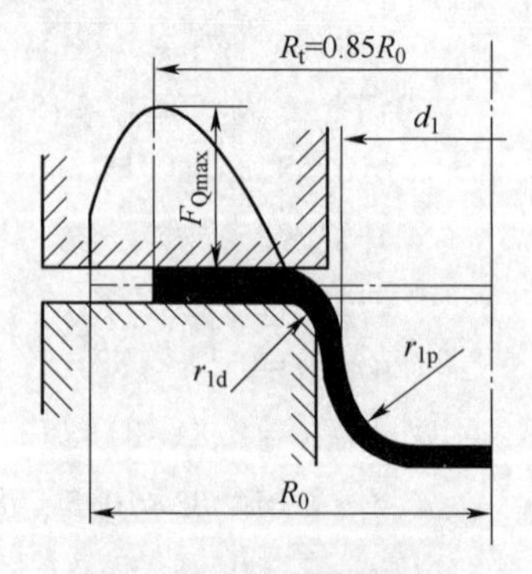

图4-23 拉深凸缘压边

计算原则:既不起皱也不拉裂,易于调节。

$$F_Q = Ap \tag{4-13}$$

式中　F_Q——压边力(N);

A——在压边圈下毛坯的投影面积(mm^2);

p——单位压边力(MPa),可查表 4-7。

表 4-7　单位压边力 p

材料名称		单位压边力 p/MPa
铝		0.8~1.2
紫铜、硬铝(退火)		1.2~1.8
黄铜		1.5~2.0
软钢	t<0.5 mm	2.5~3.0
	T>0.5 mm	2.0~2.5
镀锌钢板		2.5~3.0
耐热钢(软化状态)		2.8~3.5
高合金钢、高锰钢、不锈钢		3.0~4.5

(3)压边装置的形式。

①刚性压边装置。这种装置用于双动压力机上,其原理是将坯料夹持在压边圈和凹模之间。刚性压边装置在拉深成形过程中,外滑块保持不动。刚性压边圈的压边作用,并不是靠直接调整压边力来保证的,如图 4-24 所示。考虑到毛坯凸缘变形区在拉深过程中板厚有增大现象,所以调整模具时,压边圈与凹模间的间隙 c 应略大于板厚 t。用刚性压边,压边力不随行程变化,拉深效果较好,且模具结构简单。

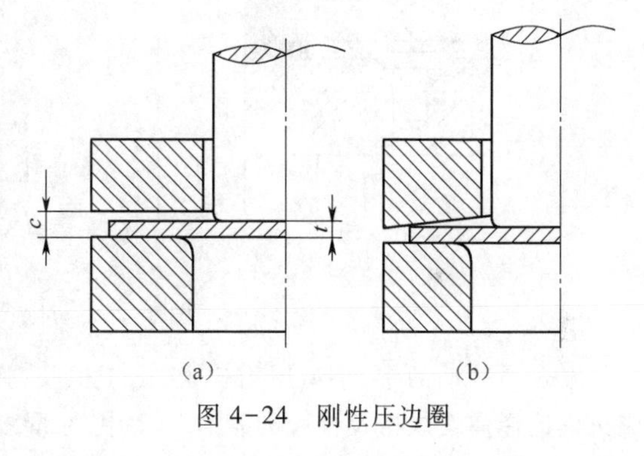

图 4-24　刚性压边圈

压边力由外滑块提供,只适用于双动压力机。通过调节压边圈与凹模的间隙大小达到压边防皱。

②弹性压边装置。这种装置多用于普通的单动压力机上。通常有橡胶压边装置、弹簧压边装置、气垫式压边装置三种。这三种压边装置压边力的变化曲线如图 4-25 所示。

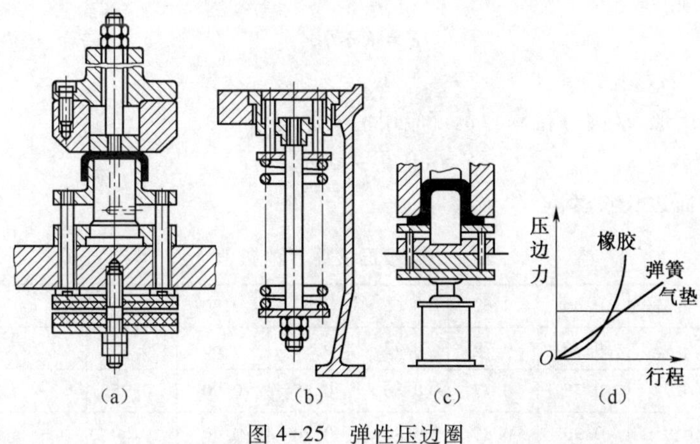

图 4-25　弹性压边圈

随着拉深深度的增加,需要压边的凸缘部分不断减少,故需要的压边力也就逐渐减小。由图 4-26(a) 可以看出橡胶及弹簧压边装置的压边力恰好与需要的相反,随拉深深度的增加而增加。因此橡胶及弹簧结构通常只用于浅拉深。

图 4-26(b)所示气垫式压边装置的压边效果较好,但也不是十分理想。它结构复杂,制造、使用及维修都比较困难。弹簧与橡胶压边装置虽有缺点,但结构简单,更适用于单动的中小型压力机。根据生产经验,只要正确地选择弹簧规格及橡胶的牌号和尺寸,就能尽量减少它们的不利影响,充分发挥它们的作用。

当拉深行程较大时,应选择总压缩量最大、压边力随压缩量缓慢增加的弹簧。橡胶应选用软橡胶(冲裁卸料是用硬橡胶)。橡胶的压边力随压缩量增加而快速增大,因此橡胶的总厚度应选大些,以保证相对压缩量不致过大。建议所选取的橡胶总厚度不小于拉深行程的 5 倍。

在拉深宽凸缘件时,为了克服弹簧和橡胶的缺点,可采用图 4-26(c)所示的限位装置(定位销、柱销或螺栓),使压边圈和凹模间始终保持一定的距离 S。

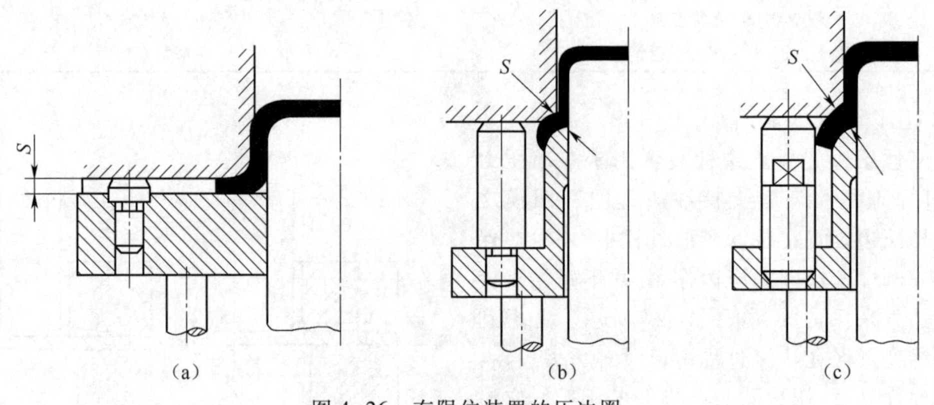

图 4-26　有限位装置的压边圈

在普通单动的中、小型压力机上,由于橡胶、弹簧使用十分方便而被广泛应用。在使用过程中应正确选择弹簧规格及橡胶的牌号与尺寸,尽量减少其不利影响。如弹簧,则应选用总压缩量大、压边力随压缩量缓慢增加的弹簧;而橡胶则应选用较软橡胶。为使其相对压缩量不致过大,应选取橡胶的总厚度不小于拉深行程的 5 倍。

2. 拉深力的计算

(1)圆筒形拉深力 F。

$$F = K\pi dt\sigma_b \tag{4-14}$$

式中　K——修正系数,见表 4-8。

(2)横截面为矩形、椭圆等拉深力也可应用上式原理求得:

$$F = (0.5 \sim 0.8)Lt\sigma_b \tag{4-15}$$

式中　L——横截面边长长度。

表 4-8　修正系数 K 的数值

m_1	0.55	0.57	0.60	0.62	0.65	0.67	0.70	0.72	0.75	0.77	0.80
K_1	1.00	0.93	0.86	0.79	0.72	0.66	0.60	0.55	0.50	0.45	0.40
m_1	0.70	0.72	0.75	0.77	0.80	0.85	0.90	0.95	—	—	—
K_1	1.00	0.95	0.90	0.85	0.80	0.70	0.60	0.50	—	—	—

(3)拉深所需的总压力$\sum F$。

$$\sum F = F + F_Q \tag{4-16}$$

(4)压力机的选择。选择原则:当拉深工作行程较大,尤其落料拉深复合时,应使工艺力曲线位于压力机滑块的许用压力曲线之下,而不能简单地按照压力机公称压力大于工艺力曲线的原则去确定压力机规格,否则可能会发生压力机超载而损坏(见图 4-27)。

浅拉深:$\sum F \leqslant (0.7\sim0.8)F_0$。

深拉深:$\sum F \leqslant (0.5\sim0.6)F_0$。

其中,F_0 为压力机的公称压力,单位为 N。

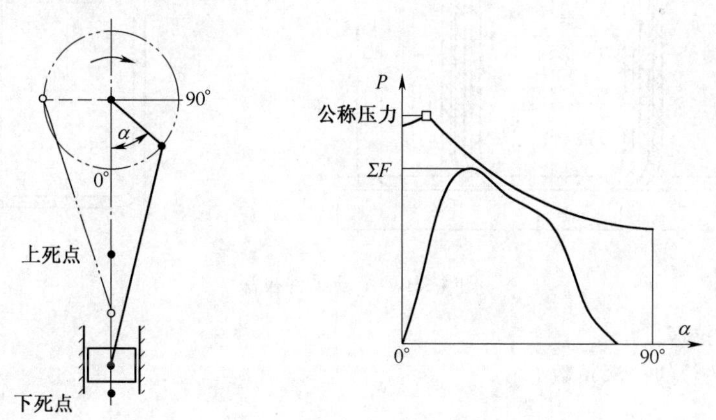

图 4-27　曲轴转角与压力机压力曲线

3. 拉深功的计算

只有拉深力参与了做功:

$$A = F_m h \times 10^{-3} = CF_{max} h \times 10^{-3} \tag{4-17}$$

式中　F_{max}——最大拉深力 $F_{max} = KLt\sigma_b$;

H——拉深深度(mm);

C——系数,其值等于 $F_m/F_{max} \approx 0.6\sim0.8$,$F_m$ 为平均拉深力。

4.5　有凸缘圆筒形件拉深工序设计

对于有凸缘的零件,其毛坯不是全部拉入凹模,而是只拉深到毛坯外缘等于零件凸缘外径(加修边量)为止,故其变形区的应力和应变状态及变形特点与无凸缘圆筒形件相同。但是有凸缘圆筒形件的拉深过程和工艺计算方法与无凸缘圆筒形件有一定的差别。

1. 有凸缘圆筒形零件的拉深特点

(1)有凸缘拉深件(见图 4-28)可以看成是一般圆筒形件在拉深未结束时的半成品,即只将毛坯外径拉深到等于法兰边(即凸缘)直径 d_t 时拉深过程就结束,因此其变形区的应力状态和变形特点应与圆筒形件相同。

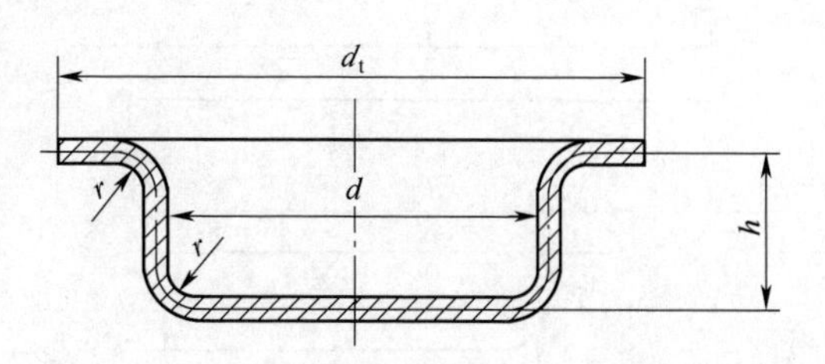

图 4-28　有凸缘拉深件

(2)根据凸缘的相对直径 d_t/d 比值的不同,由凸缘筒形件可分为窄凸缘筒形件($d_t/d = 1.1\sim1.4$)和宽凸缘筒形件($d_t/d > 1.4$)。

2. 窄凸缘件拉深

窄凸缘件拉深(见图 4-29)时的工艺计算应完全按照一般圆筒形零件的计算方法,若 h/d 大于一次拉深的许用值时,只在倒数第二道才拉出凸缘或者拉成锥形凸缘,最后校正成水平凸缘。若 h/d 较小,则第一次可拉成锥形凸缘,后校正成水平凸缘。

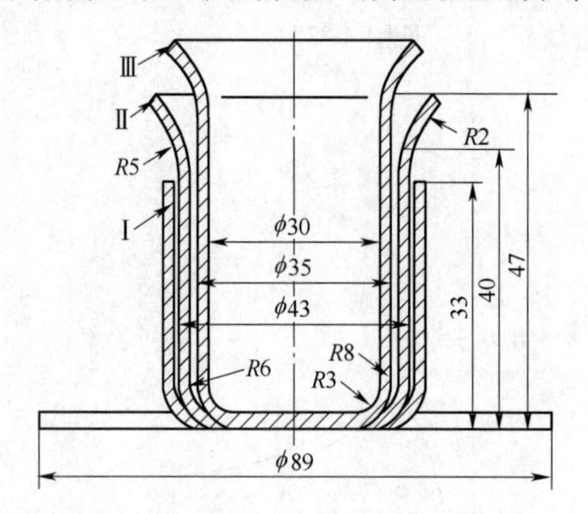

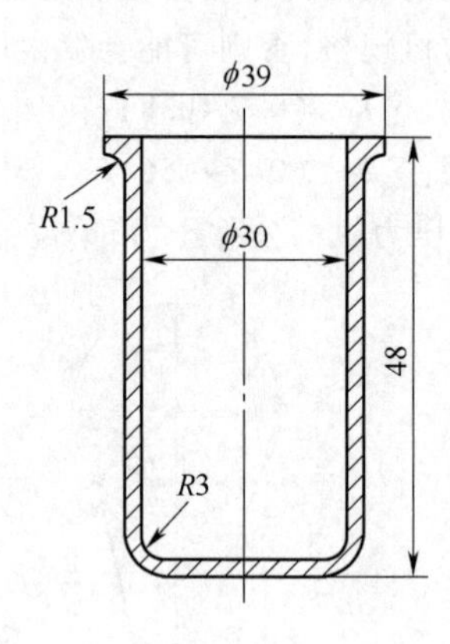

图 4-29 窄凸缘件拉深

3. 宽凸缘件拉深

(1)宽凸缘件总的拉深系数

$$m_1=\frac{d_1}{D}=\frac{1}{\sqrt{\left(\frac{d_{t1}}{d_1}\right)^2+4\frac{h_1}{d_1}-1.72\frac{r_{d1}+r_{p1}}{d_1}+0.56\left(\frac{r_{d1}^2-r_{p1}^2}{d_1^2}\right)}} \tag{4-18}$$

(2)宽凸缘拉深特点

①宽凸缘件(见图 4-30)不能就拉深系数的大小来判断变形程度的大小。

图 4-31 所示为用直径为 D 的毛坯拉深直径为 d,高为 h 的圆筒形零件的变形过程,F_b 表示危险断面的强度。设图 4-31 中的 A、B 两种状态即为所求的宽凸缘零件,两者的高度及凸缘直径不同,但筒部的直径相同,即两者的拉深系数完全相同 $m=h/D$。很明显,B 状态时的变形程度比 A 状态时的要大。因拉深处于 A 状态时,毛坯外边的切向收缩变形为$(D-d_{fA})/D$,处于 B 状态时是$(D-d_{fB})/D$,而 $d_{fB}<d_{fA}$,所以拉深处于 B 状态时有较多的材料被拉入凹模,即 B 状态时的变形程度大于 A 状态。

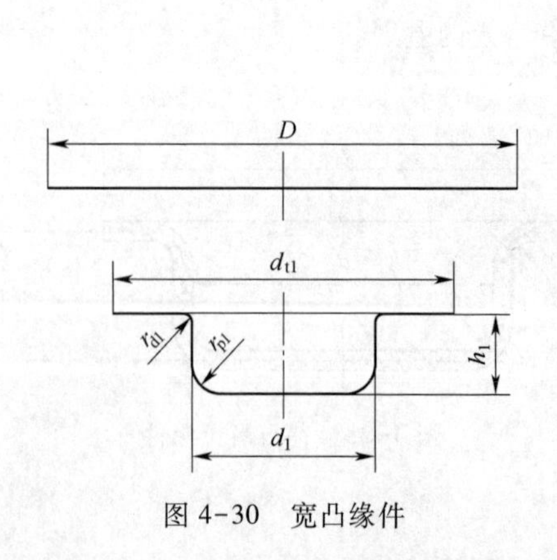

图 4-30 宽凸缘件

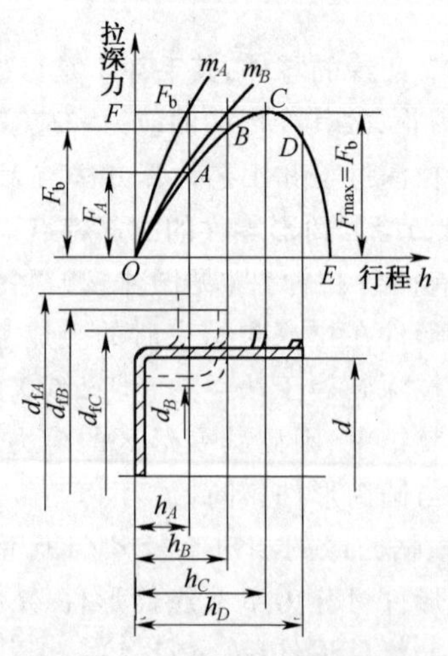

图 4-31 宽凸缘拉深件拉深过程

②宽凸缘件的拉深系数决定于三个尺寸因素：凸缘相对直径$\frac{d_{t1}}{d_1}$、零件相对拉深高度$\frac{h_1}{d_1}$和相对圆角半径$\frac{r}{d}$。

$\frac{d_{t1}}{d_1}$对第一次拉深系数 m_1 的影响最大，而$\frac{r}{d}$的影响最小。

当 $d_t/d<1.1$ 时，有凸缘筒形件的极限拉深系数与无凸缘圆筒形件的基本相同。随着 d_t/d 的增加，拉深系数减小。当 $d_t/d=3$ 时，拉深系数为 0.33。这并不意味着拉深变形程度很大。因为此时 $d_t=3d$，而根据拉深系数又可得出 $D=d/m=d/0.33=3d$，说明凸缘直径与毛坯直径相同，毛坯外径不收缩，零件的筒部是靠局部变形而成形，此时已不再是拉深变形，而是胀形，变形的性质已经发生变化。

③有凸缘圆筒形件的第一次拉深许可变形程度，用对应于$\frac{d_{t1}}{d_1}$的最大相对拉深高度$\left(\frac{h_1}{d_1}\right)_{max}$表示。

④宽凸缘件的首次极限拉深系数比圆筒件要小。

当凸缘件总的拉深系数一定，即毛坯直径 D 一定，且工件直径一定时，用同一直径的毛坯能够拉出多个具有不同 d_t/d 和 h/d 的零件，但这些零件的 d_t/d 和 h/d 值之间要受总拉深系数的制约，其相互间的关系是一定的。d_t/d 大则 h/d 小，d_t/d 小则 h/d 大。因此也常用 h/d 来表示第一次拉深时的极限变形程度。如果工件的 d_t/d 和 h/d 都大，则毛坯的变形区就宽，拉深的难度就大，一次不能拉出工件，需要进行多次拉深。

(3)宽凸缘圆筒形件多次拉深方法

如果根据极限拉深系数或相对高度判断，拉深件不能一次拉深成形时，则需进行多次拉深。

对于多数普通压力机来说，要严格做到这一点有一定困难，而且尺寸计算还有一定误差，再加上拉深时板料厚度有所变化，所以在工艺计算时，除了应精确计算工序件高度外，通常应把第一次拉入凹模的坯料面积加大 3%~5%(有时可增大至 10%)，在以后各次拉深时，逐步减少这个额外多拉入凹模的面积，最后使它们转移到零件口部附近的凸缘上。用这种办法来补偿上述各种误差，以免在以后各次拉深时凸缘受力变形。

宽凸缘圆筒形件多次拉深的工艺方法通常有两种：

一种是中小型($d_t<200$ mm)，料薄的零件，通常靠减小筒形直径，增加高度来达到尺寸要求，即圆角半径 r_p、r_d 在首次拉深时就与 d_t 一起成形到工件的尺寸，并在后续的拉深过程中基本上保持不变[见图 4-32(a)]。这种方法拉深时不易起皱，但制成的零件表面质量较差，容易在直壁部分和凸缘上残留中间工序形成的圆角弯曲和厚度局部变化的痕迹，所以最后应加一道压力较大的整形工序。

另一种方法常用在 $d_t>200$ mm 的大型拉深件中。零件的高度在第一次拉深时基本形成，在以后的整个拉深过程中基本保持不变[见图 4-32(b)]，然后通过减小圆角半径 r_p、r_d，逐渐缩小筒形部分的直径来拉成零件。用本法制成的零件表面光滑平整，厚度均匀，不存在中间工序中圆角部分的弯曲与局部变薄的痕迹。但在第一次拉深时，因圆角半径较大，容易发生起皱，当零件底部圆角半径较小，或者对凸缘有不平度要求时，也需要在最后加一道整形工序。在实际生产中往往将上述两种方法综合起来使用。

(4)宽凸缘圆筒形件多次拉深工序计算

①工序计算原则。

a. 判别工件能否一次拉成：需比较工件实际所需的总拉深系数和总拉深相对高度与凸缘件第

一次拉深的极限拉深系数和极限拉深相对高度。当 $m_{总}>m_{1min}$，$m_{总}>m_1$，$h/d\leqslant h_1/d_1$ 时，可一次拉成，工序计算到此结束。否则应进行多次拉深。

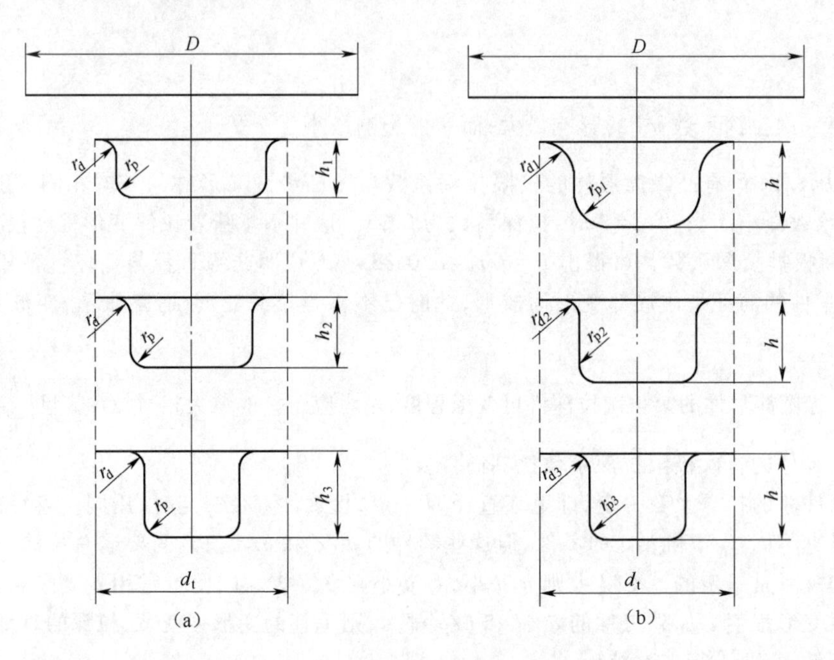

图 4-32　宽凸缘件拉深

b. 第一次拉深时，将毛坯拉深成最终凸缘直径 d_t（d_t=零件外缘+修边余量），d_t 在后续拉深中不变。

第一次拉深时，其凸缘的外径应等于成品零件的尺寸（加修边量），在以后的拉深工序中仅仅使已拉深成的工序件的直筒部分参加变形，逐步地达到零件尺寸要求，第一次拉深时已经形成的凸缘外径必须保持在以后拉深工序中不再收缩。因为在以后的拉深工序中，即使凸缘部分产生很小的变形，筒壁传力区也会产生很大的拉应力，使危险断面拉裂。为此在调节工作行程时，应严格控制凸模进入凹模的深度。

c. 保证后续拉深时凸缘部分不参与拉深变形，拉深时将圆筒形部分理论面积加大作为补偿余量，补偿余量逐渐转移到凸缘。

必须正确计算拉深高度，严格控制凸模进入凹模的深度。除此之外，在设计模具时，通常把第一次拉深时拉入凹模的表面积比实际所需的面积多拉进 3%~5%（有时可增加到 10%），即筒形部分的深度比实际的要大些。这部分多拉进的材料从第二次及以后的拉深中逐步分次返回到凸缘上。这样做既可以防止筒部被拉破，也能补偿计算误差和板材在拉深中的厚度变化，还能方便试模时的调整。返回到凸缘的材料会使筒口处的凸缘变厚或形成微小的波纹，但这样可保持 d_t 不变，且不影响工件的质量，并可通过校正工序得到校正。

补偿余量转移过程：第一次拉深时将圆筒形部分理论面积加大 3%~5%作为补偿余量，补偿余量部分转移到凸缘；第一次拉深时尚未转移的剩余余量作为第二次拉深的补偿余量；最后补偿余量全部转移到凸缘部分。

d. 宽凸缘件的拉深次数仍可用推算法求出。凸缘件进行多道拉深时，第一道拉深后得到半成品尺寸，在保证凸缘直径满足要求的前提下，其筒部直径 d_1 应尽可能小，以减少拉深次数，同时又要能尽量多地将板料拉入凹模。具体的做法：先假定 d_t/d 的值，由相对料厚从表 4-9 中查出第一

次拉深系数 m_1，据此求出 d_1，进而求出 h_1，并根据表 4-5 的最大相对高度验算 m_1 的正确性。若验算合格，则以后各次的半成品直径可以按一般圆筒件多次拉深的方法，根据表 4-3 中的拉深系数值进行计算，即第 n 次拉深后的直径为：

$$d_n = m_n d_{n-1}$$

式中　d_n ——第 n 次拉深系数，可由表 4-3 查得；

d_{n-1} ——前次拉深的筒部直径(mm)。

当计算到 $d_n \leqslant d$ 时，总的拉深次数 n 就确定了。若验算不合格，则重复上述步骤。

②工序件高度计算。

$$h_1 = \frac{0.25}{d_1}(D^2 - d_t^2) + 0.43(r_{p1} + r_{d1}) + \frac{0.14}{d_1}(r_{p1}^2 - r_{d1}^2) \tag{4-19}$$

$$h_n = \frac{0.25}{d_n}(D^2 - d_t^2) + 0.43(r_{pn} + r_{dn}) + \frac{0.14}{d_n}(r_{pn}^2 - r_{dn}^2) \tag{4-20}$$

③毛坯直径 D 计算。

$$D = \sqrt{d_t^2 + 4dh - 1.72d(r_p + r_d) - 0.57(r_p^2 - r_d^2)} \tag{4-21}$$

表 4-9　带凸缘圆筒形件首次拉深最大相对高度 h/d

凸缘相对直径 d_t/d	坯料相对厚度(t/D)/%				
	≤2~1.5	<1.5~1.0	<1.0~1.6	<0.6~0.3	<0.3~0.15
≤1	0.90~0.75	0.82~0.65	0.70~0.57	0.61~0.50	0.52~0.45
>1.1~1.3	0.80~0.65	0.72~0.56	0.60~0.50	0.35~0.45	0.17~0.40
>1.3~1.5	0.70~0.58	0.63~0.50	0.53~0.45	0.48~0.40	0.42~0.35
>1.5~1.8	0.58~0.48	0.53~0.42	0.44~0.37	0.39~0.34	0.35~0.29
>1.8~2.0	0.51~0.42	0.46~0.36	0.38~0.32	0.34~0.29	0.30~0.25
>2.0~2.2	0.45~0.35	0.40~0.31	0.33~0.27	0.29~0.25	0.26~0.22
>2.2~2.5	0.35~0.28	0.32~0.25	0.27~0.22	0.23~0.20	0.21~0.17
>2.5~2.8	0.27~0.22	0.24~0.19	0.21~0.17	0.18~0.15	0.16~0.13
>2.8~3.0	0.22~0.18	0.20~0.16	0.17~0.14	0.15~0.12	0.13~0.10

4.6　阶梯形件的拉深

阶梯圆筒形件如图 4-33 所示，从形状来说相当于若干个直壁圆筒形件的组合，因此它的拉深同直壁圆筒形件的拉深基本相似，每一个阶梯的拉深即相当于相应的圆筒形件的拉深。但由于其形状相对复杂，因此拉深工艺的设计与直壁圆筒形件有较大的差别，主要表现在拉深次数的确定和拉深方法上。

1. 判断能否一次拉深成形

判断阶梯形件能否一次拉成，主要根据零件的总高度与其最小阶梯筒部的直径之比是否小于相应圆筒形件第一次拉深所允许的相对高度，即$(h_1+h_2+h_3+\cdots+h_n)/d_n \leqslant h/d_n$。

2. 阶梯形件多次拉深的方法

(1)当任意两相邻阶梯直径之比 σ_3 都大于或等于相应的圆筒形件的极限拉深系数时，其拉深方法为：由大阶梯到小阶梯依次拉出，如图 4-34 所示。这时拉深次数等于阶梯数目。

(2)如果某相邻两阶梯直径之比 d_n/d_{n-1} 小于相应圆筒形件的极限拉深系数时，按凸缘件的方法进行拉深。先拉小直径 d_n，再拉大直径 d_{n-1}，如图 4-35 所示。

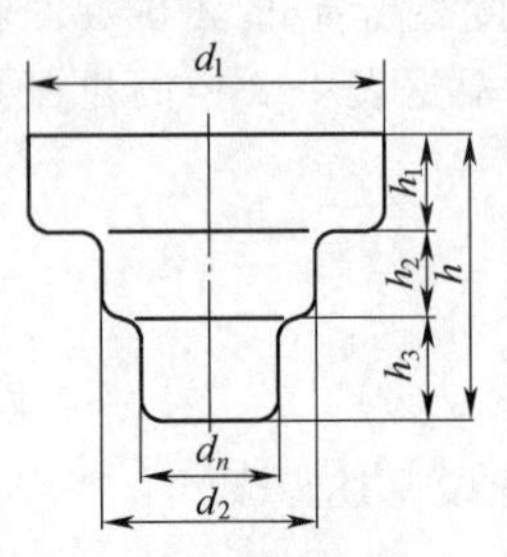

图 4-33 阶梯形拉深件

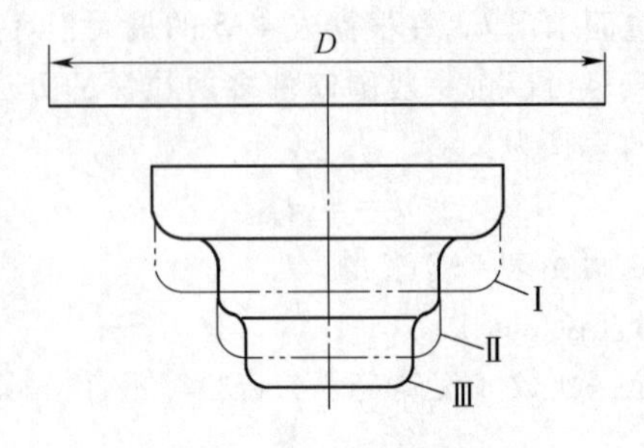

图 4-34 由大阶梯到小阶梯

Ⅰ、Ⅱ、Ⅲ—拉深顺序

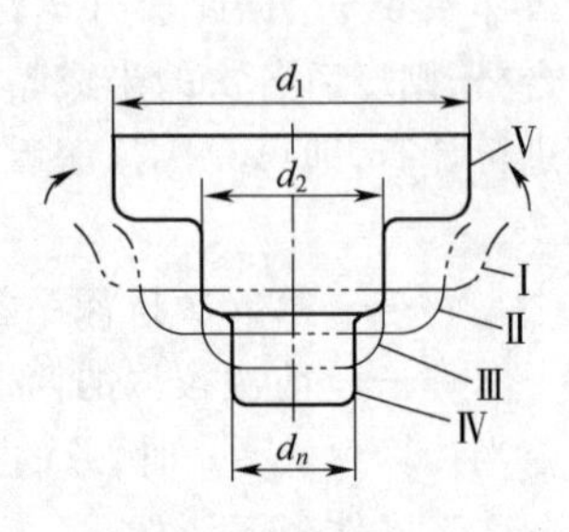

图 4-35 由小阶梯到大阶梯

Ⅰ、Ⅱ、Ⅲ、Ⅳ、Ⅴ—拉深顺序

(3)若最小阶梯直径 d_n 过小,即 d_n/d_{n-1} 过小,h_n 又不大时,最小阶梯可用胀形法得到。

(4)若阶梯形件较浅,且每个阶梯的高度不大,但相邻阶梯直径相差较大而不能一次拉出时,可先拉成圆形或带有大圆角的筒形,最后通过整形得到所需零件,如图 4-36 所示。

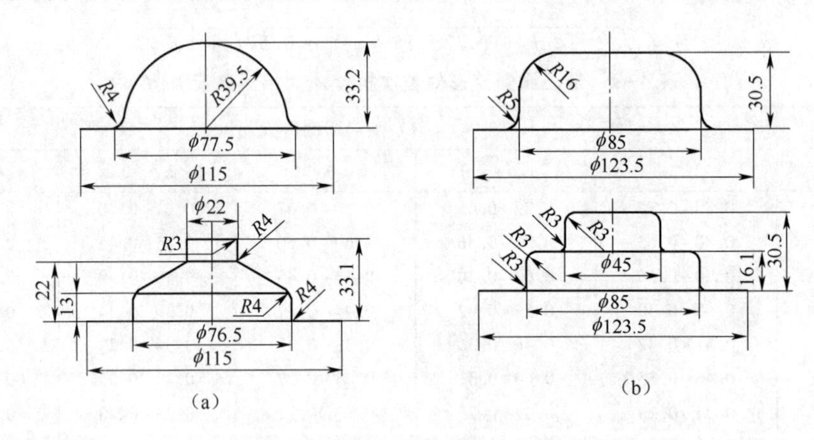

图 4-36 浅阶梯形件的拉深方法

4.7 其他形状零件的拉深

曲面形状(如球面、锥面、抛物面)零件和盒形零件的拉深与圆筒形零件的拉深有所不同。这类零件的拉深成形,其变形区、受力情况及变形特点并不是单一的,而是属于复合类冲压成形工序。

4.7.1 曲面形状零件的拉深特点

(1)不能简单地用拉深系数衡量成形的难易程度。曲面形状(如球面、锥面及抛物面)零件的拉深,其变形区的位置、受力情况、变形特点等都与圆筒形件不同,所以在拉深中出现的各种问题和解决方法亦与圆筒形件不同。对于这类零件不能简单地用拉深系数衡量成形的难易程度,也不能用它作为模具设计和工艺过程设计的依据。

(2)毛坯的凸缘部分、悬空部分和中间部分都是变形区。

①坯料的凸缘及进入凹模中的一部分产生拉深变形。

②坯料的中间部分,也产生拉深变形;拉深球面零件时,为使平面形状的毛坯变成球面零件形状,不仅要求毛坯的环形部分产生与圆筒形件拉深时相同的变形,而且还要求毛坯的中间部分也

成为变形区,由平面变成曲面。因此在拉深球面零件时(见图 4-37),毛坯的凸缘部分与中间部分都是变形区,而且在很多情况下中间部分反而是主要变形区。

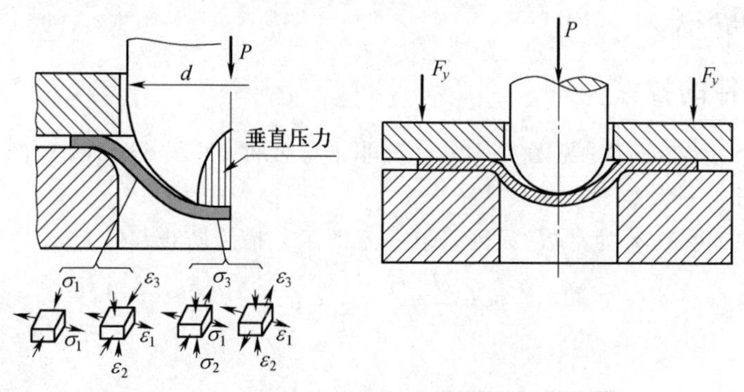

图 4-37　球形件的拉深

③坯料靠近球形冲头顶部的部分产生的是胀形变形。拉深球面零件时,毛坯凸缘部分的应力状态和变形特点与圆筒形件相同,而中间部分的受力情况和变形情况却比较复杂。在凸模力的作用下,位于凸模顶点附近的金属处于双向受拉的应力状态。在凸模与毛坯的接触区内,由于材料完全贴模,这部分材料两向受拉一向受压,与胀形相似。

毛坯环形部分和中间部分的外缘具有拉深变形的特点,切向应力为压应力;而毛坯最中间的部分却具有胀形变形的特点,材料厚度变薄,其切向应力为拉应力。这两者之间的分界线即为应力分界圆。

曲面形状零件拉深时,毛坯环形部分和中间部分的外缘具有拉深变形的特点,切向应力为压应力;而毛坯最中间的部分却具有胀形变形的特点,材料厚度变薄,其切向应力为拉应力。这两者之间的分界线即为应力分界圆。所以,可以说球面零件、锥形零件和抛物面零件等其他旋转体零件的拉深是拉深和胀形两种变形方式的复合,其应力、应变既有拉伸类、又有压缩类变形的特征。

在拉深圆筒形件时,毛坯的变形区仅仅局限于压边圈下的环形部分。而拉深球面零件时,为使平面形状的毛坯变成球面零件形状,不仅要求毛坯的环形部分产生与圆筒形件拉深时相同的变形,而且还要求毛坯的中间部分也应成为变形区,由平面变成曲面。因此在拉深球面零件时,毛坯的凸缘部分与中间部分都是变形区,而且在很多情况下中间部分反而是主要变形区。拉深球面零件时,毛坯凸缘部分的应力状态和变形特点与圆筒形件相同,而中间部分的受力情况和变形情况却比较复杂。在凸模力的作用下,位于凸模顶点附近的金属处于双向受拉的应力状态。在凸模与毛坯的接触区内,由于材料完全贴模,这部分材料两向受拉一向受压,与胀形相似。

(3)凸缘部分和悬空部分容易起皱,这是该类零件成形的主要问题。

随着中间部分与顶点距离的加大切向应力 σ_3 逐渐减小,而超过一定界限以后变为压应力。在开始阶段,由于单位压力大,其径向和切向拉应力往往会使材料达到屈服条件而导致接触部分的材料严重变薄。但随着接触区域的扩大和拉深力的减少,其变薄量由球形件顶端向外逐渐减弱。其中存在这样一环材料,其变薄量与同凸模接触前由于切向压缩变形而增厚的量相等。此环以外的材料增厚。拉深球形类零件时,需要转移的材料不仅包括处在压边圈下面的环形区,而且还包括在凹模口内中间部分的材料。在凸模与材料接触区以外的中间部分,应力状态与凸缘部分是一样的。因此,这类零件的起皱不仅可能在凸缘部分产生,也可能在中间部分产生 ,由于中间部分不与模接触,板料较薄时这种起皱现象更为严重。

(4)变形相对较小,不易发生拉裂。

(5)使用相对拉深高度、相对材料厚度表示变形程度。

(6)浅拉深由于变形量小而回弹大。

大部分曲面形状的零件拉深深度都较小,拉深过程中,板料的塑性变形较小,因此在拉深成形后,零件的回弹量比较大。

4.7.2 球面零件的拉深

球面零件可分为半球面件[见图 4-38(a)]、非半球面件[见图 4-38(b)、图 4-38(c)]和浅球面件[见图 4-38(d)]三大类。

球面零件的拉深系数 m 为常数,只需采取一定的工艺措施防止起皱。

$$m=\frac{d}{D}=\frac{d}{\sqrt{2d}}=0.71 \tag{4-22}$$

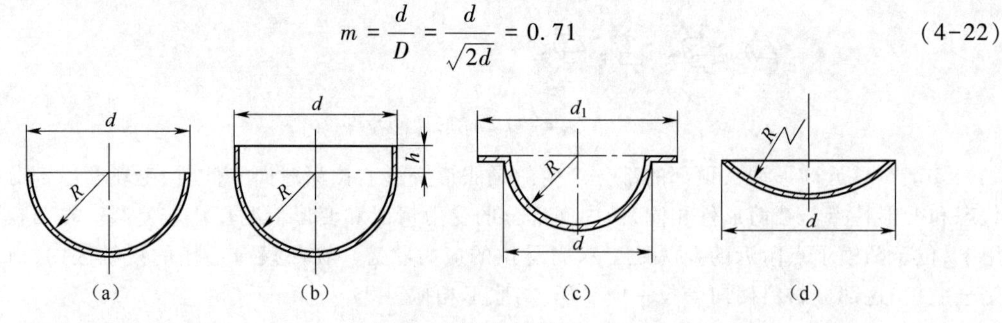

图 4-38 各种球面零件

1. 半球面件拉深

由于球面形状零件拉深时的主要成形障碍是坯料起皱,所以坯料的相对厚度($t/D\times100$)成为决定拉深难易和选定拉深方法的主要依据。

在实际生产中,半球面件的拉深方法主要有以下三种:

(1)$t/D\times100>3$ 时,不用压边即可拉成,如图 4-39 所示。不过应注意的是,尽管坯料的相对厚度较大,但仍然易起小皱,因此必须采用带校正作用的凹模,以便对冲件起校正作用。拉深这种冲件最好采用摩擦压力机。

(2)$t/D\times100=0.5\sim3$ 时,需采用带压边圈的拉深模。

(3)$t/D\times100<0.5$ 时,则采用具有拉深筋的凹模或反拉深,如图 4-40 所示。

2. 浅球面件拉深

高度小于球面半径(浅球面件)的零件[见图 4-38(d)],其拉深工艺按几何形状可分为两类:

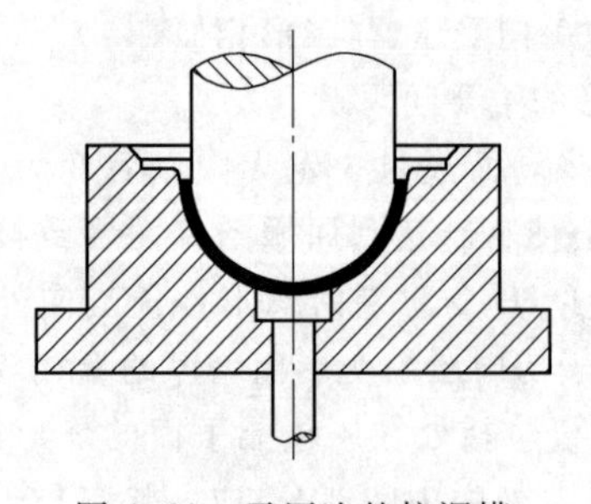

图 4-39 无压边的拉深模

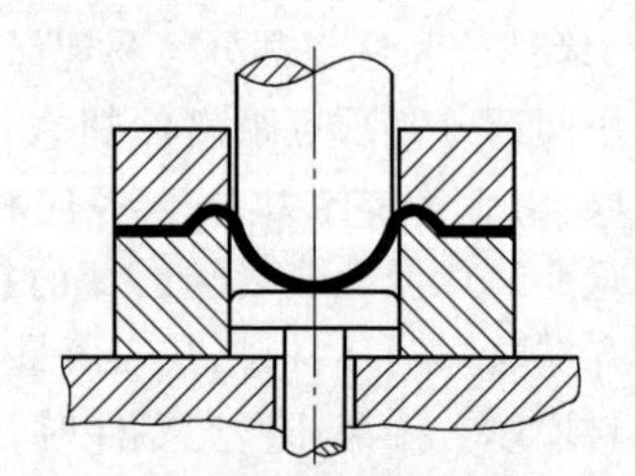

图 4-40 带拉延筋的拉深模

(1)$D\leqslant9\sqrt{Rt}$,此时毛坯不易起皱,但容易窜动和回弹,应使用带校正作用并有压料装置的拉深模。

(2)$D>9\sqrt{Rt}$,当毛坯直径 D 较大时,起皱将成为必须解决的问题,常采用强力压边装置或用带拉深筋的模具,拉成有一定宽度凸缘的浅球面零件。这时的变形含有拉深和胀形两种成分。因此零件回弹小,尺寸精度和表面质量均得到提高。当然,加工余料在成形后应予以切除。

3. 非半球面件拉深

当拉深带有高度为(0.1~0.2)d 的直边或带有每边宽度为(0.1~0.15)d 凸缘的非半球面零件时,虽然拉深系数有一定程度的降低,但对冲件的拉深却有很大的好处。当不带直边和不带凸缘的半球形冲件的表面质量和尺寸精度要求较高时,都要留加工余料以形成凸缘,在冲件拉深后切除。

球面零件拉深时,为使毛坯凸缘部分不起皱,且毛坯中间自由部分也不起皱,压边力可按下式计算

$$F_Q = \pi d t k \sigma_s \tag{4-23}$$

式中　d——球面零件的直径;

t——板料厚度;

k——系数,其值取决于在拉深过程中球面部分已经成形后残存于压边圈下凸缘直径 d_1,并可从表 4-10 中查到;

σ_s——材料的屈服强度。

表 4-10　系数 k 值

d_1/d	1.1	1.2	1.3	1.4	1.5
k	2.26	2.04	1.84	1.65	1.48

4.7.3　抛物面零件的拉深

抛物面零件,如图 4-41 所示,是母线为抛物线的旋转体空心件,以及母线为其他曲线的旋转体空心件。其拉深时和球面以及锥形零件一样,材料处于悬空状态,极易发生起皱。抛物面零件拉深时和球面零件又有所不同。半球面零件的拉深系数为一常数,只需采取一定的工艺措施防止起皱。而抛物面零件等曲面零件,由于母线形状复杂,拉深时变形区的位置、受力情况、变形特点等都随零件形状、尺寸的不同而变化。

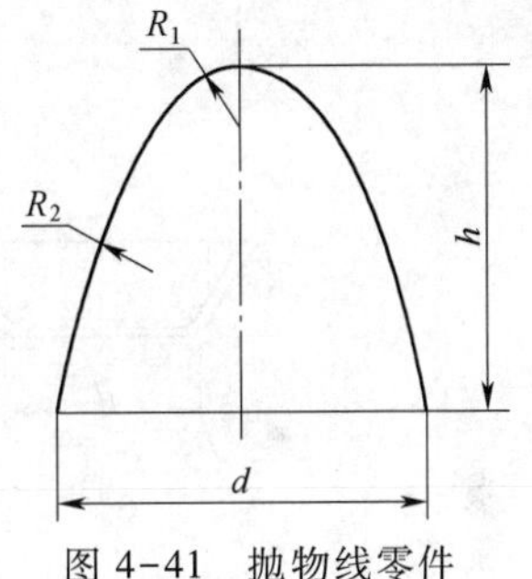

图 4-41　抛物线零件

1. 浅抛物面冲件($h/d<0.5\sim0.6$)

浅抛物面冲件的拉深特点与半球面件相似,因此,拉深方法也与半球面件相似。

2. 深抛物面冲件($h/d>0.5\sim0.6$)

深抛物面冲件拉深的难度有所提高。为了使坯料中间部分紧密贴模而又不起皱,必须加大径向拉应力,如汽车灯罩的拉深(见图 4-42),就是采用两道拉深筋的拉深模拉成的。但这一措施往往受到坯料顶部承载能力的限制,所以在这种情况下应该采用多工序逐渐成形的办法,特别是当零件深度大而顶部的圆角半径小时,更应如此。多工序逐渐成形的主要要点是采用正拉深或反拉深的方法,在逐渐地增加深度的同时减小顶部的圆角半径。为了保证冲件的尺寸精度和表面质量,在最后一道工序里应保证一定的胀形成分。应使最后一道工序所用的中间毛坯的表面积稍小于成品冲件的表面积。

3. 成形方法

成形方法包含逐步成形法和阶梯成形法两种,如图 4-43 和图 4-44 所示。

4.7.4　锥形零件的拉深

锥形零件(见图 4-45)的拉深成形机理与球面形状零件一样,具有拉深、胀形两种机理。由于

锥形零件各部分的尺寸比例关系不同,其冲压难易程度和应采用的成形方法也有很大差别。锥形件拉深成形极限表现为起皱与破裂,起皱出现在中间悬空部分靠凹模圆角处,破裂是在胀形部分的冲头转角处。除具有凸模接触面积小、压力集中、容易引起局部变薄及自由面积大、压边圈作用相对减弱、容易起皱等特点外,还由于零件口部与底部直径差别大,回弹特别严重,因此锥形零件的拉深比球面零件更为困难。

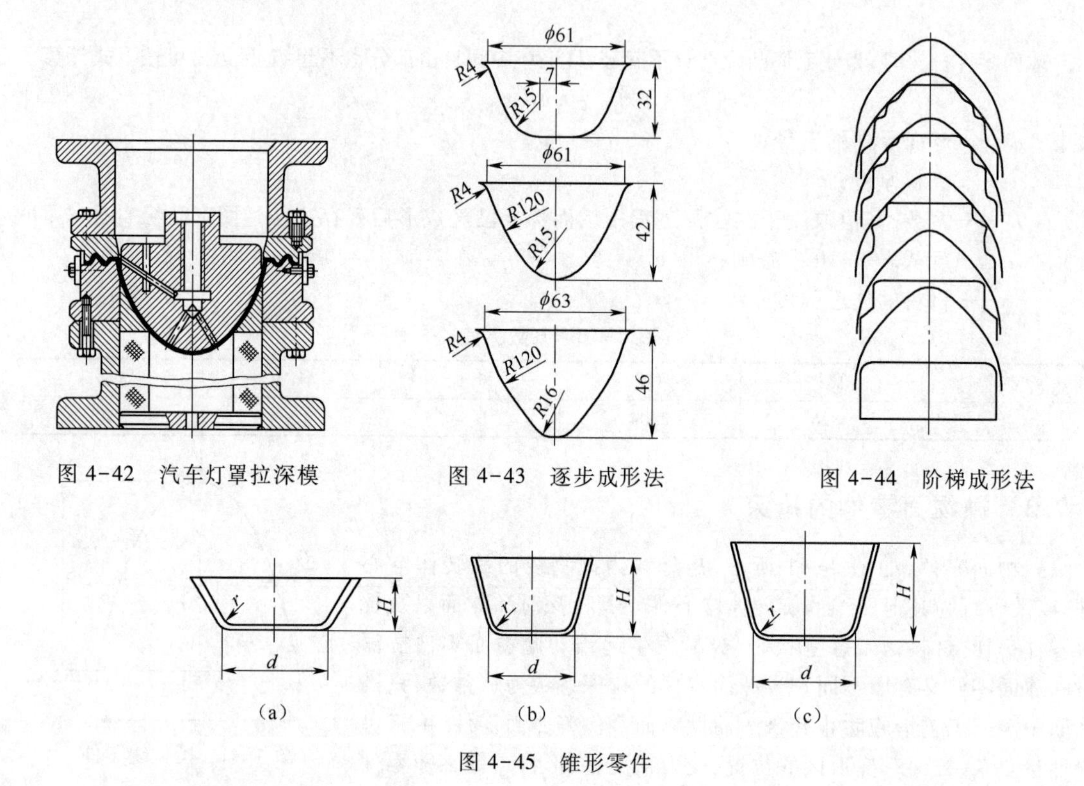

图 4-42 汽车灯罩拉深模

图 4-43 逐步成形法

图 4-44 阶梯成形法

图 4-45 锥形零件

1. 影响锥形零件拉深的几个参数

(1)锥形件的相对高度 h/d;

(2)锥形零件的相对锥顶直径 d/D 或锥角 α;

(3)锥形零件的相对厚度 t/D。

2. 浅锥形零件($h/d<0.3$)

浅锥形零件毛坯变形程度不大,但回弹较大,需要使用带压边圈或拉深肋的模具。

3. 中等深度锥形零件($0.3\leqslant h/d\leqslant 0.7$)

(1)$t/D>0.025$,不易起皱,不需要压边。

(2)$0.015<t/D<0.025$,可能起皱,必须采用压边装置。

(3)$t/D<0.015$,容易起皱,一般应采用压边装置并经过多次拉深成形。

4. 深锥形零件($h/d>0.7$)

深锥形零件变形程度大,既易产生变薄破裂,又易产生起皱现象,因此须经过多次拉深成形。

(1)阶梯拉深法。这种方法是将毛坯分数道工序逐步拉成阶梯形。阶梯与成品内形相切,最后在成形模内整形成锥形件,如图 4-46(a)所示。

(2)锥面逐步成形法。这种方法是先将毛坯拉成圆筒形,使其表面积等于或大于成品圆锥表面积,而直径等于圆锥大端直径,以后各道工序逐步拉出圆锥面,使其高度逐渐增加,最后形成所需的圆锥形。若先拉成圆弧曲面形，然后过渡到锥形则效果更好，如图 4-46(b)所示。

(3)锥面一次成形法。这种方法是先拉出相应的圆筒形，然后锥面从底部开始成形，在各道工序中锥面逐渐增大，直至最后锥面一次成形，如图 4-46(c)所示。

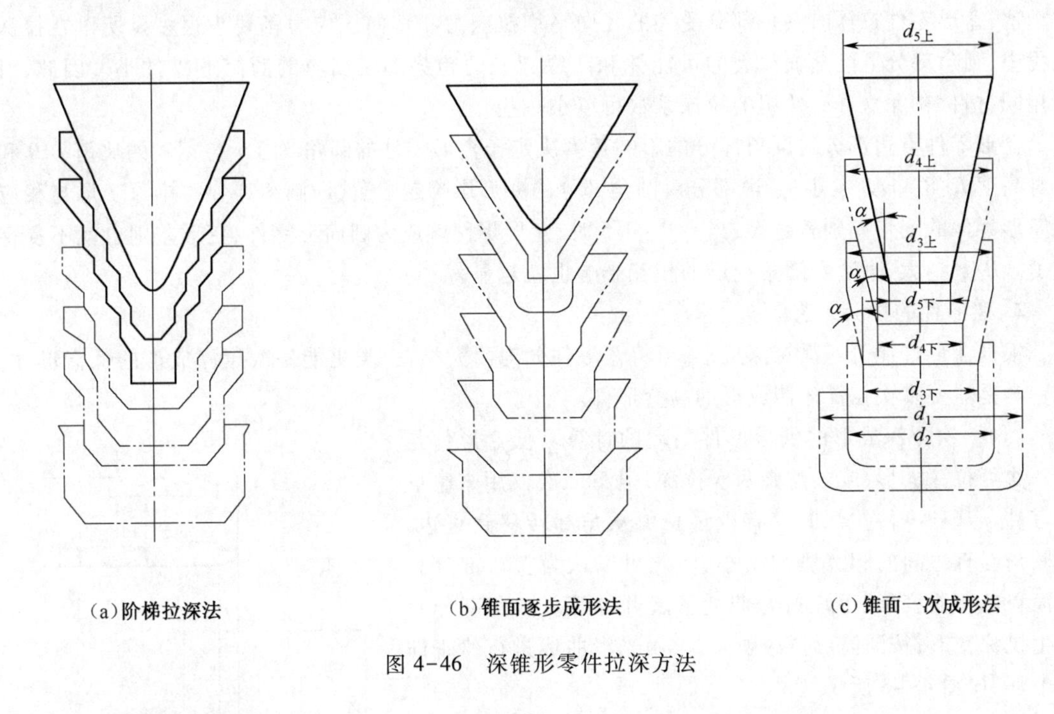

图 4-46　深锥形零件拉深方法

4.7.5　盒形件拉深

1. 盒形件拉深特点

盒形零件由圆角和直边两部分组成如图 4-47 所示，可以把它划分为四个长度为 $A-2r$ 和 $B-2r$ 的直边部分和四个半径为 r 的圆角部分。圆角部分是四分之一的圆柱表面，如果把直边和圆角部分分开变形，则可看成盒形零件是由直边的弯曲和圆角部分的拉深组成的。但是，盒形零件在拉深过程中的两个部分是连在一起的整体，必然会产生相互作用和影响。因此，在盒形零件的拉深过程中，直边和圆角部分的变形不是简单的弯曲和拉深。

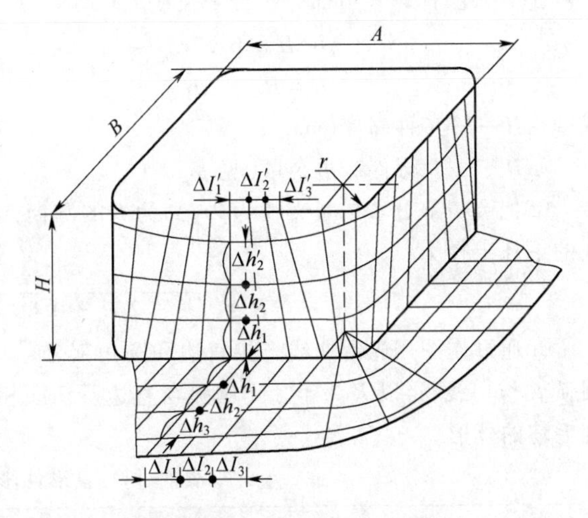

图 4-47　盒形件拉深的变形特点

图 4-47 所示为毛坯表面在变形前划分的网格(圆角由同心圆和半径组成，直边为矩形网格)，拉升后直边网格发生横向压缩和纵向伸长。变形前的横向尺寸 $\Delta l_1=\Delta l_2=\Delta l_3$，变形后 $\Delta l'_3<\Delta l'_2<\Delta l'_1$；变形前的纵向尺寸为 $\Delta h_1=\Delta h_2=\Delta h_3$，变形后变为 $\Delta h'_3>\Delta h'_2>\Delta h'_1$。由此可见，直边中间的变形最小，而接近弯曲变形，靠近圆角的变形最大。变形沿高度方向的分布也是不均匀的，靠近底部最小，靠近口部最大而圆角变形与圆筒形零件的拉深相似，但其变形程度要比相应圆筒形

零件小,即变形后的网格不是与地面垂直的平行线,而是变为上部间距大,下部间距小的斜线。这说明盒形零件拉深时圆角处的金属向直边流动,使直边产生横向压缩,减轻了圆角的变形程度,对圆角部分在拉深过程中产生的切向压应力起分散和减弱作用。因此,与几何参数相同的圆筒形零件相比,盒形零件拉深时圆角部分受到的径向平均拉应力和切向压应力都要小很多。所以在拉深过程中,圆角部分危险断面拉裂的可能性和凸缘起皱的趋势都较相应的圆筒形零件小。因此,对于相同材料,拉深盒形时选用的拉深系数可以小一些。

盒形零件直边部分对圆角部分的影响程度决定于盒形零件的圆角半径 r 与宽度的比值 r/R 和相对高度 H/B。r/B 越小,直边部分对圆角部分的变形影响越显著,即圆角部分的拉深变形与相应圆筒形零件的变形差别就越大;当 $r/B=0.5$ 时,盒形零件就成为圆筒形零件,变形差别也就不复存在了。H/B 越大,直边和圆角变形的相互影响也就越显著。

2. 盒形件的拉深工艺

根据盒形件能否一次拉深成形,可将盒形件分为两大类:一类是能一次拉深成形的低盒形件;另一类是需要多次拉深才能成形的高盒形件。

(1)一次拉深成形的低盒形件毛坯的计算。低盒形件是指一次可拉深成形,或虽需要两次拉深,但第二次仅用来整形的零件。这种零件拉深时仅有少量材料从角部转移到直边,即圆角与直边间的相互影响很小,因此可以认为直边部分只是简单的弯曲变形,毛坯按弯曲变形展开计算。圆角部分只发生拉深变形,按圆筒形拉深展开,再用光滑曲线进行修正即得毛坯,如图 4-48 所示。

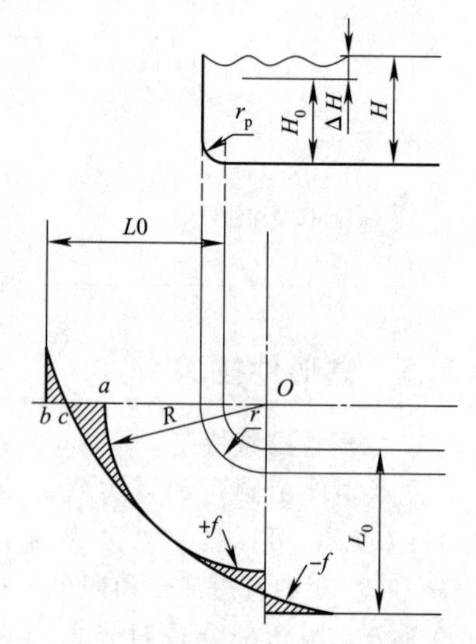

图 4-48 低盒形件毛坯作图法

计算步骤如下:

①按弯曲计算直边部分的展开长度 l_0:

$$l_0 = H + 0.57r_p$$
$$H = H_0 + \Delta H$$

式中 H——工件高度(mm);

ΔH——盒形件修边余量(见表 4-11)。

②把圆角部分看成是直径为 $2r$,高为 h 的圆筒形件,则展开的毛坯半径为:

$$R = \sqrt{r^2 + 2rH - 0.86\, r_p(r + 0.16\, r_p)} \tag{4-24}$$

③通过作图用光滑曲线连接直边和圆角部分,即得毛坯的形状和尺寸:从 ab 线段的中点 c 向圆弧 R 作切线,再以 R 为半径作圆弧与直边及切线相切,使阴影部分面积 $+f \approx -f$,这样修正后就得到毛坯的外形。

表 4-11 盒形件修边余量 ΔH

拉深工序次数	1	2	3	4
修边余量 ΔH	$(0.03\sim0.05)H$	$(0.04\sim0.06)H$	$(0.05\sim0.08)H$	$(0.06\sim0.10)H$

(2)高盒形件毛坯的计算。当零件为方形件($A=B$),且高度比较大,需要多道工序拉深时,可采用圆形毛坯,其直径为:

$$D_0 = 1.13\sqrt{B^2 + 4\,B(H - 0.43\,r_p) - 1.72\,r(H + 0.5\,r) - 4\,r_p(0.11r_p - 0.18\,r)} \tag{4-25}$$

式中的符号如图 4-49 所示。

对高度和圆角半径都比较大的盒形件($H/B \geqslant 0.7 \sim 0.8$),拉深时圆角部分有大量材料向直边流动,使直边部分拉深变形增大,这时毛坯可做成长圆形或椭圆形,如图 4-50 所示。将尺寸为 $A \times B$ 的矩形件,看作由两个宽度为 B 的半方形盒和中间为 $A-B$ 的直边部分连接而成,这样,毛坯的形状就是由两个半圆弧和中间两平行边所组成的长圆形,长圆形毛坯的圆弧半径为:

$$R_b = D/2$$

其中,D 为宽为 B 的方形件的毛坯直径,圆心距短边的距离为 $B/2$。

因此长圆形毛坯的长度为:

$$L = 2R_b + (A - B) = D + (A - B) \tag{4-26}$$

长圆形毛坯的宽度为:

$$K = \frac{D(B - 2r) + [B + 2(H - 0.43r_p)](A - B)}{A - 2r} \tag{4-27}$$

然后用 $R=K/2$ 过毛坯长度两端作弧,既与 R_b 弧相切,又与两长边的展开直线相切,则毛坯的外形即为长圆形。

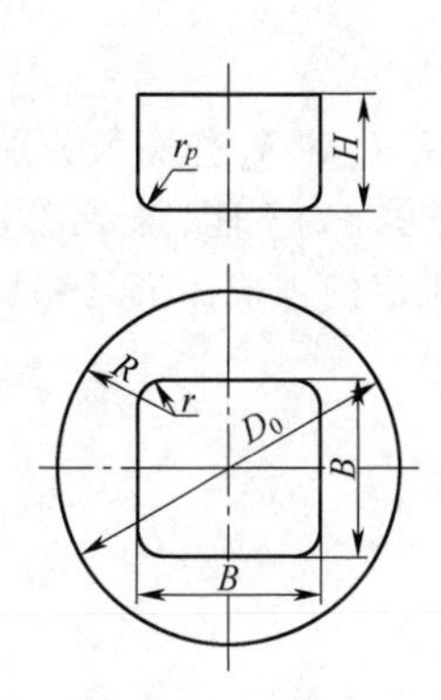

图 4-49　高方形件毛坯的形状与尺寸

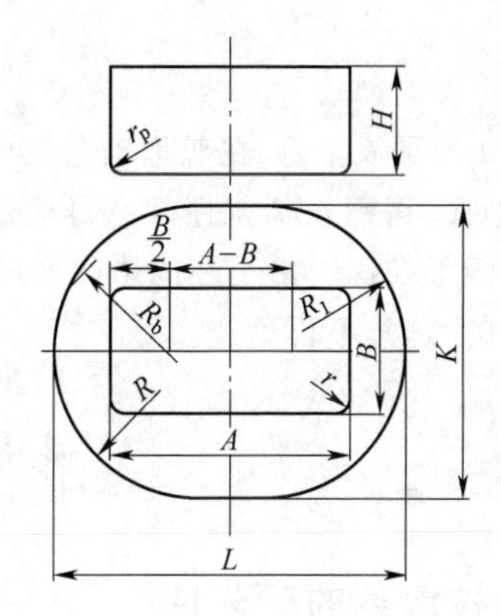

图 4-50　高矩形件的毛坯形状与尺寸

3. 高盒形件的拉深方法

当矩形盒的高度 H/B 超过一次成形极限高度,即 $H/B>H_{max}/B$ 时,或者是拉深系数 m_s 小于极限拉深系数,即 $m_s<m_{smin}$ 时,必须采用多次拉深才能获得合格的零件。

(1)高方形盒的多次拉深。图 4-49 所示高方形盒多次拉深时,中间各工序的半成品形状与尺寸的确定方法:采用直径为 D 的圆形毛坯,中间各次拉深成圆筒形,最后一道拉深工序得到方盒形成品零件的形状和尺寸。先计算倒数第二道(即 $n-1$ 道)工序拉深所得半成品的直径:

$$d_{n-1} = 1.41b - 0.32r + 2\delta \tag{4-28}$$

式中　d_{n-1} ——$n-1$ 次拉深所得圆筒形半成品的内径;

δ ——圆筒形半成品内表面到零件(盒形件)内表面在圆角处的距离,简称角部壁间距。

角部壁间距 δ 对毛坯变形区的变形分布及均匀程度均有直接影响。当采用图 4-44 所示的成形过程时,可以保证沿毛坯变形区周边产生适度而均匀变形的 δ 角部壁间距,如图 4-49 高方形盒拉深的半成品形状与尺寸

$$\delta = (0.2 \sim 0.25)r \tag{4-29}$$

其他各道工序可按圆筒形件拉深计算,即由直径 D 的平板毛坯拉深成直径为 d_{n-1}、高度为 H_{n-1} 的圆筒件。

(2)高矩形盒的多次拉深。对于高矩形盒的多次拉深,可采用图 4-50 所示的中间毛坯形状与尺寸进行计算。可以把矩形盒的两个边视为四个方形盒的边长,在保证同一角部壁间距 δ 时,可采用由四段圆弧构成的椭圆形筒作为最后一道工序拉深前的半成品毛坯(是 $n-1$ 道工序拉深所得半成品)。其长轴与短轴处的曲率半径分别用 $R_{a(n-1)}$ 及 $R_{b(n-1)}$ 表示,并用下式计算:

$$\begin{cases} R_{1n-1} = 0.707B - 0.41r + \delta \\ R_{bn-1} = 0.707L - 0.41r + \delta \end{cases} \tag{4-30}$$

式中 B、L —— 矩形盒的宽度与长度。

得出 $n-1$ 道工序后的毛坯过渡形状和尺寸后,检查能否用平板毛坯冲压成 $n-1$ 道工序的过渡形状和尺寸,如不可能,则进行 $n-2$ 道工序的计算。$n-2$ 道拉深工序把椭圆毛坯冲压成椭圆半成品。这时应满足:

$$\frac{R_{1n-1}}{R_{bn-1} + L_{n-1}} = \frac{R_{bn-1}}{R_{bn-1} + b_{n-1}} = 0.75 \sim 0.85 \tag{4-31}$$

式中 l_{n-1}、b_{n-1} ——椭圆过渡毛坯之间在长、短轴上的壁间距离(mm)。

根据上式可求出

$$L_{n-1} = (0.15 \sim 0.25)R_{1n-1} \tag{4-32}$$

$$b_{n-1} = (0.15 \sim 0.25)R_{bn-1} \tag{4-33}$$

求出 l_{n-1} 和 b_{n-1} 后,在对称轴上找出 N、M 点。然后选定半径 R_1 和 R_b 作圆弧分别通过 M 和 N 点,光滑连接,得到 $n-2$ 工序件。再检查能否由平板直接冲压成形。如不能,需要继续进行计算。

由于矩形拉深时沿毛坯周边的变形复杂,上述各中间拉深工序的半成品形状和尺寸的计算方法是相似的,这里不再论述。

4.8 拉深工艺设计

4.8.1 拉深件的工艺性

1. 拉深件的形状要求

(1)拉深件形状应尽量简单、对称,尽可能一次拉深成形(见图 4-51)。

(2)需多次拉深的零件,在保证必要的表面质量的前提下,应允许内、外表面存在拉深过程中可能产生的痕迹。

(3)在保证装配要求的前提下,应允许拉深件侧壁有一定的斜度。

(4)拉深件的底或凸缘上的孔边到侧壁的距离应满足:$a \geqslant R+0.5t$(或$+0.5t$)。拉深件的底与壁、凸缘与壁、矩形件四角的圆角半径应满足:$R \geqslant 2t$,$r \geqslant 3t$。否则,应增加整形工序。

(5)拉深件的尺寸标注,应注明保证外形尺寸,还是内形尺寸,不能同时标注内外形尺寸。

(6)带台阶的拉深件,其高度方向的尺寸标注一般应以底部为基准,若以上部为基准,高度尺寸不易保证。

2. 拉深件圆角半径

(1)凸缘圆角半径 r_d:壁与凸缘的转角半径应该取 $r_d>2t$,为了使拉深顺利进行,一般取 $r_d=(4\sim8)t$。对于圆角半径 $r_d<0.5$ mm,应增加整形工序。

(2)底部圆角半径 r_p:壁与底的转角半径应取 $r_p \geqslant t$。一般取 $r_p \geqslant (3\sim5)t$;如 $r_p \leqslant t$,则应增加整形工序。每整形一次,r_p 可减小一半。

(3)盒形拉深件壁间圆角半径 r 盒形件(见图 4-51)四个壁的转角半径应取 $r \geqslant 3t$。为了减少

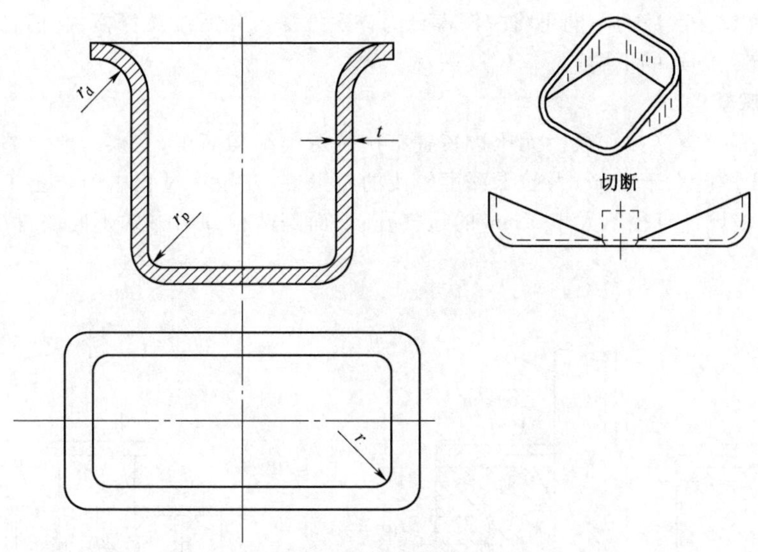

图 4-51　拉深件的圆角半径

拉深次数并简化拉深件的坯料形状,尽可能使盒形件的高度小于或等于 7 r。

3. 拉深件的制造公差 δ

一般情况下,拉深件的尺寸精度应在 IT13 级以下,不宜高于 IT11 级。拉深件壁厚公差要求一般不应超出拉深工艺壁厚变化规律。据统计,不变薄拉深时,壁的最大增厚量为(0.2~0.3)t,最大变薄量为(0.1~0.18)t。

4. 拉深件的材料

用于拉深的材料一般要求具有较好的塑性、低的屈强比、大的板厚方向性系数和小的板平面方向性。

(1)硬化指数 n:材料的硬化指数 n 值越大,径向比例应力 σ_1/σ_b(径向拉应力 σ_1 与强度极限 σ_b 的比值)的峰值越低,传力区越不易拉裂,拉深性能越好。

(2)屈强比 σ_s/σ_b:材料的屈强比 σ_s/σ_b 值越小,一次拉深允许的极限变形程度越大,拉深的性能越好。

(3)塑性应变比 r:材料的塑性应变比 r 反映了材料的厚向异性性能。正如前面所述,r 值越大,拉深性能越好。

4.8.2　拉深工序设计

拉深工序设计如下。

(1)先行工序不应妨碍后续工序的完成。

(2)大批量生产中,应尽量采用落料、拉深复合工艺。

(3)凸缘部分及侧壁部分的孔应在拉深工序完成后再加工。

(4)拉深件的尺寸精度要求高或带有小的圆角半径时,应增加整形工序。

4.9　典型拉深模结构

根据拉深模使用冲压设备的不同可分为单动压力机用拉深模、双动压力机用拉深模、三动压力机用拉深模及特种压力机用拉深模,它们的区别在于压边装置的不同。

按照拉深件拉深次数的不同可将拉深模分为首次拉深模和后续拉深模,它们之间的差别是压边圈的结构和定位方式的不同。

1. 首次拉深模

(1)无压边装置首次拉深模。无压边装置首次拉深模结构简单,上模一般为整体结构。这种结构一般适用于厚度大于 2 mm 及拉深深度较浅的拉深件,在拉深过程中为防止工件紧贴凸模难以取件,凸模上应设计直径不大于 3 mm 的通气孔,下面是两种卸料方式不同的首次拉深模结构,如图 4-52 所示。

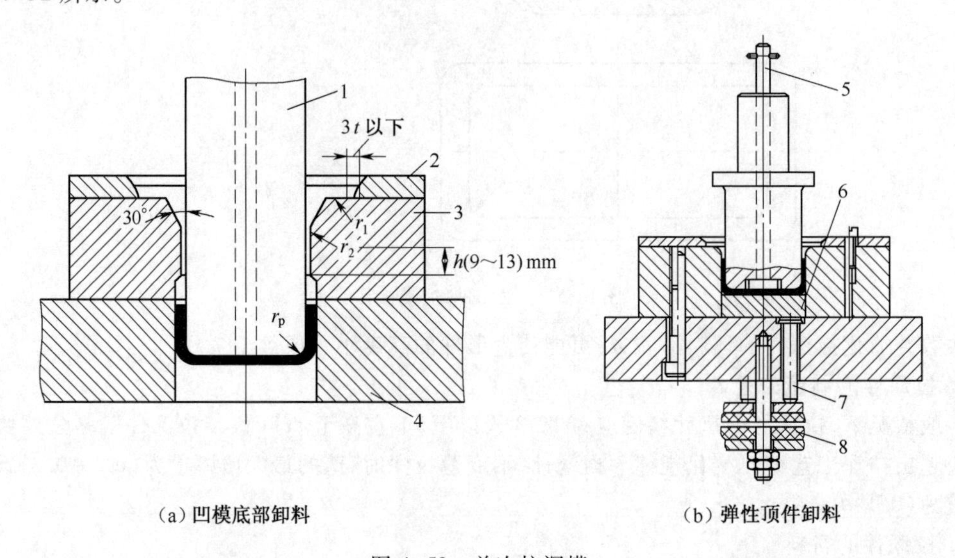

图 4-52 首次拉深模

1—凸模;2—定位板;3—凹模;4—下模座;5—打杆;6—顶板;7—顶杆;8—橡胶

(2)有压边装置首次拉深模。图 4-53 所示为弹性压边装置的首次拉深模,它的压边力取决于弹性元件的压缩行程。弹性元件可安装在上模(正装拉深),也可安装在下模(倒装拉深)。正装拉深时凸模比较长,弹性元件压缩行程较短,压边力较小,适用于拉深深度不大的拉深件。倒装拉深时,弹性元件有较大的压缩行程,能提供的压边力也较大,可以拉深深度较大的拉深件,因此拉深模具厂常采用倒装拉深模。

2. 以后各次拉深模

(1)无压边后续拉深模。此模具采用无压边方式,不能进行严格的多次拉深,可用于直径缩小或整形,当壁厚要求一致或尺寸精度要求较高时,也可采用此类型的模具。在无压边圈后续拉深模中,凹模常采用锥形结构,从而具有一定的抗起皱的作用,如图 4-54 所示。

(2)有压边后续拉深模。此结构是最常见的一种后续拉深模,如图 4-55 所示,压边圈兼毛坯的定位圈。由于后续拉深件工件一般较深,为防

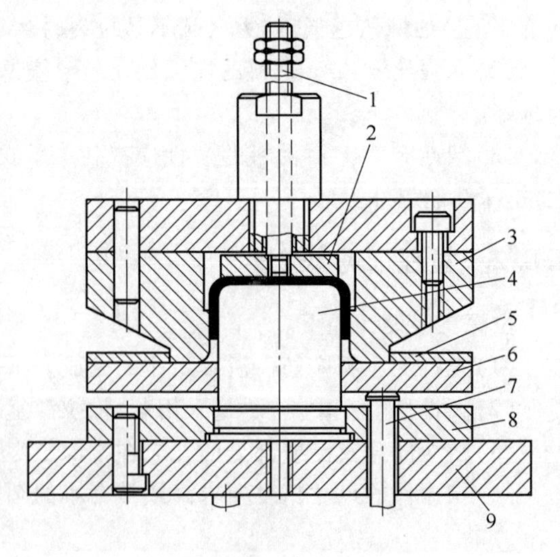

图 4-53 有压边装置首次拉深模

1—打杆;2—推板;3—凹模;4—凸模;5—定位板;6—压边圈;7—卸料螺钉;8—凸模固定板;9—下模座

止弹性件的行程不断随拉深增大,可以增加使用有限位装置的压边装置。

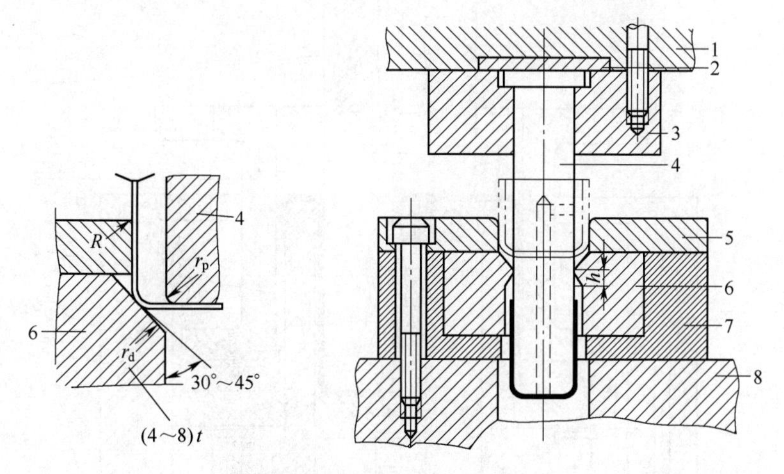

图 4-54　无压边后续拉深模

1—上模座;2—垫板;3—凸模固定板;4—凸模;5—定位板;6—凹模;7—凹模固定板;8—下模座

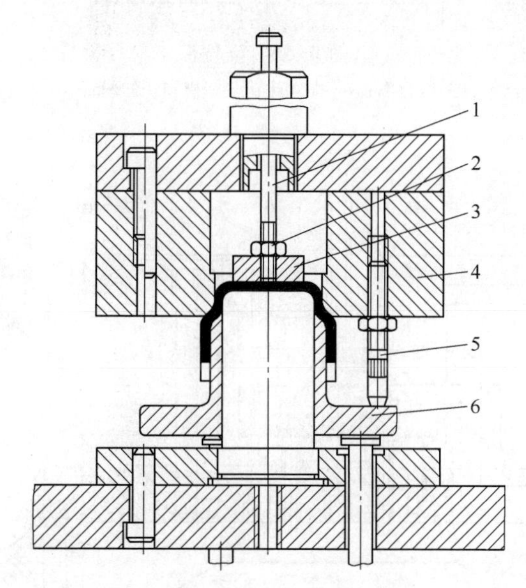

图 4-55　有压边后续拉深模

1—推杆;2—卸料螺钉;3—推板;4—凹模;5—限位柱;6—压料圈

3. 反拉深模

反拉深是指工件在拉深时,凸模从坯料底部反向压下,使坯料表面翻转,其内表面变为外表面。反拉深模是将前次拉深的半成品进行反拉深的模具如图 4-56 所示。拉深凹模圆角半径由于受到工件尺寸限制不能过大,其拉深直径不能小于 $30t \sim 60t$,t 为料厚,圆角半径应大于 $2t \sim 6t$,反拉深时由于凹模圆角半径不能太小,故拉深小型工件比较困难一般适用于大中型圆筒形零件的后次拉深。

4. 复合拉深模

拉深模可以与其他冲压工序模组合,构成拉深复合模。拉深复合模可以在压力机的一个工作行程中完成几道冲压工序。因此工作效率高,但结构较为复杂。图 4-57 所示为落料拉深复合模。

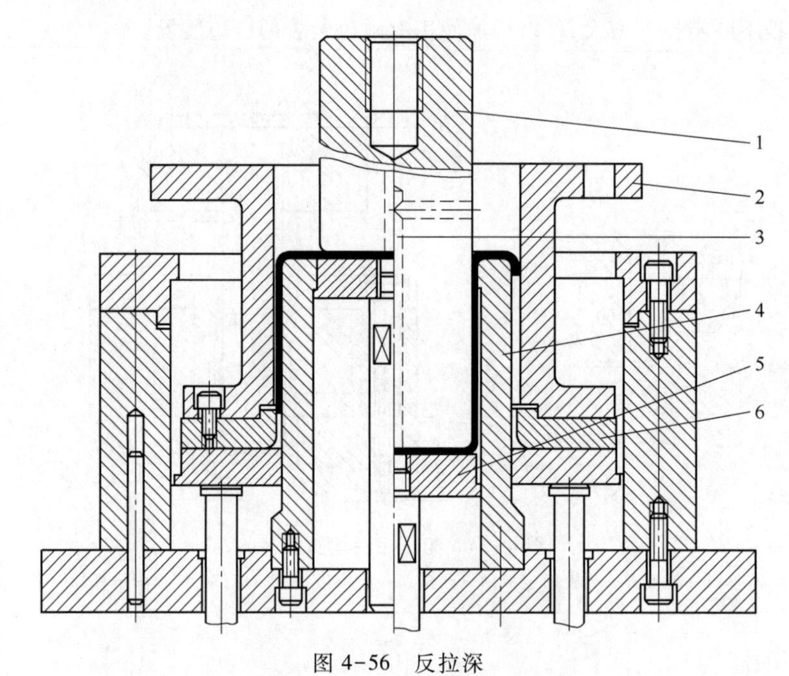

图 4-56 反拉深

1—凸模;2—压边圈;3— 排气孔;4—凹模;5—卸料板;6—定位板

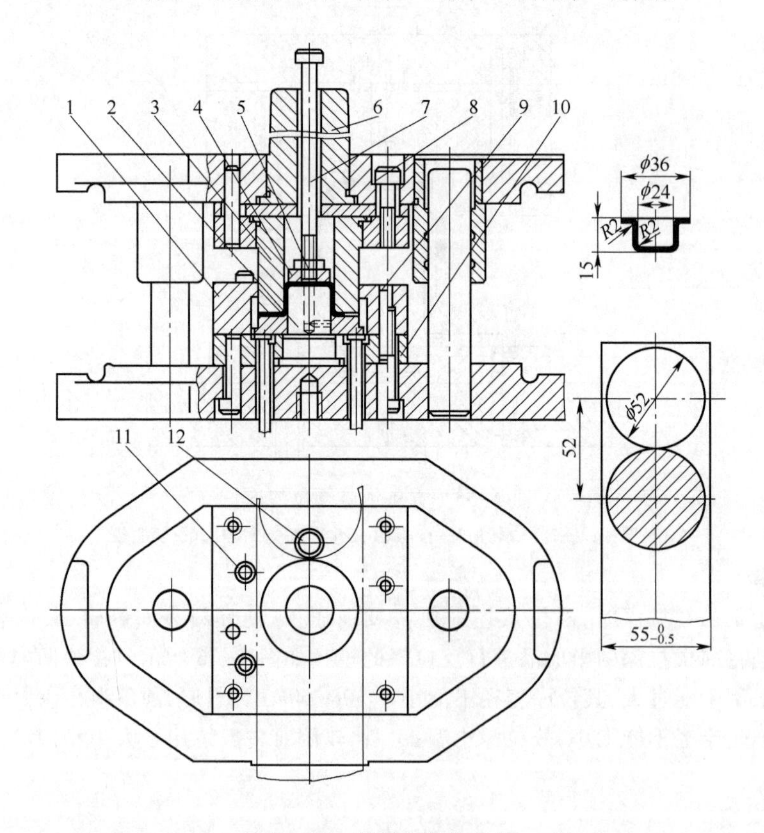

图 4-57 落料拉深复合模

1—落料凹模;2—拉深凸模;3—凸凹模;4—定位垫块;5—卸料螺钉;6—模柄;7—顶料杆;8—垫板;9—压边圈;10—拉深凸模固定板;11—导料销;12—挡料销

4.10　拉深模工作部分的设计计算

拉深模工作部分的尺寸指的是凹模圆角半径 r_d，凸模圆角半径 r_p，凸、凹模的间隙 c，凸模直径 D_p，凹模直径 D_d 等，如图 4-58 所示。

4.10.1　凸、凹模间隙

拉深模间隙是指单面间隙。间隙的大小对拉深力、拉深件的质量、拉深模的寿命都有影响。若 Z 值太小，凸缘区变厚的材料通过间隙时，校直与变形的阻力增加，与模具表面间的摩擦、磨损严重，使拉深力增加，零件变薄严重，甚至拉破，模具寿命降低。间隙小时，得到的零件侧壁平直而光滑，质量较好，精度较高。间隙过大时，对毛坯的校直和挤压作用减小，拉深力降低，模具的寿命提高，但零件的质量变差，冲出的零件侧壁不直。

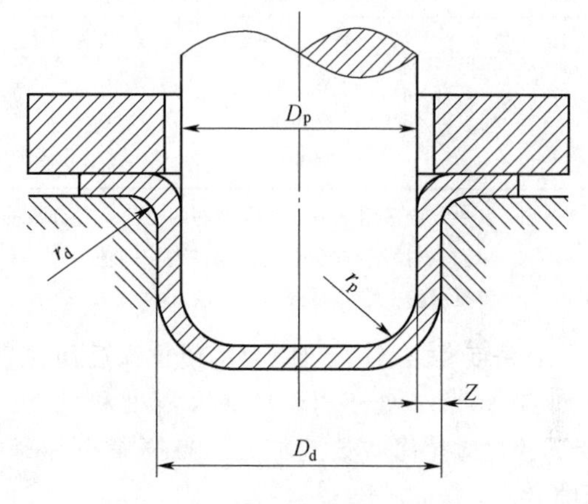

图 4-58　拉深模工作部分尺寸

因此拉深模的间隙值也应合适，确定 Z 时要考虑压边状况、拉深次数和工件精度等。其原则是：既要考虑板料本身的公差，又要考虑板料的增厚现象，间隙一般都比毛坯厚度略大一些。

1. 间隙确定原则

(1) 保证板材不起皱的条件下能够顺利通过间隙。

(2) 中间拉深工序或者要求不高的工件，应取较大的间隙值。

(3) 最后工序尺寸精度高、表面粗糙度低时，应取较小的间隙值。

2. 使用压边圈的间隙计算：

$$Z = t_{max} + Ct \tag{4-34}$$

3. 不使用压边圈的间隙计算：

$$Z = (1 \sim 1.1)t_{max} \tag{4-35}$$

式中　t_{max} ——材料的最大厚度，其值 $t_{max}=l+\Delta$；

Δ——板料的正偏差；

C ——增大系数，考虑材料的增厚以减小摩擦，其值见表 4-12。

表 4-12　增大系数 C 值和压边圈拉深时的间隙值

拉深工序数		材料厚度/mm			单边间隙 Z
		0.5~2	2~4	4~6	
1	第一次	0.2/0	0.1/0	0.1/0	(1~1.1) t
2	第一次	0.3	0.25	0.2	1.1 t
	第二次	0.1	0.1	0.1	(1~1.05) t
3	第一次	0.5	0.4	0.35	1.2 t
	第二次	0.3	0.25	0.2	1.1 t
	第三次	0.1/0	0.1/0	0.1/0	(1~1.05) t

续上表

拉深工序数		材料厚度/mm			单边间隙 Z
		0.5~2	2~4	4~6	
4	第一、二次	0.5	0.4	0.35	$1.2t$
	第三次	0.3	0.25	0.2	$1.1t$
	第四次	0.1/0	0.1/0	0.1/0	$(1\sim1.05)t$
5	第一、二次	0.5	0.4	0.35	$1.2t$
	第三次	0.5	0.4	0.35	$1.2t$
	第四次	0.3	0.25	0.2	$1.1t$
	第五次	0.1/0	0.1/0	0.1/0	$(1\sim1.05)t$

注:1. 表中数值适用于一般精度零件的拉深。有分数的地方,分母的数值适于精密零件(IT10~IT12)的拉深。

2. t 为材料厚度,取材料允许偏差的中间值。

3. 当拉深精密零件时,最后一次拉深间隙取 $Z=t$。

对精度要求高的零件,为了使拉深后回弹小,表面光洁,常采用负间隙拉深,其间隙值为 $C=(0.9\sim0.95)t$,C 处于材料的名义厚度和最小厚度之间。采用较小间隙时拉深力比一般情况大20%,故这时拉深系数应加大。当拉深相对高度 $H/d<0.15$ 的工件时,为了克服回弹应采用负间隙。

4. 压边凸缘间隙

(1)拉深有凸缘零件

$$s=t+(0.05\sim0.1)\text{ mm} \tag{4-36}$$

(2)拉深铝合金零件

$$s=1.1t \tag{4-37}$$

(3)拉深钢零件

$$s=1.2t \tag{4-38}$$

4.10.2 凸、凹模结构形式

1. 凸、凹模圆角半径

(1)凹模圆角半径 r_d 影响因素

①拉深力的大小。r_d 小时材料流过凹模时产生较大的弯曲变形,结果需承受较大的弯曲变形阻力,此时凹模圆角对板料施加的厚向压力加大,引起摩擦力增加。当弯曲后的材料被拉入凸、凹模间隙进行校直时,又会使反向弯曲的校直力增加,从而使筒壁内总的变形抗力增大,拉深力增加,变薄严重,甚至在危险断面处拉破。在这种情况下,材料变形受限制,必须采用较大的拉深系数。

②拉深件的质量。当 r_d 过小时,坯料在滑过凹模圆角时容易被刮伤,结果使工件的表面质量受损。而当 r_d 太大时,拉深初期毛坯没有与模具表面接触的部分宽度加大,由于这部分材料不受压边力的作用,因而容易起皱。在拉深后期毛坯外边缘也会因过早脱离压边圈的作用而起皱,使拉深件质量变差,在侧壁下部和口部形成皱褶。尤其当毛坯的相对厚度较小时,这个现象更严重。在这种情况下,也不宜采用较大程度的变形。

③拉深模的寿命。r_d 较小时,材料对凹模的压力增加,摩擦力增大,磨损加剧,使模具的寿命降低。

所以 r_d 的值既不能太大也不能太小。在生产上一般应尽量避免采用过小的凹模圆角半径,在保证工件质量的前提下尽量取大值,以满足模具寿命的要求。

（2）凹模圆角半径计算

$$r_{d1} = 0.8\sqrt{(D - D_d)t}\,;r_{dn} = (0.6 \sim 0.8)r_{d(n-1)} \tag{4-39}$$

式中　D——毛坯直径或上道工序拉深直径（mm）；

D_d——拉深后的直径（mm）。

首次拉深的 r_d 按照表 4-13 选取。

表 4-13　首次拉深的凹模圆角半径 r_d

拉深方式	板厚 t/mm				
	2.0~1.5	1.5~1.0	1.0~0.6	0.6~0.3	0.3~0.1
无凸缘拉深	$(4\sim7)t$	$(5\sim8)t$	$(6\sim9)t$	$(7\sim10)t$	$(8\sim13)t$
有凸缘拉深	$(6\sim10)t$	$(8\sim13)t$	$(10\sim16)t$	$(12\sim18)t$	$(15\sim22)t$

注：表中数据当材料性能好，且润滑好时可适当减小。

（3）凸模圆角半径 r_p 影响因素

①危险断面的强度：凸模圆角半径对拉深工序的影响没有凹模圆角半径大，但其值也必须合适。r_p 太小，拉深初期毛坯在 r_p 处弯曲变形大，危险断面受拉力增大，工件易产生局部变薄或拉裂，且局部变薄和弯曲变形的痕迹在后续拉深时将会遗留在成品零件的侧壁上，影响零件的质量。

②再次拉深滑动：多工序拉深时，由于后继工序的压边圈圆角半径应等于前道工序的凸模圆角半径，所以当 r_p 过小时，在以后的拉深工序中毛坯沿压边圈滑动的阻力会增大，这对拉深过程是不利的。因而，凸模圆角半径不能太小。若凸模圆角半径过 r_p 大，会使 r_p 处材料在拉深初期不与凸模表面接触，易产生底部变薄和内皱。

（4）凸模圆角半径计算

$$r_{pn} = (0.7 \sim 1)r_{dn} \tag{4-40}$$

最后一次拉深，凸模圆角半径与零件底部的圆角半径相同。但零件圆角半径小于拉深工艺性要求时，则凸模圆角半径应按工艺性的要求确定，然后通过整形工序得到零件要求的圆角半径。

设计拉深凸、凹模结构时，必须十分注意前后两道工序的凸、凹模形状和尺寸的正确关系，做到前道工序所得工序件形状和尺寸有利于后一道工序的成形和定位，而后一道工序的压料圈的形状与前道工序所得工序件相吻合，拉深凹模的锥角要与前道工序凸模的斜角一致，尽量避免坯料转角部分在成形过程中不必要的反复弯曲。

2. 凸、凹模圆角具体结构

拉深凸模与凹模的结构形式取决于工件的形状、尺寸以及拉深方法、拉深次数等工艺要求，不同的结构形式对拉深的变形情况、变形程度的大小及产品的质量均有不同的影响。

当毛坯的相对厚度较大，不易起皱，不需要用压边圈压边时，应采用锥形凹模。这种模具在拉深的初期就使毛坯呈曲面形状，因而较平端面拉深凹模具有更大的抗失稳能力，故可以采用更小的拉深系数进行拉深。

当毛坯的相对厚度较小，必须采用压边圈进行多次拉深时，应该采用图 4-59 所示的模具结构。图 4-59（a）所示为具有圆角结构的凸、凹模，主要用于拉深直径 $d<100$ mm 的拉深件。

图 4-59（b）所示为具有斜角结构的凸、凹模具，它主要用于拉深直径 $d\geqslant100$ mm 的拉深件。采用这种有斜角的凸模和凹模，除具有改善金属的流动，减少变形抗力，材料不易变薄等一般锥形凹模的特点外，还可减轻毛坯反复弯曲变形的程度，提高零件侧壁的质量，使毛坯在下次工序中容易定位。

（1）注意前后两道工序的冲模在形状和尺寸上的协调，使前道工序得到的半成品形状有利于后道工序的成形。比如压边圈的形状和尺寸应与前道工序凸模的相应部分相同(见图4-60),拉深凹模的锥面角度α也要与前道工序凸模的斜角一致,前道工序凸模的锥顶径d_1应比后续工序凸模的直径d_2小,以避免毛坯在A部产生不必要的反复弯曲,使工件筒壁的质量变差等。

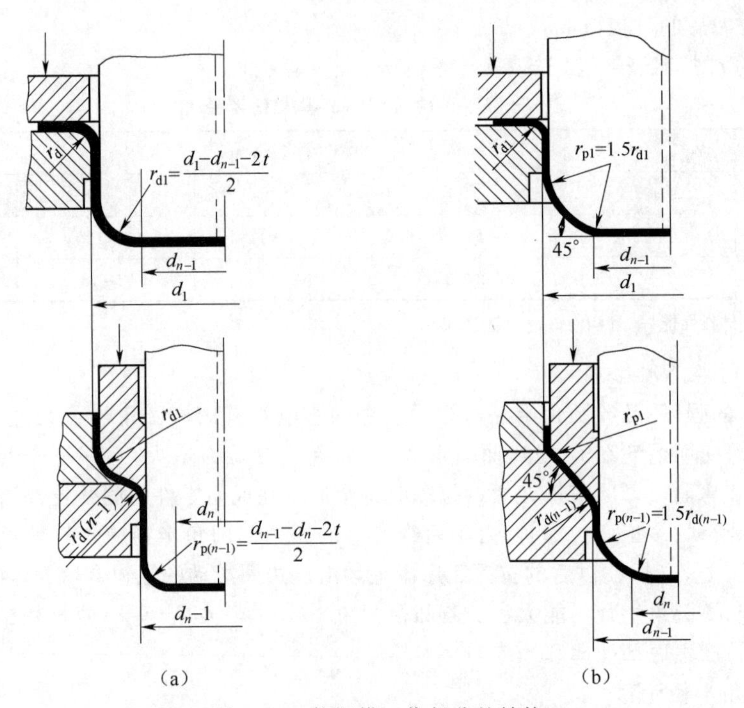

图4-59 拉深模工作部分的结构

(2)为了使最后一道拉深后零件的底部平整,在进行圆角结构的冲模时,其最后一次拉深凸模圆角半径的圆心应与倒数第二道拉深凸模圆角半径的圆心位于同一条垂线上。如果是斜角的冲模结构,则倒数第二道工序凸模底部的斜线应与最后一道工序的凸模圆角半径相切,如图4-61所示。

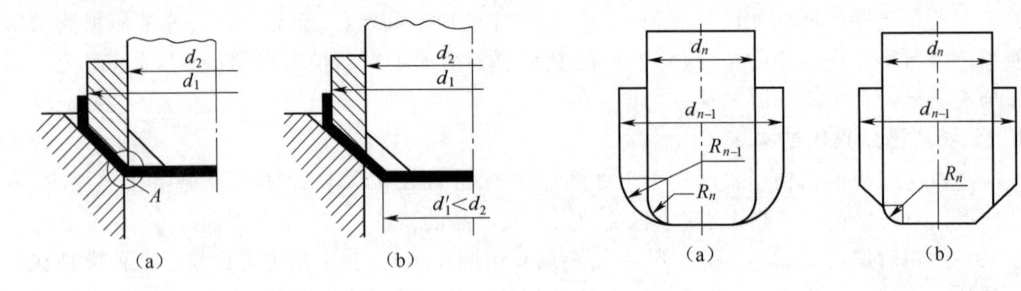

图4-60 拉深冲模的一致

图4-61 最后拉深时毛坯尺寸变化

(3)凸模与凹模的锥角α对拉深有一定的影响。α大对拉深变形有利,但α过大时相对厚度小的材料可能要引起皱纹,因而α的大小可根据材料的厚度确定。

(4)拉深凸模应钻通气孔,防止工件与凸模形成真空,并便于取出工件。通气孔直径可查表4-14选取。

表4-14 拉深凸模的通气孔直径

凸模直径/mm	<25	25~50	50~100	100~200	>200
通气孔直径/mm	3.0	3.0~5.0	5.5~6.5	7.0~8.0	>8.5

4.10.3　凸、凹模工作部分(筒壁)尺寸

1. 拉深模公差

凸、凹模的制造公差 δ_p 和 δ_d 可根据工件的公差来选定。

(1)工件公差为 IT13 级以上时,模具公差可按 IT6~8 级取,

(2)工件公差在 IT14 级以下时,模具公差按 IT10 级取。

(3)δ_p 和 δ_d 也可根据查表的方式获得,见表 4-15。

表 4-15　凸模制造公差 δ_d 和凹模制造公差 δ_d

材料厚度 t/mm	拉深件直径/mm					
	≤20		20~100		>100	
	δ_d	δ_p	δ_d	δ_p	δ_d	δ_p
≤0.5	0.02	0.01	0.03	0.02	—	—
>0.5~1.5	0.04	0.02	0.05	0.03	0.08	0.05
>1.5	0.06	0.04	0.08	0.05	0.10	0.08

2. 最后工序拉深模尺寸

(1)筒壁尺寸标注在外侧,如图 4-62 所示。

标注尺寸("入体"原则)在外侧时,以凹模为基准:

$$D_d = (D - 0.75\Delta)^{+\delta_d}_{0} \tag{4-41}$$

凸模尺寸按照凹模配作,保证单边间隙 C:

$$D_p = (D_d - 2C)^{0}_{-\delta_p} \tag{4-42}$$

(2)筒壁尺寸标注在内侧,如图 4-63 所示。

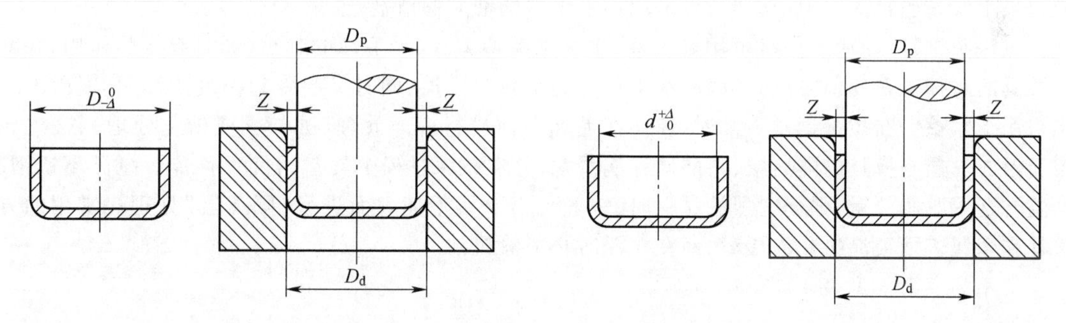

图 4-62　筒壁尺寸标注在外　　图 4-63　筒壁尺寸标注在内

标注尺寸("入体"原则)在内侧时,应以凸模为基准:

$$D_p = (d + 0.4\Delta)^{0}_{-\delta_p} \tag{4-43}$$

凹模尺寸按照凸模配作,保证单边间隙 Z:

$$D_d = (D_p + 2Z)^{+\delta_d}_{0} \tag{4-44}$$

3. 中间工序拉深模尺寸

(1)筒壁尺寸标注在外侧。标注尺寸("入体"原则)在外侧时,应以凹模为基准:

$$D_d = D^{+\delta_d}_{0} \tag{4-45}$$

凸模尺寸按照凹模配作,保证单边间隙 Z:

$$D_p = (D - 2Z)_{-\delta_p}^{0} \tag{4-46}$$

(2)筒壁尺寸标注在内侧。标注尺寸(“入体”原则)在内侧时,应以凸模为基准:

$$D_p = d_{-\delta_p}^{0} \tag{4-47}$$

凹模尺寸按照凸模配作,保证单边间隙 Z:

$$D_d = (D_p + 2Z)_{0}^{+\delta_d} \tag{4-48}$$

4.11 拉深工艺的辅助工序

拉深坯料或工序件的热处理、酸洗和润滑等辅助工序,是为了保证拉深工艺过程的顺利进行,提高拉深零件的尺寸精度和表面质量,从而提高模具的使用寿命。拉深过程中必要的辅助工序是拉深乃至其他冲压工艺过程不可缺少的工序。

4.11.1 润滑

(1)压料圈和凹模与板料、凹模圆角与板料、凹模侧壁与板料等需要摩擦力小的部位,除要求模具表面粗糙度小,还必须润滑。

(2)凸模侧壁和圆角与板料的部位,决不润滑,且模具表面粗糙度不宜很小。

拉深过程中毛坯与模具表面接触时相互之间产生很大的压力,使毛坯在拉深时与接触表面产生摩擦力。在凸缘部分和凹模入口处的有害摩擦不仅会降低拉深的许用变形程度,而且会导致零件表面的擦伤,降低模具寿命,这种情况在拉深不锈钢、高温合金等黏性大的材料时更加严重。为此,在凹模圆角、平面、压边圈表面及与这些部位相接触的毛坯表面,应每隔一定周期均匀抹涂一层润滑油,并保持润滑部位干净。而在凸模表面或与凸模接触的毛坯表面则切忌涂润滑剂。当拉深应力较大,接近材料的 σ_b 时,应采用含大量粉状填料的润滑剂,否则拉深中润滑剂易被挤掉,润滑效果不好。当拉深应力不大时,可采用不带填料的油质润滑剂。

拉深圆锥形、球形工件时可用乳化液,以增加摩擦力,减少毛坯的起皱,同时起冷却作用,并减少模具的磨损。在变薄拉深时,润滑剂不仅是为了减少摩擦,同时又起冷却模具的作用,因此不可能采用干摩擦。在拉深钢质零件时,往往在毛坯表面进行表面处理(如镀铜或磷化处理),使毛坯表面形成一层与模具的隔离层,它能储存润滑剂,并在拉深过程中具有“自润”性能。拉深不锈钢、高温合金等黏膜严重、强化剧烈的材料时,一般也需要对毛坯表面进行“隔离层”处理。常用的方法是在金属表面喷涂氯化乙烯漆,而在拉深时再另涂机油。

常用的润滑剂见表 4-16、表 4-17。

表 4-16 拉深低碳钢用润滑剂

简称号	润滑剂成分	质量分数/%	备注	简称号	润滑剂成分	质量分数/%	备注
5号	锭子油 鱼肝油 石墨 油酸 硫黄 绿肥皂 水	43 8 15 8 5 6 15	用这种润滑剂可以得到最好的效果,硫黄应以粉末状态加进去	10号	锭子油 硫化蓖麻油 鱼肝油 白垩粉 油酸 苛性钠 水	33 1.5 1.2 45 5.6 0.7 13	润滑剂很容易除去,用于单位压边力大的拉深工艺

续上表

简称号	润滑剂成分	质量分数/%	备　注	简称号	润滑剂成分	质量分数/%	备　注
6 号	锭子油 黄油 滑石粉 硫黄 酒精	40 40 11 8 1	硫黄应以粉末状态加进去	2 号	锭子油 黄油 鱼肝油 白垩粉 油酸 水	12 25 12 20.5 5.5 25	这种润滑剂比以上几种略差
9 号	锭子油 黄油 石墨 硫黄 酒精 水	20 40 20 7 1 12	将硫黄溶于温度为 160 ℃的锭子油中。其缺点是保存时间太久会分层	8 号	钾肥皂 水	20 80	将肥皂溶在温度为 60~70 ℃水里,用于球面及抛物面零件的拉深
					乳化液 白垩粉 焙烧苏打 水	37 45 1.3 16.7	可溶解的润滑剂。加 3%的硫化蓖麻油,可改善其效用

表 4-17　拉深有色金属及不锈钢用润滑剂

工件材料	润滑方式
铝	植物油(豆油)、工业凡士林
硬铝	植物油乳化液
紫铜、黄铜及青铜	菜油或肥皂与油的乳化液(将油与浓肥皂水溶液混合)
镍及其合金	肥皂与油的乳化液
2Cr13 不锈钢 1Cr18Ni9Ti 不锈钢 耐热钢	用氯化乙烯漆(G01-4)喷涂板料表面,拉深是另加机油

4.11.2　热处理

在拉深过程中,除铅和锡外,所有金属都会产生加工硬化,使金属强度指标 σ_s、σ_b 增加,而塑性指标 δ 和∅降低。同时,由于塑性变形不均匀,拉深后材料内部还存在残余应力。在多道拉深时,为了恢复冷加工后材料的塑性,应在工序中间安排退火,以软化金属组织。完成拉深工序后还要安排去应力退火。一般拉深工序间常采用低温退火。如低温退火后的效果不够理想,也可采用高温退火。拉深完后则采用低温退火。

不需要中间热处理而能完成拉深工序数的材料见表 4-18。

表 4-18　不需要中间退火所能完成的拉深次数

材　料	不用退火的工序次数	材　料	不用退火的工序次数
08、10、15 钢	3~4	不锈钢	1
铝	4~5	镁合金	1
黄铜 H62、H68	2~4	钛合金	1
紫铜	1~2	—	—

退火会导致生产周期延长,成本增加,所以应尽可能避免。对普通硬化金属,如08,10,15,黄铜和退火铝等,只要拉深工艺制订合适,加上模具设计合理,就可能免于中间退火。例如增大各次拉深系数而增加拉深次数,让危险断面沿侧壁逐次上移,使拉裂的矛盾得到缓和,就有可能在总变形程度较大的情况下不进行中间热处理。

对于高硬化的金属,如不锈钢、耐热钢等,一般在一、二次拉深工序后即需要进行中间退火。各种材料不需中间退火就能完成的拉深工序次数为:低碳钢3~4次;铝4~5次;黄铜2~4次;镁合金、钛合金1次。

若需要中间热处理或最后消除应力的热处理,应尽量及时进行,以免长期存放造成冲件变形或开裂,尤其是加工不锈钢、耐热钢、黄铜时更要注意这一点。

①通过减小拉深变形量,提高危险断面强度避免热处理。

②尽量使用低温退火,防止产生较厚的氧化皮。

③退火应及时进行。

其热处理规范见表4-19、表4-20。

表4-19　各种材料低温退火(再结晶退火)温度

材料名称	加热温度/℃	冷却方法
08、10、15、20钢	600~650	在空气中冷却
紫铜T1、T2	400~450	在空气中冷却
黄铜H62、H68	500~540	在空气中冷却
铝、铝合金1 070、3A21、5A02	220~250	保温40~45 min
镁合金MB1、MB8	260~350	保温60 min
钛合金TA1	550~600	在空气中冷却
钛合金TA5	650~700	在空气中冷却

表4-20　不同材料的高温退火规范

材料名称	加热温度/℃	加热时间/min	冷却方法
08、10、15钢	760~780	20~40	在箱内空气冷却
Q135、Q215	900~920	20~40	在箱内空气冷却
20、25、30、Q235、Q255	700~720	60	随炉冷却
30CrMnSiA	650~700	12~18	在空气中冷却
1Cr18Ni9Ti	1 150~1 170	30	在气流中或水中冷却
紫铜T1、T2	600~650	30	在空气中冷却
镍	750~850	20	在空气中冷却
铝	300~350	30	由250 ℃起在空气中冷却
硬铝	350~400	30	由250 ℃起在空气中冷却

4.11.3 酸洗

退火后工件表面必然有氧化皮和其他污物,继续加工时会增加模具的磨损,因此必须进行酸洗,否则使拉深不能正常进行。有时酸洗也在拉深前的毛坯准备工作中进行。酸洗前工件应用苏打水去油,酸洗后用冷水冲洗,以温度为60~80 ℃的弱碱溶液中和酸性,并用热水洗涤。不能让酸液残留在工件表面上。酸洗槽中溶液成分见表4-21。

表 4-21　酸洗液成分

工件材料	化学成分	含量	说明
低碳钢	硫酸或盐酸	15%~20%	—
	水	其余	
高碳钢	硫酸	10%~20%	预浸
	水	其余	
	苛性钠或苛性钾	50~100 g/L	最后酸洗
不锈钢	硝酸	10%	得到光亮表面
	盐酸	1%~2%	
	硫化胶	0.1%	
	水	其余	
铜及其合金	硝酸	200 份(质量)	预浸
	盐酸	1~2 份(质量)	
	炭黑	1~2 份(质量)	
	硝酸	75 份(质量)	光亮酸洗
	硫酸	100 份(质量)	
	盐酸	1 份(质量)	
铝及锌	苛性钠或苛性钾	100~200 g/L	内光酸洗
	食盐	15 g/L	
	盐酸	50~100 g/L	

退火、酸洗是延长生产周期、增加生产成本并产生环境污染的工序,应尽可能避免。

4.12　拉深模设计举例

设计如图 4-64 所示端盖零件拉深模,并大批量生产,材料 08 钢,厚度 1.5 mm,未注圆角半径 $R=3$ mm。

1. 零件工艺性分析

图 4-64 所示零件是带有法兰(凸缘)的旋转体制件,没有厚度不变的要求,可用拉深工序加工。圆角半径 $R\geqslant 2t$,符合拉深对圆角半径的要求,不用加整形工序。零件尺寸和材料性能也满足拉深工艺要求,因此,可用拉深工序完成。

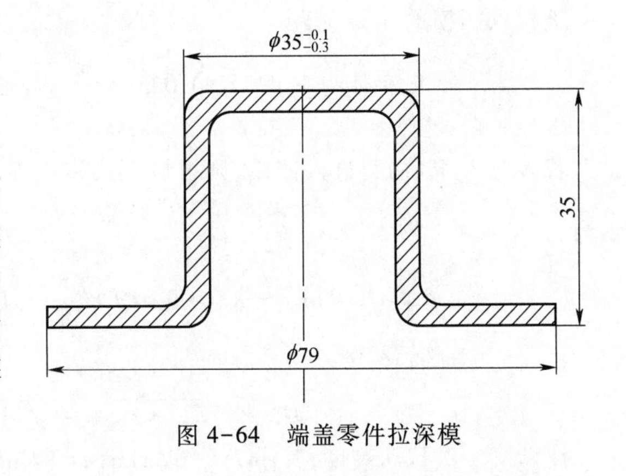

图 4-64　端盖零件拉深模

2. 毛坯尺寸的确定

(1)计算修边余量 Δh,法兰(凸缘)的相对直径 $d_f/d=79/(35-1.5)=2.36$,由表 4-1 查得 $\Delta h=2.5$ mm,修边前零件的凸缘直径 $d_凸=79+2\times\Delta h=84$ mm。

(2)计算毛坯尺寸。当 $r_1=r$ 时毛坯直径 D 的计算公式为

$$D=\sqrt{d_1^2+4d_2h+2\pi r(d_1+d_2)+4\pi r^2+d_4^2-d_3^2}$$

其中 $r_1=r=3+1.5/2=3.75$ (mm), $d_1=35-2\times(3+1.5)=26$ (mm), $d_2=d=35-1.5=33.5$ (mm), $d_3=35+2\times3=41$ (mm), $d_4=d_凸=84$ (mm), $h=35-2\times(3+1.5)=26$ (mm)。

将上面数据带入毛坯直径计算公式,得

$$D=\sqrt{26^2+4\times33.5\times26+2\times3.14\times3.75\times(26+33.5)+4\times3.14\times3.752+84^2-41^2}=105\ (\text{mm})$$

(3)判断能否一次成形。材料的相对厚度 $t/D\times100=1.5/105\times100=1.43$,法兰的相对直径 $d_凸/d=84/33.5=2.51$,由表 4-9 查得,第一次拉深的最小拉深系数 $m_1=0.38$,工件总拉深系数 $m_总=d/D=33.5/105=0.32$。由于 $m_1>m_总$,故此工件不能一次拉出。

3. 工序尺寸计算

(1)制订首次拉深系数。取首次 $d_凸/d_1=1.1$,查表 4-9 得 $m_1=0.53$,计算第一次拉深半成品直径为 $d_1=m_1\times D=0.53\times105=55.65$ (mm),取 $d_1=56$ mm。

(2)第一次拉深凸、凹模圆角半径。由式计算,其中 $D=105$ mm, $d_1=56$ mm, $t=1.5$ mm,则:

$$r_{凹1}=0.8\sqrt{(D-d)t}=0.8\sqrt{(105-56)\times1.5}=6.8\ (\text{mm})$$

首次拉深圆角半径为 $r_1=r_{凹1}+t/2=6.8+1.5/2=7.55$ mm,取 $r_1=8$ mm,并取 $r_{凸1}=r_{凹1}$,则 $r_2=r_1=8$ mm,根据工件圆角重新调整凸、凹模圆角半径,则

$$r_{凸1}=r_{凹1}=r_1-t/2=8-1.5/2=7.25\ (\text{mm})$$

(3)首次半成品高度确定。为了以后的拉深不使已拉深好的凸缘变形,第一次拉深需要将坯料多拉入凹模 4%,则需要对坯料进行相应的放大。

第一次拉深的半成品,其凸缘的圆环面积计算如下,其中 $d=84$ mm, $d_1=56$ mm, $r_1=8$ mm。则:

$$A_环=\frac{\pi}{4}(d^2-d_1^2)=\frac{\pi}{4}[84^2-(56+2\times8)^2]=1\,872\times\frac{\pi}{4}\ (\text{mm}^2)$$

工件的面积应等于毛坯的面积,同样计算如下,即:

$$A_{工件}=\pi\left(\frac{D}{2}\right)^2=\pi\left(\frac{105}{2}\right)^2=11\,025\times\frac{\pi}{4}\ (\text{mm}^2)$$

被拉入凹模的面积应为:

$$A_凹=A_{工件}-A_环=11\,025\times\frac{\pi}{4}-1\,872\times\frac{\pi}{4}=9\,153\times\frac{\pi}{4}\ (\text{mm}^2)$$

若多拉入 4%的料进入凹模,则被拉入凹模的面积为 $1.04A_凹=9\,519\times\frac{\pi}{4}$ mm², 使扩大的毛坯面积为:

$$A_扩=1.04A_凹+A_环=9\,519\times\frac{\pi}{4}+1\,872\times\frac{\pi}{4}=11\,391\times\frac{\pi}{4}\ \text{mm}^2$$

扩大的毛坯直径为:

$$D_扩=\sqrt{A_扩\times\pi/4}=\sqrt{11\,391}=107\ (\text{mm})$$

计算第一次拉深高度,其中 $D=107$ mm, $d=84$ mm, $d_1=56$ mm, $r_2=r_1=8$ mm。

$$H_1=\frac{0.25}{d_1}(D_2-d_2)+0.43(r_1+r_2)+\frac{0.14}{d_n}(r_1^2-r_2^2)$$
$$=\frac{0.25}{56}(107-84^2)+0.43\times2\times8=26.5\ (\text{mm})$$

工件的第一次相对高度为$(H_1/d_1)_{工}=26.5/56=0.47$，根据$d/d_1=84/56=1.5$，$t/D=1.5/107=1.4$，由表 4-5 查得有凸缘圆筒形件第一次拉深的最大高度$H_1/d_1=0.5$。因为$(H_1/d_1)_{工}<H_1/d_1$，所以第一次拉深直径∅50 mm 选择合理。

(4)确定拉深次数。根据毛坯的相对厚度$t/D=1.5/107=1.4$，由表 4-3 查得首次后各次的拉深系数为：

$$m_2=0.75,\quad m_3=0.78,\quad m_4=0.80,\quad m_5=0.82$$

各次拉深时半成品的直径为：

$$d_2=m_2d_1=0.75\times56=42\ \text{mm},d_3=m_3d_2=0.78\times42=32.76\ (\text{mm})<33.5\ (\text{mm})$$

选定d_3为工件的直径 33.5 mm，此件需要经过三次拉深。

(5)各次拉深工序尺寸确定。首次后拉深的圆角半径按式$r_{凹n}=(0.6\sim0.9)r_{凹n-1}$确定。

第二次拉深的凹模圆角半径$r_{凹1}=0.6\times7.25=4.3\ (\text{mm})$，取$r_{凸2}=r_{凹2}$，则第二次拉深的工件尺寸为$r_2=r_{凹2}+t/2=4.3+1.5/2=5\ (\text{mm})$。

第三次拉深的凸、凹模圆角半径应取工件的圆角半径值，即$r_{凸3}=r_{凹3}=3$ mm。

第二次拉深时，多拉入 3%的材料，第一次余下的 2%的材料返回到凸缘上。同样对坯料进行相应放大，计算方法同上。则：

$$A_{环}=\frac{\pi}{4}(d^2-d_1^2)=\frac{\pi}{4}[84^2-(42+2\times5)^2]=4\ 325\times\frac{\pi}{4}\ (\text{mm}^2)$$

$$A_{工件}=\pi\left(\frac{D}{2}\right)^2=\pi\left(\frac{105}{2}\right)^2=11\ 025\times\frac{\pi}{4}\ (\text{mm}^2)$$

$$A_{凹}=A_{工件}-A_{环}=11\ 025\times\frac{\pi}{4}-4\ 325\times\frac{\pi}{4}=6\ 637\times\frac{\pi}{4}\ (\text{mm}^2)$$

若多拉入 2%的材料进入凹模，则被拉入凹模面积为$1.02\ A_{凹}=6\ 806\times\frac{\pi}{4}\ \text{mm}^2$，扩大的毛坯面积为：

$$D_{扩}=\sqrt{A_{扩}\times\pi/4}=\sqrt{11\ 158}=105.5\ (\text{mm})$$

计算第二次拉深半成品高度，其中$D=105.5$ mm，$d=84$ mm，$d_2=42$ mm，$r_2=r_1=5$ mm。

$$H_2=\frac{0.25}{42}(105.5^2-84^2)+0.43\times2\times5=28.5\ (\text{mm})$$

第三次拉深高度应等于工件高度，即$H_3=H_{工}=33.5$ mm。

各次外形尺寸拉深见表 4-22，第一、二次拉深半成品如图 4-65 所示。

表 4-22　各次外形尺寸

拉 深 次 数	拉深高度 H_n/mm	圆筒外径 d_n/mm	圆角半径 R/mm	凸、凹模圆角半径/mm
第 1 次拉深	26.5	56	8	7.25
第 2 次拉深	28.5	42	5	4.3
第 3 次拉深	33.5	33.5	3.75	3

4. 确定工艺方案

根据如上分析计算确定工艺方案，第一次落料拉深复合模，第二、三次拉深模，由于每次拉深都有余料返回凸缘，为了去掉圆筒壁上的压痕和凸缘上的波纹应在第四次修边模上增加整形工序,即第四次修边整形。

5. 计算工艺力

(1)压边力计算。查表 4-7 单位压边力 P= 3 MPa,计算压边力,第一次拉深的压边力为:

$$F_{N1} = \frac{\pi}{4}[D^2 - (d_1 + 2r_{凹})^2]p$$

$$= \frac{\pi}{4}[107^2 - (56 + 2 \times 7.25)^2] \times 3 = 15\ 257\ (N)$$

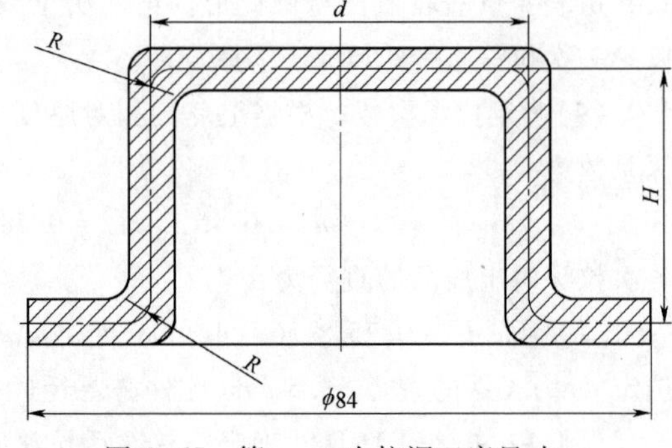

图 4-65 第一、二次拉深工序尺寸

第二次拉深的压边力为:

$$F_{N2} = \frac{\pi}{4}[d_1^2 - (d_2 + 2r_{凹2})^2]p$$

$$= \frac{\pi}{4}[56^2 - (42 + 2 \times 4.3)^2] \times 3 = 1\ 356\ (N)$$

最后一次拉深的压边力为:

$$F_{N3} = \frac{\pi}{4}[d_2^2 - (d_3 + 2r_{凹3})^2]p = \frac{\pi}{4}[42^2 - (33.5 + 2 \times 3)^2] \times 3 = 480\ (N)$$

(2)拉深力计算。根据拉深系数由表 4-8 查修正系数:

$$m_1 = d_1/D = 56/105 = 0.53, K_1 = 1$$

$$m_2 = d_2/d_1 = 42/56 = 0.75, K_2 = 0.90$$

$$m_3 = d_3/d_2 = 33.5/42 = 0.80, K_3 = 0.80$$

计算拉深力,即:

$$F_1 = \pi d_1 t\sigma_b K_1 = 3.14 \times 56 \times 1.5 \times 440 \times 1 = 116\ 054\ (N)$$

$$F_2 = \pi d_2 t\sigma_b K_2 = 3.14 \times 42 \times 1.5 \times 440 \times 0.9 = 78\ 337\ (N)$$

$$F_3 = \pi d_3 t\sigma_b K_3 = 3.14 \times 33.5 \times 1.5 \times 440 \times 0.8 = 55\ 540\ (N)$$

(3)选定压力机。分别计算各次拉深总工艺力,即:

$$F_{总1} = F_1 + F_{N1} = 15\ 257 + 116\ 054 = 13.1 \times 10^4(N)$$

$$F_{总2} = F_2 + F_{N2} = 1\ 356 + 78\ 337 = 80 \times 10^3(N)$$

$$F_{总3} = F_3 + F_{N3} = 480 + 55\ 540 = 56 \times 10^3(N)$$

按式 $F_{压} \geqslant 1.4F_{总}$ 选择拉深工序压力机,则:

$$F_{压1} \geqslant 184\ kN, F_{压2} \geqslant 112\ kN, F_{压3} \geqslant 79\ (kN)$$

6. 模具工作部分尺寸计算

(1)凸模与凹模的单边间隙。由增厚系数 $K_1=0.5, K_2=0.3, K_3=0.1$,计算凸模与凹模的单边间隙:

$$Z_1/2 = t_{max} + K_1 t = 1.5 \times 1.5 = 2.25\ (mm)$$

$$Z_2/2 = t_{max} + K_2 t = 1.5 \times 1.3 = 1.95\ (mm)$$

$$Z_3/2 = t_{max} + K_3 t = 1.5 \times 1.1 = 1.65\ (mm)$$

(2)凸、凹模工作部分尺寸和公差。前两次拉深以凹模为基准,模具的制造公差按表 4-15 选取,计算出各次凸、凹模工作部分尺寸和公差为:

$D_{凹1}=57.5_{0}^{+0.1}$ mm，$D_{凹2}=43.5_{0}^{+0.09}$ mm，$d_{凹1}=43.5_{-0.07}^{0}$ mm，$d_{凹2}=39.6_{-0.06}^{0}$ mm

第三次拉深是最后一次拉深，由于要求外形尺寸，因此以凹模为基准，模具按 IT8 级选取公差，由表 4-21 中公式计算。

$$D_{凹3}=(D_{max}-0.75\Delta)_{0}^{+\delta_d}=(34.9-0.75\times0.2)_{0}^{+0.039}=34.75_{0}^{+0.039}(mm)$$

$$D_{凸3}=(D_{max}-0.75\Delta-Z_3)_{-\delta_p}^{0}=(34.9-0.75\times0.2-3.3)_{-0.039}^{0}=31.45_{-0.039}^{0}(mm)$$

7. 模具的总体设计

三次拉深模都是在单动压力机上拉深，采用标准后导柱模架，第一序落料拉深复合模，卸料压边圈对板料施加压边力，压力来源于气垫，定位销起条料限位作用，图 4-66 所示为本工件首序落料拉深模，采用倒装结构，由打杆顶出工件。其余三序从略。

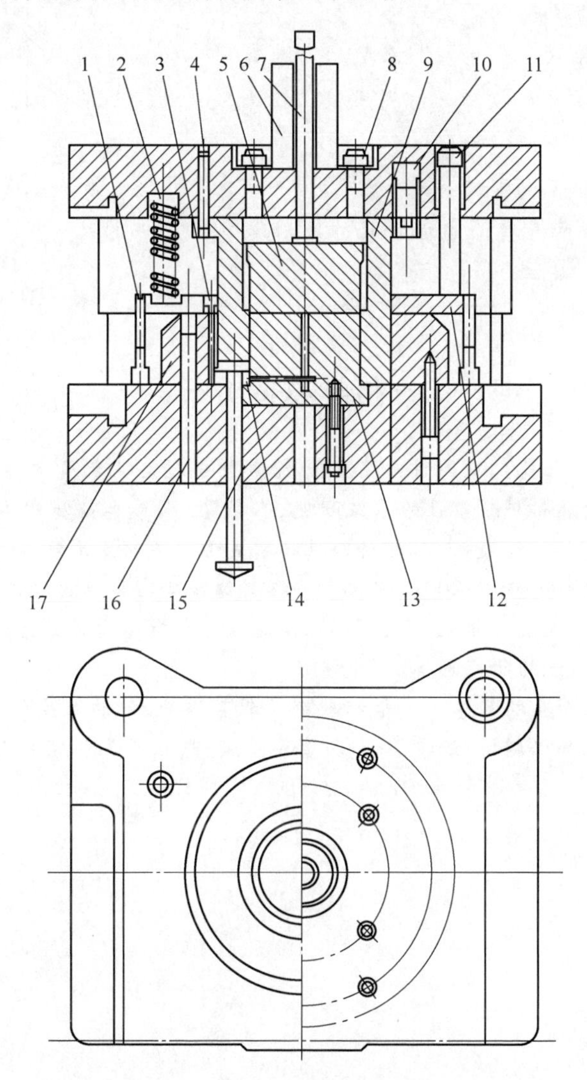

图 4-66　端盖落料拉深模

1—定位销；2—弹性元件；3，8，10—螺钉；4，16—销钉；5—卸料块；6—模板；7—打杆；9—凸凹模；11—卸料螺钉；12—卸料板；13—凸模；14—卸料压边圈；15—顶件杆；17—凹模

思考题

1. 分析圆筒形件拉深过程中材料的变形规律。

2. 根据圆筒形件拉深过程中的应力应变,分析拉深过程中容易出现的起皱和拉裂缺陷产生的原因,及控制这些缺陷的措施。

3. 影响拉深件质量的因素有哪些?

4. 影响极限拉深系数的因素有哪些?

5. 什么是拉深系数?影响拉深系数的因素有哪些?

6. 什么是极限拉深系数?如何利用极限拉深系数确定拉深件的拉深次数?

7. 简述盒形件拉深变形的特点。

8. 求图 4-67 所示筒形件的坯料尺寸及拉深各工序件的尺寸。材料为 10 钢,板料厚度$t=2$ mm。

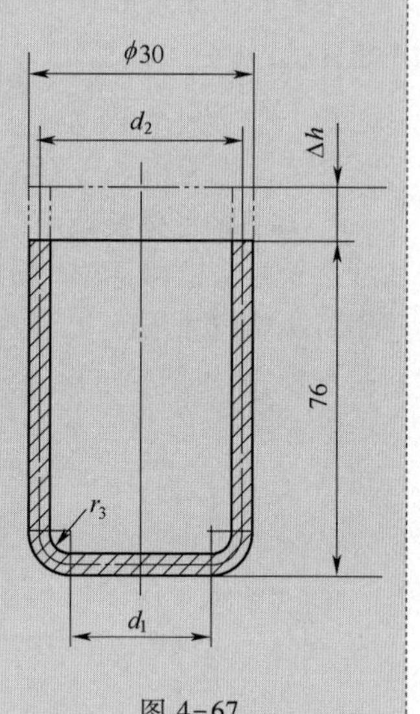

图 4-67

科学家简介

宋玉泉(1933—2018),中国科学院院士、金属材料超塑性专家,教育家。

宋玉泉从事金属材料超塑性的系统研究,在拉深、胀形和挤压的力学理论以及实验方法等都有系列性的研究突破;对回转塑性精密成形领域的变形规律、成形工艺、专用设备及测量仪器等进行了研究;2007 年,参加中国高速铁路动车组的研究,在高速电气化铁路的斜面无缝焊接、无负序供电、再生制动、高能储电和提高大容量蓄电池的温度适应范围等方面,形成了系统的研究思路。

宋玉泉将自己毕生的智慧和才华都献给了教育事业,他的人生经历,是激励后人的精神财富。宋玉泉知识渊博、治学严谨、极富奉献精神,在所属研究分支领域达到中国国内外领先水平。

第 5 章　其他成形工艺及模具设计

在掌握冲裁、弯曲、拉深成形工艺与模具设计的基础之上,本章将介绍其他成形工艺和模具结构特点。在冲压生产中,通过板料或坯料的局部变形来改变毛坯形状和尺寸的冲压成形的工序有:胀形、翻边、缩口、扩口、整形、旋压等,这些统称为其他成形。其中,胀形、扩口和伸长类翻边主要是伸长变形,常因拉应力超出了材料的抗拉强度而使零件破裂;缩口和压缩类翻边主要是压缩类变形,常因坯料压应力过大失稳,而出现起皱现象;而旋压是一种特殊的冲压成形工艺,可利用旋压来完成类似于拉深、胀形、翻边和缩口的成形。这些工艺方法的变形特点不尽相同,常和冲裁、弯曲、拉深等工序组合,完成一些复杂形状零件的冲压加工。此外本章还介绍无模多点成形、板料数控渐进成形等先进的成形工艺。

5.1　胀　形

胀形是利用模具使毛坯厚度减薄和表面积增大,以获取零件几何形状的冲压加工方法。胀形又称起伏成形方法主要用于平板毛坯的局部成形,如压凸起、加强肋、凹坑、花纹图案及标记等。另外,还有管类空心毛坯的胀形(如波纹管)以及平板毛坯的张拉成形等。曲面零件拉深时毛坯的中间部分也会产生胀形变形。在大型覆盖件的冲压成形过程中,为使毛坯能够很好地贴模,提高成形件的精度和刚度,必须使零件获得一定的胀形量,因此,胀形如同前面的弯曲、拉深,也是冲压成形的基本方法之一。

5.1.1　胀形成形特点及成形极限

1. 胀形的变形特点

如图 5-1 所示,当坯料外径与成形直径的比值 $D/d>3$ 时,则将完全依赖于直径为 d 的圆周以内金属厚度的变薄来实现表面积的增大而成形。但是在实际设计应用中并不一定满足 $D/d>3$ 这个条件,这时为了将变形的区域控制在直径为 d 的圆周以内,特设计带有拉深筋的压边圈将坯料压死如图 5-2 所示。这样变形区域被限制在拉深筋以内的毛坯中部,在凸模力作用下,变形区大部分材料受双向拉应力作用(忽略板厚方向的应力),沿切向和径向产生拉伸应变,使材料厚度减薄、表面积增大,并在凹模内形成一个凸包。

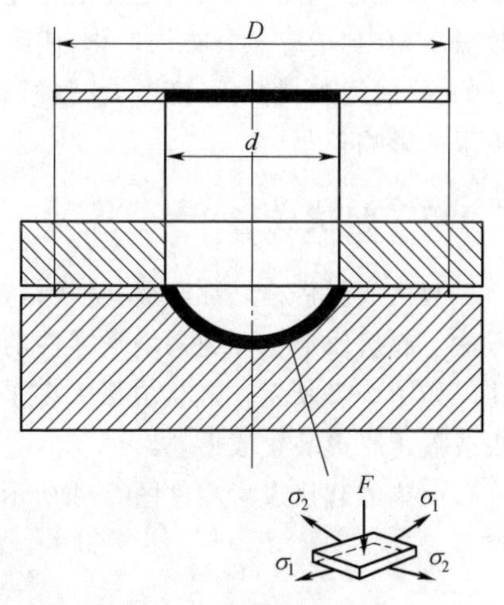

图 5-1　胀形的变形区

2. 胀形的成形极限

由以上胀形的变形特点可知,胀形时,由于毛坯变形区的材料受径向和切向的双向拉应力作用,其平均应力 σ_m 的数值较大。因此胀形成形极限以零件是否发生破裂来判别,即材料拉伸失稳后,因强度不足而引起的破裂(属于胀形破裂,又称 α 破裂)。一般来讲,胀形破裂总是发生在厚度减薄程度最大的

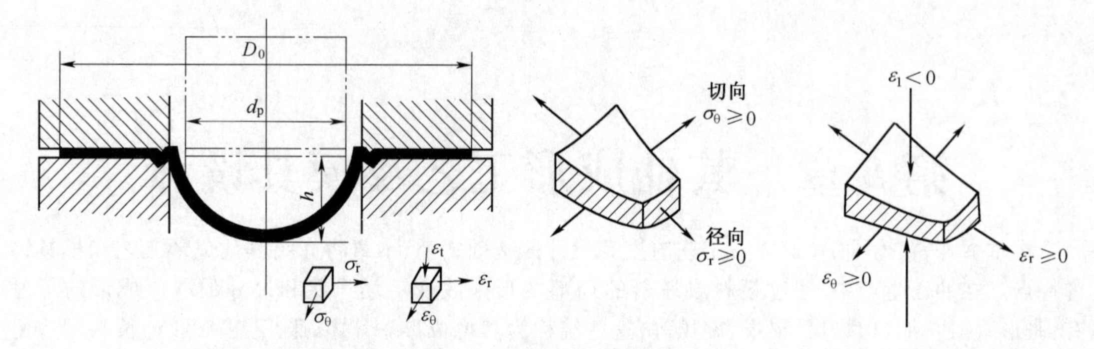

图 5-2　胀形的变形特点

部位,所以变形区的应变分布是影响胀形成形极限的重要因素。

用长形的成形极限表示方法亦不相同。局部胀形时常用极限胀形高度表示成形极限;对于其他胀形方法,成形极限可分别用许用断面变形程度 ε_p(压肋)、极限胀形系数 K_p(圆柱形空心毛坯胀形)以及极限张拉系数 K_{1max} 等表达。

从工程应用方便的角度出发,对于不同的胀形方法,成形极限的表示方法也不同。纯胀形时,常用胀形高度 h_{max} 表示胀形极限,采用其他胀形方法时,成形极限可以分别用许用断面变形程度 ε_p(压筋)、许用凸包高度 h_p(压凸包)、极限胀形系数 K_p(圆柱形空心毛坯胀形)以及极限拉伸系数 K_{1max}(张拉成形)等表示成形极限。

虽然胀形成形极限表示方法不同,但变形区的应变性质都是一样的,破裂也总是发生在材料厚度减薄最严重的部位。且破裂直接与变形区应变情况有关,所以影响因素基本相似。归纳起来影响胀形成形极限的主要参数有:均匀伸长率 δ_u、应变硬化指数 n、润滑条件和变形速度等。均匀伸长率 δ_u 较大时,板材具有较大的塑性变形稳定性,故胀形成形极限也大;硬化指数 n 较大时,材料应变强化能力也强,可促使变形区内各部分的变形分布趋于均匀,致使总体变形程度增大,这对提高胀形的成形极限是有利的;合适的润滑条件能够减少胀形所需的力,使变形均匀从而提高变形极限;变形速度的影响,主要是通过改变摩擦因数来体现的,对球头凸模来讲,速度大,则摩擦因数减小,有利于应变分布均匀化,使胀形高度有所增大。此外,胀形坯料的厚度对其成形极限也有影响,一般说来,材料厚度增大,胀形成形极限有所增大,但料厚与零件尺寸比值较小时,则对成形极限的影响较小。

5.1.2　起伏成形

起伏成形俗称局部胀形,是板料在模具作用下,通过局部胀形而产生凸起或凹下的冲压加工方法。起伏成形主要用来增强零件的刚度和强度。常见的起伏成形有加强筋、压凸包、压字和压花等如图 5-3 所示。起伏成形大多采用金属冲模,对厚度较小的板料、薄料和膜片等可采用橡胶膜或液压胀形装置成形。

简单的起伏成形零件图 5-4 所示,其极限变形程度可按下式近似确定:

$$\varepsilon_p = \frac{l - l_0}{l_0} \leqslant (0.70 \sim 0.75)\delta \tag{5-1}$$

式中　l_0——成形前的原始长度(mm);

l——成形后加强筋的曲线轮廓长度(mm);

δ——材料伸长率。

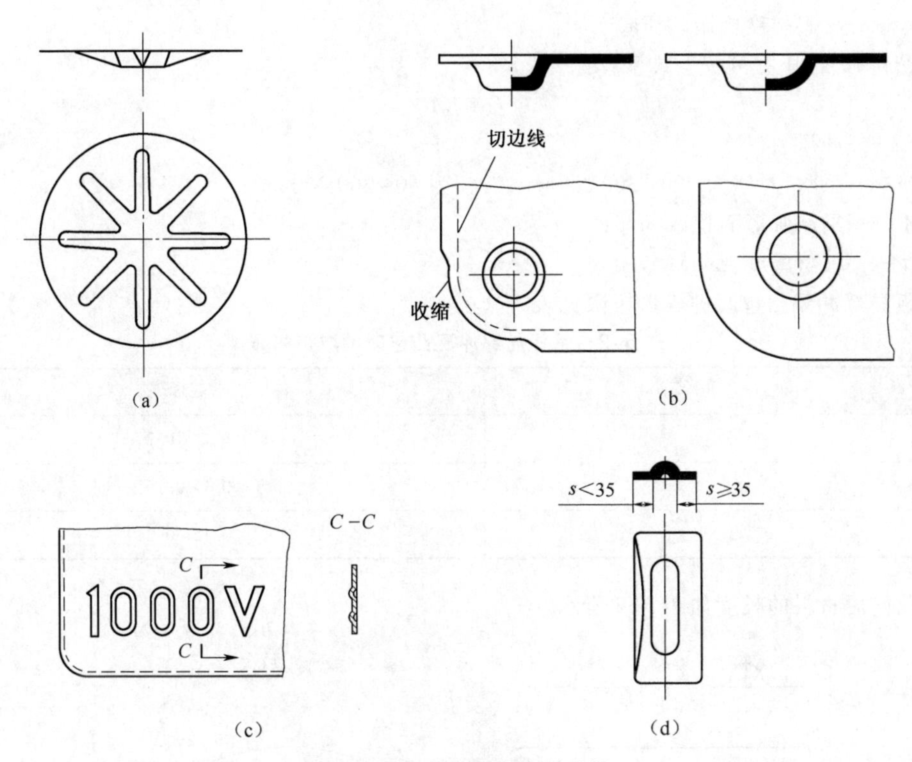

图 5-3　简单的起伏成形零件

当零件的加强筋超过极限变形程度时，则应增加工序，采用多次成形的方法进行加工，如图 5-5 所示。常用的加强筋形式和尺寸见表 5-1。

表 5-1　加强筋的形式和尺寸

名　称	简　图	R/t	h/t	b/t 或 D/t	r/t	α
半圆形筋		3~4	2~3	7~10	1~2	—
梯形筋		—	1.5~2	≥3	0.5~1.5	15°~30°

冲压凸包时，凸包高度受到材料性能参数、模具几何形状及润滑条件的影响，一般不能太大。材料一次成形极限程度用极限胀形深度 h_{max} 表示。用半圆形凸模对低碳钢、软铝等圆凸模成形时，可能达到的极限深度为凸模球直径的 1/3，用平端面凸模成形时，达到的极限深度如表 5-2 所示。

压制加强筋所需的冲压力，可用下式近似计算：

$$F = KLt\sigma_b \tag{5-2}$$

式中　F——变形力(N)；

K——系数，可取为 0.7~1，当加强筋形状窄而深时取大值，宽而浅时取小值；

L——加强筋周长(mm)；

t——毛坯厚度(mm)；

σ_b——材料强度极限(MPa)。

压凸包时,冲压力可按下式计算:

$$F = KAt^2 \tag{5-3}$$

式中 F——冲压力(N);

K——系数,对钢为 200~300 N/mm^4,对铜为 50~200 N/mm^4;

A——局部胀形面积(mm^2);

t——板材厚度(mm)。

平板局部冲压凸包时的成形极限见表 5-2。

表 5-2 平板局部冲压凸包时的成形极限

材 料	许用成形高度 h_{max}/d
软钢	≤0.15~0.2
铝	≤0.1~0.15
黄铜	≤0.15~0.2

起伏前后材料的长度如图 5-4 所示。

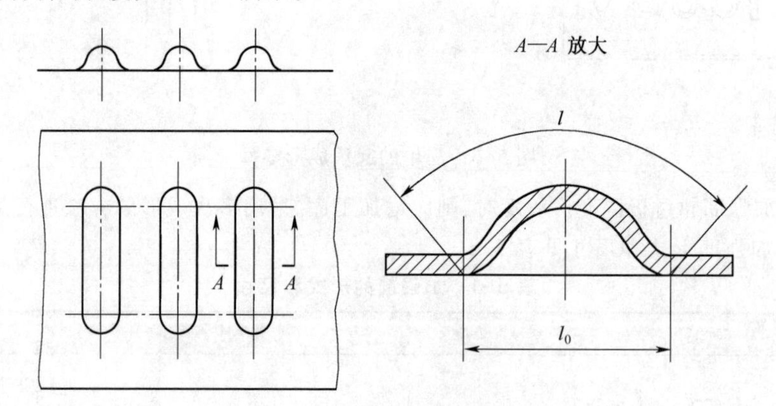

图 5-4 起伏前后材料的长度

图 5-5 所示为深度较大的局部胀形法,图 5-6 所示为圆柱空心毛坯胀形。

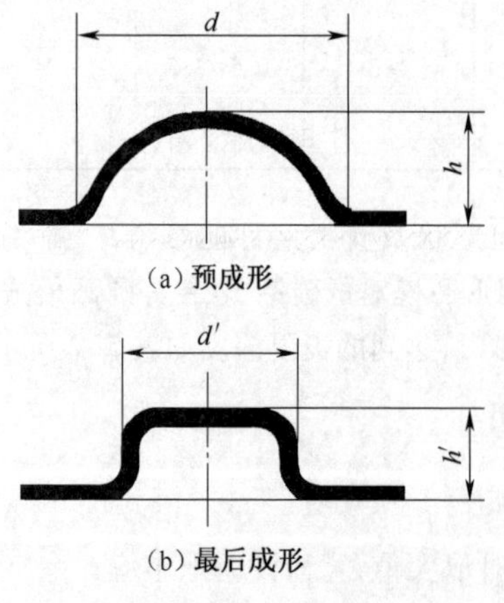

图 5-5 深度较大的局部胀形法

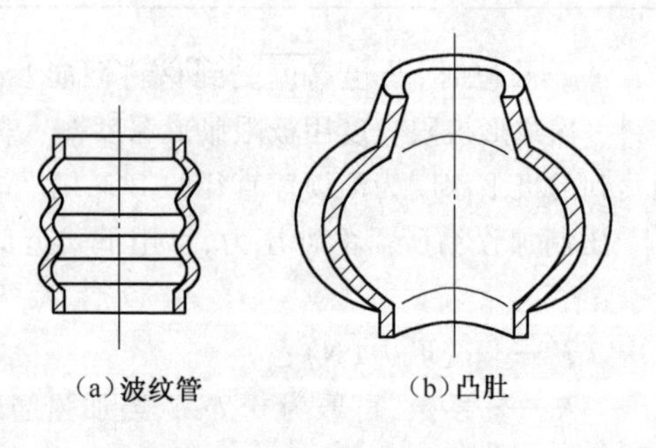

图 5-6 圆柱空心毛坯胀形

5.1.3　管形凸肚

空心坯料的胀形俗称凸肚,如图 5-6 所示,它是使材料沿径向拉伸,将空心工序件或管状坯料向外扩张,胀出所需的凸起曲面,如壶嘴、带轮、波纹管等。采用这种工艺方法可获得形状复杂的空心曲面零件。生产中常采用刚模胀形、固体软模胀形或液(气)压胀形等方法加工零件。

1. 胀形方法

图 5-7 所示为刚模胀形。为获得零件所要求的形状,可采用分瓣式凸模结构,生产中常采用 8~12 模瓣。半锥角 α 一般选用 8°、10°、12°或 15°。刚模胀形时,模瓣与毛坯间存在较大的摩擦力作用,使毛坯各处的应力应变分布很不均匀,这样既降低了材料的极限胀形变形量,也很难得到高精度的零件,同时模具结构也较复杂。

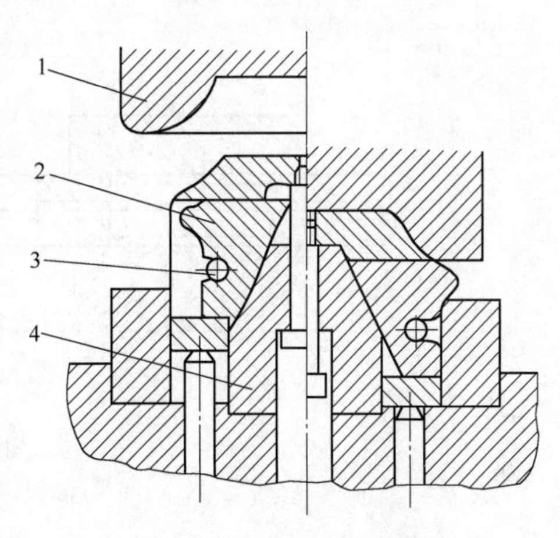

图 5-7　用刚性凸模的胀形

1—凹模;2—分瓣凸模;3—拉簧;4—锥形芯块

很显然采用刚性凸模,模具结构不但比较复杂而且变形的均匀性较差,胀形后零件的内壁往往留有凸模分瓣的痕迹,影响零件的表面质量。因此,刚体分瓣凸模胀模一般适用于要求不高且形状简单的工件。

为了克服刚性凸模的上述缺点多采用软凸模胀形模(用液体、气体或橡胶)进行圆柱空心毛坯胀形(见图 5-8)。采用软凸模胀形时,由于软凸模传力均匀,而使毛坯变形比较均匀,这样容易保证工件成形的几何形状,便于成形复杂形状的空心件,零件的表面质量也明显优于刚性凸模胀形。为使毛坯胀形后能充分贴模,应在凹模壁上的适当位置开设通气孔。软凸模的压缩量应控制在 10%~35%之间。常用的固体软凸模的材料有橡胶、聚氨酯或 PVC 塑料等,此外,还有使用液体、气体充当凸模的胀形。软凸模胀形模的凹模大都采用金属刚性凹模,刚性凹模可做成整体式和可分式两种。

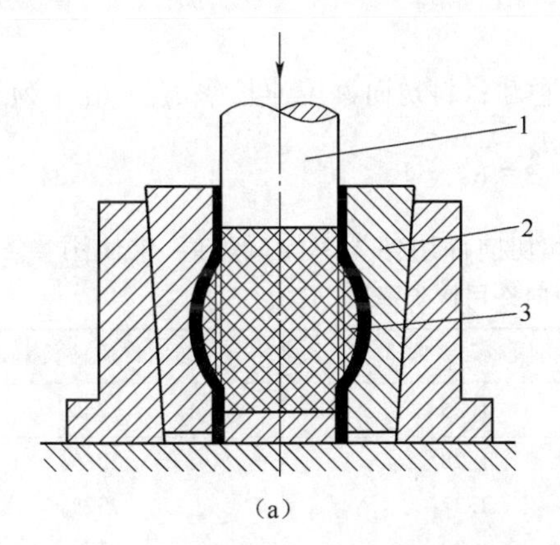

(a)

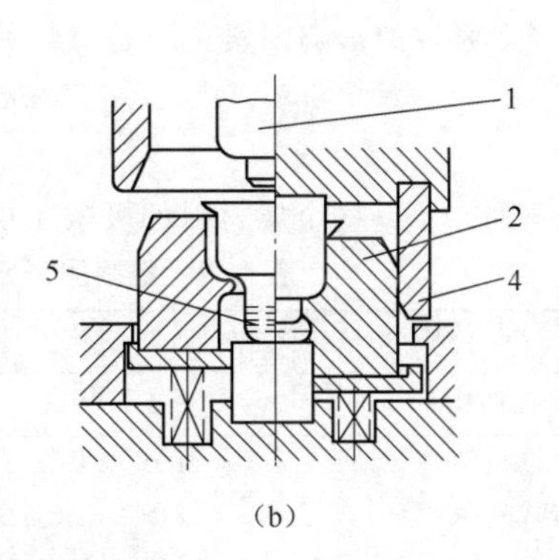

(b)

图 5-8　用软凸模的胀形

1—凸模;2—分块凹模;3—橡胶;4—侧楔;5—液体

液压胀形时,毛坯放在凹模内,利用高压液体充入毛坯空腔,使其直径胀大,最后贴靠凹模成形如图 5-9 所示。液压胀形是在无摩擦状态下成形的,传力均匀,极少出现不均匀变形,机动性好,液体易反复使用,适用于加工对表面质量和精度要求较高的复杂形状零件。因此,在生产中应用较多。液压胀形所需要的液压单位压力可按下列经验公式确定:

$$p = \frac{6t\sigma_s}{d_0} \tag{5-4}$$

式中 p——液体单位压力；

t——板料厚度；

σ_s——材料的屈服点；

d_0——毛坯内径。

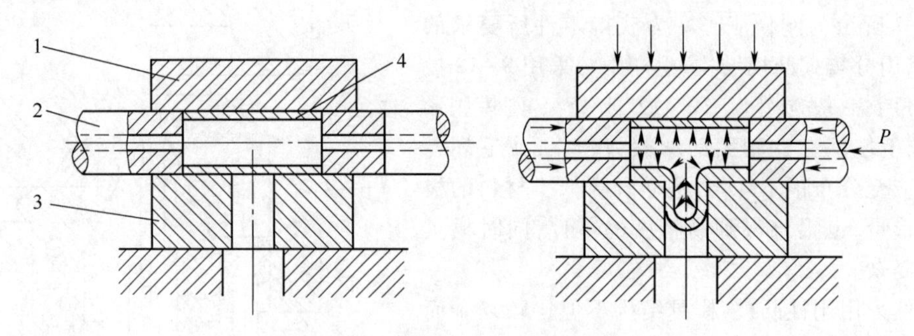

图 5-9 加轴向压缩的液体胀形

1—上模；2—轴头；3—下模；4—管坯

气体凸模胀形模因对密封要求高，常压下气体压缩量大，往往需要高压气体等缺点，只在少数特殊情况下采用。

2. 胀形的变形程度

圆柱空心毛坯胀形时，材料主要受切向伸长变形，材料的破坏形式主要为开裂。胀形变形程度用胀形系数 K_p 来表示：

$$K_p = \frac{d_{max}}{d_0} \tag{5-5}$$

式中 d_0——圆柱空心毛坯原始直径(mm)；

d_{max}——胀形后零件的最大直径(mm)。

极限胀形系数的影响因素主要是材料的塑性，它和材料切向许用伸长率 $\delta_{\vartheta p}$ 存在下列关系：

$$\delta_{\vartheta p} = \frac{\pi d_{max} - \pi d_0}{\pi d_0} = K_p - 1 \tag{5-6}$$

表 5-3 列出了一些金属材料的极限胀形系数和切向许用伸长率的试验值，供使用参考。

表 5-3 极限胀形系数和切向许用伸长率(试验值)

材　　料	厚　　度/mm	极限胀形系数 K_p	切向许用伸长率 $\delta_{\vartheta p}$
铝合金 LF21-M	0.5	1.25	25%
L1、L2	1.0	1.28	28%
纯铝 L3、L4	1.5	1.32	32%
L5、L6	2.0	1.32	32%
黄铜 H62	0.5~1.0	1.35	35%
H68	1.5~2.0	1.40	40%
低碳钢 08F	0.5	1.20	20%
10、20	1.0	1.24	24%
不锈钢	0.5	1.26~1.32	26%~32%
(如 1Cr18Ni9Ti)	1.0	1.28~1.34	28%~34%

若制件胀形的形状有利于使变形均匀、补偿材料厚度、在轴向施加压力、在变形区局部施加压力及在变形区局部加热等，则极限胀形系数可大于表 5-3 中所给出的数值，这时，切向许用伸长率也可提高 10%以上。

3. 胀形的坯料尺寸计算

坯料直径 D：

$$D = \frac{d_{max}}{K} \tag{5-7}$$

坯料长度 L 如图 5-10 所示：

$$L = l[1 - (0.3 \sim 0.4)\delta] + b \tag{5-8}$$

式中　l——变形区母线长度；

δ——坯料切向拉伸的伸长率；

b——切边余量，一般取 $b = 10 \sim 20$ mm。

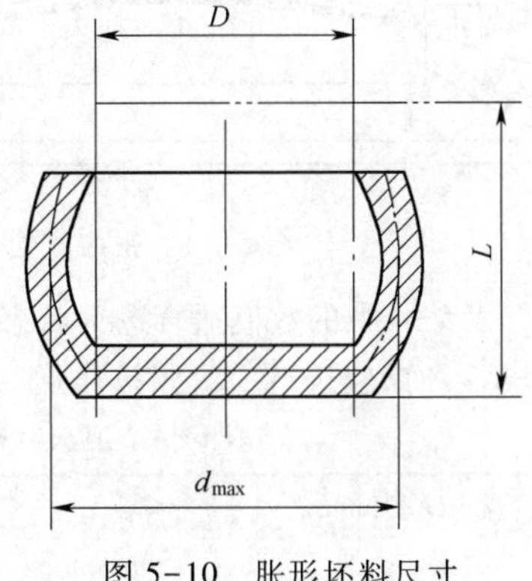

图 5-10　胀形坯料尺寸

4. 胀形力的计算

胀形时，所需的胀形力 F 可按下式计算：

$$F = pA \tag{5-9}$$

胀形单位面积压力 p 可用下式计算：

$$p = 1.15\sigma_{zx}\frac{2t}{2d_{max}} \tag{5-10}$$

式中　σ_{zx}——胀形变形区实际应力，近似估算时取 $\sigma_{zx} \approx \sigma_b$（材料的抗拉强度）。

5.1.4　张拉成形

1. 张拉成形的特点

生产中常有一些底部曲率半径很大的制件，如汽车覆盖件和飞机蒙皮等，冲压时底部材料的胀形变形程度不大，不易产生破裂，但此类件胀形后回弹很大，导致出现贴模不良或形状冻结性不好，从而造成较大的形状误差。

为解决这类零件的回弹问题，生产中常采用张拉成形（简称拉形）加工零件。张拉成形如图 5-11 所示。张拉成形原理与拉弯成形相似，即在毛坯贴靠凸模曲面成形时，对毛坯附加张力 F，这样一方面可以增大材料变形程度，另一方面能够减小甚至消除弯曲时材料内部的压应力成分，从而达到减小零件回弹，增强零件刚度的目的。

2. 变形程度计算

若在张拉成形工件上取一段 $\widehat{ab}$ 窄条带如图 5-12 所示，此窄条带在张拉时伸长变形，用张拉系数 K_1 表示窄条的变形程度，则有：

$$K_1 = \frac{l_{max}}{l_0} = 1 + \frac{\Delta_l}{l_0} = 1 + \delta \tag{5-11}$$

式中　δ——材料的平均伸长率。

K_1 的值越大，表明变形程度也越大。生产中允许使用的极限张拉系数 K_{1max} 的数值可用下式计算：

$$K_{1max} = 1 + 0.8\delta e^{-\frac{\mu\alpha}{2n}} \tag{5-12}$$

由上式可知。张拉系数 K_1 与材料的伸长率 δ、硬化指数 n、摩擦因数 μ、包角 α 以及钳口的形状有关。当 n 和 δ 大时,K_1 大,当 α 和 μ 小时,K_1 也大。

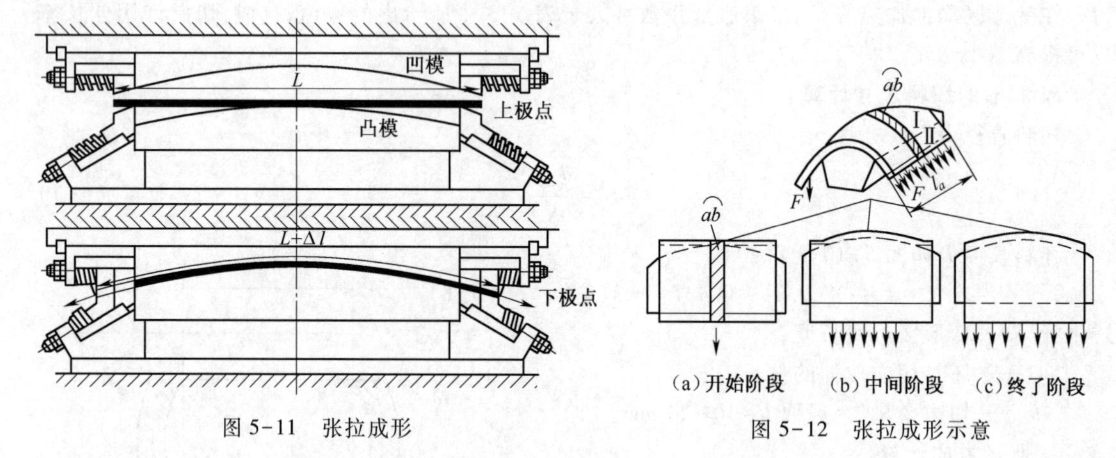

图 5-11 张拉成形

图 5-12 张拉成形示意

表 5-4 中的数值适合退火状态下的铝合金 LY12 和 LC4 的极限张拉系数。当零件的张拉系数 $K_1>K_{1\max}$ 时,应进行二次张拉成形。

表 5-4 退火状态下铝合金 LY12 和 LC4 的极限张拉系数 $K_{1\max}$

材料厚度/mm	1	2	3	4
$K_{1\max}$	1.04~1.05	1.045~1.06	1.05~1.07	1.06~1.08

3. 毛坯尺寸计算

张拉毛坯的长度 L 如图 5-13 所示,可按下式计算:

$$L = l_0 + 2(\Delta l_1 + \Delta l_2 + \Delta l_3) \quad (5-13)$$

式中 l_0 ——零件的展开长度(mm);

Δl_1 ——修边余量,一般取 10~20 mm;

Δl_2 ——凸模与钳口间的过渡区长度,与设备和模具结构有关,一般取 150~200 mm;

Δl_3 ——夹持长度,一般取 50 mm。

毛坯宽度 b 按下式计算:

$$b = b_1 + 2\Delta l_4 \quad (5-14)$$

式中 b_1 ——零件的展开宽度(mm);

Δl_4 ——修边余量,一般取 20 mm。

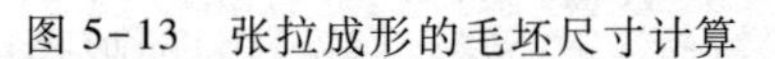

图 5-13 张拉成形的毛坯尺寸计算

5.2 翻 边

翻边是指在模具的作用下,把坯料上的孔缘或外缘沿直线或曲线冲制成竖立边的成形方法。翻边主要用于成形与其他零件的装配部分,零件的边部强化,切边以及成形具有复杂形状的立体零件,同时提高零件的刚度。在大型钣金成形时,还能利用翻边改善材料塑性流动,控制破裂或折皱的出现。所以在汽车、航空航天、电子及家用电器等工业部门中得到十分广泛的应用。

按其工艺特点划分,翻边可分为内孔(圆孔和非圆孔)翻边、外缘翻边和变薄翻边等。外缘翻边又可分为内曲翻边和外曲翻边。按变形性质可分为伸长类翻边、压缩类翻边以及属于体积成形的变薄翻边等。伸长类翻边的特点是:变形区材料受拉应力,切向伸长,厚度减薄,易发生破裂,如圆孔翻边和外缘翻边中的内曲翻边等。压缩类翻边的特点是：变形区材料切向受压缩应力产生压缩变形，厚度增厚，易起皱，如外缘翻边中的外曲翻边。非圆孔翻边经常是由伸长类翻边、压缩类翻边和弯曲组合起来的复合成形。

5.2.1　内孔翻边

1. 圆孔翻边

(1)圆孔翻边的变形特点与变形程度

图 5-14 为圆孔翻边的示意图。翻边时，带有圆孔的环形毛坯被压边圈压死。变形区基本上限制在凹模圆角以内，并在凸模轮廓的约束下受单向或双向拉应力作用(忽略板厚方向的应力)，随着凸模下降，毛坯中心的圆孔不断胀大，凸模下面的材料向侧面转移，直到完全贴靠凹模侧壁，形成直立的竖边。

圆孔翻边时的应变情况，可以通过平板毛坯上的径向及环形坐标网格的变化看出：变形区材料处于切向、径向受拉的应力状态。切向应力在孔边缘最大，径向应力在孔边缘为零。纤维沿切向发生了拉伸，因而材料厚度变薄，而同心圆之间的距离变化则不显著。

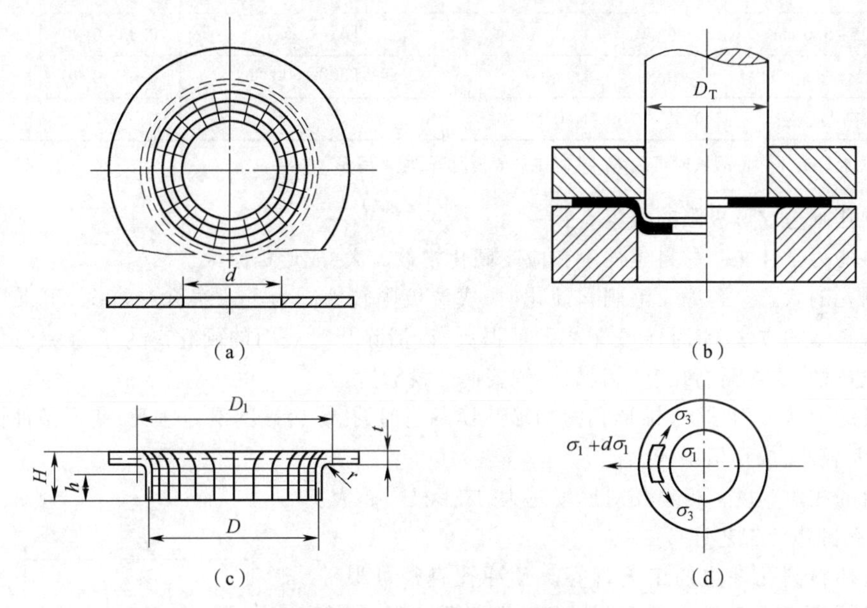

图 5-14　圆孔翻边的示意图

圆孔翻边时成形的变形程度，用坯料上预制孔的初始直径 d 与翻边成形完成后竖边的直径 D 比值 K 表示：

$$K=\frac{d}{D} \tag{5-15}$$

K 称为翻边系数，K 值越小，表示翻边时变形程度越大。

翻边后竖边边缘的厚度，可按下式估算：

$$t'=t\sqrt{\frac{d}{D}}=t\sqrt{K} \tag{5-16}$$

由式(5-15)可知，K 值越小，竖边孔缘厚度减薄越大，也就越容易发生破裂。当翻边系数减小到小于其极限翻边系数 K_1 时，孔的边缘将发生破裂。表 5-5 和表 5-6 分别为低碳钢和其他金属的极限翻边系数,通常可用它们反映圆孔翻边成形极限,K_l 越小,成形极限越大。

表 5-5 低碳钢极限圆孔翻边系数 K_l

凸模形式	孔的加工方法	比值 d_0/t_0										
		100	50	35	20	15	10	8	6.5	5	3	1
球形凸模	钻孔	0.7	0.6	0.52	0.45	0.4	0.36	0.33	0.31	0.3	0.25	0.2
	冲孔	0.75	0.65	0.57	0.52	0.48	0.45	0.44	0.43	0.42	0.42	—
圆柱形凸模	钻孔	0.8	0.7	0.6	0.5	0.45	0.42	0.4	0.37	0.35	0.3	0.25
	冲孔	0.85	0.75	0.65	0.6	0.55	0.52	0.5	0.50	0.48	0.47	—

表 5-6 其他金属极限圆孔翻边系数 K_l

经退火的毛坯材料	极限翻边系数		经退火的毛坯材料	极限翻边系数	
	K_l	K_{lmin}		K_l	K_{lmin}
白铁皮	0.70	0.65	钛合金 TA1(冷态)	0.64~0.68	0.55
黄铜 H62 t=0.5~6.0 mm	0.68	0.62	TA_1(300~400 ℃)	0.40~0.50	—
铝 t=0.5~5.0 mm	0.70	0.64	TA_5(冷态)	0.85~0.90	0.75
硬铝合金	0.89	0.80	TA_5(500~600 ℃)	0.65~0.70	0.55
不锈钢,高温合金	0.65~0.69	0.57~0.61	—	—	—

注:竖边上允许有不大的裂纹时可用 K_{lmin},而在一般情况下,均采用 K_l。

影响圆孔翻边成形极限的因素有:

①材料的力学性能。材料延伸率和应变硬化指数 n 大,成形极限大。

②预制孔的状态。孔缘无毛刺和硬化时,成形极限较大。为了改善孔缘情况,可采用钻孔或冲孔后进行整修的方法,有时还可在冲孔后退火,以消除孔缘表面的硬化。为了避免毛刺降低成形极限,翻边时需要将预制孔有毛刺的一侧朝向凸模放置。

③凸模的形状。用球形、锥形和抛物形凸模翻边时,孔缘会被圆滑地胀开,变形条件比平底凸模优越,故 K 较小,成形极限较大。

④板料的相对厚度。板料相对厚度越大,成形极限越大。

(2)圆孔翻边的工艺计算

①平板坯料圆孔翻边的工艺计算。预冲孔直径可根据 d_0 在板料中性层长度不变的原则进行近似计算如图 5-15 所示。

$$d_0 = d_m - 2(h - 0.43r - 0.72t_0) \qquad (5\text{-}17)$$

竖边高度 h:

$$h = \frac{d_m}{2}(1 - K) + 0.43r + 0.72t_0 \qquad (5\text{-}18)$$

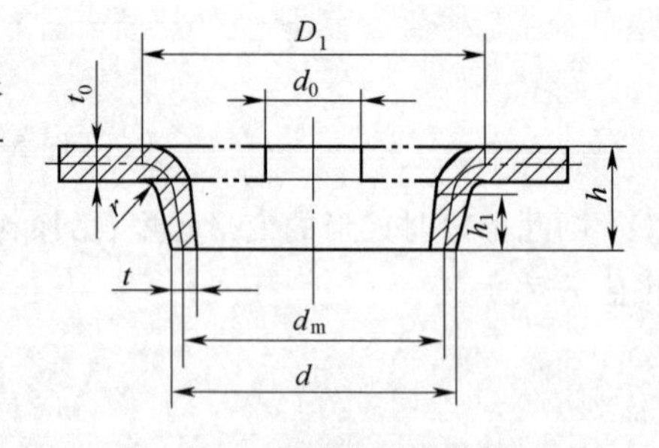

图 5-15 圆孔翻边件的尺寸

②先拉深后冲底孔再翻边的工艺计算。

若零件要求的翻边高度较大,可采用先拉深再翻边的方法进行加工。这时,先确定翻边高度 h_1,再确定翻边圆孔的初始直径 d_0 和拉深高度 h_2,如图 5-16 所示。

拉深后的翻边高度为:

$$h_1=\frac{d_m-d_0}{2}-\left(r+\frac{t_0}{2}\right)+\frac{\pi}{2}\left(r+\frac{t_0}{2}\right) \quad (5-19)$$

整理得：

$$h_1\approx\frac{d_m}{2}(1-K)+0.57r \quad (5-20)$$

预制孔直径：

$$d_0=d_m+1.14r-2h_1 \quad (5-21)$$

翻边前的拉深高度 h_2 为：

$$h_2=h-h_1+r+t_0 \quad (5-22)$$

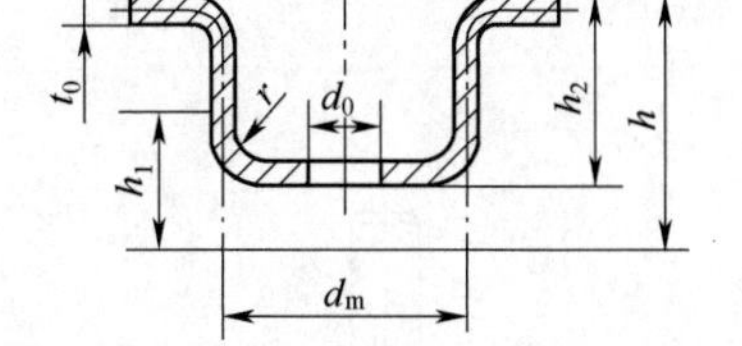

图 5-16　先拉深再翻边的尺寸

若对式(5-20)，取 $K=K_1$，即可得翻边能达到的最大高度：

$$h_{1max}=\frac{d_m}{2}(1-K_1)+0.57r \quad (5-23)$$

此时预制孔直径：

$$d_0=K_1d_m \quad (5-24)$$

翻边前拉深高度：

$$h_2=h-h_{1max}+r+t_0 \quad (5-25)$$

对于翻边高度较大的零件。除采用先拉深再翻边的方法外，也可采用多次翻边的方法，但工序之间需要退火且每次所用翻边系数应比前次增大 15%~20%。

③翻边力的计算。

a. 采用圆柱形平底凸模时：

$$F=1.1\pi(D_m-d_0)t_0\sigma_s \quad (5-26)$$

式中　F——翻边力(N)；

D_m——翻边后竖边的中径(mm)；

d_0——圆孔初始直径(mm)；

t_0——毛坯厚度(mm)；

σ_s——材料的屈服极限(MPa)。

底凸模底部圆角半径 r 对翻边力有影响，增大 r 可降低翻边力。

b. 采用球形凸模时：

$$F=1.2\pi D_m t_0\sigma_s m \quad (5-27)$$

式中　m——系数，按表 5-7 确定。

表 5-7　系数 m 的确定

K	m	K	m
0.5	0.2~0.25	0.7	0.08~0.12
0.6	0.14~0.18	0.8	0.05~0.07

④翻边模设计。翻边模的结构与拉深模相似，如图 5-17 所示。设计时，翻边凸模的圆角半径 r_p 应尽可能大些，或做成球形或抛物线形底，以便于翻边变形。常用的圆孔翻边凸模形状和尺寸如图 5-18 所示。翻边凹模圆角半径对翻边成形影响不大，可取等于工件的圆角半径。

若零件对竖边垂直度有要求，圆孔翻边凸凹模之间的单边间隙可取为$(0.75\sim0.85)t_0$。这样，可保证翻边后的竖边成为直壁。若翻边件的圆角半径很大，竖边高度很小，其目的是减轻质量，增加结构的刚度时，则此时可取较大的单边间隙，一般取$(4\sim5)t_0$。

具体设计时，翻边凸模和凹模的单边间隙可按表 5-8 选取。

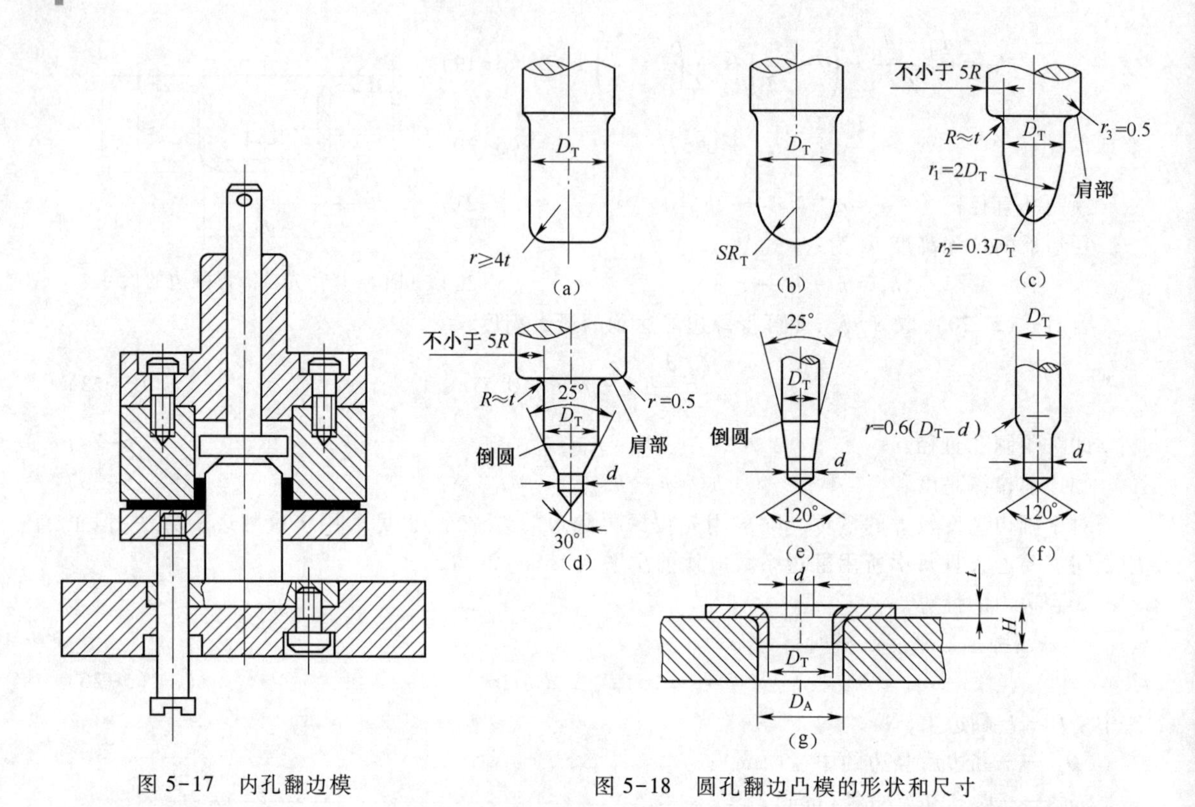

图 5-17　内孔翻边模

图 5-18　圆孔翻边凸模的形状和尺寸

表 5-8　翻边时凸模和凹模的单边间隙　　单位:mm

板料厚度	0.3	0.5	0.7	0.8	1.0	1.2	1.5	2.0
平板毛坯翻边	0.25	0.45	0.6	0.7	0.85	1.0	1.3	1.7
拉深后翻边	—	—	—	0.6	0.75	0.9	1.1	1.5

2. 非圆孔翻边

非圆孔翻边的变形性质与其孔缘轮廓性质有关。凡是内凹弧线部分,其变形性质与圆孔翻边相同,变形区材料主要产生切向拉伸变形;凡是直边部分均相当于弯曲成形;凡是外凸弧线部分,其翻边属压缩类变形,如图 5-19 所示。其中 Ⅰ 部分相当于圆孔翻边,Ⅱ 部分相当于弯曲成形,Ⅲ 部分相当于压缩类翻边。

非圆孔翻边系数 K_f(一般指小圆弧部分的翻边系数):

$$K_f=(0.85\text{-}0.95)K \quad (5\text{-}28)$$

非圆孔的极限翻边系数,可根据各圆弧段的圆心角 α 大小和相对曲率半径查表 5-9 获得。

为减小误差,弧线段的展开宽度应比直线段大 5%~10%。由理论计算出的孔形应加以适当修正,使各段孔缘能平滑过渡。

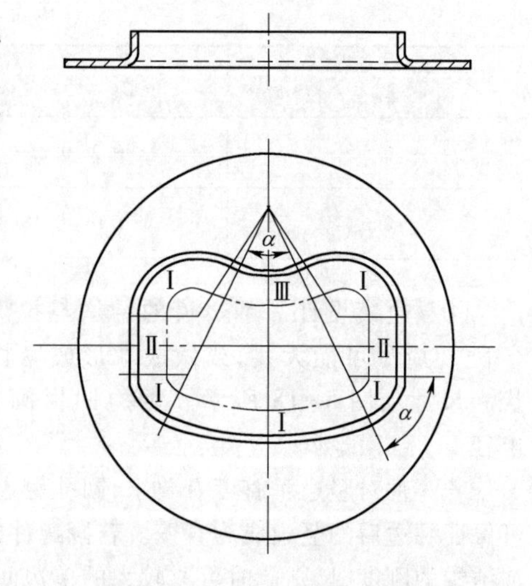

图 5-19　非圆孔翻边

表 5-9　非圆孔件的极限翻边系数 K_f(低碳钢材料)

α	比值 $r/2t$						
	50	33	20	12.5~8.3	6.6	5	3.3
180°~360°	0.8	0.6	0.52	0.5	0.48	0.46	0.45
165°	0.73	0.55	0.48	0.46	0.44	0.42	0.41
150°	0.67	0.5	0.43	0.42	0.4	0.38	0.375
135°	0.6	0.45	0.39	0.38	0.36	0.35	0.34
120°	0.53	0.4	0.35	0.33	0.32	0.31	0.3
105°	0.47	0.35	0.30	0.29	0.28	0.27	0.26
90°	0.4	0.3	0.26	0.25	0.24	0.23	0.225
75°	0.33	0.25	0.22	0.21	0.2	0.19	0.185
60°	0.27	0.2	0.17	0.17	0.16	0.15	0.145
45°	0.2	0.15	0.13	0.13	0.12	0.12	0.11
30°	0.14	0.1	0.09	0.08	0.08	0.08	0.08
15°	0.07	0.05	0.04	0.04	0.04	0.04	0.04
0°	压弯变形						

3. 变薄翻边

变薄翻边在生产竖边较高的零件时,既可提高生产率,又能节约材料。变薄翻边时,翻边模的凸模和凹模之间的间隙小于坯料厚度,翻边凸模头部处的材料变形与圆孔翻边相似。在竖边形成后,随着凸模继续下行,竖边的材料在凸模和凹模的小间隙内受到挤压,发生进一步的塑性变形,使竖边的厚度显著减薄,从而增加了竖边的高度,如图 5-20 所示。因此,变薄翻边属于体积变形,它的变形程度只取决于竖边的变薄系数 K_b。

$$K_b = \frac{t_i}{t_{i-1}} \tag{5-29}$$

式中　t_i——变薄翻边后零件竖边的厚度(mm);

t_{i-1}——变薄翻边前的厚度(mm)。

变薄翻边时视变薄系数不同,可采用一次或多次变薄翻边,一次变薄翻边的变薄系数可取 0.4~0.5,甚至更小。变薄翻边竖边的高度应按体积不变定律进行计算。很显然在相同条件下,变薄翻边力比普通翻边所需要的力大得多。

5.2.2　外缘翻边

外缘翻边按变形的性质可分为伸长类翻边(内曲翻边、内凹外缘翻边)和压缩类翻边(外曲翻边、外凸外缘翻边)。

1. 伸长类翻边

伸长类翻边包括:沿不封闭的内凹曲线进行平面翻边和在曲面毛坯上进行的伸长类翻边,如图 5-21 所示。

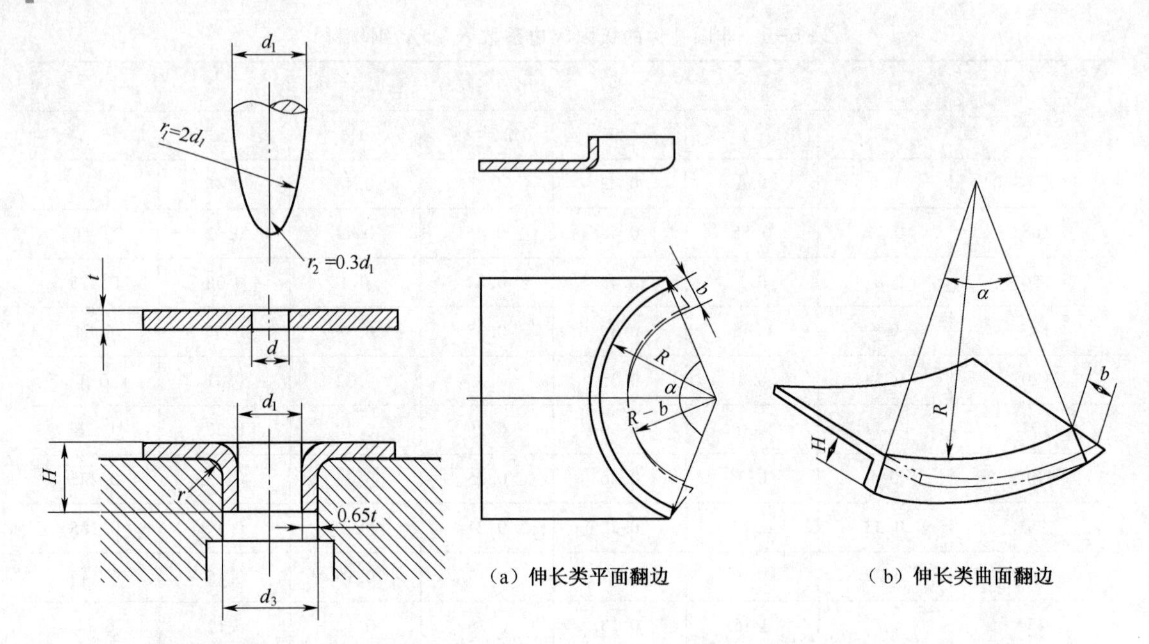

图 5-20　变薄翻边成形小螺纹底孔

图 5-21　伸长类翻边

变形程度：

$$\varepsilon_{伸}=\frac{b}{R-b} \tag{5-30}$$

伸长类翻边又称内凹轮廓翻边,与孔的翻边相似。翻边时,凸缘内产生拉应力而容易破裂。故其成形极限根据翻边后竖边的边缘是否发生破裂来确定。如果变形程度过大,竖边边缘的切向伸长和厚度的减薄也就比较大,容易发生破裂,在制订伸长类翻边工艺时,翻边变形程度不能超出极限变形程度的数值。

2. 压缩类翻边

压缩类翻边又称外凸轮廓翻边,可分为压缩类平面翻边和压缩类曲面翻边,如图 5-22 所示。其变形性质和应力状态类似于不用压边圈的浅拉深。翻边时在翻边的凸缘内产生切向压应力,容易起皱。因此,压缩类平面翻边的极限变形程度主要受毛坯变形区失稳起皱的限制。

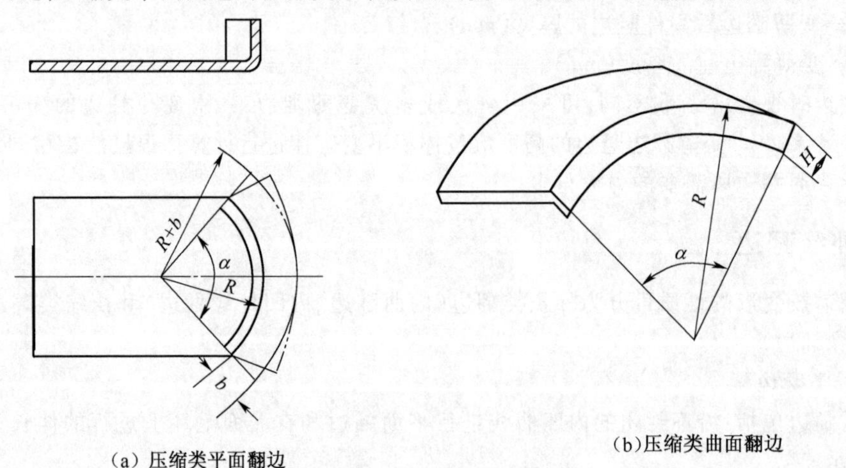

图 5-22　压缩类翻边

变形程度：

$$\varepsilon_{压}=\frac{b}{R+b} \tag{5-31}$$

常用几种材料翻边的允许变形程度，见表 5-10。

表 5-10　伸长类和压缩类翻边时材料允许变形程度

材料名称		伸长类变形程度/%		压缩类变形程度/%	
		橡胶成形	模具成形	橡胶成形	模具成形
铝合金	L4M	25	30	6	40
	L4Y	5	8	3	12
	LY12M	14	20	6	30
	LY12Y	6	8	0.5	9
黄铜	H62 软	30	40	8	45
	H62 半硬	10	14	4	16
	H68 软	35	45	8	55
	H68 半硬	10	14	4	16
钢	10	—	38	—	10
	20	—	22	—	10

5.2.3　特殊翻边模结构

图 5-23 所示为内、外缘复合翻边模。其内缘相当于普通拉深成形，属于伸长类翻边，外缘属于压缩类翻边成形。

图 5-24 所示为落料、拉深、冲孔、翻边复合模。该模具的结构特点是有两个凸凹模 1、8。其中 1 既是落料的凸模也是翻边的凹模；8 既是拉深的凸模又是冲孔的凹模。凸凹模 8 与落料凹模 4 均固定在固定板 7 上，以保证同轴度。冲孔凸模 2 压入凸凹模 1 内，并通过垫片 10 调整它们的高度差，以此控制冲孔前的拉深高度，确保加工出合格的零件高度。该模具的工作顺序是：上模下行，首先在凸凹模 1 和凹模 4 的作用下落料。上模继续下行，在凸凹模 1 和凸凹模 8 的作用下将坯料拉深，冲床缓冲器的力通过顶杆 6 传递给顶件块 5 并对坯料施加压料力。当拉深到一定深度后由冲孔凸模 2 和凸凹模 8 进行冲孔并翻孔。当上模回升时，在顶件块 5 和推件块 3 的作用下将工件顶出，条料由卸料板 9 卸下。

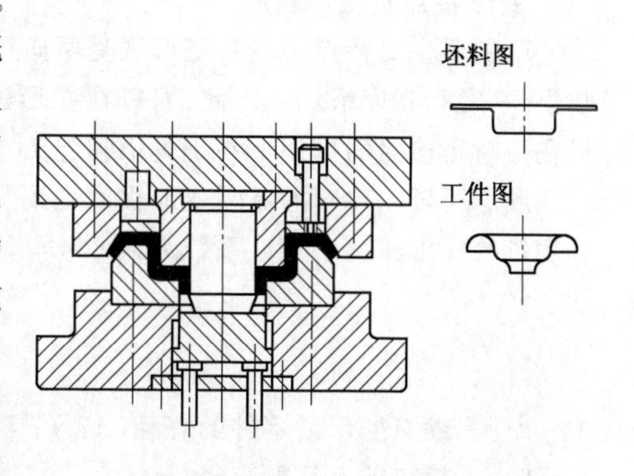

图 5-23　内、外缘复合翻边模

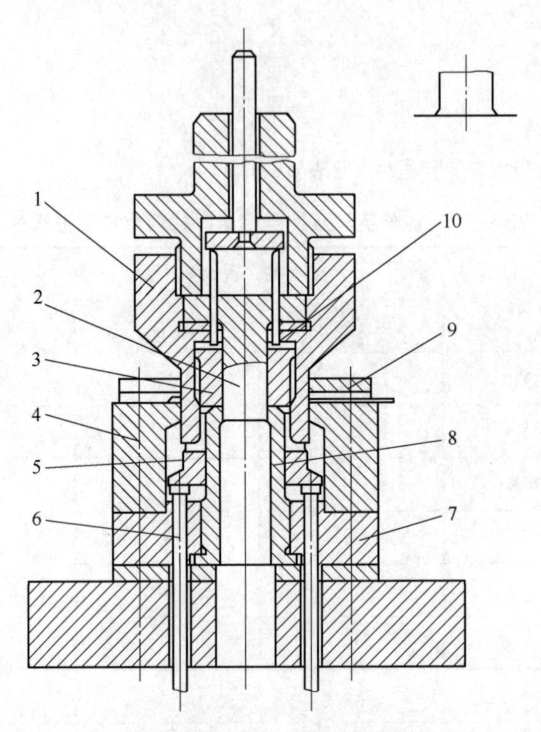

图 5-24 落料、拉深、冲孔、翻孔复合模

1、8—凸凹模;2—冲孔凸模;3—推件块;4—落料凹模;5—顶件块;6—顶杆;7—固定板;9—卸料板;10—垫片

5.3 缩口与扩口

缩口工艺是一种将管坯或预先拉深好的圆筒形件通过缩口模将其口部直径缩小的一种成形方法,如图 5-25 所示。

5.3.1 缩口

1. 变形特点及变形程度

缩口变形主要特点是坯料变形区受两向压应力的作用(见图 5-26),使口部产生压缩变形,直径减小、厚度和高度增加。因此,缩口在变形过程中的主要问题是失稳和起皱。不仅是变形区的材料在切向压应力的作用下易于失稳和起皱,而且非变形区的筒壁也会因承受缩口压力而易失稳产生变形。所以缩口时的极限变形程度主要受失稳条件的限制。

缩口的变形程度用缩口系数 K 表示:

$$K=\frac{d}{D} \tag{5-32}$$

式中 d——缩口变形后零件的直径(mm);

D——缩口前毛坯的直径(mm)。

若工件的缩口系数 K 小于允许的缩口系数时,则需要进行多次缩口,缩口次数 n 按下式估算

$$n=\frac{\log K}{\log K_i} \tag{5-33}$$

式中　K_i ——平均缩口系数。

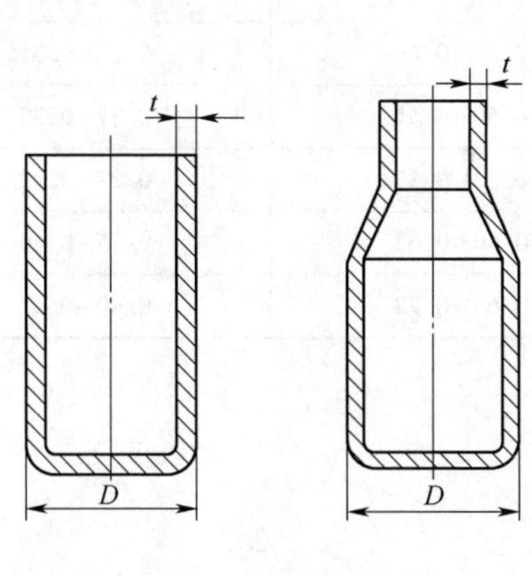

图 5-25　圆筒形件的缩口

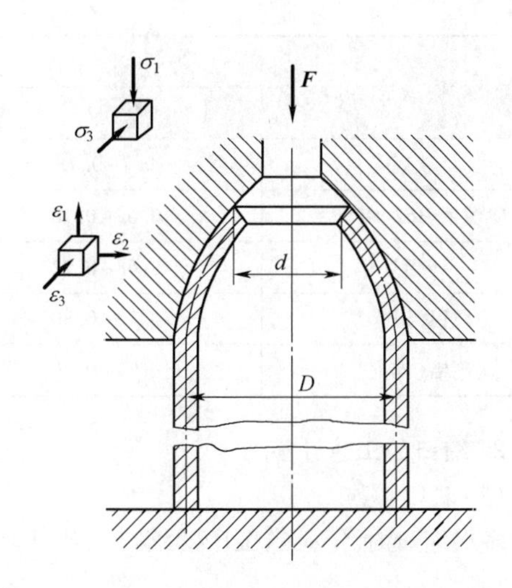

图 5-26　缩口的变形特点

缩口系数的大小不但与材料种类、材料厚度及表面质量有关，还与缩口模具的结构有关。一般说来材料厚度越小，则缩口系数要相应增大。不同材料厚度的平均缩口系数变化见表 5-11。表面质量好的坯料，其缩口系数可适当减小。

表 5-11　材料厚度不同时平均缩口系数 K_i 的变化

材　料	材　料　厚　度/mm		
	<0.5	>0.5~1.0	>1.0
黄铜	0.85	0.80~0.70	0.70~0.65
钢	0.85	0.75	0.70~0.65

缩口模具结构主要有无支撑、外部支撑、内外支撑三种形式如图 5-27 所示。无支撑模具结构简单，毛坯稳定性差；外部支撑模具较无支撑模具复杂，毛坯稳定性较好，允许的缩口系数可以取小一些；内外支撑模具较前两种复杂，稳定性更好，允许缩口系数可以取得更小。表 5-12 给出了不同材料和模具结构形式的平均缩口系数。

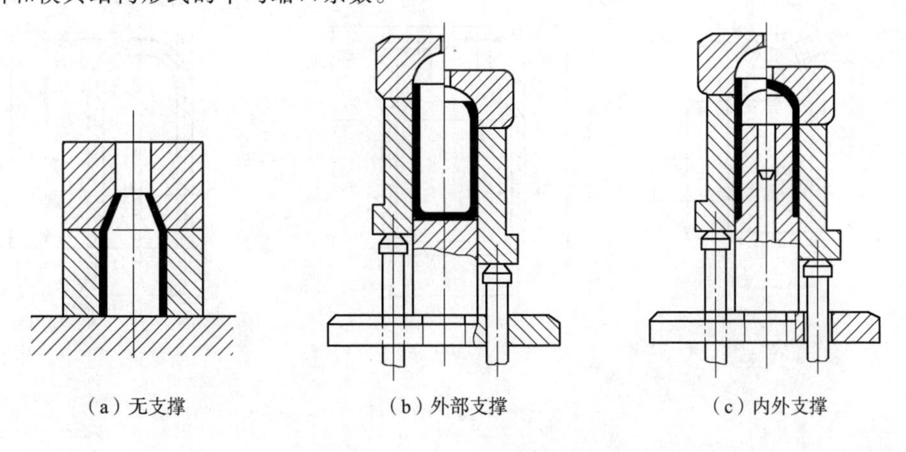

（a）无支撑　　（b）外部支撑　　（c）内外支撑

图 5-27　不同支撑方法的缩口模

表 5-12 平均缩口系数 K_i

材　　料	模具形式		
	无支撑	外部支撑	内外支撑
软钢	0.7~0.75	0.55~0.60	0.30~0.35
黄铜 H62、H68	0.65~0.70	0.50~0.55	0.27~0.32
铝	0.68~0.72	0.53~0.57	0.27~0.32
硬铝(退火)	0.73~0.80	0.60~0.63	0.35~0.40
硬铝(淬火)	0.75~0.80	0.68~0.72	0.40~0.43

2. 缩口的工艺计算

(1)缩口系数

多次缩口时,第一道工序的缩口系数可取:

$$K_1 = 0.9K_0 \tag{5-34}$$

以后各道工序的缩口系数可取:

$$K_n = (1.05-1.1)K_0 \tag{5-35}$$

最好每道缩口工序之后进行中间退火。

(2)颈口直径

各次缩口后的颈口直径则为:

$$d_1 = K_1 D \tag{5-36}$$

$$d_2 = K_n d_1 = K_1 K_n D \tag{5-37}$$

$$d_3 = K_n d_2 = K_1 K_n{}^2 D \tag{5-38}$$

$$d_n = K_n d_{n-1} = K_1 K_n{}^{n-1} D \tag{5-39}$$

(3)坯料高度

缩口前坯料高度 H 如图 5-28 所示,可按下面公式计算。图 5-28(a)所示工件:

$$H = 1.05\left[h_1 + \frac{D^2 - d^2}{8D\sin\alpha}\left(1 + \sqrt{\frac{D}{d}}\right)\right] \tag{5-40}$$

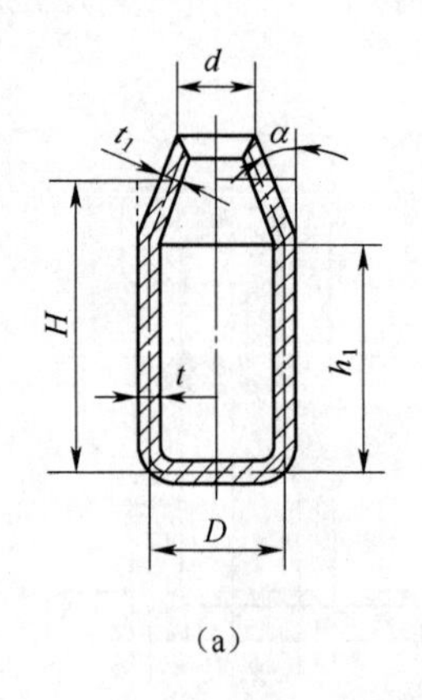

(a)

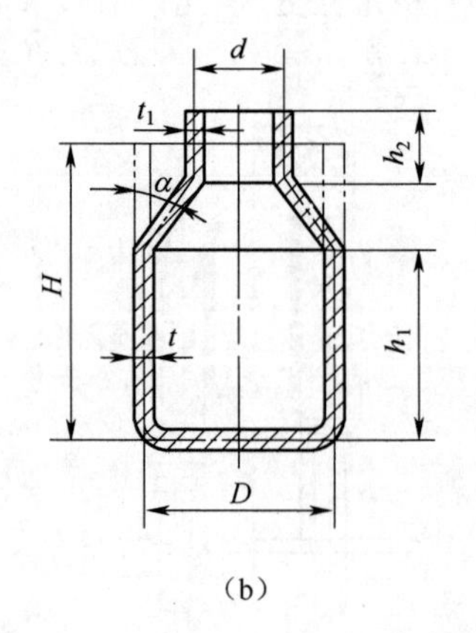

(b)

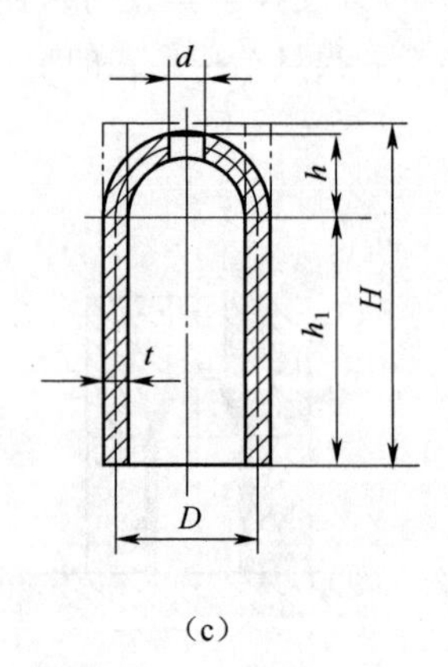

(c)

图 5-28 缩口件

图 5-28(b)所示工件:

$$H = 1.05\left[h_1 + h_2\sqrt{\frac{d}{D}} + \frac{D^2 - d^2}{8D\sin\alpha}\left(1 + \sqrt{\frac{D}{d}}\right)\right] \tag{5-41}$$

图 5-28(c)所示工件：

$$H = h_1 + \frac{1}{4}\left(1 + \sqrt{\frac{D}{d}}\right)\sqrt{D^2 - d^2} \tag{5-42}$$

(4)缩口力

对于图 5-27(a)所示的无支撑的缩口模可按下式计算缩口力：

$$F = (2.4 \sim 3.4)\pi t\sigma_b(D - d) \tag{5-43}$$

式中　F——缩口力(N)；

t——毛坯厚度(mm)；

σ_b——材料抗拉强度(MPa)；

D——毛坯直径(按中心层计)(mm)；

d——缩口部分直径(按中心层计)(mm)。

(5)颈口厚度

由于缩口时颈口处材料受切向压应力的作用,在颈口产生切向压缩变形,故其厚度略有增厚,增厚程度一般情况下可以不予考虑。但若需要精确计算时,颈口厚度按下式计算：

$$t_1 = t_0\sqrt{\frac{D}{d_1}} \tag{5-44}$$

$$t_n = t_{n-1}\sqrt{\frac{d_{n-1}}{d_n}} \tag{5-45}$$

式中　t_0——缩口前毛坯的厚度；

D——毛坯直径(按中线尺寸)；

t_1，t_{n-1}，t_n——各次缩口后颈口壁厚度；

d_1，d_{n-1}，d_n——各次缩口后颈口处直径(按中线尺寸)。

缩口后制品口部尺寸一般比缩口模基本尺寸大0.5%~0.8%的弹性恢复量,故设计缩口模基本尺寸时应予以考虑。

5.3.2　扩口

与缩口工艺相对应的是扩口工艺,它是指将空心件或管件的口部直径扩大的成形方法。扩口的轴向与缩口类似受压应力作用,而切向与胀形类似受拉应力的作用。但是切向的拉应力是主要的,因此扩口实质上相当于刚性凸模的胀形。扩口的变形特点和工艺计算可以参照 5.1 节的相关胀形部分。图 5-29 所示为缩口与扩口的复合模,上部是缩口下部为扩口。

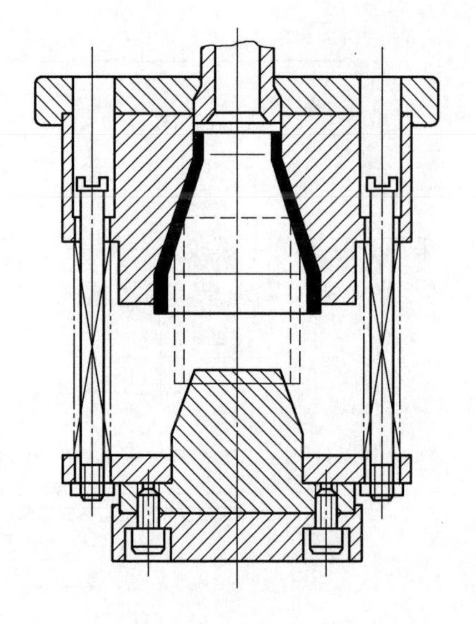

图 5-29　缩口与扩口复合模

5.4　整形与压印

整形又称校形,通常指平板工序件的校平和空间形状工序件的整形。其大都用于冲裁、弯曲、拉深和成形工序后的修整,其目的是使冲压件获得高精度的平面度、圆角半径和形状尺寸。

1. 整形工艺的特点及应用

整形工序的特点主要有:

①只在工序件局部位置使其产生程度较小的塑性变形,这种变形属于局部成形,变形量小。

②整形工序大多是最后一道成形工序,对模具的精度要求比较高。

③为了将尺寸和形状整形到位并控制回弹,所需的整形力往往较大,因此所用设备最好为精压机;当使用机械压力机时,机床应有较好的刚度,并需要装有过载保护装置。

整形可分为:平板零件的校平和空间零件的整形。平板零件的校平,通常用来校正冲裁件的平面度;空间零件的整形主要用于减小弯曲、拉深或翻边等工序的圆角半径,使工件的形状尺寸符合零件规定的要求。

2. 平板零件的校平

平板零件的校平方式有:模具校平、手工校平和在专门校平设备上校平。

平板零件的校平模包括光面校平模和齿形校平模。光面校平模如图 5-30 所示,其上下模面是平直光洁的,一般对于薄料和表面不允许有压痕的板料,应采用光面校平模。同时为了使校平不受压力机滑块导向误差的影响,校平模应做成浮动式,上模或下模浮动。

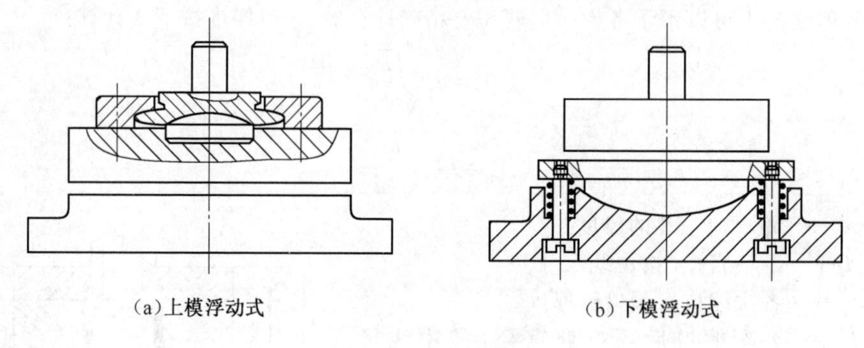

(a)上模浮动式　　(b)下模浮动式

图 5-30　光面校平模

采用光平面校平模校正材料强度高、回弹较大的工件,因单位面积的校平力较小,塑性变形小,其校平效果不太理想。为了增强校平效果,而采用如图 5-31 所示的齿形校平模,这种模具可

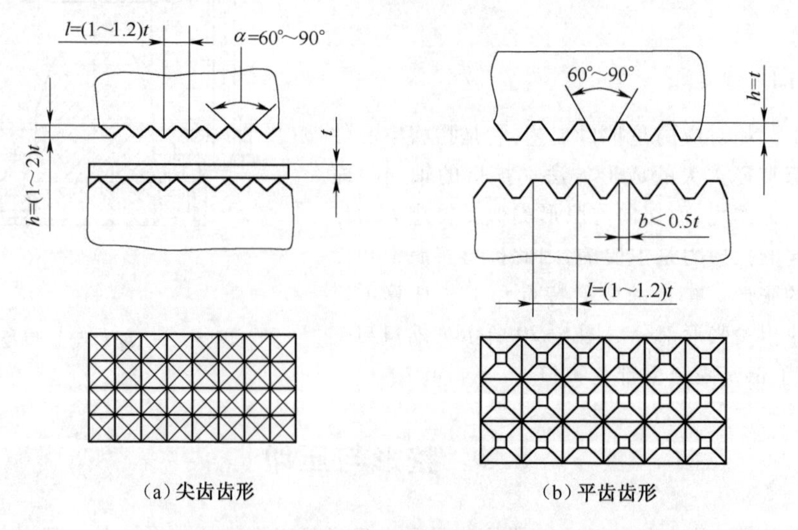

(a)尖齿齿形　　(b)平齿齿形

图 5-31　齿形校平模

增大单位面积的校平力和塑性变形量，使其校平效果明显优于光面校平模。齿形校平模可分为尖齿和平齿两种。尖齿模用于表面允许留有齿痕的零件，平齿模则用于工件厚度较薄的铝、青铜和黄铜等表面允许留有齿痕的零件。

3. 空间形状零件的整形

空间形状零件的整形是指在弯曲、拉深或其他成形工序之后对工序件的整形。其目的是使工序件某些形状和尺寸达到产品的要求，提高精度。

整形模的特点：整形模与前工序的成形模相似，但对模具工作部分的精度、粗糙度要求更高，圆角半径和间隙较小。

弯曲件的整形方法如图 5-32 所示，主要有压校和镦校两种。

拉深件的整形：由于拉深件的形状、尺寸精度等要求不同，所采用的整形方法也有所不同。拉深件的整形方法可分为无凸缘的拉深件整形和有凸缘的拉深件整形。对于无凸缘的拉深件整形，通常取整形模间隙等于(0.9~0.95)t，即采用变薄拉深的方法进行整形。使直壁产生一定程度的变薄，以达到整形的目的。带凸缘拉深件的整形模如图 5-33 所示，其整形的部位常常有：凸缘平面、侧壁、底平面和凸模、凹模圆角半径。

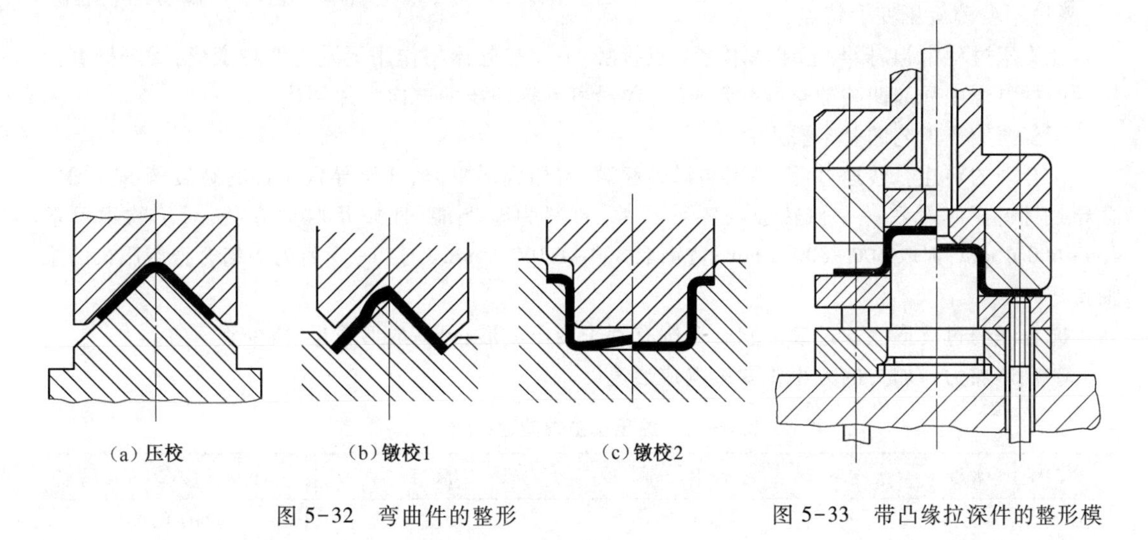

图 5-32　弯曲件的整形　　图 5-33　带凸缘拉深件的整形模

5.5　其他成形工艺

本节介绍的其他成形工艺主要指旋压、爆炸成形、电磁成形、无模多点成形、板料数控渐进成形、板料的液压成形以及超塑性成形等。下面分别予以介绍。

5.5.1　旋压

旋压是一种特殊的成形工艺，是将平板或空心坯料固定在旋压机的模具上，在坯料随机床主轴转动的同时，用旋轮或赶棒在坯料上加压，使之产生局部的塑性变形，最后获得轴对称的旋转体零件，如图 5-34 所示。

旋压可以完成类似拉深、翻边、凸肚、缩口等工艺，而且不需要类似于拉深、胀形等复杂的模具结构，适用性较强。

旋压变形特点：设备和模具都较简单，除可成形各种曲线构成的旋转体外，还可加工复杂形状的旋转体零件。但生产率较低,劳动强度较大,比较适用于试制和小批量生产。

在旋压过程中,根据旋压前后零件厚度变化情况可分为不变薄旋压(普通旋压)和变薄旋压(强力旋压)两种。不变薄旋压是指旋压前后壁厚不变或有少许变化的旋压;变薄旋压是指在旋压过程中壁厚有明显变薄现象的旋压。下面分别就这两种旋压工艺进行介绍。

1. 不变薄旋压工艺

不变薄旋压的基本方式主要有:拉深旋压(拉旋)、缩径旋压(缩旋)和扩径旋压(扩旋)三种。拉深旋压是指用旋压方法生产拉深件,是不变薄旋压中最主要和应用最广泛的旋压方法。

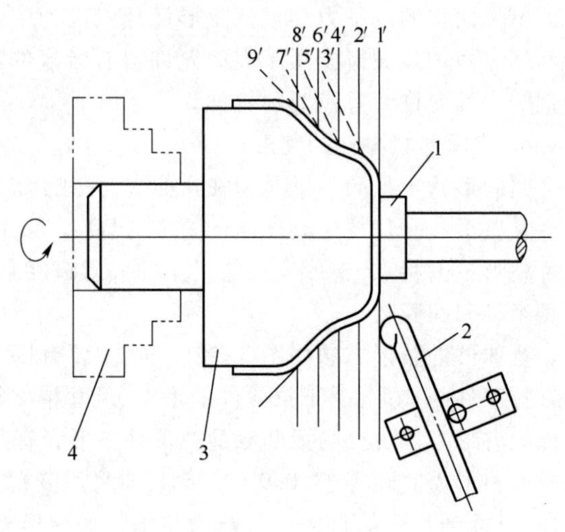

图 5-34 普通旋压

1—顶块;2—赶棒;3—模具;4—卡盘;1′~9′—坯料的连续位置

(1)不变薄旋压变形特点

在旋压过程中,赶棒与毛坯基本上为点接触,毛坯在赶棒的作用下发生两种变形:①赶棒直接接触的材料产生局部凹陷的塑性变形;②坯料沿着赶棒加压的方向大片倒伏。

不变薄旋压工艺的基本要点:

①合理的转速。转速过低,坯料边缘易起皱,增加成形阻力,甚至导致工件的破裂;转速过高,会导致材料变薄严重。主轴转速与零件尺寸、材料力学性能、性质及厚度有关,对于软钢可取400~600 r/min;铜取600~800 r/min;黄铜取800~1 100 r/min。表5-13所列为铝合金旋压机的主轴转速。

②合理的过渡形状。过渡形状合理则有利于旋压成形,提高成形质量,减少旋压力。

③合理加力。加力的大小主要影响成形速度。

表 5-13 旋压机主轴转速(铝合金)

料 厚/mm	毛坯外径/mm	加工温度/℃	转 速/$(r\cdot min^{-1})$
1.0~1.5	<300	室温	600~1 200
1.5~3.0	300~600	室温	400~750
3.0~5.0	600~900	室温	250~600
5.0~10.0	900~1 800	200	50~250

(2)不变薄旋压成形极限

其变形程度以旋压系数 m 表示:

$$m=\frac{d}{D} \tag{5-46}$$

式中 d——圆筒直径(mm);

D——坯料直径(mm)。

坯料直径 D 可按等面积法求出,但旋压时材料的变薄较大些,因此应将理论计算值减小5%~7%。

对于圆筒形零件,其极限旋压系数可取0.6~0.8;旋压锥形件,其极限旋压系数可取小些,取

0.2~0.3。

当工件需要的变形程度较大(即 m 较小)时,便需要多次旋压,如图 5-35 所示。多次旋压时必须进行中间退火以消除加工硬化。

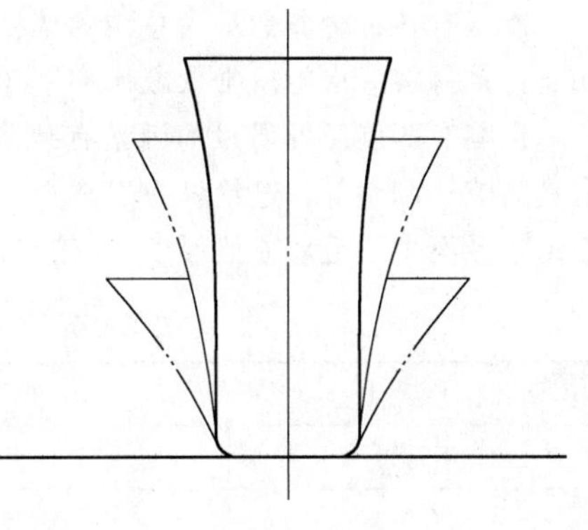

图 5-35　多次旋压

2. 变薄旋压工艺

(1)变薄旋压变形特点

锥形件变薄旋压如图 5-36 所示。变薄旋压成形具有以下特点:

①无凸缘起皱,也不受坯料相对厚度的限制,可一次旋压出相对深度较大的零件。一般要求使用功率大、刚度大并有精确靠模机构的专用强力旋压机。

②变薄旋压成形产生局部变形,因此变形力比冷挤压小很多。

③经强力旋压后,材料晶粒紧密细化,从而提高了强度及表面质量,使表面粗糙度 Ra 可达 0.4 μm。

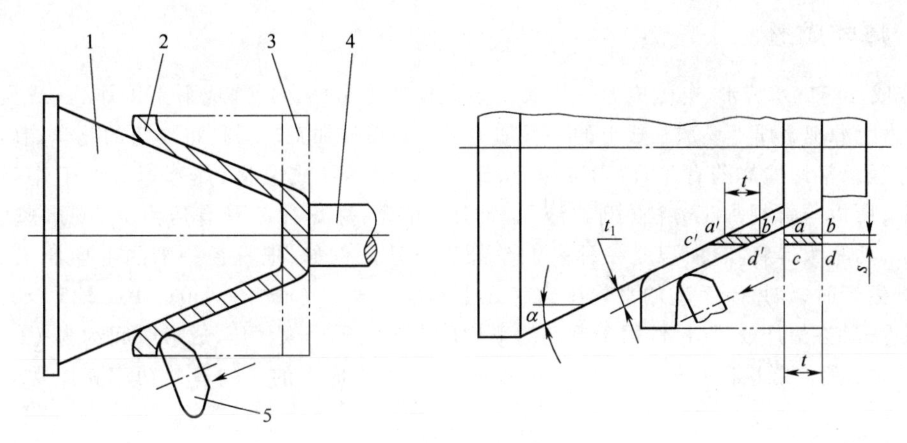

图 5-36　锥形件变薄旋压

1—模具;2—工件;3—坯料;4—顶块;5—旋轮

圆筒形件的变薄旋压不能应用于平面毛坯旋压成形,只能加工壁厚较大、长度较短而内径与之相同的圆筒形毛坯。

圆筒形件变薄旋压可分为正旋压和反旋压两种。正旋压时,材料流动方向与旋轮移动方向相同。反旋压时,材料流动方向与旋轮移动方向相反,未旋压的部分不移动。

圆筒形件变薄旋压时,一般塑性好的材料一次的变薄率可达 50%以上(如铝可达 60%~70%),多次旋压总的变薄率也可以达 90%以上。

(2)变薄旋压成形极限

变薄旋压的变形程度可用减薄率 ψ 表示:

$$\psi = \frac{t_0 - t}{t_0} \tag{5-47}$$

式中　t_0——毛坯厚度(mm);

t——零件厚度(mm)。

旋压前后毛坯厚度 t_0 与制件厚度 t 之间的关系为:$t = t_0 \sin\alpha$,这一关系称为变薄旋压时异形件壁厚变化的正旋律,虽由锥形件推导出,但也适用于其他异形件。

旋压时各种金属的最大总减薄率见表 5-14。

许多材料一次旋压常取减薄率≤30%,这样可保证零件达到较高的尺寸精度。

影响变薄旋压件质量的因素有减薄率、旋压方向、进给量、转速、旋轮直径和圆角半径、旋轮与模具间隙的调整等。进给量一般在 0.25~0.75 mm/r 的范围内;转速一般为 200~700 r/min;滚轮圆角半径不小于毛坯原始厚度;滚轮与模具之间的间隙最好符合正弦律的规定。

表 5-14 旋压最大总减薄率 ψ(无中间退火)

材 料	圆 锥 形	半 球 形	圆 筒 形
不锈钢	60~75	45~50	65~75
高合金钢	65~75	50	75~82
铝合金	50~75	35~50	70~75
钛合金	30~55	—	30~35

注:钛合金为加热旋压。

5.5.2 爆炸成形

爆炸成形与电水成形、电磁成形等均属高能高速成形方法。爆炸成形是以炸药(或火药和可燃气体)为能源把金属毛坯加工成形的一种加工工艺。爆炸加工过程是将炸药的化学能转化为机械能的过程。常用的炸药有 TNT、硝铵炸药、导爆索及塑料(或橡胶)炸药等。由于炸药爆炸是快速过程,所以与常规加工方法(例如液压、冲压)相比,爆炸加工具有压力大、变形速度大、加工时间短,功率大等特点,所以是一种高能率加工方法。例如,把直径一米的毛坯加工成封头,用水压机生产时,作用于毛坯的平均压力为几十标准大气压(atm)(1 atm=101 325 Pa),成形时间为十几秒;而在爆炸成形时,作用于毛坯的平均压力为几千个大气压,成形时间约为(1/100)s。由于毛坯成形所需能量在两种情形下基本相等,所以爆炸成形的平均有效功率就比常规方法大10 倍。

钣金零件的拉深、弯曲、扩口、胀形、卷边、翻口、冲孔、压梗、弯曲和整形等,都可用爆炸成形来完成,如图 5-37 所示。这是爆炸加工应用最成熟的一个方面。爆炸成形也可用于爆炸焊接、表面强化、构件装配及粉末压制等。

高能高速成形特点:①高能高速成形几乎不需模具和工装以及冲压设备,仅用凹模就可以实现成形;②高能高速成形是特殊的成形工艺,成本高、专业技术性强是这种工艺的不足之处;③因

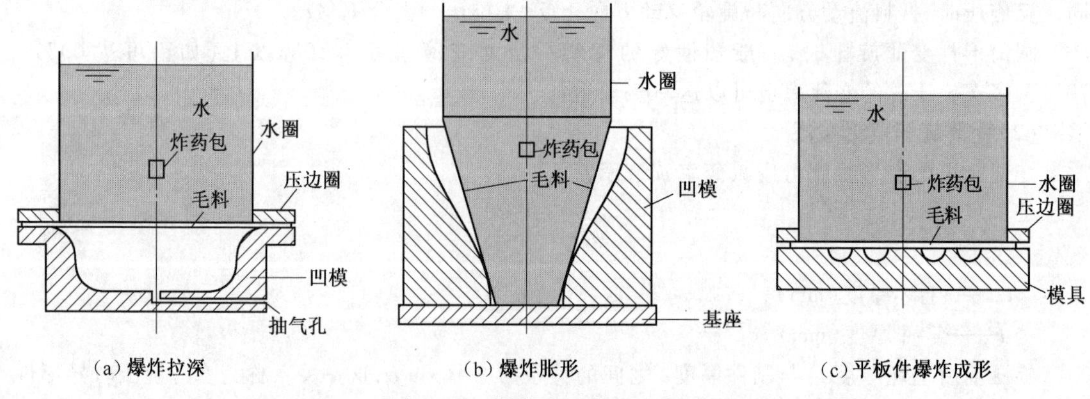

图 5-37 爆炸成形装置示意图

为是在瞬间成形,所以使材料的塑性变形能力得到了提高,对于塑性差用普通方法难以成形的材料,采用高能高速成形仍可得到理想的成形产品;④高能高速成形方法对制造复合材料具有独特的优越性;⑤高能高速成形时,零件以极高的速度贴模,这不仅有利于提高零件的黏膜性,而且可以有效地减小零件弹复现象。所以得到的零件精度高,表面质量好。

爆炸成形常用的炸药一般放置在水中,不和毛坯直接接触。爆炸压力通过水传递。有时为了防止毛坯起皱,也可用砂作为传压介质以增加毛坯表面的摩擦阻力。一般不用空气作传压介质因它的传压能力太小。在模具爆炸成形时,由于毛坯变形速度较快,通常应将模腔内空气抽空,否则空气受压缩产生的高压会使零件破坏。如果模具设计合理,工艺参数(包括药形、药量、药位、水深、压边力等)选择恰当,只要引爆炸药,就能在瞬间(炸药一般以 2 000~8 000 m/s 的高速及高压冲击波在水中传播)形成一个与模壁贴合良好的零件。

5.5.3　电磁成形

电磁成形技术的研究始于 20 世纪 60 年代的美国。随着科学技术的进步和制造业发展的要求,电磁成形技术逐渐发展成为制造业中一种新型的金属塑性加工方法。它利用瞬间的高压脉冲磁场迫使金属产生塑性变形达到成形金属零件的目的。从加工方法上分析,电磁成形加工属于高能率加工的范畴。该加工方法可应用于金属板材的冲孔、压印或压花以及管材的胀形、缩颈、冲孔、翻边等。目前,电磁成形技术已广泛应用于航空航天、原子能、汽车、仪器仪表、电子以及玩具等领域。

电磁成形的理论基础是物理学中的电磁感应定律。由定律可知变化的电场周围产生变化的磁场,而随时间变化的磁场在其周围空间激发出涡旋电场,所以当有导体处于此电场中时就会产生感应电流(涡流)。在电磁成形过程中,磁场力是工件成形的动力。

电磁成形技术研究内容主要集中在以下几个方面:材料的高速成形性能、电磁成形设备、不同材料成形性能的提高及提高程度、电磁成形下成形工件的机械性能、各种潜在的不同电磁成形策略的可行性研究、适用于电磁成形用的工具研究、电磁成形过程的数字模拟、安全生产等。

电磁成形的主要优点:

(1)易于实现高速成形,生产效率高;加工精度高,电磁力的控制精确,误差可在 0.5%以内。

(2)适于实现各种工艺参数和成形过程的控制,易实现生产过程的机械化和自动化。

(3)适于非机械接触性加工。电磁力是工件变形的动力,它不同于一般的机械力,工件变形时施力设备无须与工件进行直接接触,因此工件表面无机械擦痕,也无须添加润滑剂,从而省去了后续的清理工序,对生产环境没有特殊要求,不会造成环境的污染和危害,工件表面质量较好。

(4)电磁成形设备可实现工件的多步、多点、多工位成形,有助于实现生产的柔性化。

(5)电磁成形工艺装备及模具十分简单,只需要一个凸模或凹模即可实现加工,所以模具及工装的费用较低。

(6)电磁成形可以实现金属和非金属的连接和装配,对装配前的零件加工精度无特殊要求,并且不必担心非金属装配零件的损坏。

(7)电磁成形时,毛坯的变形不是由刚体模具的外力,而是由电磁力(体积力)引起的,因此,毛坯的表面不受损伤,可以将表面抛光工序等安排在成形加工和装配之前,而且可以减轻因刚体模具引起的局部过度变薄,另外,磁场可以穿透非金属材料,所以可以对有非金属涂层或放在容器内的工件进行加工。

(8)电磁成形工艺适于加工铜、铝和低碳钢等良导体材料,对导电性能差的材料,加工效率低,但可以利用良导体作为驱动片进行间接加工,或采用特制的高频率机器。

(9)工件变形源于工件内部带电粒子受磁场力作用。因此,工件变形受力均匀,残余应力小,疲劳强度高,使用寿命长,加工后不影响零件的机械、物理、化学性能,也不需要热处理。

5.5.4 无模多点成形

无模多点成形是将多点成形技术和计算机技术结合为一体的先进制造技术。板材无模多点成形系统是以计算机辅助设计与辅助制造技术为主要手段的柔性成形设备,其工作原理如图 5-38 所示,是把传统的冲压实体模具分解为很多离散的小模具单元(又称基本体),形成一系列规则排列的高度可调的基本体,通过对各个基本体运动的实时控制,自由地构造出成形曲面,代替模具实现板材三维曲面的快速无模成形。这种成形方式是对三维曲面板类件传统生产方式的重大创新。

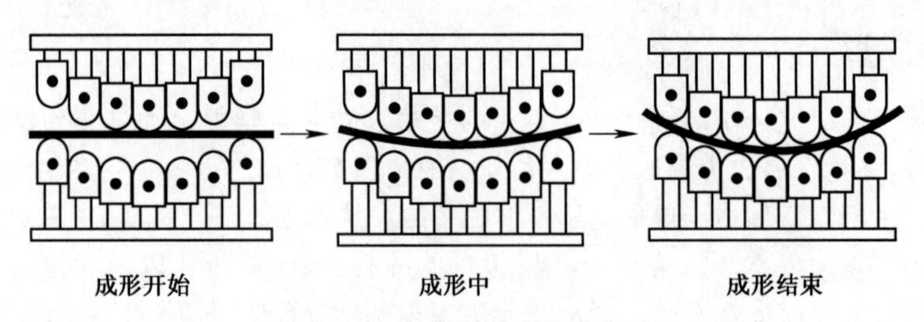

图 5-38 无模多点成形示意图

无模多点成形的技术特点如下:

(1)实现无模成形。取代传统的整体模具,节省和保存了模具设计、制造、调试所需的人力、物力和财力,显著地缩短产品生产周期,降低生产成本,提高产品的竞争力。与模具成形法相比,不但节省了巨额加工、制造模具的费用,而且节省了大量的修模与调模时间。与手工成形方法相比,成形的产品精度高、质量好,并且显著提高了生产效率。

(2)优化变形路径。通过调整基本体,可实时控制变形曲面,随意改变板材的变形路径和受力状态,提高材料成形极限,实现难加工材料的塑性变形,扩大加工范围。

(3)实现无回弹成形。可采用反复成形技术,消除材料内部的残余应力,并实现少回弹或无回弹成形,保证工件的成形精度。

(4)通过小设备成形大型件。采用分段成形新技术,连续逐次成形超过设备工作台尺寸数倍的大型工件。

(5)易于实现自动化,如曲面造型、工艺计算。压力机控制、工件测试等整个过程全部采用计算机技术,实现 CAD/CAM/CAT 一体化生产,使工作效率高,劳动强度小,极大程度地改善劳动者作业环境。

无模多点成形的发展主要集中在以下三个方面:

(1)无模多点成形设备方面。我国吉林工业大学已开发出集 CAD/CAE/CAM/CAT 于一体,具有自主知识产权的板材无模多点成形设备。该设备的计算机软件系统主要可进行曲面几何造型、工艺计算、成形过程有限元模拟等。自动控制系统可用于调整基本体群形状,控制液压加载系统成形出所需形状的工件;三维曲面用于测量检测成形后的工件形状,并将测量结果反馈到计算机软件系统进行修正,实现闭环控制。

(2)多点成形理论方面。在多点成形理论研究方面取得了一系列新进展,主要创新点有:

①多点成形基本理论创新。提出了四种成形原理不同的、具有代表性的多点成形基本方式,即多点模具成形、多点压机成形、半多点模具成形及半多点压机成形。

②缺陷产生机理创新。研究了多点成形中典型不良现象(压痕、皱纹、回弹、直边效应)的产生

机理,并研制出这些缺陷的抑制方法。

③工艺设计理论创新。提出了抑制压痕的工艺方法、消除直边效应的分段成形工艺方法、改变变形路径的工艺方法和无回弹的反复成形工艺方法。

④设备设计理论创新。提出了基本体与基本体群设计方法,包括多点成形设备关键结构的设计方法和优化设计方法。

(3)实用技术开发方面。在大量实验的基础上,解决了一系列实用化关键技术,主要有:

①无缺陷弹性垫技术。可以有效地抑制压痕,起皱等成形缺陷,使成形件的表面质量大幅提高。

②无回弹反复成形技术。即利用多点成形柔性化的特点,采用反复成形工艺方法,减小工件的回弹及材料内部的残余应力,实现板材小回弹或无回弹成形。

③分段成形技术,即优化过渡区成形模型,进行大变形量、大尺寸零件的成形,实现小设备成形大工件,并使无模成形设备小型化。应用该技术已成形出超过设备工作台面积七倍的样件,扭曲面总扭曲角超过40°。

④多道成形技术。对于变形量很大的制品,选取最佳路径多道成形,使成形过程中板材各部分变形尽量均匀,以消除起皱等成形缺陷,提高板材的成形能力。

⑤闭环成形技术。即将自动控制技术与CAD、CAT结合起来,对成形后的工件进行三维测量,将测量的数据反馈到CAD系统,经过控制算法运算后,计算出基本体群形状的修正量,传递给控制系统再次成形,这样反复几次,可以加工出精确的目标形状。

无模多点成形的应用前景:不同形状、不同尺寸的大型三维曲面板制品在轮船、舰艇、飞机、航天器、陆地车辆、大型容器以及不锈钢雕塑等军工和民用品中比比皆是。近年来,随着航空、航天、海运、高速铁路、化工以及城市建筑等行业的发展,对其需求也在不断地增加,但落后的钣金弯形方法已不能适应这种发展要求,三维曲面板制品生产迫切地需要先进的制造技术。无模多点成形技术已经成熟,可以直接用于实际生产。它特别适合于曲面板制品的多品种小批量生产及新产品的试制,所加工的零件尺寸越大、其优越性越突出。无模多点成形技术将在轮船和舰艇的外板、飞机和航天器的蒙皮、车辆、大型容器和城市雕塑的覆盖件等三维曲面板制品加工中有着广阔应用前景,并将产生巨大的经济效益和社会效益。

5.5.5 板料数控渐进成形

金属板料数控渐进成形技术,是通过计算机直接驱动CAD模型,实现设计与制造一体化的柔性快速制造方法。是一种基于计算机技术、数控技术和塑性成形技术的先进制造技术,它采用快速原型制造技术"分层制造"的思想,将复杂的三维形状沿z轴方向离散化,即分解成一系列二维层,在这些二维层上进行局部的加工,着重强调将层作为加工单元。采用专门研制的三轴数控成形设备,控制成形工具做相对三维曲线运动,沿其运动轨迹对板料进行局部的塑性加工,使板料逐步成形为所需的工件。其成形过程如图5-39所示。数控成形系统主要由成形工具头、导向装置(导柱、导套)、顶支撑模型、托板、压板和机床本体组成。工具头在数控系统的控制下进行运动,顶支撑模型起支撑板料的作用,对于形状复杂的零件,该顶支撑模型可以制成简单的模具,有利于板料的成形。成形时,首先将被加工板料置于一个通用顶支撑模型上,在托板四周用压板夹紧板料,该托板可沿导柱上下滑动,如图5-39(a)所示。然后将该装置固定在三轴联动的数控无模成形机上,加工时,成形工具先走到指定位置,并对板料压下一个设定的压下量,然后根据控制系统的指令,按照第一层轮廓的要求,以走等高线的方式,对板料进行单点渐近塑性加工,如图5-39(b)所示。在形成所需的第一层截面轮廓后,成形工具又压下一个设定的压下量,再按第二层截面轮廓要求运动,并形成第二层轮廓,如此重复,直到整个工件成形完成。

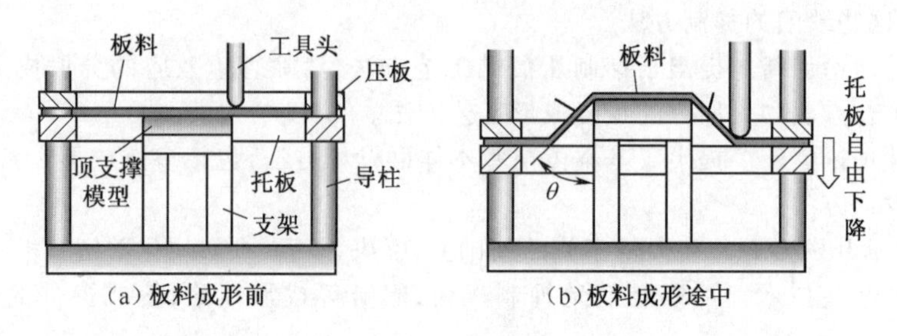

(a)板料成形前　　(b)板料成形途中

图 5-39　板料数控渐进成形过程示意图

在金属板料数控渐进成形过程中,每点的变形对其他未变形部分的影响很小,变形后的工件凸缘基本上保持变形前的形状。

从以上的成形过程可以看出,这种对板料进行分层渐进成形的方法,无须一一对应的模具,零件的形状和结构也相应不受约束。其工艺是用逐层塑性加工来制造三维形体,用CAD模型直接驱动,实现设计和制造一体化的柔性快速制造方法,也是一种无模具成形法。

板料数控渐近成形技术具有以下几个特点:

(1)实现柔性成形。这种成形技术无须专用模具,对于复杂零件仅仅需要做一个简单的芯模,与传统的整体模具成形相比,节省了巨额加工、制造模具的费用,对于飞机、卫星等多品种、小批量的产品以及用于其他薄壳类新产品的开发,都具有巨大的经济价值。

(2)将快速原型制造技术与塑性成形技术有机结合。目前已有的快速原型制造方法很难直接制造出作为零件使用的薄壳类工件,该技术能够填补传统快速原型制造方法的空白,既是快速成形技术的延伸,也是一种全新的塑性成形技术。可能对板料成形工艺产生革命性的影响,也将引起板壳类零件设计概念的创新。

(3)将板料局部加压变形,最终累积成形为三维壳体工件,其成形力小、设备小、投资少;近似于静压力,振动小、噪声低;可以成形其他技术无法成形的零件。

(4)实现数字化制造。三维造型、工艺规划、成形过程模拟、成形过程控制等过程全部采用计算机技术,实现CAD/CAM/CAE一体化生产,是一项很有发展前途的先进制造技术。

5.5.6　板料的液压成形

板料液压成形是一种先进的金属成形加工工艺,这种工艺具有模具成本低、模具制造周期短、成形极限高、成形质量高等特点,是板料柔性成形的主要工艺技术之一。适用于航空航天领域中变形程度高、需要多道次拉深才能完成的零件,比如整流罩等带有复杂型面的筒形件、锥形件等;同时也适用于汽车领域带有复杂型面、局部需要凹模与凸模压靠才能成形的零件,如汽车灯反光罩等;常规成形不容易调试模具以及易产生起皱、破裂缺陷的零件,如翼子板等。此外,液压成形还适用于加工许多厨房用品,如不锈钢餐具、容器、手盆等较深的零件产品。该工艺技术主要采用信息技术支持工具,用柔性模具代替传统的刚性凸模或凹模,如图5-40所示。

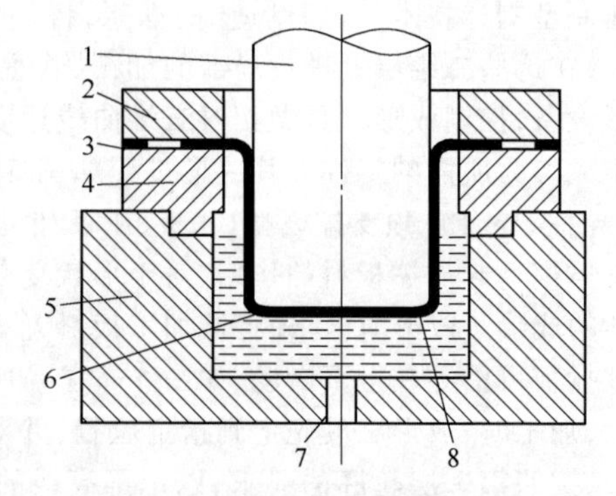

图 5-40　板料液压成形示意图

1—凸模;2—压边圈;3—密封圈;4—支撑板;5—凹模;6—液体介质;7—排液孔;8—板料

液压成形的工作原理就是将凹模中充满液体,在凸模(带动板料)进入凹模时建立反向的液压成形。由于反向液压的作用,板料与凸模紧紧贴合,产生了摩擦保持效果,缓和了板料在凸模圆角处(传统拉深时的危险断面)的径向应力,提高了传力区的承载能力;在板料与凹模表面间形成了流体润滑,摩擦减小,油液保护作用使得成形零件表面无划伤,同时使法兰变形所需的径向应力减小。

由此可见利用液压柔性垫技术可增大成形板料的受力面积,将集中载荷变为均布载荷,消除压痕、裂纹等不良缺陷,消除材料内部残余应力,实现少回弹或无回弹成形,合理改变板材的变形路径和受力状态,提高了材料的成形能力,可以显著提高零件的极限变形程度。

板料的液压成形技术经过二十年来的发展,受到各个领域的普遍重视,在国外工业发达国家已经大量应用到航空、航天、汽车以及家用电器制造中,这与此项技术所具有的优点是分不开的,这些优点包括:

(1)在摩擦保持效果压力作用下,板料与凸模之间形成摩擦保持效果,这样可增强凸模圆角区板料的承载能力,提高成形极限,从而减少成形次数。

(2)流体润滑效果液室中液体压力作用使得板料紧贴在凸模上,液体在凹模上表面和板料下表面之间形成流体润滑,这样可减少零件表面划伤,使零件质量好,尺寸精度高,壁厚分布均匀。

(3)抑制曲面零件起皱,由于成形板料下面的反向液压作用消除了曲面零件等在凹模孔内的悬空区,使坯料紧贴凸模,并形成“凸梗”,减小了半球、锥形等复杂件拉深时的“悬空段”,有效控制了材料内皱等缺陷的发生。

(4)可以在减少模具和无模具的情况下,加工出复杂曲面的汽车板料成形工件,把传统刚性成形工艺的多次拉伸成形工艺改变成为一次性的柔性成形,提高成形件的表面精度和内在强度,能够节约大量的模具设计、制造、调试的人力、物力和时间,尤其在多品种小批量的大型板材成形生产中,能克服费用和时间的限制,使产品更新换代越来越快。

5.5.7 超塑性成形

1. 概述

金属的超塑性是指金属材料在特定的条件下,即在较低的应变速率($\varepsilon = 10^{-2} \sim 10^{-4}\,s^{-1}$)、一定的变形温度(约为热力学熔化温度的一半)和稳定而细小的晶粒度(0.5~5 μm)的条件下,某些金属或合金呈现低强度和大伸长率的一种特性。

超塑性通常可以用伸长率来表示。如伸长率超过 100%(也有人认为超过 300%)不产生缩颈和断裂即称该金属呈现超塑性。一般黑色金属室温下的伸长率为 30%~40%,铝、铜及其合金为 50%~60%以下,即使在高温下,这些材料的伸长率也难超过 100%。超塑性成形,就是利用金属的超塑性,对板材加工出各种零部件的成形方法。

超塑性成形的宏观特征是大变形、无缩颈、小应力。因此超塑性成形具有以下特点:

(1)金属塑性大为提高。比如过去认为只能采用铸造成形而不能锻造成形的镍基合金,也可进行超塑性模锻成形,因而增加了可锻金属的种类。

(2)金属的变形抗力很小。一般超塑性模锻的总压力只相当于普通模锻的几分之一到几十分之一,因此,可在吨位小的设备上模锻出较大的制件。

(3)加工精度高。超塑性成形加工可获得尺寸精密、形状复杂、晶粒组织均匀细小的薄壁制件,其力学性能均匀一致,机械加工余量小,甚至不需要切削加工即可使用。因此,超塑性成形是实现少或无切削加工和精密成形的新途径。

超塑性成形主要应用在以下两个方面:

(1)板料深冲。在超塑性板料的法兰部分加热,并在外围加油压,一次能拉出非常深的容器。

深冲比 H/d_0 可为普通拉深的15倍左右。

(2)挤压和模锻。超塑性模锻高温合金和钛合金不仅可以节省原材料,降低成本,而且可以大幅度提高成品率。所以,超塑性模锻对可锻性非常差的合金的锻造加工是很有前途的一种工艺。

根据变形特性,超塑性可分为微细晶粒超塑性(又称恒温超塑性、结构超塑性)和相变超塑性。前者研究得较多,超塑性一般即指此类。某些超塑性合金及其特性见表5-15。

影响超塑性成形的主要因素有:

(1)温度。超塑性成形温度一般在0.5~0.7T_m 温度下进行(T_m 为以热力学温度表示的熔化温度)。

(2)稳定而细小的晶粒。一般要求晶粒直径为0.5~5 μm,不大于10 μm,而且在高温下,细小晶粒具有一定的稳定性。

(3)应变速度。超塑性成形的应变速比比普通成形时低得多,成形时间数分钟至数十分钟不等。

(4)成形压力。超塑性成形的成形压力一般为十分之几兆帕至几兆帕。

此外,材料应变硬化指数、晶粒形状、内应力等对成形也有一定的影响。

表5-15 几种超塑性的金属和合金

名　称	化　学　成　分	伸长率/%	超塑性温度/℃
铝合金	Al-33Cu	500	445~530
	Al-5.9Mg	460	430~530
镁合金	Mg-33.5Al	2 000	350~400
	Mg-30.7Cu	250	450
	Mg-6Zn-0.5Zr	1 000	270~320
钛合金	Ti-6Al-4V	1 000	900~980
	Ti-5Al-2.5Sn	500	1 000
	Ti-11Sn-2.25Al-1Mo-50Zr-0.25Si	600	800
	Ti-6Al-5Zr-4Mo-1Cu-0.25Si	600	800
钢	低碳钢	350	725~900
	不锈钢	500~1 000	980

2. 成形方法

超塑性成形的基本方法有:真空成形法、吹塑成形法和模压成形法。

(1)真空成形法是在模具的成形型腔内抽真空,使处于超塑性状态下的毛坯成形。其具体方法可分为凸模真空成形法和凹模真空成形法。

①凸模真空成形是将模具(凸模)成形内腔抽真空,加热到超塑性成形温度的毛坯即被吸附在具有零件内形的凸模上。该法用来成形要求内侧尺寸准确、形状简单的零件。

②凹模真空成形法用来成形要求外形尺寸精确,形状简单的零件。真空成形由于压力小于0.1 MPa,所以不宜成形厚料和形状复杂的零件。

(2)吹塑成形法又称气压成形法。在模具型腔中吹入压缩空气,使超塑性材料紧贴在模具型腔内壁。此法与传统的胀形工艺相比,有低能、低压即可成形出大变形量的复杂零件的优点。该方法可分为凸模吹塑成形和凹模吹塑成形两种。

(3)模压成形法又称对模成形法、偶合模成形法。用此法成形出的零件精度较高,但模具结构特殊,加工困难,在生产实际中应用较少。

超塑性成形时,工件的壁厚不均是首要问题。由于超塑性加工伸长率可达 1 000%,以致在破坏前出现过渡变薄,即成为其加工的成形极限。故在成形中应当尽量不使毛坯局部过渡变薄。控制壁厚变薄不均的主要途径有:控制变形速度分布、控制温度分布与控制摩擦力等。

思　考　题

1. 试分析胀形与拉深变形的异同。
2. 试分析,比较翻边、缩口、整形等工序的变形特点。
3. 简述胀形模、翻边模、缩口模、校形模的结构特点。
4. 什么是无模多点成形?
5. 板料数控渐进成形有什么特点?
6. 什么是超塑性成形,影响超塑性成形的主要因素哪些?

科学家简介

曹春晓(1934—),材料科学家、钛合金专家,中国科学院院士(1997 年当选)。

曹春晓院士不断开创新型钛合金和钛-铝系金属间化合物,并应用于航空工业,显著减轻飞机及其发动机的结构质量。根据再结晶和相变相结合的原理,他创立了高低温交替热变形技术,解决了长期以来存在于大型钛合金零件生产中的金相组织不均匀的关键问题,首先利用特定的相变模式优化钛合金的 β 转变组织形态和性能;他创立 BRCT 热处理技术,利用形变-相变联合机制;他创立钛合金急冷式 β 热变形强韧化技术,研究了钛合金的强化机制、阻燃机理、疲劳裂纹扩展特征及其他基础问题,并相应地取得了创造性成果。获得国家级和部级科技成果 16 项,其中国家科技进步一等奖 1 项、二等奖 3 项,国家发明三等奖 2 项,发表论著 200 余篇。

鉴于他对我国科技事业特别是航空和钛工业的重大贡献,2001 年获得中国航空工业系统的最高奖——航空报国金奖,2012 年获得中国钛工业杰出贡献奖。

第6章　汽车覆盖件成形

6.1　概　　述

汽车覆盖件是指构成汽车车身或驾驶室、覆盖发动机和底盘的异形表面和汽车零件。它既是外观装饰性的零件，又是封闭薄壳状的受力零件。其形状复杂、表面质量要求高。一般汽车覆盖件可分为外部覆盖件和内部覆盖件，如图6-1所示。汽车外部覆盖件主要是指人们能够直观看到的汽车车身外部零件，如车门外板、顶盖、翼子板、发动机盖外板、行李箱盖、侧围等；汽车内覆盖件是指汽车车身内部的钣金零件，它们被覆盖上内饰件或被车身的其他零件所遮挡，因而不能被直接观察到，如车门内板、发动机盖内板、地板、B柱等。图6-2所示为轿车白车身结构及覆盖件。

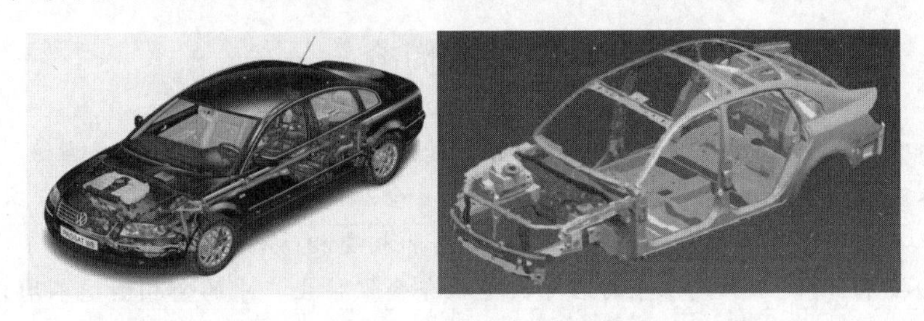

图6-1　汽车覆盖件（包括车身外板件和车身内板件）

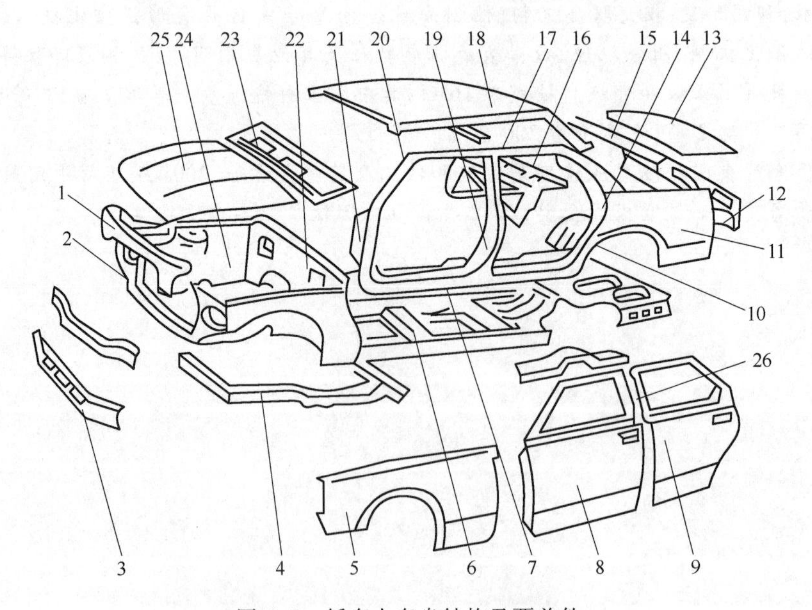

图6-2　轿车白车身结构及覆盖件

1—发动机罩前支撑板；2—固定框架；3—前裙板；4—前框架；5—前翼子板；6—地板总成；7—门槛；8—前门；9—后门；10—车轮挡泥板；11—后翼子板；12—后围板；13—行李箱盖；14—后立柱；15—后围上盖板；16—后窗台板；17—上边梁；18—顶盖；19—中立柱；20—前立柱；21—前围侧板；22—前围板；23—前围上盖板；24—前挡泥板；25—发动机罩；26—门窗框

汽车覆盖件不仅是汽车上的装饰性零件,也是功能性零件。作为装饰性零件,汽车覆盖件的设计决定了车身造型风格及汽车的市场定位;作为功能性零件,汽车覆盖件对汽车的碰撞安全、振动噪声等性能有关键性影响,同时汽车覆盖件的成本在整车成本中所占比例高达 75%以上。

汽车覆盖件按工艺特征有如下分类:

(1)对称于一个平面的覆盖件,如发动机罩、前围板、后围板、散热器罩和水箱罩等。这类覆盖件又可分为深度浅呈凹形弯曲形的、深度均匀形状比较复杂的、深度相差大形状复杂的和深度深的几种。

(2)不对称的覆盖件,如车门的内、外板,翼子板,侧围板等。这类覆盖件又可分为深度浅比较平坦的、深度均匀形状较复杂的和深度深的几种。

(3)可以成双冲压的覆盖件。所谓成双冲压既指左右件组成一个便于成形的封闭件,也指切开后变成两件的半封闭型的覆盖件。

(4)具有凸缘平面的覆盖件。如车门内板,其凸缘面可直接选作压料面。

(5)压弯成形的覆盖件。

汽车覆盖件按材料有如下分类:

(1)塑料类覆盖件,如 ABS、PP、SMC 制作的保险杠、翼子板等。

(2)钣金类覆盖件,一般指车身壳体零件,按一定的工艺次序焊接成车身壳体。

6.1.1　汽车覆盖件冲压模的分类

汽车覆盖件冲压模具中,按完成的工序内容分类主要有落料模、拉深模、修边模、翻边模和冲孔模等,还有用于完成复合工序的修边冲孔模、修边翻边模、翻边冲孔模等;按模具结构分类有单动拉深模、双动拉深模、斜楔模等。下面主要介绍拉深模、修边模和翻边模的主要特点。

1. 拉深模

拉深模是保证制成合格覆盖件最主要的装备。其作用是将平板状毛料经过拉深工序使之成形为立体空间工件。汽车覆盖件形状复杂、种类繁多,各种覆盖件的拉深模结构也各不相同,但是所有的拉深模都是由凹模、凸模和压边圈三大部分组成,每个部分都是由典型结构和标准件组成。

拉深模有正装和倒装两种形式。正装拉深模、凸模和压料圈在上,凹模在下,正装拉深模使用双动压力机,凸模安装在内滑块上,压料圈安装在外滑块上,成形时外滑块首先下行,压料圈将毛料紧紧压在凹模面上,然后内滑块下行,凸模将毛料引伸到凹模腔内,毛料在凸模、凹模和压料圈的作用下进行大塑性变形。倒装拉深模的凸模和压料圈在下,凹模在上,它使用单动压力机,凸模直接装在下工作台上,压料圈则使用压力机下面的顶出缸,通过顶杆获得所需的压料力。倒装拉深模只有在顶出压力能够满足压料需要的情况下方可采用。

2. 修边模

覆盖件修边模是将经过拉延、成形、弯曲之后工件的边缘及中部实现分离所用的冲裁模。修边模与平面制作的落料、冲孔模的主要区别是:经过加工变形后的冲压件形状复杂;分离刃口所在的位置可能是任意的空间曲面;冲压件通常存在不同程度的弹性变形;分离过程通常存在较大的侧向力等。

修边工具在覆盖件的冲压工序安排中多数情况是必须的。在修边模的设计中,对制件在模具中的摆放,即冲压方向的确定,制件定位,模具导正,凸、凹模刃口的设计、侧向力的平衡以及废料的处理,模具的使用,维修和制造方便,安全性及经济性等,均应全面地加以考虑。

修边模用于将拉延件的工艺补充部分和压料凸缘的多余料切除,为翻边和整形准备条件。它一般与冲孔组合,冲孔对修边模的结构影响不大,只是增加冲孔凸模、凹模和凸模固定座。根据修边镶块的运动方向,修边模可分成以下三类:垂直修边模、斜楔修边模和垂直斜楔修边模。

修边模在修边的同时,要将废料切成若干段,每段长在 200~300 mm 之间,分割后的废料便于打包外运。

3. 翻边模

翻边模是覆盖件冲压的关键工序之一。覆盖件上的翻边除应满足焊接和装配的要求以外,还应增加覆盖件的刚性强度,使覆盖件边缘光滑、整齐和美观。由于覆盖件轮廓有装配要求,因此覆盖件翻边模凸模轮廓要求准确,拉延件修边后的变形也应在翻边模中整回,这就需要在翻边前使形状压料板有足够的力量迫使翻边件的表面与翻边凸模贴合。覆盖件翻边表面上的翻边轮廓一般都是有形状的,各部分翻边的变形因翻边轮廓形状而异,如将直线弯曲变形,则材料厚度不变化,但圆弧和曲线的凸形翻边材料受压而变厚,如该处凸模与凹模音质间隙大,则产生波纹,间隙过小则又会拉断。圆弧和曲线的凹形翻边部分材料受拉而变薄,超过伸长率就产生裂口,消除裂口的办法只有降低垂直翻边的高度或水平、倾斜翻边的宽度。

根据翻边模的特点和复杂程度,翻边模可分成六类:垂直翻边模、斜楔翻边模、斜楔两面开放翻边模、斜楔圆周开花翻边模、斜楔两面向外翻边模和内外全开花翻边模。

6.1.2 汽车覆盖件特点

汽车覆盖件冲压成形之所以能成为冲压成形领域的一个重要组成部分,是因为汽车覆盖件不仅在多方面有很高的要求,而且具有其本身的结构特点和冲压成形特点。

1. 汽车覆盖件的质量要求

一般来说,汽车覆盖件的质量要求主要体现在如下几个方面:

(1)表面质量

覆盖件表面上任何微小的缺陷都会在涂漆后引起光线的漫反射而损坏外形的美观,因此覆盖件表面不允许有波纹、皱褶、凹痕、擦伤、边缘拉痕和其他破坏表面美感的缺陷。覆盖件上的装饰棱线和筋条要求清晰、平滑、左右对称及过渡均匀。覆盖件之间的棱线衔接应吻合流畅,不允许参差不齐。总之,覆盖件不仅要满足结构上的功能要求,更要满足表面装饰的美观要求。

(2)尺寸形状

覆盖件的形状多为空间立体曲面,其形状很难在覆盖件图上完整准确地表达出来,因此覆盖件的尺寸形状常常借助主模型来描述。主模型是覆盖件的主要制造依据,覆盖件图上标注出来的尺寸形状,其中包括立体曲面形状、各种孔的位置尺寸、形状过渡尺寸等,都应和主模型一致,图面上无法标注的尺寸要依赖主模型量取,从这个意义上看,主模型是覆盖件图必要的补充。

(3)刚性

覆盖件拉延成形时,由于其塑性变形的不均匀性,往往会使某些部位刚性较差。刚性差的覆盖件受到振动后会产生空洞声,用这样的零件装车,汽车在高速行驶时就会发生振动,造成覆盖件早期破坏,因此覆盖件的刚性要求不可忽视。检查覆盖件刚性的方法,一是敲打零件以分辨其不同部位声音的异同,或是用手按压看其是否发生松弛和鼓动现象。

(4)工艺性

覆盖件的工艺性关键在于拉延的可能性和可靠性,即拉延的工艺性。而拉延工艺性的好坏主要取决于覆盖件的形状。如果覆盖件能进行拉延,对于拉延以后的工序仅存在确定工序数和安排工序间的先后次序问题。覆盖件一般都是一道工序拉延而成。为了实现拉延或营造良好的拉延条件,应将翻边展开,窗口补满再加添补充部分构成一个拉延件。工艺补充部分是拉延件必不可少的组成部分。拉延以后要将工艺补充部分修掉,所以工艺补充部分也是冲压工艺中必要的材料消耗。工艺补充部分的多少首先取决于覆盖件结构。覆盖件结构对于材料的性能也有很大的关系,拉延深度较深,形状复杂的覆盖件要用 08ZF 钢板进行操作。

图 6-3 所示为驾驶室的顶盖、车门内板、前围、后围及发动机盖板等典型汽车覆盖件。从结构形状及尺寸上看,这类零件的主要特点有:

①总体尺寸较大,其中比较大的零件如驾驶室顶盖的板料毛坯尺寸可达 2 800 mm×2 500 mm,因此导致覆盖件的开发费用较高。

②板料相对厚度小,当前覆盖件的冲压板料的厚度为 0.8~1.2 mm 时,相对厚度(板厚与毛坯最大长度之比)最小值可达 0.000 3 mm,较小的厚度使得在冲压中容易出现破裂和起皱等缺陷。

③形状复杂,不能用简单的几何方程式来描述其空间曲面。

④轮廓内部带有局部形状。而这些内部形状的成形往往对整个冲压件的成形有很大的影响,甚至是决定性的影响。

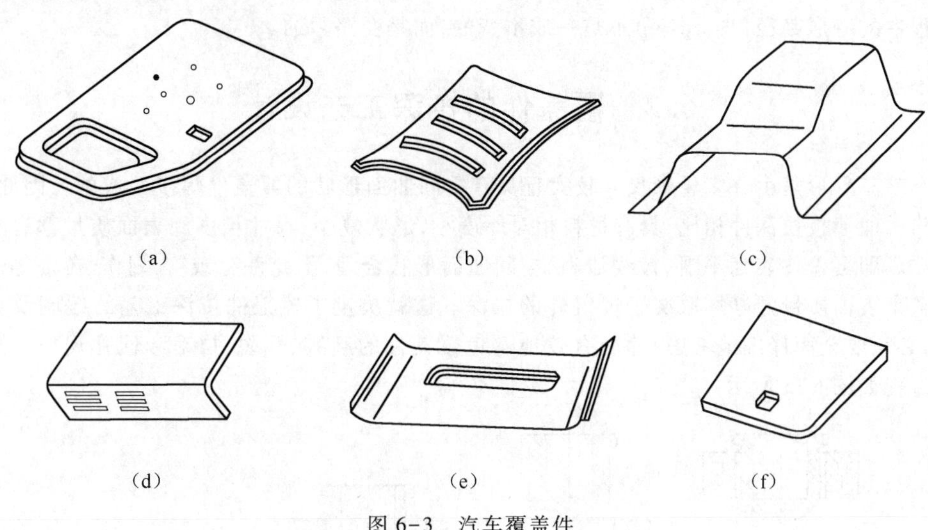

图 6-3　汽车覆盖件

2. 汽车覆盖件的冲压成形特点

汽车覆盖件的要求和结构特点决定了其冲压成形特点。主要有以下几种。

(1)一次拉深成形

对于轴对称零件或盒形零件,当拉深系数小于一次拉深的极限拉深系数时,则不能一次拉深成形,需要采用多次拉深成形方法,而且可以计算出每次拉深的拉深系数等工艺参数及中间毛坯尺寸等。但对于汽车覆盖件来说,由于其结构复杂、变形复杂,其规律难以定量把握,以目前的技术水平还不能进行多次拉深工艺参数的确定。而且多次拉深易形成的冲级线、弯曲痕迹线,会影响油漆的表面质量,这是不允许的。因此,汽车覆盖件的成形都是采用一次拉深成形的方法。

(2)拉胀复合成形

汽车覆盖件的成形过程中的毛坯变形不是简单的拉深成形,而是拉深和胀形变形同时存在的复合成形。一般来说,除内凹形轮廓(如 L 形轮廓)对应的压料面外,压料面上的毛坯的变形为拉深成形(径向为拉应力,切向为压应力),而轮廓内部(特别是中心区域)毛坯的变形为胀形变形(径向和切向均为拉应力),如图 6-4 所示。

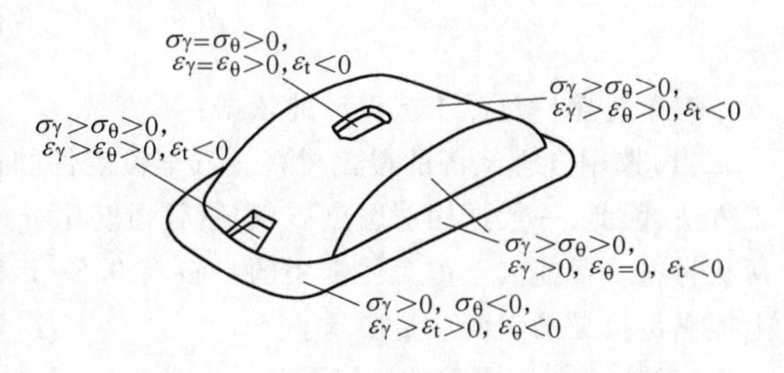

图 6-4　汽车覆盖件不同部位的变形性质

(3)局部成形

轮廓内部有局部形状的零件冲压成形时,压料面上的毛坯受到压边圈的压力,随着凸模的下行而首先产生变形并向凹模内流动,当凹模下行到一定深度时,局部形状开始成形,并在成形过程的最终时刻全部贴膜。所以,局部形状外部的毛坯难以向该部位流动,该部位的成形主要靠毛坯在双向拉应力下的变薄来实现面积的增大,即内部局部成形为胀形成形。

(4)变形路径变化

汽车覆盖件冲压成形时,内部的毛坯不是同时贴膜,而是随着冲压过程的进行而逐步贴膜。这种逐步贴膜过程,使毛坯保持塑性变形所需的成形力不断变化,毛坯各部位板面内的主应力方向与大小、板平面内两主应力之比(σ_2/σ_1)等受力情况不断变化,毛坯(特别是内部毛坯)产生变形的主应力方向和大小、板平面内两主应变之比($\varepsilon_2/\varepsilon_1$)等情况也随之不断地变化,即毛坯在整个冲压过程中的变形路径(即 $\varepsilon_2/\varepsilon_1$)不是一成不变的,而是变路径的。

6.2 覆盖件的拉深工艺设计

汽车整车外形是由许多轮廓尺寸较大且具有空间曲面形状的覆盖件焊接而成的。因此,此类覆盖件与一般薄板拉深件相比,具有材料相对厚度小,形状复杂,尺寸精度和表面质量都有较高要求的特点。即覆盖件表面平滑,棱线清晰,空间曲面形状合理,不允许有皱纹、划伤、拉毛等表面缺陷。而整车表面质量的好坏取决于覆盖件的拉深。这就决定了覆盖件拉深工艺的编制及拉深模的设计,必须要全面仔细地考虑,才能有效地避免覆盖件的起皱、开裂、拉毛和回弹现象。覆盖件的拉深过程如图 6-5 所示。

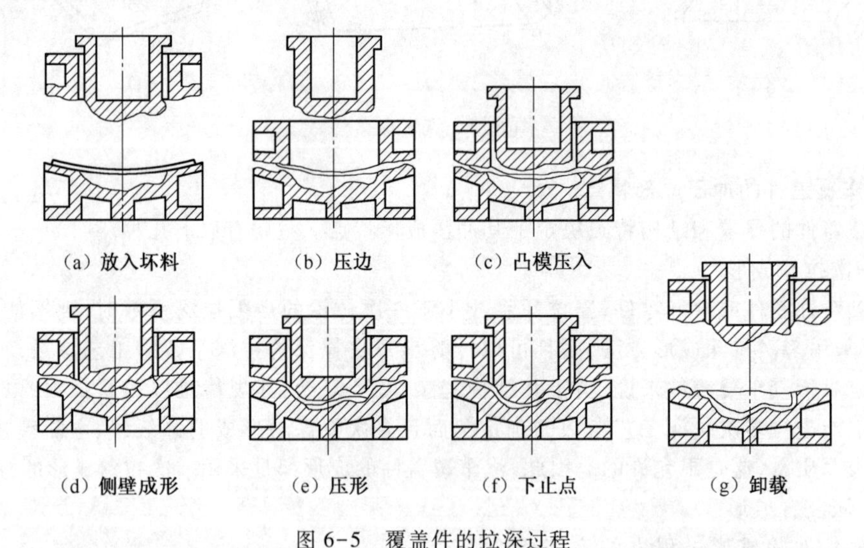

图 6-5 覆盖件的拉深过程

汽车覆盖件拉深工艺设计的依据:

(1)选用合理经济的覆盖材料。汽车覆盖件的拉深工艺是以金属的塑性性能为基础的冲压加工方法,因此,一般选用屈服点 σ_s 和屈服强度比 σ_s/σ_b 较低,而伸长率 δ、厚向异性指数 n 较高的薄板材料。目前汽车覆盖件常用的材料有 0.5~1.5 mm 的 08F 或 08AL 冷轧钢板,这些材料基本上能满足拉深的表面质量要求。

(2)为了保证覆盖件几何形状的一致性,不影响表面质量,应尽可能在一道拉深工序中完成覆盖件全部空间曲面形状(包括筋条、鼓包等)。

(3)覆盖件的拉深深度在符合产品尺寸的条件下应尽可能平缓均匀,使各处的变形程度趋于一致。

(4)覆盖件的主要结构面上如果有急剧的凸凹槽和较深的鼓包等局部形状,在制订拉深工艺时,可以通过加大过渡区域或过渡圆角、工艺切口等方法,改善材料的流动和补充条件。

(5)适当地设置拉深筋、拉深槛和合适的压料面,达到完好的效果。

(6)覆盖件上的孔一般应在零件拉深成形后冲出。

(7)覆盖件拉深时,为减少板料与凹模和压边圈的摩擦,降低材料内应力以避免破裂和表面拉毛的现象,常需要在压料面上涂抹特制的润滑剂,它能够很好地附着在钢板表面上,并形成一层均匀的、具有相当强度、足以承受相当大压力的润滑膜,并要求润滑剂在拉深后对钢板不产生腐蚀,且易于清洗。

汽车覆盖件的工艺性是工艺技术人员在编制此覆盖件冲压工艺时最先考虑的。只有产品设计人员设计出一个既符合尺寸要求,又满足工艺性的覆盖件,才能保证此件在成形过程中不产生起皱、开裂、拉毛的缺陷,并尽可能地避免产生回弹。因此,在正确确定拉深工艺时,必须综合考虑冲压方向、压料面的形状、拉深筋的布置及形状、工艺补充部分的设计等。以下从拉深件的冲压方向、工艺补充面(工艺伸长面)、压料面的设计、拉延筋(槛)等方面来讨论拉深工序的工艺要素。

6.2.1 拉深件的冲压方向

在作覆盖件的工艺性分析时,需要确定覆盖件的冲压成形工艺,其中冲压方向的确定是第一要素。所选冲压方向是否合理将直接影响:凸模能否进入凹模、毛坯的最大变形程度、是否能最大限度地减小拉深件各部分的深度差、是否能使各部分毛坯之间的流动方向和流动速度差比较小、变形是否均匀、是否能发挥材料的塑性变形能力、是否有利于防止起皱和破裂等质量问题的产生等。确定拉深方向就是确定工件在模具中的三向坐标位置,这是确定拉深方案首先遇到的问题。它不但决定覆盖件能否顺利成形,而且影响到工艺补充面和后续各工序(如整形、修边、翻边),因此必须慎重选择拉深方向。

覆盖件本身有对称面的,其拉深方向是以垂直于对称面的轴进行旋转来确定的。不对称的覆盖件则是将绕汽车位置互相垂直的两个坐标面进行旋转来确定拉深方向的。拉深方向应满足以下要求:

(1)工件相对于拉深方向没有负角部分,否则凸模直线运行不能进入凹模。如凸模开始拉深时与板料接触面积小,或过多地增加了工艺补充面而使材料的消耗增加,这时就应从整个形状的拉深条件考虑,在可能的条件下,负角部分暂不做出,而安排在后续适当的工序中整出来,但整出部分最好是简单的压弯或成形。如图6-6所示为覆盖件凹形拉深方向的确定。采用拉深方向 A [图6-6(a)]时,凸模不能进入凹模,将在顺时针方向旋转一个角度使压料面倾斜,只有采用拉深方向 B[图6-6(b)]时,凸模才能进入凹模。图6-6(c)为覆盖件的反成形确定拉深方向的示意图。

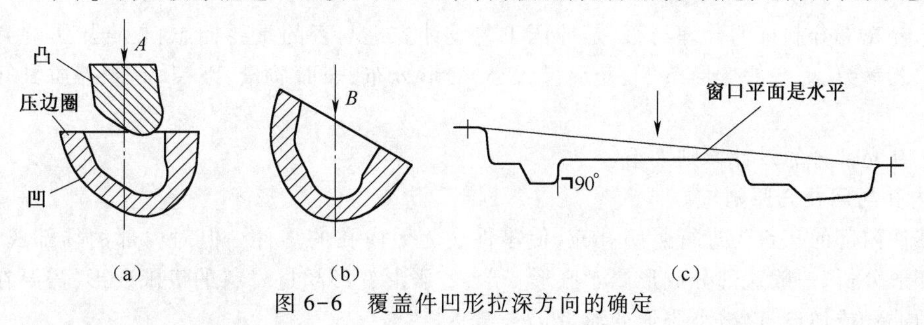

图6-6 覆盖件凹形拉深方向的确定

(2)拉延开始时,凸模和坯料的接触面积应较大,以避免点接触或线接触[见图 6-7(a)]。由于接触面积小,接触面与水平面夹角 α 大,应力集中容易产生破裂,所以凸模顶部最好是平的,而且成水平面。压料圈将拉深毛坯压紧在凹模压料面上,凸模开始拉深时要求凹模里的拉深毛坯与凸模顶部形状相似,这样凸模开始拉深时与拉深毛坯接触面积就较大。

(3)凸模两侧的包容角应尽可能保持一致($\alpha=\beta$),即凸模的接触点处在冲模的中心附近,而不偏离一侧,这样有利于使拉延过程中法兰上各部分材料均匀地向凹模内流入[见图 6-7(b)]。

(4)凸模开始拉深时与拉深毛坯的接触地方要多而分散,有两个和两个以上的接触地方,最好是要同时接触,以防局部变形过大,毛坯与凸模表面产生相对滑动[见图 6-7(c)]。

(5)在拉深方向没有选择余地,而凸模与毛坯的接触状态又不理想时,应通过改变压料面来改善凸模与毛坯的接触状态。如图 6-7(d)所示,通过改变压料面,使凸模与毛坯的接触点增加,接触面积增大,能保证零件的成形质量。

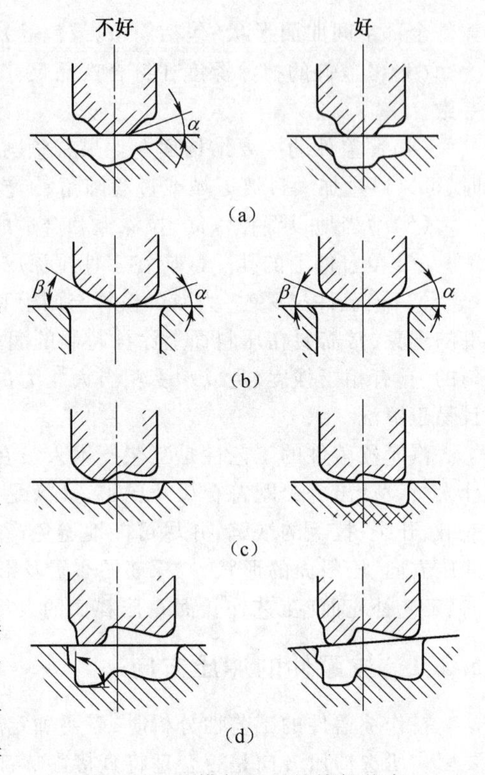

图 6-7 凸模与毛坯的接触状态

6.2.2 工艺补充面

工艺补充是指为了顺利拉深成形出合格的制件、在冲压件的基础上添加的那部分材料。由于这部分材料是成形需要而不是零件的需要,故在拉深成形后的修边工序要将工艺补充部分切除掉。工艺补充是拉深件设计的主要内容,不仅对拉深成形起着重要作用,而且对后面的修边、整形、翻边等工序的方案也有影响。

工艺补充部分有两大类:一类是零件内部的工艺补充(简称内工艺补充),即填补内部空洞,创造适合于拉深成形的良好条件(即使是开工艺切口或工艺孔也是设在内部工艺补充部分),这部分工艺补充不增加材料消耗,而且在冲内孔后,这部分材料仍可适当利用(如图 6-8 中的工艺补充部分 1);另一类工艺补充是在零件沿轮廓边缘展开(包括翻边的展开部分)的基础上添加上去的,它包括拉深部分的补充和压料面两部分。由于这种工艺补充是在零件的外部增加上去的,称为外工艺补充,它是为了选择合理的冲压方向、创造良好的拉深成形条件而增加的,它增加了零件的材料消耗(如图 6-8 中的工艺补充部分 2)。

工艺补充部分制订的合理与否,是冲压工艺设计先进与否的重要标志,它直接影响到拉深成形时的工艺参数、毛坯的变形条件、变形量大小、变形分布、表面质量、破裂、起皱等质量问题的产生等。

工艺补充部分的设计原则如下。

1. 内孔封闭补充原则

对零件内部的孔首先进行封闭补充,使零件成为无内孔的零件。但对内部的局部成形部分,要进行变形分析,一般这部分成形属于胀形变形,若胀形变形超过材料的极限变形,需要在工艺补充部分预冲孔或切口,以减小胀形变形量。

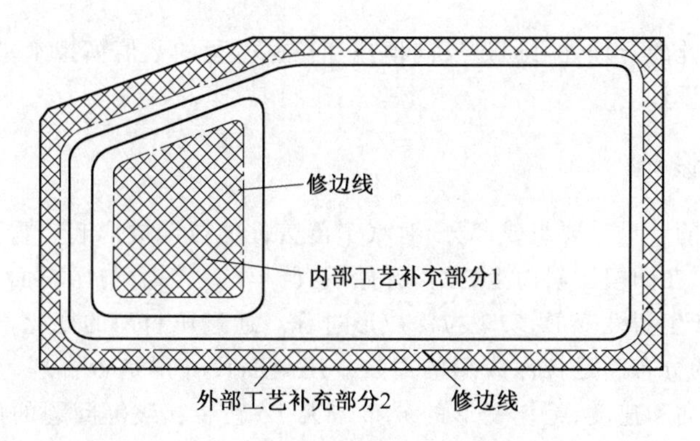

图 6-8　工艺补充示意图

2. 简化拉深件结构形状原则

拉深件结构形状越复杂,拉深成形过程中的材料流动和塑性变形就越难控制。所以,零件外部的工艺补充要有利于使拉深件的结构、形状简单化。

3. 保证良好的塑性变形条件

对某些深度较浅、曲率较小的汽车覆盖件来说,必须保证毛坯在成形过程中有足够的塑性变形量,才能保证其有较好的形状精度和刚度。

4. 外工艺补充部分尽量小

由于外工艺补充的不是零件本体,以后将被切掉,因此在保证拉深件具有良好拉深条件的前提下,应尽量减小这部分工艺补充,以减少材料浪费,提高材料利用率。

5. 对后工序有利原则

设计工艺补充时要考虑对后工序的影响,要有利于后工序的定位稳定性,尽量能够垂直修边等。

6. 双件拉深工艺补充

有的零件进行拉深工艺补充时,需要增加很多的材料或冲压方向不好选或变形条件不容易控制等,但如果这种零件不是太大的话,可以考虑将两件通过工艺补充设计成一个拉深件,这种方法称为“双件拉深”。

在进行双件拉深的工艺补充时,首先要考虑两件中间部分的工艺补充,即先使两件成为一件,然后按上述原则进行周围部分的工艺补充。在进行两件中间部位的工艺补充时,要注意:

(1)拉深件的拉深方向能够很容易确定;

(2)拉深件的深度尽量小;

(3)中间工艺补充部分要有一定的宽度,才能够保证修边切断模的强度。

图 6-9 是双件拉深工艺补充的一个例子。

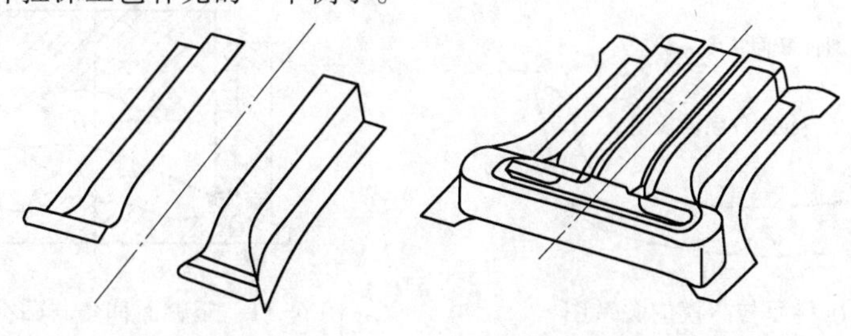

(a) 产品件示意图　　(b) 拉深件示意图

图 6-9　双件拉深工艺补充示意图

工艺补充部分设计的合理性可通过反向模拟和拉深过程的数值模拟来验证,并可通过工艺评价工具来反馈以修正设计。

6.2.3 压料面的设计

压料面是拉深件的一个重要组成部分,对汽车覆盖件的拉深成形起着重要作用。在拉深开始前,压边圈将毛坯压紧在凹模压料面上,拉深开始后,凸模的成形力与压料面上的阻力共同形成毛坯的变形力,使毛坯产生塑性变形,实现拉深成形过程。通过压料面的变化,可以使拉深件的深度均匀,毛坯流动阻力的分布满足拉深成形的需要。压料面设计得是否合理,直接影响到压料面毛坯向凹模内流动的方向和速度,毛坯变形的分布与大小、破裂起皱等问题的产生。压料面设计不合理,还会在压边圈压料时就形成皱褶、余料、松弛等,其中有的在成形过程中不能消失而残留在制件上。

压料面有两种情况:一种是压料面的一部分就是拉深件的法兰面,这种拉深件的压料面形状是一定的,一般不改变其形状,即使是为了改善拉深成形条件而作局部修改,也要在后工序中进行整形校正;另一种情况是压料面全部属于工艺补充部分。这种情况下,主要以保证良好的拉深成形条件为主要目进行压料面的设计。同时要考虑到这部分材料在拉深工序后将在修边工序被切除,因而应尽量减少这种压料面的材料消耗。

覆盖件拉深成形的压料面形状是保证拉深过程中材料不破不裂和顺利成形的首要条件,确定压料面形状应满足如下要求:

(1)平压料面压料效果最佳,但为了降低拉深深度和使各部分深度接近一致,常使压料面形成一定的倾斜角。因此,在保证良好的拉深条件的前提下,为减少材料消耗,可设计成斜面、平滑曲面或平面曲面组合等形状。但尽量不要设计成平面大角度交叉,高度变化剧烈的形状,这些形状的压料面会造成材料流动和塑性变形的分布极不均匀,在拉深成形时产生起皱、堆积、破裂等现象。

(2)压料面应保证凸模对坯料有一定程度的拉深效应。压料面和凸模的形状应保持一定的几何关系,保证坯料在拉深过程中始终处于拉胀状态,并能平稳渐次地紧贴凸模,使拉入凹模内的材料不会“多料”,也就不会产生皱纹。为此,必须满足下列条件(见图6-10和图6-11)

$$l_0>l_1; \quad \beta>\alpha \tag{6-1}$$

式中 l_0——凸模展开长度;

l_1——压料面展开长度;

α——凸模表面夹角;

β——压料面表面夹角。

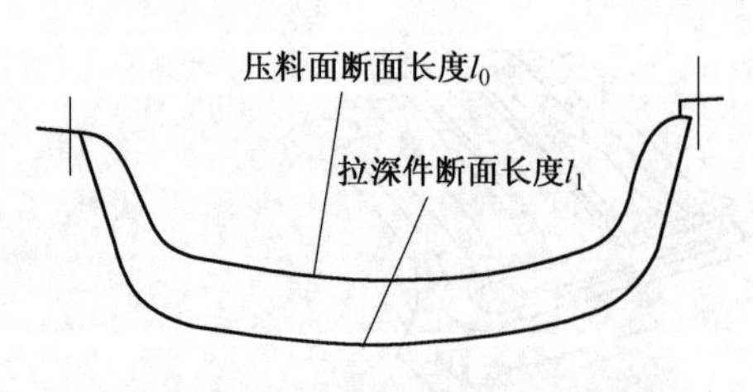

图6-10 压料面与凸模的关系图

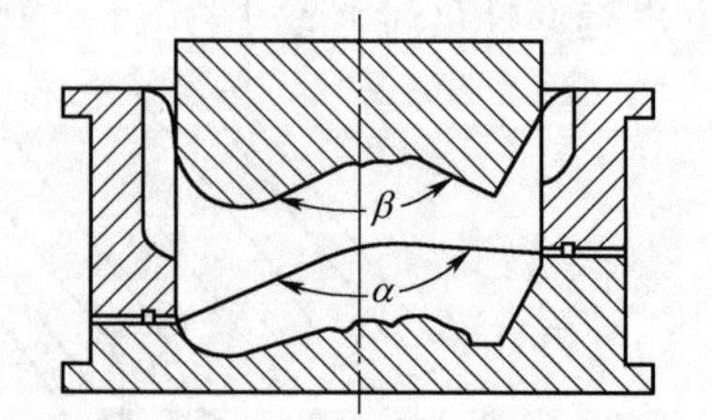

图6-11 压料面仰角与凸模仰角的关系

有些拉深件虽然压料面展开长度比凸模短,但在拉深过程中,某一瞬间这种关系不能维持,发生压料面展开长度比凸模长的瞬间就会形成皱纹,并最后留在拉深件上无法消除。

(3)压料面平滑光顺有利于坯料向凹模型腔内流动。压料面上不得有局部的鼓包、凹坑和下陷。如果压料面是覆盖件本身的凸缘面,而凸缘上有凸起和下陷时,应增加整形工序。压料面和冲压方向的夹角大于 90°,会增加进料阻力,这样也是不可取的。

(4)压料面应使毛坯在拉深成形和修边工序中都有可靠的定位,并应使送料和取件的方便。

(5)当覆盖件的底部有反成形形状时,压料面必须高于反成形形状的最高点。否则,在拉深时,毛坯首先与反成形形状接触,定位不稳定,压料面不容易起到压料的作用,容易在成形过程中产生破裂、起皱等现象,不能保证得到合格零件。

(6)不在某一方向产生很大的侧向力。在实际工作中,若上述各项原则不能同时达到,应根据具体情况决定取舍。

6.2.4　拉延筋和拉延槛

拉延筋在汽车覆盖件的拉深成形中占有非常重要的地位。这是由于在拉深成形过程中,毛坯的成形需要大小一定且沿周边适当分布的拉力,这种拉力来自冲压设备的作用力、法兰部分毛坯的变形抗力和压料面的作用力。而压料面的作用力只靠在压边力作用下模具和材料之间的摩擦力往往是不够的,需要在压料面上设置能产生很大阻力的拉延筋以满足毛坯塑性变形和塑性流动的要求。同时,利用拉延筋可以在较大范围里控制变形区毛坯的变形大小和变形分布,抑制破裂、起皱和面畸变等多种冲压质量问题的产生。在覆盖件成形中往往需要在压边圈与凹模表面设置拉延筋(或拉延槛)以改善成形工艺,提高成形质量。它是调节和控制压料面作用力的一种最有效和实用的方法,在拉深过程中起着重要作用。可以说,在很多情况下,拉延筋设置的合理与否甚至决定着拉深成形的成败。图 6-12 和图 6-13 为拉延筋和拉延槛示意图。

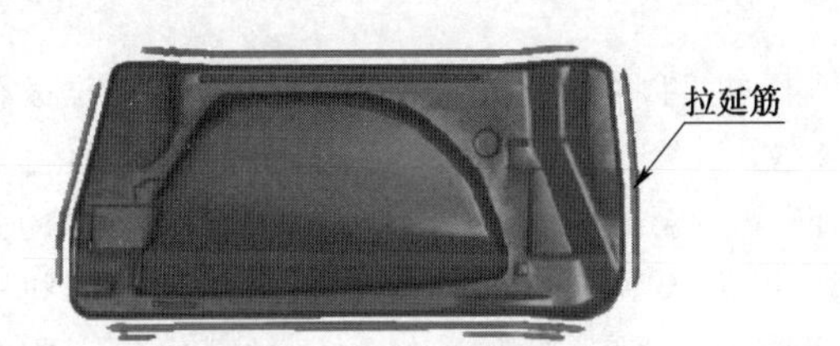

图 6-12　拉延筋示意图

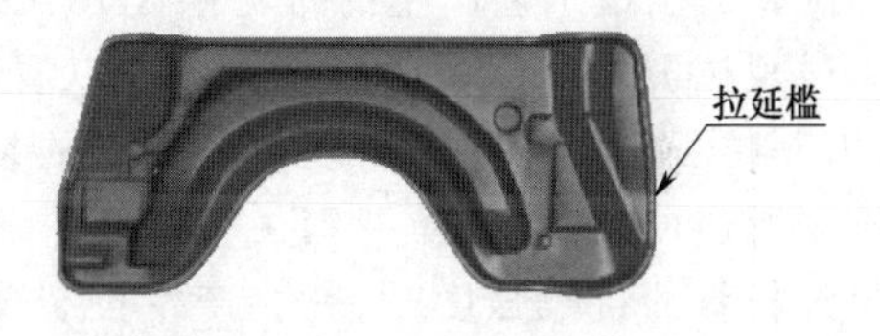

图 6-13　拉延槛示意图

拉延筋的作用力在压料面作用力中占有较大的比重,且通过改变拉延筋的参数可以很容易地改变这种作用力的大小。在汽车覆盖件拉深成形中,拉延筋的主要作用:

(1)增大进料阻力。压料面上的毛坯在通过拉延筋时要经过四次弯曲和反弯曲,使毛坯向凹模内流动的阻力大大增加,也使凹模内部的坯料在较大的拉力作用下产生较大的塑性变形,从而可提高覆盖件的刚度并减少由于变形不足而产生的回弹、松弛、扭曲、波纹及收缩等,防止拉深成形时悬空部位的起皱和畸变。

(2)调节进料阻力的分布。通过改变压料面上不同部位拉延筋的参数,可以改变不同部位的进料阻力的分布,从而控制压料面上各部位材料向凹模内流动的速度和进料量,调节拉深件各变形区的拉力及其分布,使各变形区按需要的变形方式、变形程度变形。

(3)可以在较大范围内调节进料阻力的大小。在双动压力机上,调节外滑块四个角的高低,只能粗略地调节压边力,并不能完全控制各处的毛坯流入量正好符合覆盖件拉深成形的需要。因此,拉延筋可以配合压边力的调节在较大范围内控制材料的流动情况。

(4)降低对压料面的要求。在压料面上设置拉延筋时,可相对减小压料面对进料阻力的影响,并降低对压料面加工光洁度的要求,减少拉深模制造的工作量,缩短模具制造周期。同时,拉延筋的存在可减小压边力,使凹模压料面和压边圈压料面都减少摩擦,提高了模具使用寿命。

(5)拉延筋外侧已经起皱的板料通过拉深筋时可得到一定程度的矫平。

拉延筋的敷设原则有以下几点:

(1)拉深件有圆角和直线部分,在直线部分敷设拉延筋,使进料速度达到平衡。

(2)拉深件有直线部分时,在深度浅的直线部分敷设拉延筋,深度深的直线部分不设拉延筋。

(3)浅拉深件的圆角和直线部分均敷设拉延筋,但圆角部分只敷设一条筋,直线部分敷设1~3条筋。当有多条拉延筋时,注意使外圈拉延筋"松"些,内圈拉延筋"紧"些,改变拉延筋高度可达到此目的。

(4)拉深件轮廓呈凸凹曲线形状时,在凸曲线部分设较宽拉延筋,凹曲线部分不设拉延筋。

(5)拉延筋或拉延槛应尽量靠近凹模圆角,这样可增加材料利用率和减少模具外廓尺寸,但要考虑不影响修边模的强度。

6.2.5 覆盖件的主要成形缺陷及其防止措施

由于汽车覆盖件要经过多道工序甚至十几种冲压工序才能完成,而且在每一道工序中,都会因冲压工艺、冲模结构及其有关参数、冲压材料、冲压条件等方面的原因而产生质量问题。因此,相对于简单形状冲压零件来说,汽车覆盖件在冲压生产过程中出现的质量问题则更多、更复杂,有时有多种质量问题存在,影响质量问题的因素也错综复杂,制订解决问题的措施也就要考虑多方面的因素。下面介绍一些常见的成形缺陷。

1. 拉裂

拉裂是拉延工艺产生的常见缺陷。根据程度不同,可将拉裂分为微观拉裂和宏观拉裂两种。微观拉裂指零件中已产生肉眼难以看清的裂纹,尽管裂纹深度很浅,但一部分材料已失效;宏观拉裂是指零件已出现肉眼可见的裂纹和断裂。宏观拉裂通常主要由薄板平面内的过度拉胀所造成,而微观拉裂则由单纯的拉胀引起,也可由单纯的弯曲引起。当某区域的拉应力超过材料的抗拉强度时,就会产生拉裂现象。图6-14所示为制件在冲压过程中出现拉裂的覆盖件。

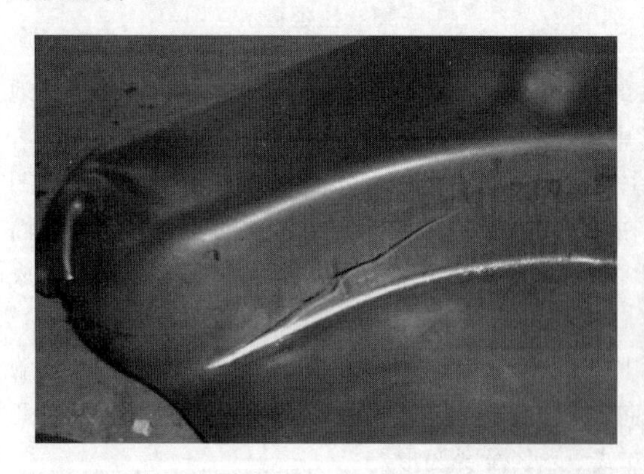

图6-14 出现拉裂现象的覆盖件

材料会不会拉裂主要取决于两个方面:一方面是该区域所受的拉应力;另一方面是材料的抗拉强度。防止拉裂的措施:

①选择塑性较好的板料作为拉深成形的坯料(对于塑性较差又必须进行覆盖件拉深成形的板料可以采用加热后再拉深的工艺)。

②在拉深过程中对拉深速度进行很好的把握和控制,同时把拉深力作适当降低。

③在加工制造覆盖件拉深模具时对模具的加工精度要很好地把握以提高模具表面质量和表面粗糙度,减少其对拉深质量的影响。

④对拉深模具的凸模、凹模的半径在符合覆盖件总体要求的条件下作调整,适当增加凸模和凹模的圆角半径。

⑤在压边圈的底部和凹模上涂上适当且适量的润滑剂来减少摩擦力,使金属流动起来受的阻力更小,减少产生裂纹的可能。

2. 起皱

起皱是板材在冲压成形过程中受压失稳的一个主要表现形式。板材在塑性变形过程中,会受到复杂的应力状态的作用,由于板厚方向尺寸与其他两个方向的尺寸相比很小,因此厚度方向最不稳定。当板面内的压应力达到一定程度时,板厚方向最容易因受压而不能维持稳定的塑性变形,产生受压失稳起皱。图 6-15 所示为板料在冲压过程中出现起皱现象的覆盖件。

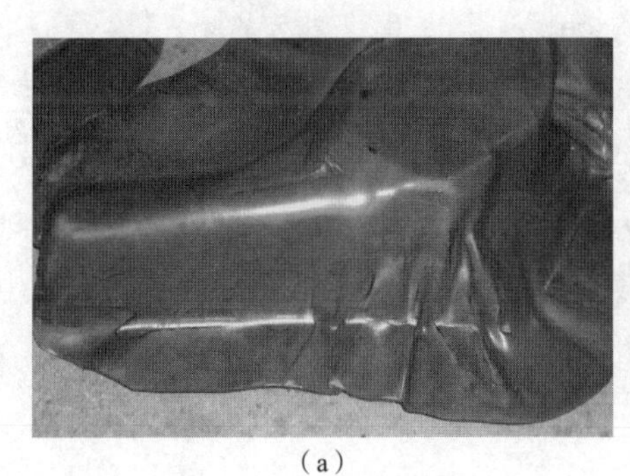

(a)

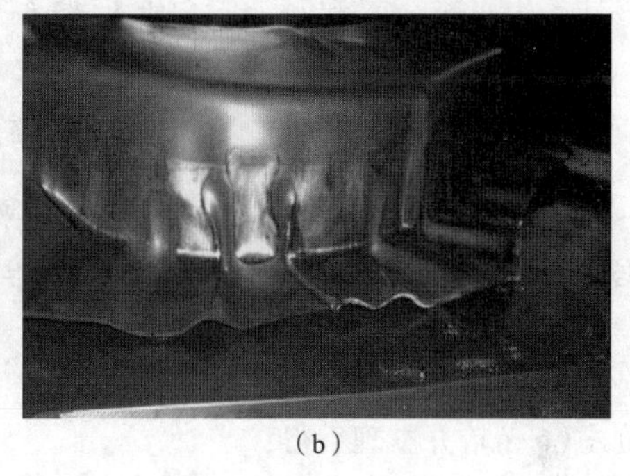

(b)

图 6-15　出现起皱现象的覆盖件

因此,对任意一个起皱现象,在其发生与发展过程中,在与皱纹长度垂直的方向上都必然存在压应力。材料在塑性变形时的应力-应变关系如图 6-16(a)所示,而且临界压力 F 在材料内引起的压应力 σ_k 位于曲线的 a 点。材料弯曲后受压的内侧压应力继续增加,即沿 ad 线加载至 b 点,而受拉的外侧,由于弯曲引起的拉应力使外侧材料沿 ae 线卸载至 c 点。此时材料截面内的应力分布如图 6-16(b)所示。材料受拉外侧的边沿应力增量为 $\Delta\sigma_1$,受压的内侧的边沿上的应力增量为 $\Delta\sigma_2$,可分别表示为

$$\Delta\sigma_1 = E\frac{t_1}{\rho} \tag{6-2}$$

$$\Delta\sigma_2 = E'\frac{t_2}{\rho} \tag{6-3}$$

式中　E——材料的弹性模数;

E'——材料塑性压缩变形时的硬化模数(又称切线模数),其他符号参如图 6-16 所示。

以轴向压力的增量 $\mathrm{d}F_p = 0$ 为塑性压缩失稳条件,则失稳时的内力矩为

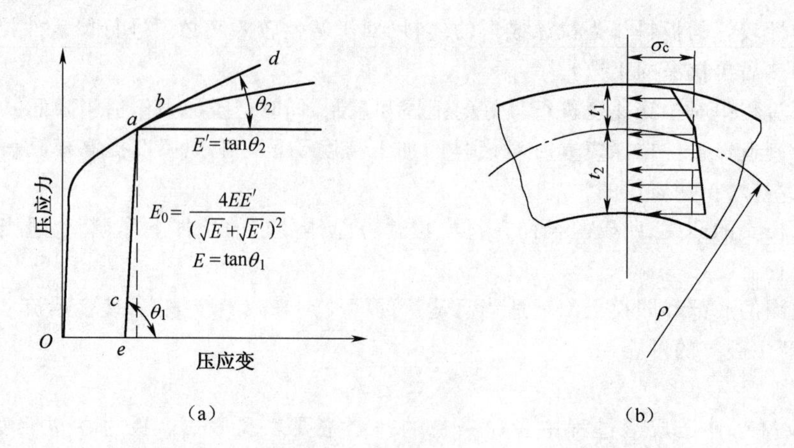

图 6-16 临界压力下毛坯截面内的应力分布情况

$$M=\frac{1}{\rho}\frac{4EE'}{\left(\sqrt{E}+\sqrt{F}\right)^2}I \tag{6-4}$$

将 $E_0=\frac{4EE'}{\left(\sqrt{E}+\sqrt{F}\right)^2}$ 和 $\frac{1}{\rho}=\frac{\mathrm{d}^2y}{\mathrm{d}x^2}$ 代入式(6-4)得:

$$M=E_0I\frac{\mathrm{d}^2y}{\mathrm{d}x^2} \tag{6-5}$$

式中 I——惯性矩。对于宽度为 b,厚度为 t 的平板,$I=bt^3/12$。

根据内力矩与外力矩相等的平衡条件得临界状态下的微分方程式:

$$E_0I\frac{\mathrm{d}^2y}{\mathrm{d}x^2}=-F_ky \tag{6-6}$$

积分式(6-6),并整理后得:

$$F_k=\frac{\pi^2E_0I}{L^2} \tag{6-7}$$

式中 L——受压区的长度。

由式(6-7)可以看出,板材塑性压缩失稳的临界力公式与细长杆受压弹性失稳时的临界力在形式上是完全相同的。但塑性压缩失稳时是与 E_0 成正比关系的。E_0 为折减弹性模数,它反映了弹性模数和硬化模数 E' 的综合效果。

研究表明,塑性压缩失稳时实际的临界压力比式(6-7)得到的值更低,失稳在压力达到 F_k 前就发生了。为了安全和方便,多采用下式求临界力:

$$F_k=\frac{\pi^2E'I}{L^2} \tag{6-8}$$

代入板材尺寸参数得临界压力为:

$$F_k=bt\cdot\frac{\pi^2E'I}{12}\cdot\left(\frac{t}{L}\right)^2 \tag{6-9}$$

则临界压应力为:

$$\sigma_k=\frac{\pi^2E'}{12}\cdot\left(\frac{t}{L}\right)^2 \tag{6-10}$$

由式(6-7)和式(6-10)可见,板材的抗压缩失稳能力除与材料的刚度性能参数 E_0、E' 有关外，还与毛坯受压区域的几何尺寸参数（t/L）有关，相对厚度比越t/L小，即毛坯越薄，越容易产生压缩失稳起皱。

复杂零件的起皱一般都是几种应力综合作用的结果。但其中必有一种是起主要作用的，只要抓住这一起主要作用的力，就可以通过改变冲压工艺参数、模具参数、冲压条件等比较容易地找到解决起皱问题的办法。对以压应力为主要原因而引起的起皱，应采取能减小压应力、施加面外压力等措施防止压应力起皱；对以不均匀拉应力为主要原因而引起的起皱，则应采取改变拉应力分布使拉应力分布比较均匀、减小最大拉应力、增加面外压力等措施，防止不均匀拉应力起皱；对以剪应力为主要原因而引起的起皱；则应采取能减小剪应力、减小受剪应力作用区，减小拉应力变化梯度、增加面外压应力等措施防止剪应力起皱。

为使毛坯内的应力得到合理分布，防止起皱的发生，要预先弄清楚皱纹发生部位、成长过程以及在成形过程中的消皱过程等，如果没有充足的资料积累，需要利用模拟试验进行分析。在此基础上，从零件形状工艺设计、模具设计、模具制造、改善冲压条件及选择材料等方面采取措施。

（1）设计合理的拉深件形状

对一些工艺性不好、容易起皱的结构件，在设计拉深件时，应通过工艺补充改善其工艺性。如：

①适当减小拉深件的拉深深度。

②避免制件形状的急剧变化。

③使制件轮廓转角半径R、纵断面圆角半径r、局部的转角半径R合理化。

④减少平坦的部位。

⑤增设吸收皱纹的形状。

⑥台阶部分的变化应缓慢过渡。

（2）工艺设计及模具设计与制造方面的措施

①在工艺设计时，要增加合适的工艺余料；确定合理的压料面形状和拉深方向；选定最佳的毛坯形状与尺寸；合理安排工序；必要时增加毛坯预弯工序；适当增加工序数目；有效地利用阶梯拉深成形。

②在进行模具设计时，应使凹模横断面形状、凹模圆角半径、凸模纵断面形状合理化；对起皱部位进行预压；增强顶板背压；在行程终点充分加压；减小压边圈与凹模的间隙；合理地选取拉延筋位置与分布。

③在模具制造时要提高模具的刚性及耐磨性；对模具进行研配精加工；模具调试时要注意压料面的研磨方向等。

（3）冲压条件方面的措施

①适当加大压边力。

②控制压边力的合理分布，使不均匀程度尽量小。

③控制润滑及润滑部位。

④提高压力机滑块与模具的平行度精度。

⑤选择合适的冲压速度。

（4）冲压材料方面的措施

板材的性能对失稳起皱有很大的影响，但对不同起皱的影响规律还要进行更深入的研究。一般情况下，选用屈服极限σ_s小、伸长率δ大、硬化指数n和厚向异性系数r值大的冲压材料有利于提高毛坯的抗失稳起皱能力。

汽车覆盖件冲压成形中的失稳起皱是多种多样的。在解决具体失稳起皱问题时，要针对具体问题进行具体分析,判别其起皱的原因、影响因素,并制订切合实际的措施。如:先改变压边力和润滑,当不能奏效时,应对拉延筋、压料面、模具圆角进行修正。在采取这类措施后还不能解决起皱问题时,再考虑更换性能更好的材料,甚至改变模具结构、调整冲压工艺等措施。尽量避免模具的报废或工艺的调整,以减少浪费。

3. 回弹

在板料成形终了阶段,随着变形力的释放或消失,成形过程中存储的弹性变形能需要释放出来,从而引发内应力的重组,进而导致零件整体形状改变。这种现象称为回弹。回弹是模具设计中要考虑的关键因素,零件的最终形状取决于成形后的回弹量。弹塑性材料在成形后都存在回弹问题,特别是在弯曲变形和浅拉深变形过程中更为明显,而零件的回弹量与模具几何形状、材料性能参数、摩擦接触等众多因素密切相关。当零件的回弹量超过零件的允许容差后,就成为成形缺陷,从而影响产品的尺寸精度。随着汽车工业和航空工业的发展,对薄板壳类零件成形精度的要求越来越高,特别是近年来由于高强度薄钢板和铝合金板材的大量使用,回弹问题更为突出,成为汽车和飞机等工业领域关注的热点问题。图 6-17 所示为实际生产中出现了回弹现象的覆盖件。

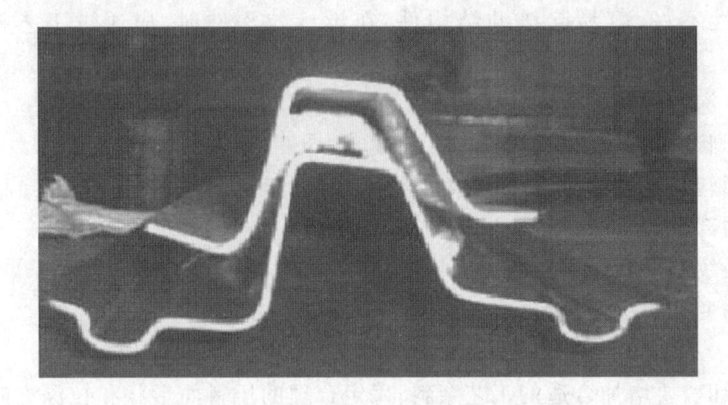

图 6-17 出现了回弹现象的覆盖件

在工程实际中,解决汽车外覆盖件回弹问题一般有两种方法:

①通过工艺参数的控制,如设置合适的拉延筋和压边力。这种方法强调的是通过减小回弹量来提高成形件的精度。

②模具补偿法,即在考虑回弹量的前提下,对模具型面进行预修正,使得冲压件回弹后的形状刚好满足设计要求,这种方法强调的是通过控制回弹后的形状来控制成形件的精度。在工程实际中多是两者结合使用,通过不断的试模、修模、调整工艺参数直至冲压件完全符合要求。

6.3 覆盖件拉深模具设计

在工艺分析的基础上确定了工艺方案之后,即规定了冲模类型,再根据冲压件的形状特点、精度要求、生产批量等进行模具结构设计与计算、绘图等。生产批量是选择模具结构(简单或复杂)的依据,但划分汽车覆盖件的生产批量并无统一的明确界限,一般可分为小批、中批和大批三类。500 件以下为小批量,5 000 件以上为大批量,而 500~5 000 件之间就称为中批量。

一般在模具结构设计时应考虑以下几方面的问题:

(1)能否在现有冲压设备上稳定使用,还是需要另选新设备。

(2)模具结构能否满足处理冲压成形时所预料的故障要求,即便于排除废料、维修和保管等。

(3)能否利用现有加工设备及工艺制造模具？结构上可否减少制造工时？刃口间隙、制造公差是否合适？

(4)模具零件装配部位承受偏心载荷的问题如何处理？

(5)模具的材质是否适合强度和磨损的要求？

(6)模具是否符合安全要求？

(7)能否尽量采用已有的模具标准件和基本结构来减少设计制造的工作量？

汽车覆盖件冲压模具中，按照完成的工序内容分类主要有拉深模、落料模、修边模、翻边模及冲孔模等，其中，拉深模是关键。一方面它决定能否冲出合格的覆盖件，另一方面，翻边模和修边模需要用它的制件来测量数据或制作立体样板来作为制造的依据。

下面将介绍拉深模的设计要点及其设计。

6.3.1 拉深模的设计要点

1. 小批量生产模具的设计要点

(1)尽量减小模具闭合高度。在设备上使用时，高度不足可采用标准垫板。

(2)上、下模的导向。侧压力小时设置导柱、导套，导向部件若采用导块结构，可设置单个可换耐磨板。

(3)制件的取出不采用自动装置。制件一般用弹簧顶起，若顶出力不足也可采用直接顶起的气缸。

(4)坯料采用简单的定位销或挡块定位。

2. 中批量生产模具的设计要点

(1)上、下模的导向采用导板结构，使用单个耐磨板。

(2)坯料用手放入。

(3)制件用手取出。对于形状复杂的大件则用机械手取出。

(4)制件采用气缸顶起。采用单气缸时用H形顶杆结构，采用多气缸时用直接顶起结构。

(5)坯件的定位。后面采用可升降的定位板，侧面采用定位销或定位板，必要时可安装前定位板。

3. 大批量生产模具的设计要点

(1)上、下模的导向及凸模、压边圈的导向均采用双面耐磨板。

(2)坯件的放入使用薄板送料器，坯件的定位采用后定位板、侧定位板、板式导正器和前定位板。

(3)制件的取出使用机械手。

(4)制件的顶起使用气缸，采用连杆或顶起(杠杆式)结构。

(5)模具材料选用火焰硬化的合金铸铁。对于生产量大(>400万件)的模具，应在模具表面镶工具钢。

(6)各滑动部分要加润滑油。应采用自动加油或分油器集中加油。

6.3.2 拉深模的典型结构

拉深模的结构是与双动压力机配套的，有时在单动压力机上也可完成覆盖件拉深，一般需要气垫的配合。

图6-18所示为单动压力机覆盖件拉深模。图6-19所示为双动压力机覆盖件拉深模。可见构成拉深模的三大主件是凸模、凹模和压边圈。

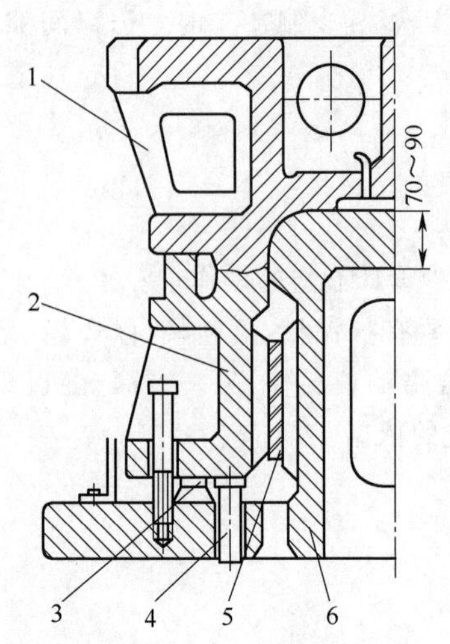

图 6-18　单动压力机覆盖件拉深模

1—凹模;2—压边圈;3—调整垫;
4—气顶杆;5—导板;6—凸模

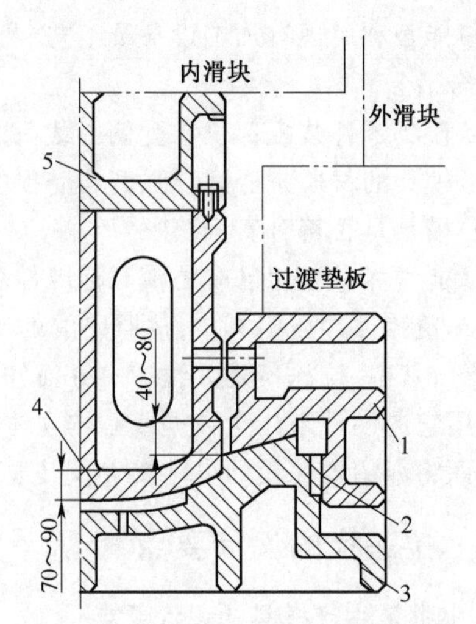

图 6-19　双动压力机覆盖件拉深模

1—压边圈;2—导板;3-凹模;
4—凸模接座;5—安装板

6.3.3　拉深模的凸、凹模结构

1. 拉深模的凸模结构

汽车覆盖件单动拉深模的凸模结构与一般拉深凸模结构差不多,也是固定在模板上,模板再与上滑块或工作台连接。

双动拉深模的凸模结构有两大类,一类是凸模加垫板直接与压力机的内滑块相连接的整体式结构;另一类是凸模和凸模固定座相连接,凸模固定座加垫板再与压力机内滑块相连接的分体式结构。

由于汽车覆盖件的尺寸比较大,凸模的尺寸也比较大,故一般采用铸造成形,且为中空式的壳体结构。要求凸模有较高的硬度和耐磨性时,可以采用表面火焰淬火等方法对凸模工作部分的表面进行强化处理。

拉深凸模工作表面与覆盖件拉深件的内表面是相同的。同时,拉深件上的装饰棱线、装饰筋条、装饰凹坑、加强筋、装配凸包、凹坑等局部形状,一般都是在拉深模上一次成形,拉深件的反成形形状也是在拉深模上成形。因此,凸模工作表面上还要有成形这些内部形状用的凸模或凹模的形状。当这些局部形状成形的变形量大,有破裂危险时,可以将成形局部形状的凸、凹模圆角半径加大,然后在修边等工序中进行校形,达到覆盖件的形状和尺寸要求。

2. 拉深模的凹模结构

(1)闭口式

这种凹模内腔底部不开通,常用于拉深形状不太复杂的覆盖件。冲模上没有顶出器,或虽有顶出器但轮廓简单,能够直接在凹模上划线加工,方便活动顶出器与排泄孔或将固定凹模装入凹模里,同步进行靠模(仿形)加工。

①没有顶出器的一般结构(见图 6-20):用于拉深的覆盖件形状圆滑、深度较浅,没有直壁或直壁很短,制件的顶起常采用顶件板或手工撬开的拉深模。

②带活动顶出器的结构(见图 6-21):用于拉深覆盖件表面较大、直壁较长、深度较深,需要顶出器或压边圈将制件顶起的拉深模。

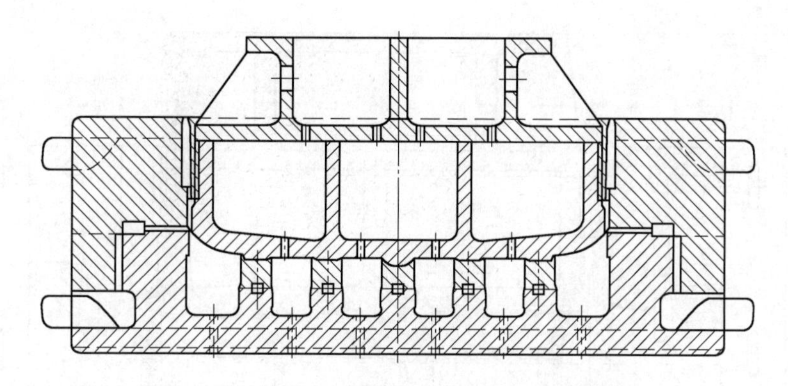

图 6-20　无顶出器的闭口式凹模的一般结构

(2)通口式

通口式凹模内腔是贯通的,其优越性表现在便于制造。这种结构用于拉深覆盖件形状比较复杂,凹陷、突起较多,棱线要求清晰的拉深模。顶出器或成形凹模芯的轮廓与凸模口大体相同,由于轮廓复杂,又无法直接在凹模形状表面上划线加工,而必须在底面上按图样或投影样板划线加工,以便将活动顶出器及凹模芯等装入凹模里同步进行靠模(仿形)铣削加工。

①带有凹模芯的通口式凹模(见图 6-22):用于拉深深度浅、没有直壁或直壁很低,不需要顶出器而采用顶件板或手工撬开将拉深件顶起的拉深模。

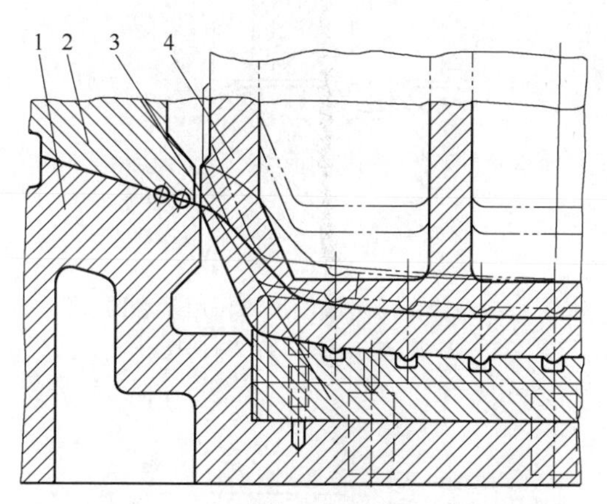

图 6-21　带活动顶出器的闭口式凹模结构
1—凹模;2—压边圈;3—顶出器;4—凸膜

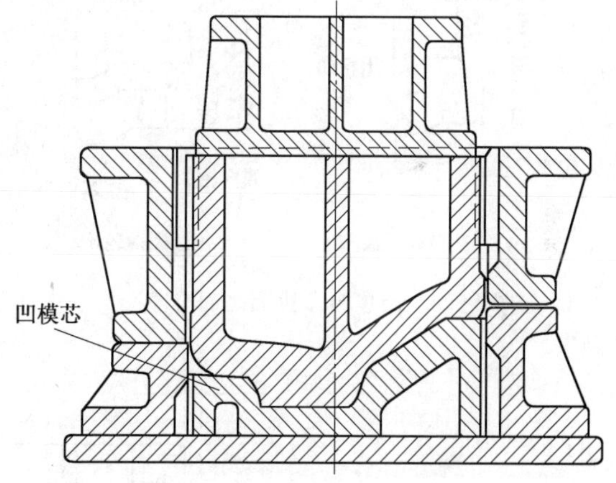

图 6-22　带有凹模芯的通口式凹模结构

②带有活动顶出器的通口式凹模(见图 6-23):用于拉深深度较深、直壁较高,需要顶出器或压料板将拉深件顶起的拉深模。

6.3.4　拉深模的结构尺寸

①模具各部分的壁厚,可查相关资料获取。

②压边圈内轮廓与凸模外轮廓之间的空隙(见图 6-24)。从压边的作用来看,压边圈内轮廓和凸模外轮廓之间的空隙与凹模圆角半径 $R_{凹}$ 有关(见图 6-25),一般取 5~12 mm。

③双动拉深模的凸模与压边圈连接垫板之间的间隙应在 25 mm 以上[见图 6-26(a)]。有时在双动压力机上使用单动拉深模,应保持凸模与内滑块边缘相距 20 mm 以上[见图 6-26(b)]。

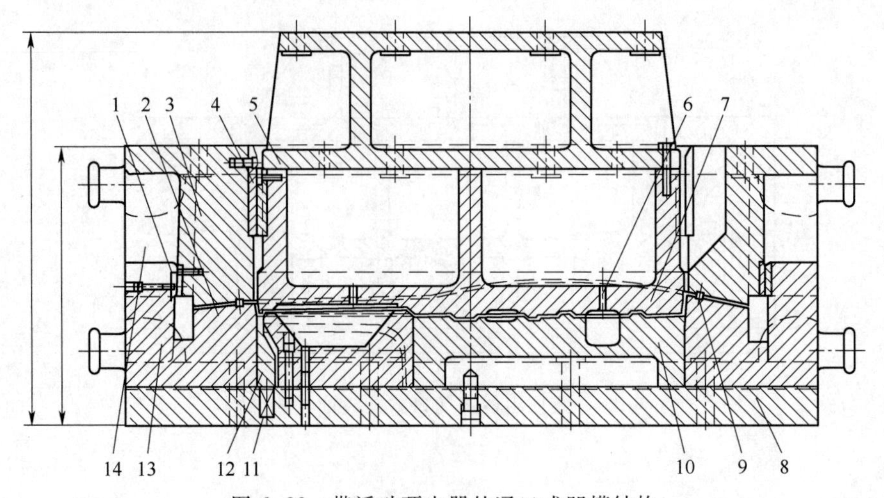

图 6-23　带活动顶出器的通口式凹模结构

1、4—防磨板;2—凹模;3—压边圈;5—固定板;6—通气孔;7—凸模;8—下底板;9—拉深筋;10—顶出器;11—弹簧;12—反成形凸模;13—导向凸台;14—导向凹槽

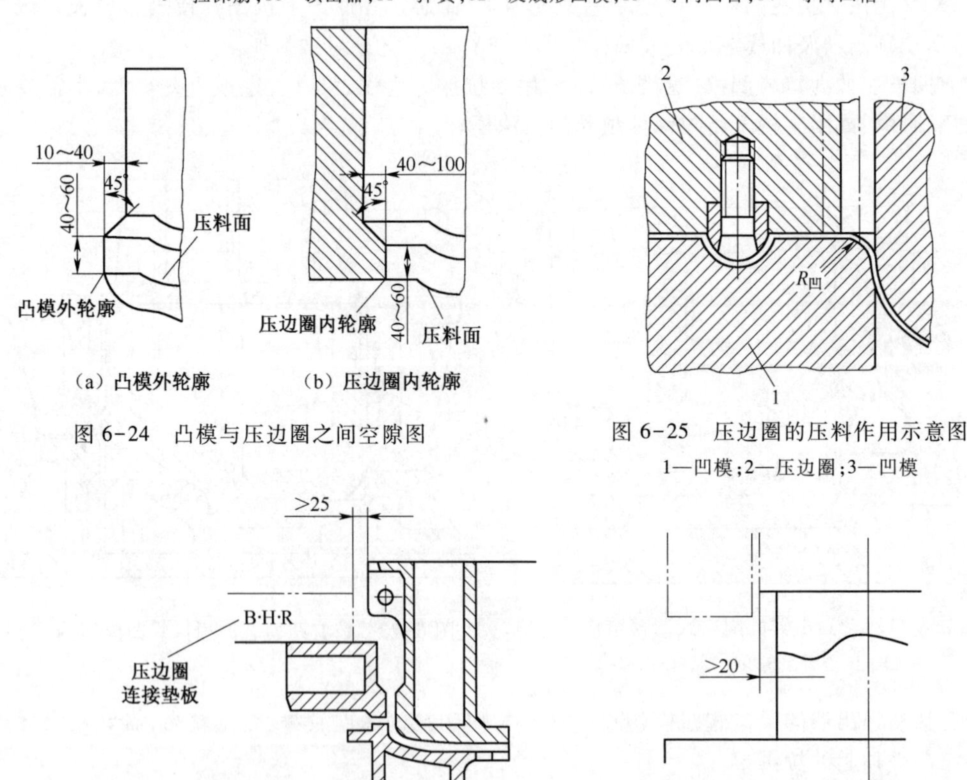

(a) 凸模外轮廓　(b) 压边圈内轮廓

图 6-24　凸模与压边圈之间空隙图

图 6-25　压边圈的压料作用示意图

1—凹模;2—压边圈;3—凹模

图 6-26　凸模与压边圈连接板及内滑块边缘间隙

④冲模的闭合高度应适应双动压力机规格。内滑块备有垫板,垫板与内滑块紧固,凸模接座(固定座)安装在垫板上。在人工安装时,要求内滑块垫板下平面高于外滑块垫板下平面 A 350 mm,以便安装(见图 6-27)。

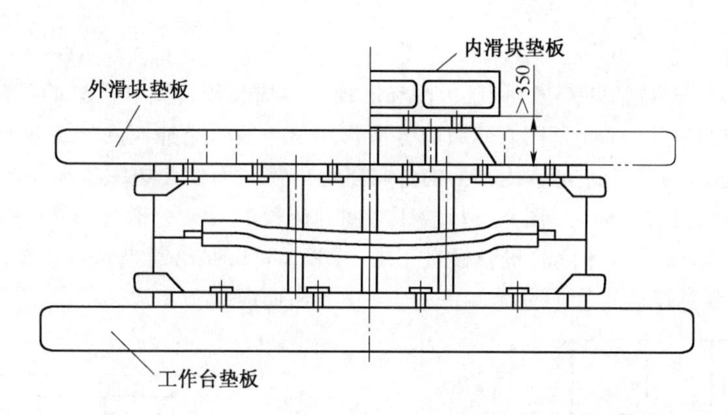

图 6-27　在双动压力机上安装冲模时所用的垫板

6.3.5　拉深模的导向

大型模具都采用背靠块式导向，由凸台和凹槽配合起来导向。有关参数如图 6-28 和表 6-1 所示。

表 6-1　导向块不同部位的尺寸参数

符号	A	B	C	
尺寸/mm	65~80	75~150	10（单）	60（双）

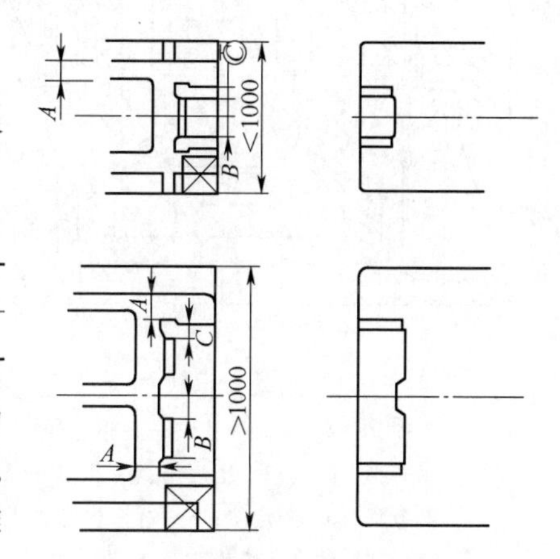

图 6-28　导向快部分参数

为了保证间隙，凸台或凹槽上应安装耐磨板，配合的另一个表面精加工，磨损后在耐磨板下垫薄片补偿间隙。耐磨板究竟设置在凸台上还是装在凹槽上要视制造的难易程度决定，而与使用无关。

1. 单动拉深模

(1)压边圈的导向单动拉深模如图 6-29 所示。

(2)上、下模的导向单动拉深模如图 6-30 所示。

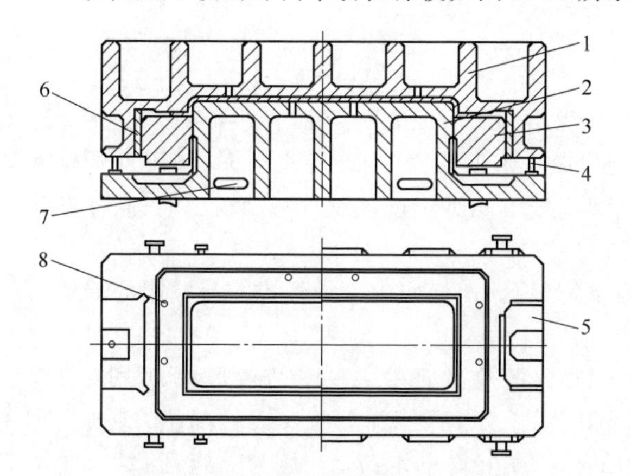

图 6-29　压边圈导向的单动拉深模

1—凹模；2—凸模；3—压边圈；4—限程销；5—箱式背靠块；6—防磨板；7—叉车起落架叉孔；8—定位销

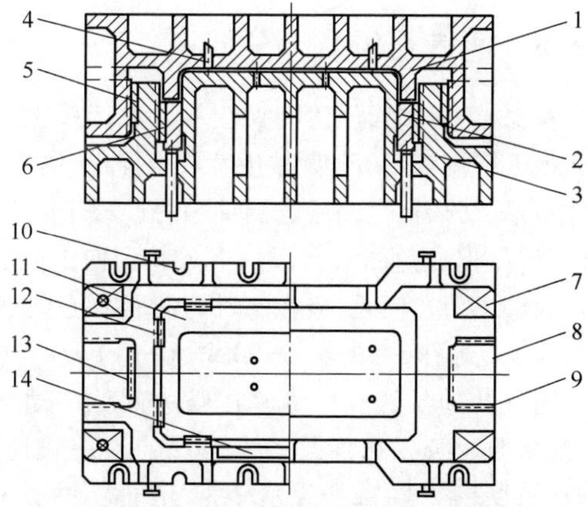

图 6-30　上、下模导向单动拉深模

1—凹模；2，11—压边圈；3—凸模；4—气孔；5、9、13—防磨板（背靠快部）；6、12—防磨板（压边圈部）；7—安全垫安全座；8—背靠快；10—模具安装用定位键槽；14—安全保护板

2. 双动拉深模

双动拉深模的导向包括两个方面:压边圈和凹模的导向及压边圈和凸模的导向。

(1)压边圈和凹模的导向(见图6-31)。导向作用与一般中小冲模的导柱导套相似,但间隙较大(为0.3 mm),这是为了满足调节压料面的进料阻力的需要而使压边圈支撑面成一定角度倾斜。

(2)压边圈和凸模的导向(见图6-32)。压边圈和凸模的导向一般采用4~8对设置在凸模外轮廓的直线处或形状最平滑部位的耐磨板来完成。700 mm长度范围内布置2组,大于700 mm布置4组,总的耐磨板宽度应占导向区域宽度的1/4。导向面应位于压边圈与凸模之间空隙的中央。

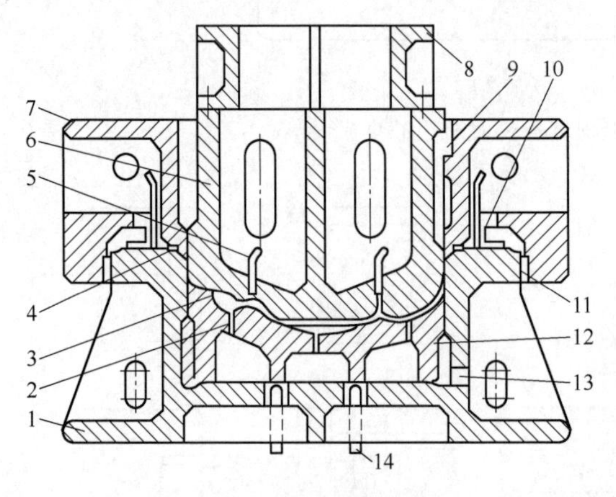

图6-31 双动拉深模的导向Ⅰ

1—凹模;2、5—通气孔;3—底座记号;4—拉深筋;6—凸模;7—压边圈;8—凸模升降器;9—安全套;10—测定位;11—背靠快耐磨板;12—提升衬垫;13—铸造孔(排油用);14—缓冲销(推杆销)

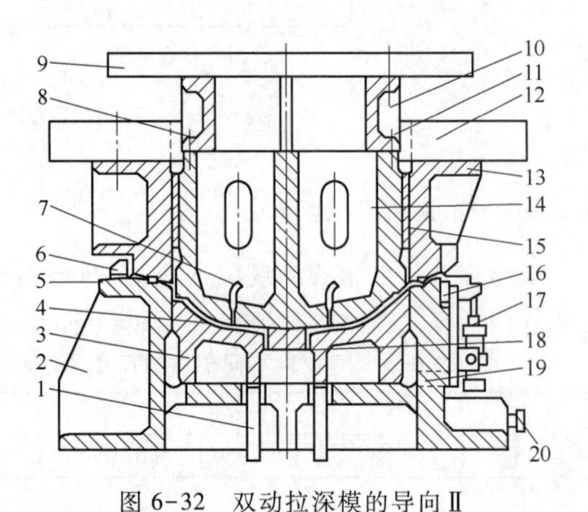

图6-32 双动拉深模的导向Ⅱ

1—缓冲销(推杆销);2—凹模(下模本体);3—提升衬垫;4—铸造空刀槽;5—拉深筋;6—前挡料装置;7,18—气孔;8—销;9—内接合器板;10—凸模升降器;11—螺栓;12—压边圈升降器;13—压边圈;14—凸模;15—耐磨板;16—定位板;17—隐式定位器;19—排油用铸造孔;20—钩

耐磨板高度方向尺寸:拉深开始时,导向面的接触长度应不小于50 mm(包括30°斜面导入部分);拉深完成时,导向面不能脱离接触(见图6-33)。

6.3.6 通气孔

拉深模工作时,压边圈将坯料压在凹模上,由于贴合较好,闭式凹模腔内很可能形成密封,这时凸模下行拉深后,凹模内空气未能排出,则可能形成一定的压力,当凸模上行时,该压力可能将制件顶瘪。同时,拉深后的制件贴在凸模上,若外界空气不能迅速进入制件与凸模之间,制件将随凸模上行(但压边圈未上行),造成轮廓向上鼓起。

为解决上述问题,应在凸、凹模适当的部位设置通气孔,使模腔内可能形成密封空间的部位与大气相通(见图6-29、图6-30、图6-31)。

通气孔的位置应尽量放在修边部位。通气孔的数量及截面积主要受凸模形状、尺寸、拉深速度、板材材质及板厚等因素的影响。一般情况下,对于外观要求严、曲率大的部位,通气孔直径要小(∅3~∅4 mm)些,必要时可在∅50~∅60 mm圆周上均布4~7个,成为一组孔;对于曲率小的部位,孔径可大些(∅60 mm左右);对于不接触材料的部位,孔径可更大些,甚至可以用铸孔。

此外,必须考虑模具制造和修复的需要,留好机械加工所用的基准面安装孔、装夹起吊的位置等。

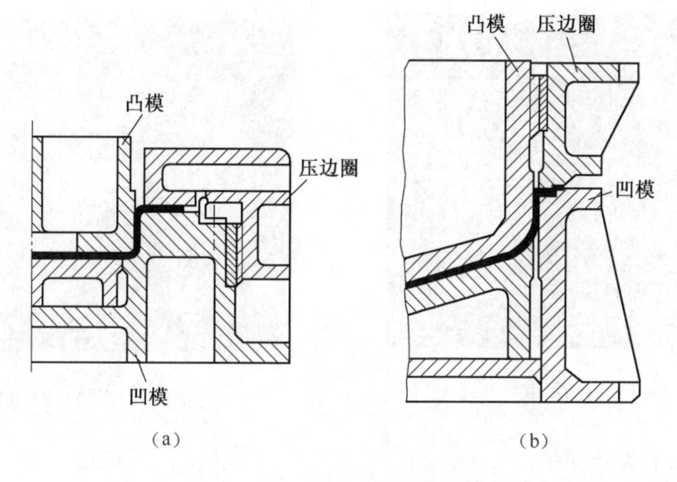

图 6-33　凸模和压边圈的导向示意图

6.4　覆盖件模具设计举例

6.4.1　零件的工艺分析与工艺设计

1. 工艺性分析

图 6-34 所示为汽车发动机舱盖,制件的材料采用 DC04 普通钢板,料厚为 0.8 mm,制件除了具有表面质量要求较高的特点外,还要具有一定的刚度和强度,制件的表面要求无起皱和拉裂等缺陷。因此,合理的冲压工艺方案与设计可靠的模具结构是保证制件质量的重要因素。DC04 是汽车覆盖件中经常用到的普通钢板,具有良好的抗腐蚀性和较好的强度,屈服强度为 189 MPa,抗拉强度为 327 MPa,硬化指数为 0.217,各项异性指数为 1.94,材料的成形性能比较好。

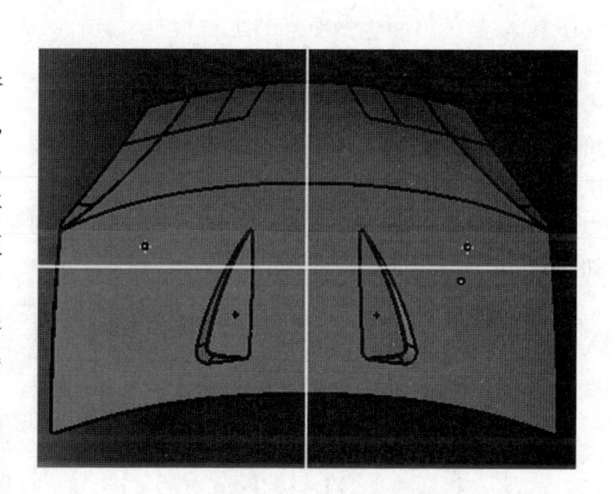

图 6-34　汽车发动机舱盖

2. 工艺方案的确定

由于发动机舱盖的覆盖件尺寸比较大,并且板料均为形状规则的条状板料,因此,制件坯料可以用剪板机直接裁剪出来,不用单独为该制件设计一套落料模。根据制件的最终形状和工艺分析,再结合用户的要求,发动机舱盖件经过三个工序即可成形,即拉深、修边和翻边。

拉深:把 1 620 mm×1 105 mm 的毛坯拉深成如图 6-35 所示的拉深工序件,图中双点画线为坯料的外形尺寸,白线为修边线,三角符号为废料刀的位置。修边:将拉深得到的制件在修边模具上修边得到如图 6-36 所示的修边工序件。翻边:最后把修边后的制件进行翻边,得到如图 6-34 所示的零件。

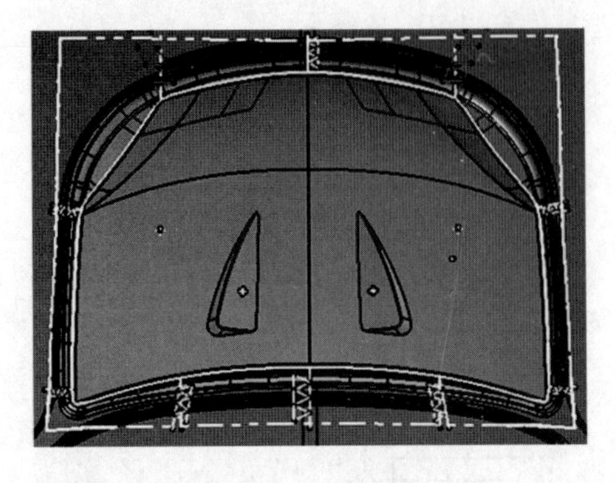

图 6-35　拉深件

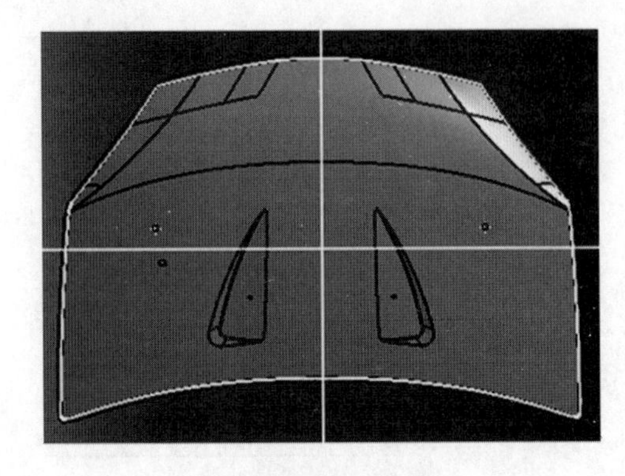

图 6-36　修边件

3. 覆盖件的工艺设计

(1)覆盖件拉深的工艺

由于此零件左右对称,较为平整且曲面过渡均匀,零件表面无尖点,易于成形。所以采用了如图 6-37 所示的拉深方向。

图 6-37 所示制件采用了双曲率的随形压料面形式。该设计有利于降低拉深深度,能够保证凸模对毛料有一定程度的拉深效应,且平滑的压料面有利于毛料向凹模型腔内流动。在拉深筋的设置方面,采用最典型的圆筋。由于左右两侧及拐角位置需进料较多,为减小其阻力采用了单筋;而前后两面进料较少,为保证其阻力选用了重筋。而且筋的布置方向与材料流动方向垂直。综合以上工艺要求,设计工艺补充数模如图 6-38 所示。

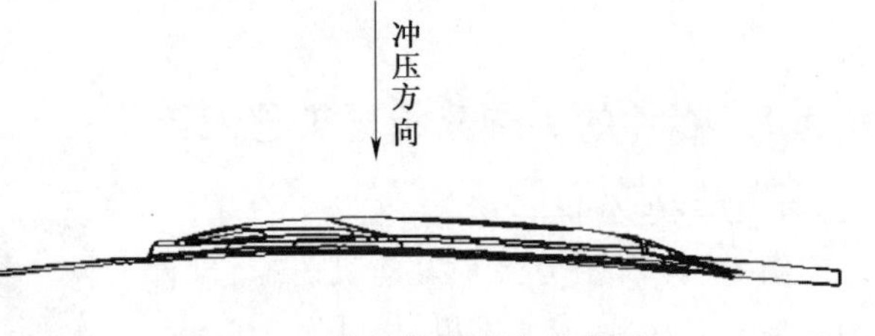

图 6-37　产品拉深方向示意图

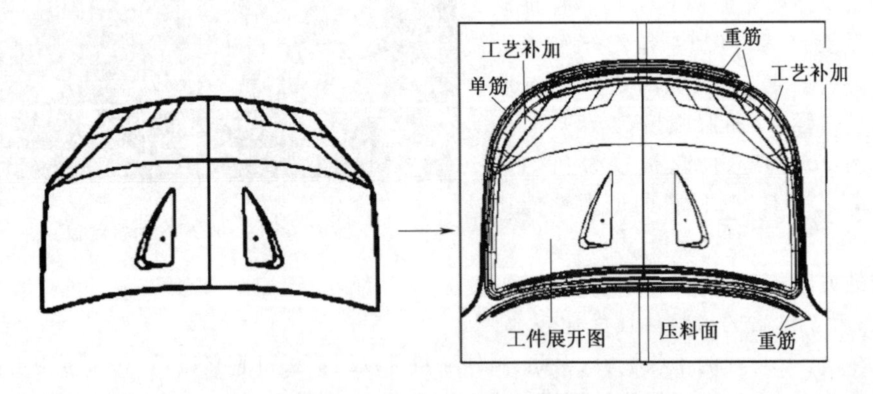

图 6-38　产品工艺补充的添加

(2)覆盖件修边的工艺设计

确定修边方向时主要考虑两点:一是尽量使模具结构简单,如垂直修边所用的模具结构最为简单;二是尽量使修边质量良好,若修边方向与制件型面的法线方向间的夹角过大,会在修边过程中产生撕裂现象。同时,由于凸凹模刃口部位呈锐角,模具易于损坏,寿命低。因此,一般来讲修边方向与制件型面的法线方向间的夹角在 15°以内比较好,最大不超过 30°。本零件的修边采用垂直修边,此时修边方向与制件型面的法线方向间的夹角为 13°,修边质量良好,且模具结构简单。汽车发动机舱盖的拉深工序件在修边时用拉深件的侧壁形状进行定位,原因有三:其一,此定位方式方便可靠,并有自动导正功能;其二,由于拉深件是凸出形状的,为了使拉深件凸出形状对刃口强度没有影响,拉深件必须朝下放(俗称趴着放);其三,生产现场设备为单动压力机,要求制件必须朝下放,制件朝下放就要求用拉深件的侧壁形状进行定位。

废料由废料切刀切断,通过滑料槽自由倾斜滑落,滑料槽至少呈 30°,并延伸到垫板端部、与废料收集箱对正。废料集中落在压力机后面,和操作人员分离开,并集中堆放。废料要切断时,不得带有锐角和大毛刺,以免伤人造成事故。废料最大尺寸 $L=450$ mm。

(3)覆盖件翻边的工艺

翻边方向为垂直翻边。确定定位方式时应考虑到翻边成形的可行性,使翻边过程中定位方便可靠,方便取出翻边件及定位生产现场设备与前道工序。本制件采用了朝下放置的形式,采用修边工序件的外形进行定位。

修边工序件向下翻边后,翻边件有可能包紧在翻边凸模上,此时要设计卸料装置,本模具采用在凸模外围设计若干个退件板,翻边开始前靠退件板外侧挡销定位,翻边完成后退件板在弹性元件作用下弹顶顶出翻边边缘,使翻边件与凸模脱离,这样就避免了翻边件周边包紧在凸模上,在中间顶出时导致零件变形报废。

6.4.2　汽车覆盖件模具结构的设计

1. 拉深模结构的设计

本套模具采用的导向零件为导向板。凸模与压边圈的内导向采用 8 对导向板,凹模与凸模的外导向采用 8 对导向板。在凸模、压边圈以及上模上均装有导向板,为模具的运动起到了良好的导向作用,从而保证了模具运动的顺利进行。为了延长模具的使用寿命,在下模本体的上面安装了墩死垫,在压边圈上面每隔 400 mm 的间距布置一个调压垫。挡料方式上,采用了挡料板来挡料,在模具压边圈的前后左右均安装挡料板。拉深模下模装配图如图 6-39 所示,拉深模上模装配图如图 6-40 所示,拉深模压边圈如图 6-41 所示。

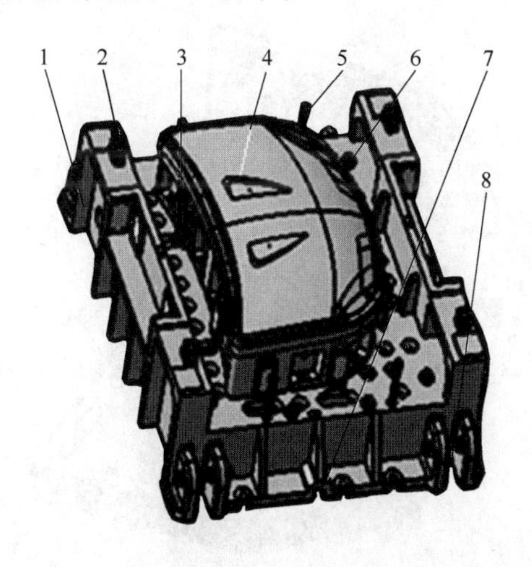

图 6-39　拉深模下模装配图

1—下模座;2—限位块;3—导滑板;4—凸模;5—限位螺钉;6—镦死垫;7—键槽;8—起重棒

图 6-40 拉深模上模装配图

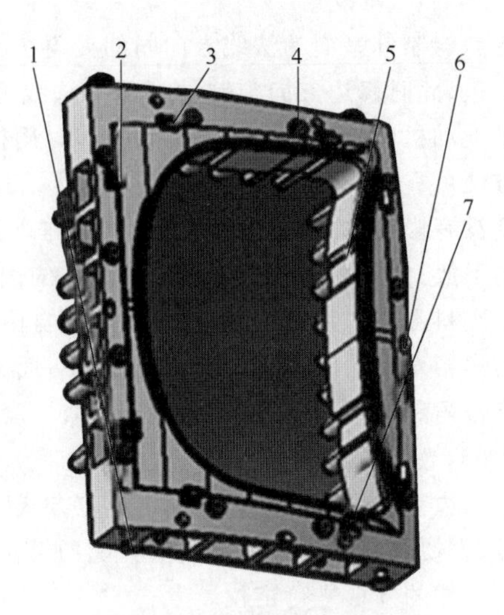

图 6-41 拉深模压边圈

1—起重棒;2—左右挡料板;3—前后挡料板;4—调压垫;5—导滑板;6—加工基准;7—退料螺钉孔

2. 修边模结构的设计

修边凸模设计成整体式,如图 6-42 所示。而修边凹模设计成镶块式,如图 6-43 所示。修边凹模镶块的固定采用 3~5 个 M16 mm 的螺钉,定位采用两个∅6 mm 的圆柱销。修边过程中要先用压料芯压料,然后再进行修边。压料时不必将工序件型面全部压住,应选取必要的最小面积的型面进行压料。所设计的压料芯如图 6-44 所示。由于修边模具要求的导向精度比拉深模具要高,同时,在修冲过程中侧向力很小,所以模具的导向应采用导柱导套进行。导柱导套导向准确且平稳,并可以精确定位。修边模导向包括:上模部分与下模部分的导向,采用四对导柱导套导向;压料芯与凹模的内导向,也采用四对导柱导套导向,以保证压料芯压料平稳。废料刀用于切断修边废料,在本套模具中共布置了 10 个废料切刀,如图 6-45 所示。修边模下模部分的装配图如图 6-45 所示,修边模上模部分的装配图如图 6-46 所示。

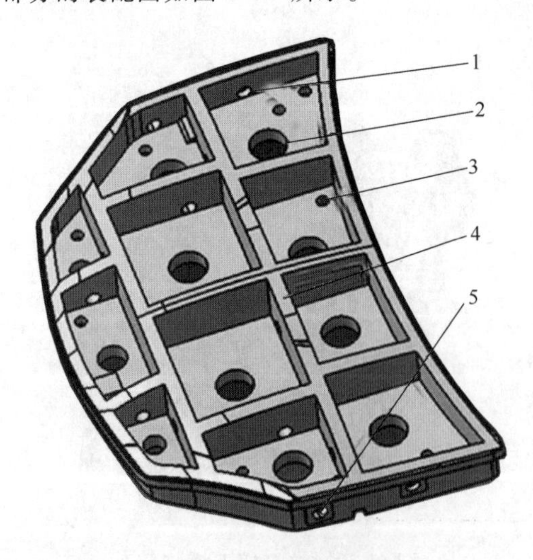

图 6-42 修边模凸模

1—流水孔; 2—减重孔;3—螺钉孔;4—型面;5—翻转套

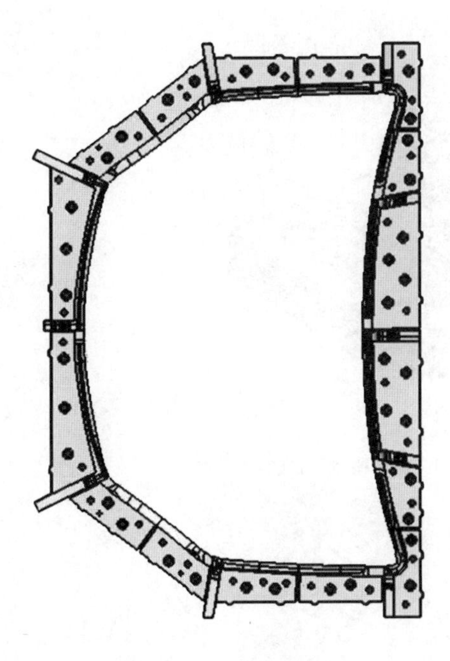

图 6-43　修边凹模镶块

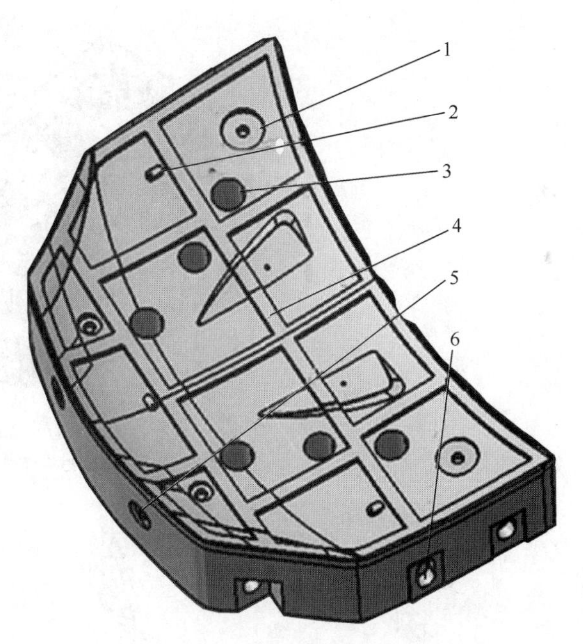

图 6-44　修边模压料芯

1—起重套；2—加工基准；3—减重孔；4—型面；5—翻转套；6—行程控制器

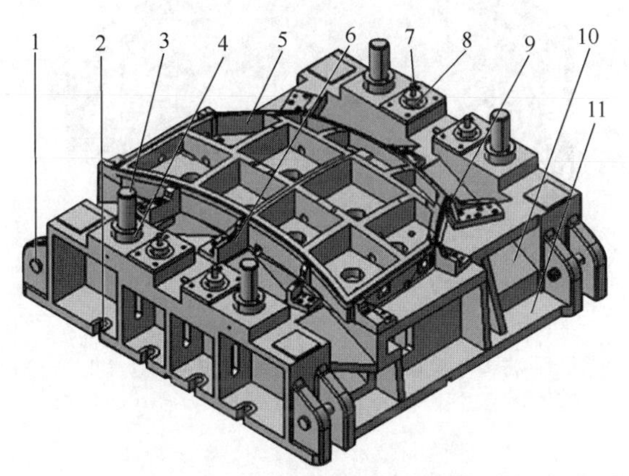

图 6-45　修边模下模部分的装配图

1—吊耳起重棒；2—压板槽；3—导柱；4—刚性限制器；5—修边凸模；6—废料切刀；7—氮气缸接座；8—氮气缸安装法兰盘；9—键；10—废料滑槽；11—下模本体

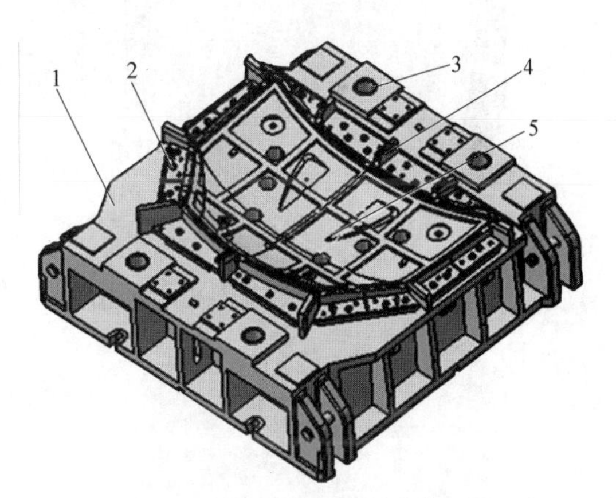

图 6-46　修边模上模部分装配图

1—上模本体；2—凹模镶块；3—导套；4—废料刀；5—压料芯

3. 翻边模的结构设计

翻边凸模设计成整体式，如图 6-47 所示。翻边凹模设计成镶块式，共有 18 个镶块，如图 6-48 所示。翻边过程中也要先用压料芯压料，然后再进行翻边。所设计的压料芯如图 6-49 所示。翻边模导向包括上模部分与下模部分的导向，采用导滑板导向，压料芯与凹模的内导向也采用导滑板导向，保证压料芯压料平稳。

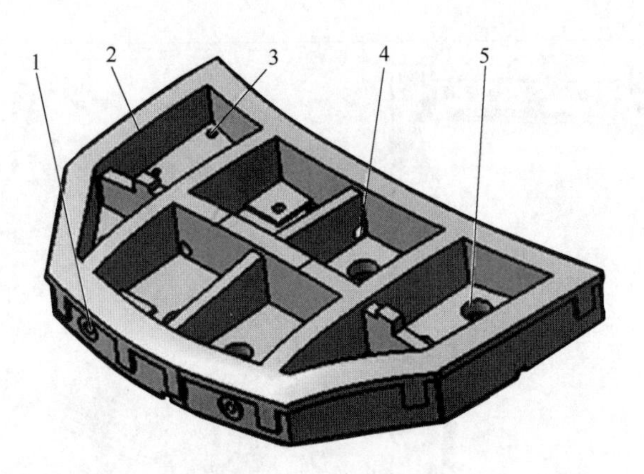

图 6-47 翻边模凸模

1—翻转套;2—型面;3—螺钉孔;4—流水孔;5—减重孔

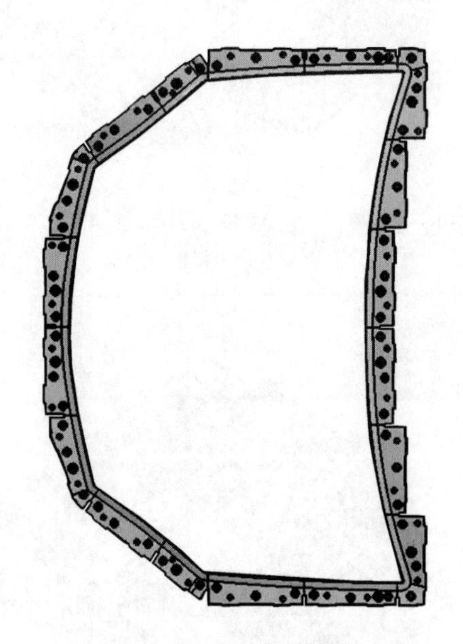

图 6-48 翻边凹模镶块

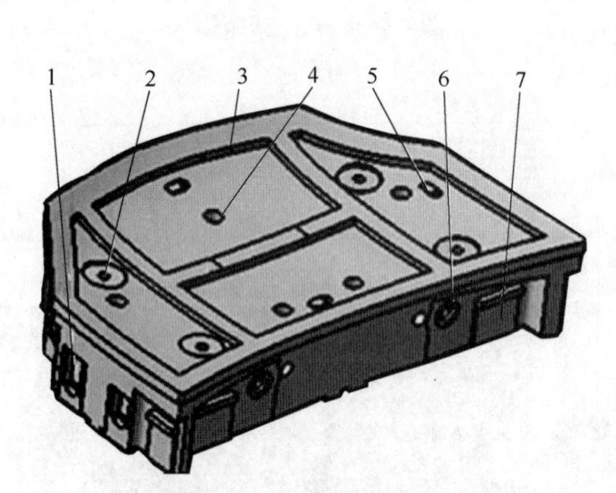

图 6-49 翻边模压料芯

1—行程控制器;2—起重套;3—型面;4—减重孔;
5—加工基准;6—翻转套;7—导滑板

翻边不易退件的部位时,必须设置翻边卸料装置。配置翻边卸料装置时要考虑:制件转弯部位需要配置,推料平衡的位置需要配置,并配置在刚性好的部位。图 6-47 所示制件中卸料装置布置情况如图 6-50 所示。图 6-51 所示为其中一个卸料装置,其中圆形销棒作为定位销使用,卸料块设计成 L 形,二者焊接在一起,下方设置是弹性元件氮气缸。

翻边模下模部分的装配图如图 6-52 所示, 翻边模上模部分的装配图如图 6-53 所示。

4. 设计汽车覆盖件模具需要注意的地方

拉深模的设计相对比较规范化,主要是设计导滑板的位置与数量,同时应使调压垫与墩死垫尽量在压边圈的上面与下面相同位置上,此时力的传递较为安全可靠。同时,压边力的大小直接影响成形质量,压边力通常靠气顶控制,通过试模得到合理的压边力。

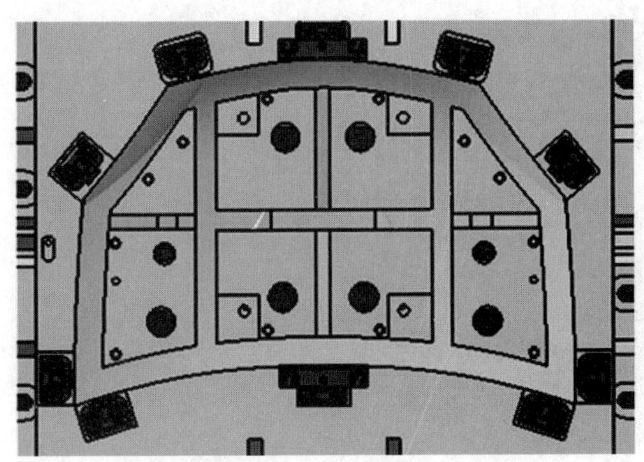

图 6-50　翻边顶出器布置示意图

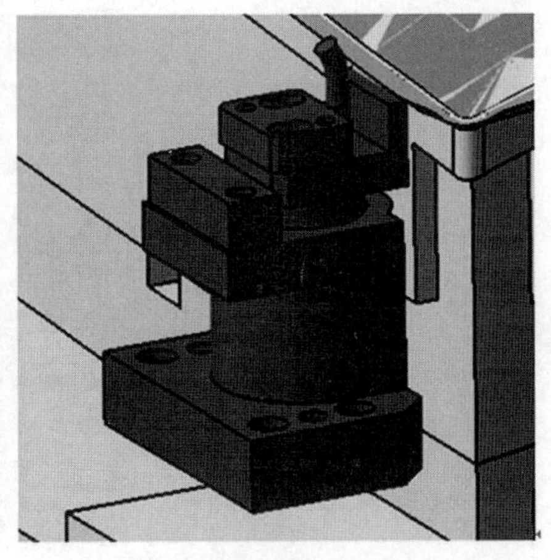

图 6-51　翻边顶出器实体模型

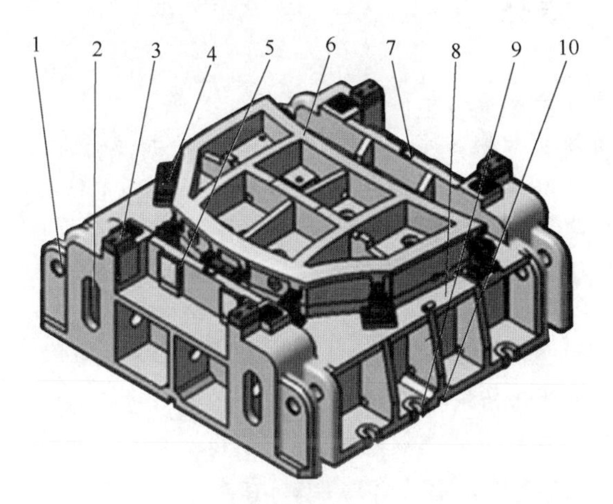

图 6-52　翻边模下模装配图

1—吊耳起重棒;2—减重孔;3—刚性限制器;4—翻边顶出器;5—导滑板;6—翻边凸模;7—加工基准;8—下模本体;9—压板槽;10—键

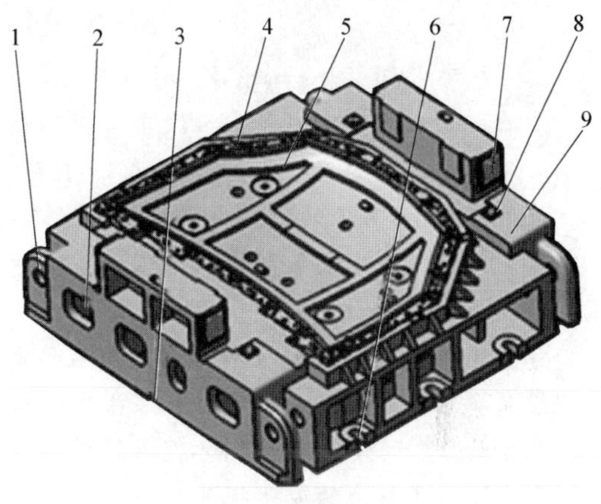

图 6-53　翻边模上模装配图

1—吊耳起重棒;2—减重孔;3—键;4—翻边凹模镶块;5—压料芯;6—压板;7—导滑板;8—氮气缸顶块;9—上模本体

修边模设计时主要考虑凹模分块的位置。设计拼块时接缝应尽量避免与冲切刃口轮廓线呈锐角,否则易崩刃,刃口处的分块点应取在拐角或直线与曲线相接处附近的直线段上或对称轴上。修边时由于精度要求高,需要用导柱导套进行导向,而不能用导滑板。另外,修边模必须设有废料切断装置,切断的废料沿滑槽滑落。废料刀的设计考虑:在修边线凸起部位布置废料刀。废料刀沿修边凸模周围布置一圈,刀刃沿顺时针(或逆时针)方向排列,刀距按废料长度要求,不得超过 450 mm;角部两废料刀位置应保证废料重心在修边线之外。

翻边模设计时为解决出件问题,必须设置翻边卸料装置。翻边卸料装置在制件转弯部位需要配置;推料平衡的位置需要配置;尽量配置在刚性好的部位。

思 考 题

1. 举例说明什么是汽车覆盖件？它与一般冲压件有何不同？
2. 汽车覆盖件拉深工艺设计的依据有哪些？覆盖件拉深工艺有哪些特点？
3. 覆盖件在确定拉深方向时应考虑哪些原则？
4. 什么是工艺补充面？工艺补充部分的设计原则有哪些？
5. 覆盖件拉深成形中的压料面应满足哪些要求？
6. 在覆盖件拉深成形过程中,拉延筋的作用是什么？如何进行布置？
7. 覆盖件成形过程中主要会出现哪些缺陷？如何防止出现这些缺陷？
8. 覆盖件拉深模的结构设计过程中应该注意哪些问题？
9. 试比较覆盖件拉深模与普通拉深模典型结构上的异同点。

科学家简介

林忠钦(1957—),中国工程院院士,教育部科技委先进制造学部主任。

林忠钦院士建立了中国汽车工业的制造质量控制技术;提出了数字化封样技术,有效缩短了车身的开发周期,提升了开发质量,大幅度降低开发成本,建立了中国的汽车板使用技术;林忠钦的研究成果应用于汽车、航空、航天、船舶等行业,林忠钦从事中国制造质量与品牌战略发展研究和中国海洋装备科技发展战略研究,完成了一批国家战略研究报告。

林忠钦院士在薄板和薄壳弹塑性稳定性理论的研究方面,解决了初始缺陷板壳和板组在横向剪切效应作用下的后屈曲路径和屈曲传播的理论问题;在薄板冲压成形理论研究方面,揭示了材料硬化、各向异性特性对拉延筋阻力的影响规律,揭示了模具压边圈在冲压过程中压力的变化规律,实现了冲压成形中材料回弹的有效控制;在车身制造质量控制关键技术及其应用研究方面,提出了适合中国汽车工业的车身制造质量控制体系,完成车身装配的匹配优化,实现了车身试生产的一次成功,代替了中国国内外采用多轮物理螺钉车实现功能匹配的方法。

第7章　金属增材制造成形

增材制造(俗称3D打印)是近三十年来才逐渐发展起来的一种先进制造技术,被认为是制造技术领域的一次重大突破。增材制造方法在成形原理、材料形态、制件性能、制件结构等方面都与传统制造工艺有很大区别,其高度的灵活性和可实现定制化等特点,为制造业主注入了新的活力。随着增材制造技术的愈加成熟,传统的工艺流程、制造工艺、产品结构、生产周期、产业链等都必将发生新的变化。

7.1　金属增材制造技术的原理与方法

7.1.1　增材制造基本原理

增材制造技术是指根据三维数字模型,采用逐层叠加的方式直接加工零件的方法,也称3D打印技术、快速原型。增材制造技术是20世纪80年代后期,随着计算机技术的进步逐步发展起来的一项新型前沿技术,该技术被认为是智能制造的核心技术,将对制造技术领域带来重大变革。

目前成熟的金属材料成形方法为典型的减材制造(见图7-1),即采用刀具或其他工具将多余的材料从零件表面去除,该方法的最大特点是成形精度高,但是零件的材料利用率较低,不符合目前绿色制造、低碳制造的理念。

增材制造技术具有数字化、网络化、个性化和定制化特点,融合了计算机辅助设计、材料加工与成型技术、以数字模型文件为基础,通过软件与数控系统将专用的金属材料、非金属材料以及医用生物材料,按照挤压、烧结、熔融、光固化、喷射等方式逐层堆积(见图7-2),制造出实体物品的制造技术。

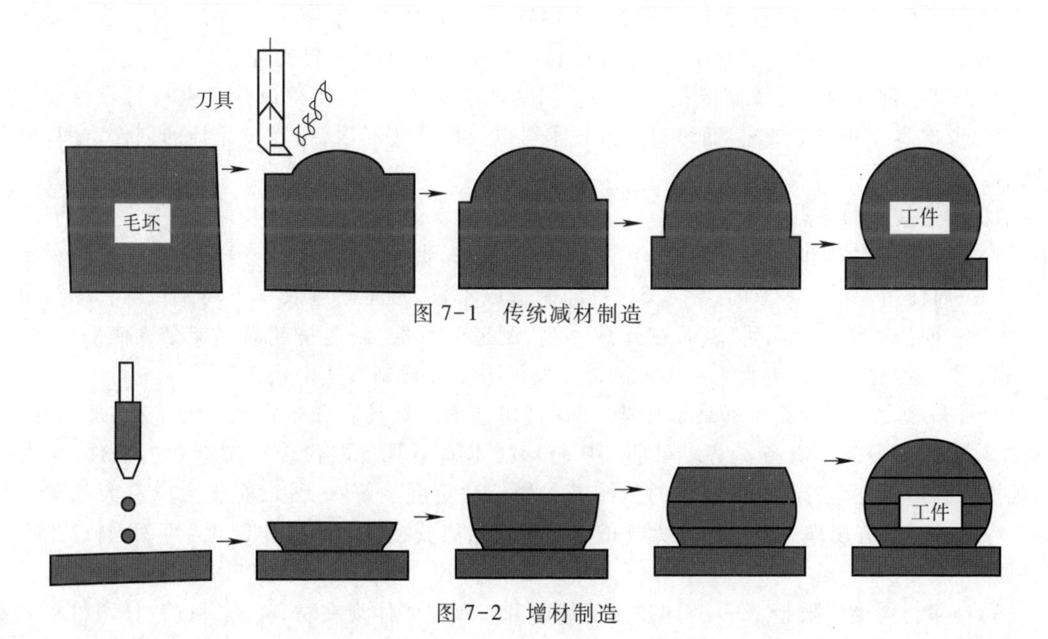

图7-1　传统减材制造

图7-2　增材制造

汽车制造过程中,各部件的零件众多且繁杂,零件的制造周期很长,成本、时间等高额消耗是汽车制造的主要成本之一。为切实缩短汽车开发周期,汽车行业引入3D打印技术,利用3D打印技术首先提高了零件制造的效率,大幅度节约了综合生产成本。同时也可打印金属材质样件,简化了整个加工过程,降低了综合成本。3D打印应用于复杂结构零部件制造,如汽车气缸盖、尾灯仪表盘、同步器开发、燃气轮机叶片、非充气轮胎成型等,同时满足部分金属零部件的力学性能并与锻造件媲美。

7.1.2 增材制造技术的优缺点

增材制造技术的优点如下。

(1)节省材料。与传统减材加工相比,利用率大幅提高。

(2)降低研发成本。就传统制造而言,零件形状越复杂,制造成本越高。对增材制造而言,制造形状复杂的物品成本不增加,制造一个复杂的钣金件并不比打印一个简单的方块消耗更多的时间、技能或成本。采用增材制造方法生产汽车相关金属零件,产品的成本将由简单的材料和体积作为固定成本,而不存在传统模具成本。

(3)无须模具及刀具。不需要传统的刀具、夹具、机床或任何模具,就能直接把计算机的任何形状的三维CAD图形生成实物产品。

(4)快速制造。3D打印能在数小时内成形,它让设计人员和开发人员实现了从平面图到实体的飞跃;它可以自动、快速、直接和比较精确地将计算机中的三维设计转化为实物模型,甚至直接制造零件或模具,从而有效地缩短了品研发周期;小批量制造商可以从增材制造中获益良多。增材制造可以实现零件的按需打印。只要有零件三维模型,企业可以委托增材制造单位或者自行完成金属零件的快速制造。

(5)分布式制造模式。3D打印无须集中的、固定的制造车间,具有分布式生产的特点。

(6)减少组装。它能打印出免装配的产品,因此,它降低了组装成本,甚至可以挑战大规模生产方式。

(7)减少库存。传统制造业中的零件加工周期长,工厂需要大量备品备件,增材制造可以实现虚拟库存。在整个产品制作过程中,将零件信息保存在云中,然后按需打印。

(8)设计空间无限。传统制造技术能够生产的产品形状有限,使得设计师在进行零件设计过程中必须考虑零件的加工工艺,而增材制造技术可以突破这些局限,拓展设计师的创作空间,更好地展示。

增材制造技术的缺点如下。

(1)存在成本高、工时长的软肋。3D打印仍是比较昂贵的技术。由于用于增材制造的材料研发难度大、而使用量不大等原因,导致3D打印制造成本较高,而制造效率不高。目前,3D打印技术在我国主要应用于新产品研发,且制造成本高,制造效率低,制造精度尚不能令人满意。3D打印目前并不能取代传统制造业。在未来制造业发展中,"减材制造法仍是主流"。

(2)在规模化生产方面尚不具备优势。3D打印技术既然具有分布式生产的优点,那么相反,在规模化生产方面就不具备优势。目前,3D打印技术尚不具备取代传统制造业的条件,在大批量、规模化制造等方面,高效、低成本的传统减材制造法更胜一筹。所以,对于生产有大量刚性需求的产品来说,具有规模经济优势的大规模生产仍比重点放在"个性化、定制化"的3D打印生产方式更加经济。

(3)打印材料受到限制。3D打印技术的局限和瓶颈主要体现在材料上。目前,打印材料主要是塑料、树脂、石膏、陶瓷、砂和金属等,能用于3D打印的材料非常有限。尽管已经开发了许多应用于 3D 打印的同质和异质材料，但是开发新材料的需求仍然存在，一些新的材料正在研发中。这种需求包含两个层面，一是不仅需要对已经得到应用的材料—工艺—结构—特性关系进行深入研究，以明确其优点和限制；二是需要开发新的测试工艺和方法，以扩展可用材料的范围。

（4）精度和质量问题。由于 3D 打印技术固有的成型原理及发展还不完善，其打印成型零件的精度、物理性能及化学性能等大多不能满足工程实际的使用要求，不能作为功能性零件，只能做原型件使用，从而其应用将大打折扣。而且，由于 3D 打印采用“分层制造，层层叠加”的增材制造工艺，层与层之间的结合再紧密，也无法和传统模具整体浇铸而成的零件相媲美，而零件材料的微观组织和结构决定了零件的使用性能。

7.1.3　增材制造技术在汽车领域的应用

当前 3D 打印技术不仅已经成为汽车行业的必备技术，其应用程度也在从最先的原型制造转变为最终部件的生产，全球范围内一些领先的汽车品牌则希望利用它延续自身在本行业的主导地位。增材制造在汽车领域的应用主要体现在支撑创新设计、复杂异形结构制造、快速研制三个方面，并具有巨大的应用前景。

1. 创新设计

多年以来，优秀的设计方案因为制造能力不满足而不能实现的情况时有发生。理想化的最优结构、最轻质量、最小成本的结构设计通常只能存在于三维建模当中，导致最优化结构设计多年来鲜有重大突破。因此寻找一种真正意义上的柔性制造方法，为汽车构件的设计制造理念插上自由翱翔的翅膀具有重大的意义。金属增材制造技术突破传统制造的瓶颈，不受零件复杂程度限制，设计出即可制造出，零件设计可依据“功能最优化”原则开展，可实现航空零件的轻量化制造、点阵结构制造和多部件整体制造等。

图 7-3　通用汽车 3D 打印座椅支架

通用汽车公司很早便开始引进增材制造技术，十多年来一直使用工业 SLA 和 FDM 技术生产零件和模具。如今，通用汽车在增材制造方面的研究主要在其位于密歇根州的 Warren 科技中心展开，每年可生产超过 30 000 个零件。图 7-3 为通用汽车研发的一种钢制 3D 打印座椅支架，该结构比标准支架轻 40%，但是强度却高出 20%。

2. 复杂异形结构制造

复杂构件通常外形复杂，整体工艺刚性较差，同时对力学性能也要求很高，导致采用传统加工制造技术制备成形非常困难。采用铸造技术，尽管可以满足成形需求，但是性能通常都不太理想，难以满足键承力件的设计要求。采用锻造技术，整体制造航空零件的成形难度大，后续需要大量的机械加工，总体生产制造周期非常长。而增材制造不受零件外形轮廓和复杂程度约束，成形零件的强度也能够基本满足汽车零件的设计要求。汽车制造商保时捷通过金属 3D 打印开发新型电子驱动动力总成（见图 7-4），该零件采用粉末床金属熔化 3D 打印技术制造，在实现功能集成的情况下进一步减轻质量，实现了更高效的传动。

图 7-4 增材制造电子驱动动力总成

3. 实现产品快速研制

传统的铸造、锻造以及焊接等加工制造方式,即使花费高昂的模具费和较长的制造周期也难以满足新型汽车的研制需求。增材制造技术是一种制造周期短、成形效率高、无须模具、近净成形、可实现数字化快速制造的先进技术,能够直接根据数模快速成形复杂汽车构件,可以解决新型汽车零部件快速研制的急迫技术问题。3D 打印技术为轮毂的设计带来了新的自由度,图 7-5 为轮胎制造商 HRE 与 GE Additive 合作开发了世界上第一款 3D 打印钛合金轮毂。

图 7-5 增材制造钛合金轮段毂

7.1.4 金属增材制造常用方法

金属增材制造是以高能束(激光、电子束、电弧等)为加热源,金属粉末/丝材为原料,辅助计算机三维数据模型,直接制造新型金属构件的技术方法,特别适合小批量、个性化、形状复杂金属零件的单件小批量成形。

1. 激光选区熔化成形(SLM)

激光选区熔化技术是通过专业计算机软件对零件三维数模进行分层切片,形成截面轮廓信息后,利用高能激光束逐层选择性烧结金属粉末,凝固堆积零件实体的制造方式,技术原理如图 7-6 所示。SLM 加工精度较高,成形后零件只需进行简单表面处理即可使用,特别适合直接成形小、中型精密复杂典型构件,在汽车领域应用最为广泛。

相对其他金属增材制造技术,SLM 技术较为成熟,且已研制出商用设备。其中我国的铂力特、华曙高科、鑫金公司；德国的 EOS、SLM Solution、ConceptLaser 公司；英国的 Reinishaw 公司等都研制了各种不同尺寸的 SLM 成形设备。

2. 电子束选区熔化(EBSM)

电子束熔化成形技术的成形机理与激光选区熔化技术相似，不同的是前者是在真空条件下，以电子束为能量源，如图 7-7 所示。首先，在工作台上铺一层粉，电子束在电磁偏转线圈的作用下发生偏转，根据计算机设定的扫描路径对特定区域粉末进行熔化，未被熔化的粉末仍呈松散状；第一次扫描完成后，工作台下降一个层厚高度，再重复进行以上扫描。

相比于 SLM，电子束具有高真空保护、电子束能量密度高以及成形零件残余应力小等特点，该技术适合用于成形稀有金属、难熔金属以及脆性材料的小尺寸零件成形。选区熔化技术目前离规模化应用还相距甚远，需要解决的主要技术难题包括：①需要专门设计适用于 EBSM 的材料化学成分；②需要专门设计适用于 EBSM 的专用制粉设备；③为扩大零件成形尺寸，需要设计多电子束协调扫描系统。

3. 激光熔化沉积

20 世纪 90 年代，致密金属零件的激光熔化沉积技术开始迅速发展，其示意图如图 7-8 所示。

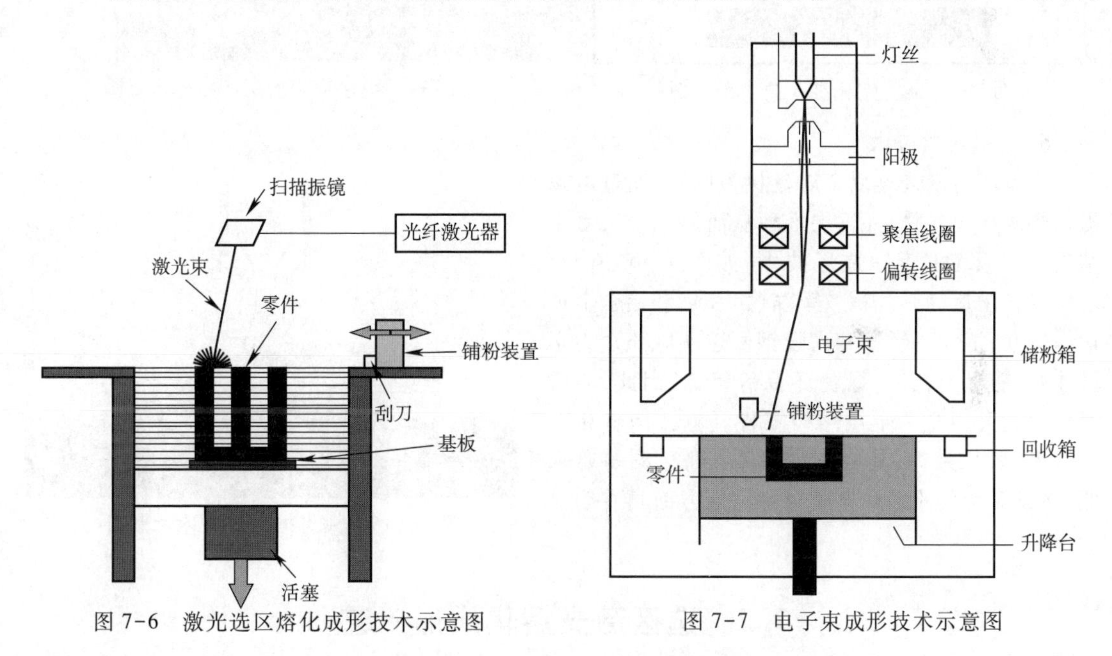

图 7-6　激光选区熔化成形技术示意图　　　　图 7-7　电子束成形技术示意图

激光熔化沉积技术来源于激光涂覆技术，采用激光作为能量源，按照软件生成的加工路径，同步送粉并逐层熔化金属粉末，快速凝固逐层堆积成零件毛坯，后续仅需少量机加。

从理论上讲，任何能够吸收激光能量的粉末材料都可以采用激光熔化沉积技术成形。同时同步送粉的材料送进方式使得激光熔化沉积技术可以制造具有结构梯度和功能梯度的复合材料，因此激光熔化沉积技术在零件修复中大量应用。激光熔化沉积技术多采用机械臂实现喷头的空间移动，因此可以成形大型零件，但是成形精度低于 SLM。

4. 电子束熔丝沉积

电子束熔丝沉积技术是利用高能量的电子束在真空条件下轰击金属丝材，使其熔化并按照规划的路径逐层凝固堆积，形成具有致密冶金结合的金属零件或毛坯，如图 7-9 所示。电子束自由成形技术相对于铺粉和送粉增材制造技术，具有沉积效率高（最高可达 15 kg/h），内部质量好，成形零件应力小等优点，但成形精度相对较低。可应用于电子束自由成形的航空线材有钛合金、铝合金、不锈钢和镍基合金等。

电子束熔丝沉积技术是一种利用金属丝材作为原材料直接成形大型复杂金属结构零件的增材制造技术,具有成形速度快、保护效果好、成形尺寸大等特点,适用于航空航天、飞行器等大型整体金属结构的快速、低成本制造。

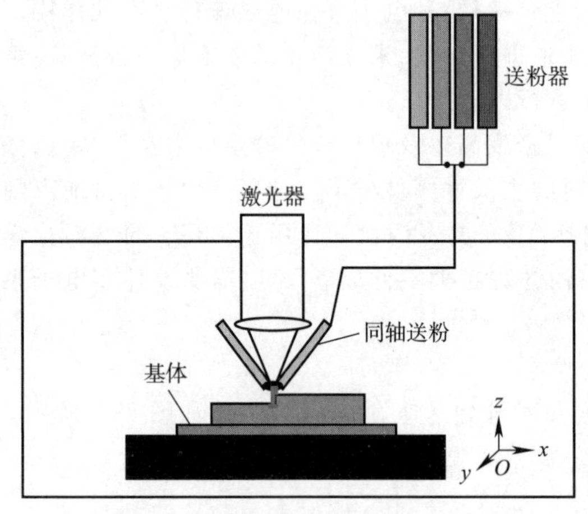

图 7-8 激光熔化沉积技术示意图

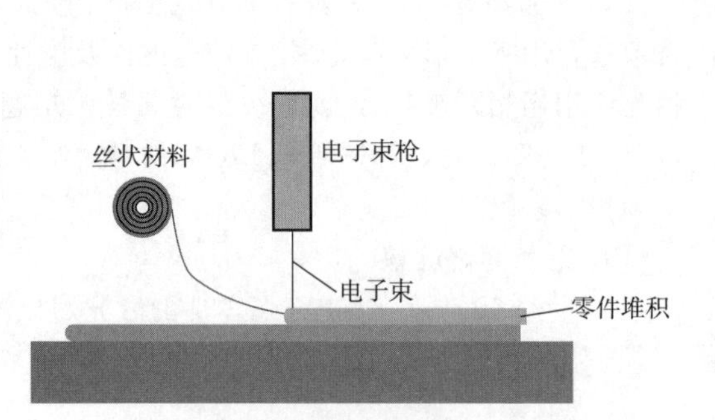

图 7-9 电子束熔丝沉积技术示意图

5. 电弧增材技术

电弧增材制造是以金属丝材为原料,通过电弧提供热源熔化丝材,并逐层堆积从而形成金属复杂结构零件毛坯的近净成形技术,如图 7-10 所示。电弧增材制造具有沉积效率高(沉积钛和铝合金可达 1 kg/h,沉积不锈钢和高强钢可达 4 kg/h)、力学性能好、能量消耗低、绿色环保等优点,因此,非常适合制造大型复杂金属结构零件。电弧增材相对于激光、电子束等,其成形效率高、对材料的要求低,在成形大尺寸多维异质异构构件方面具有明显的优势。

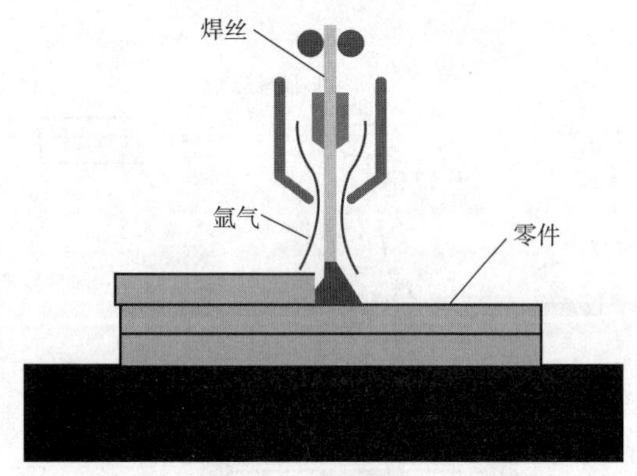

图 7-10 电弧增材制造技术示意图

7.2 选区激光熔化成形工艺

选区激光熔化(Selective Laser Melting,SLM)技术是在选区激光烧结(SLS)技术上发展起来的金属零件直接增材制造方法,也是目前应用最为广泛的金属零件增材制造技术。相对其他快速成型技术而言,SLM 技术更高效、更便捷,开发前景更广阔,它可以利用单一金属或混合金属粉末直接制造出具有冶金结合、致密性接近 100%、具有较高尺寸精度和较好表面粗糙度的金属零件。SLM 技术成形的金属零件其力学性能超过铸件,接近锻件,零件经过简单处理后可以直接使用,是目前应用最为广泛的金属材料增材制造技术。

7.2.1 SLM 成形基本过程

SLM 方法采用高能量密度激光使金属粉末完全熔化,然后快速凝固后形成冶金结合的金属零件。SLM 设备的工作原理如图 7-11 所示,其主要工作过程如下。

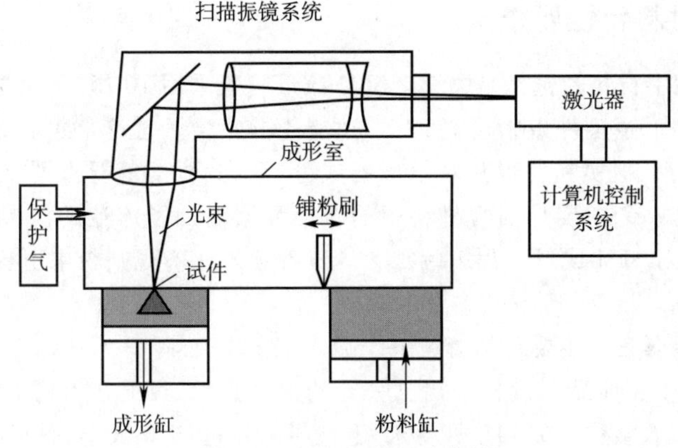

图7-11　SLM原理示意图

(1)通过软件建立零件三维模型,采用专用软件对零件进行加支撑、排版、分层、参数测定等操作,导出SLM设备可以识别的打印文件。

(2)在成形缸上固定基板,下降,将金属粉末倒入粉缸中。

(3)抽真空后通入氩气或氮气,保证金属在高温成形过程中与其他气体发生反应。

(4)粉缸上升一定高度,成形缸下降,采用刮刀在基板上铺一层粉。

(5)扫描镜控制激光束进行*X/Y*方向移动,对零件轮廓线以内粉末进行熔化,粉末快速凝固后形成零件一层的结构。

(6)重复上述(4)、(5)过程,逐层堆积成与模型相同的三维实体。

7.2.2　SLM工艺优势

1. 成形材料广泛

从理论上讲,任何金属粉末都可用高能激光束熔化,故只要将金属材料制备成金属粉末,就可以通过SLM技术直接成形具有一定功能的金属零部件。除了常见的不锈钢、铝合金、钛合金以及高温合金,钨合金、钽合金也可用SLM工艺成形。

2. 复杂零件制造工艺简单,周期短

传统复杂金属零件的制造需要多种工艺配合才能完成,而SLM技术是由金属粉末原材料直接一次成形最终制件,与制件的复杂程度无关,简化了复杂金属件的制造工序、缩短了复杂金属制件的制造时间,提高了制造效率对一些具有复杂细微结构的多孔零件,传统方法无法加工出制件内部的复杂多结构。

3. 制件材料利用率高,节省材料

传统机加工金属零件的制造主要是通过去除毛坯上多余的材料而获得所需的金属制件。而用SLM技术制造零件耗费的材料基本上和零件实际相等、在加工过程中未用完的粉求材料可以重复利用,其材料利用率一般高达90%。

4. 零件综合质量优良

SLM技术采用小光斑高能量密度成形,而且金属粉末粒径很小,因此成形零件有较高尺寸精度及良好的表面粗糙度。SLM成形零件的内部组织是在快速熔化/凝固的条件下形成的,显微组织往往具有晶粒尺寸小、组织细化、增强相弥散分布等优点,相对密度能达到近乎100%,从而使制件表现出特殊优良的综合力学性能,通常情况下其大部分力学性能指标都超过铸件,达到锻件性能。

7.2.3 SLM原材料特性要求

在SLM技术应用中材料的选择是关键。SLM成形一般采用10~53 μm的金属粉末粒径,所以打印件的表面效果精细,成型件致密度高,力学性能优异。虽然理论上可将任何可焊接材料通过SLM方式进行熔化成形,但实际发现其对粉末的成分、形态、粒度等要求严格,研究发现合金材料比纯金属材料更容易成形,主要是因为材料中的合金元素增加了熔池的润湿性或者抗氧化性,特别是成分中的含氧量对SLM成形过程影响很大。球形粉末比不规则粉末更容易成形,因为球形粉末流动性好,容易铺粉。

商品化的SLM金属粉末主要包括青铜基金属、不锈钢、工具钢、Co-Gr系列、Ti系列、铝合金、镍合金等。根据国外多家商品化设备公司已公开的信息显示,目前在市场上应用最多的是奥氏体不锈钢、工具钢、Co-Cr合金和Ti6A14V等粉末,上述材料通过SLM成形,获得的致密度近乎100%,力学性能可与锻件相比,目前科研型材料主要包陶瓷材料、梯度材料、钨合金、锆合金等。

从工艺方面划分,当前全球主流的3D打印金属粉末制备方法包括:气雾化法(GA)、等离子旋转电极法(PREP)、等离子雾化法(PA)以及等离子球化法(PS)等,其中气雾化法应用最为广泛。气雾化法是利用惰性气体在高速状态下对液态金属进行喷射[见图7-12(a)],使其雾化、冷凝后形成的球形粉。根据热源的不同又可以将气雾化法细分为电极感应熔炼气雾化(EIGA)和等离子惰性气体雾化(PIGA)两种工艺,采用惰性气体既能防止产物氧化,又能避免环境污染。在EIGA工艺中,为电极形式的预合金棒将在不使用熔炼坩埚的情况下进行感应熔炼和雾化。采用气雾化法所得粉末粒度分布广,大部分为细粉[图7-12(b)],杂质易于控制,但粉末由于粒径不同而冷却速度不同,导致颗粒内部易产生气泡,形成空心结构,粉末形状不均匀,出现行星球等,对粉末后期应用造成不利影响。

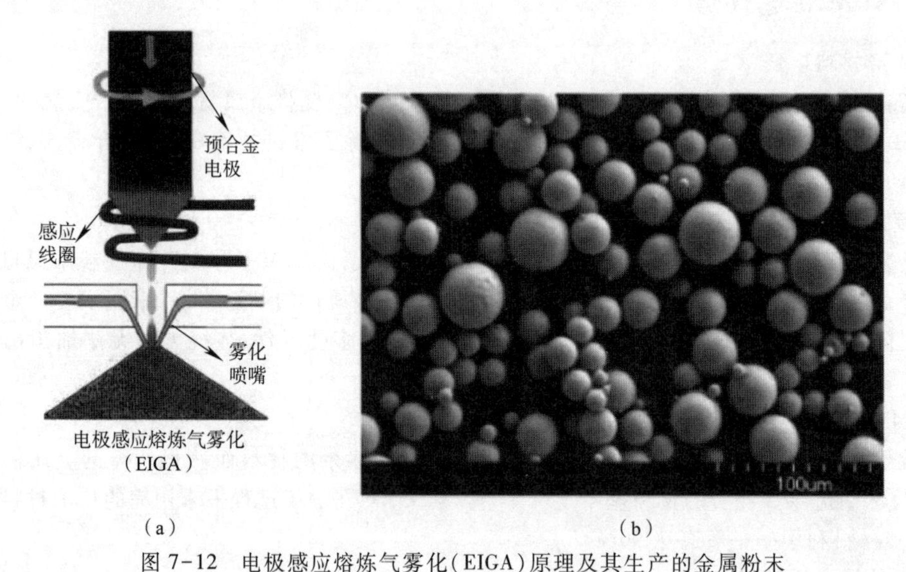

图7-12 电极感应熔炼气雾化(EIGA)原理及其生产的金属粉末

7.2.4 SLM设备基本结构

SLM主要由激光系统、气体保护和循环净化系统、粉末管理系统、电气控制系统四大部分组成。

1. 激光系统

激光系统的目的是得到稳定的、高能小光斑激光，是SLM设备最重要的硬件设备，直接影响设备的精度、稳定性。激光选区熔化设备的激光系统包括激光器、聚焦镜、激光器水冷机，扫描振镜四部分。激光器产生200~500 W连续激光光源，通过光学镜片对激光聚焦，形成细微的聚焦光斑；激光光斑在扫描振镜的控制下实现光斑的X、Y方向偏移，完成单层金属的熔化。SLM设备成形过程可能持续几天，需要采用循环冷却水对激光器进行冷却。

2. 气体保护和循环净化系统

金属粉末熔化过程中极易与空气中的氧、氮、水蒸气发生化学反应，从而造成打印零件力学性能下降的现象。因此，在SLM成形过程中，一个良好的成体保护系统是成功成形的重要保证。

3. 粉末管理系统

在SLM成形过程中，需保证当前层与上一层之间、同一层相邻熔道之间具有完全冶金结合，成型过程会发生飞溅、球化等缺陷，一些飞溅颗粒夹杂在熔池中，使成型件表面粗糙，而且一般飞溅颗粒较大，在铺粉过程中，飞溅颗粒直径大于铺粉层厚，导致铺粉装置与成形表面碰撞。碰撞问题是SLM成形过程中经常遇到的不稳定因素。因此SLM技术需用特殊设计的铺粉装置，如柔性铺粉系统、特殊结构刮板等，SLM工艺对铺粉质量的要求是：铺粉后粉床平整、紧实，且尽量薄。

4. 电气控制系统

电气控制系统分为运动控制子系统、模拟量采集子系统和扫描控制子系统，所有的控制算法在上位工控机中完成，工控机通过云端信息共享等可实现多设备统一监控、管理。

3D system公司的DMP Flex 350设备成形如图7-13所示，设备主要参数见表7-1。DMP Flex 350是一款高性能金属增材制造系统，是一款全天候(7 d/24 h)使用的工业级金属激光选区熔化3D打印设备，具备高吞吐量与高度可重复性的金属3D打印机，能制造难度最高的合金材料，也能生产高品质的致密部件。DMP Flex 350是一款集成软件、材料与打印机的解决方案，同时提供专家应用支持，可以打印不锈钢、钴铬合金MPI、钴铬钼合金SPI、马氏体钢、钛合金、纯钛、超级合金N718和铝合金等材料。

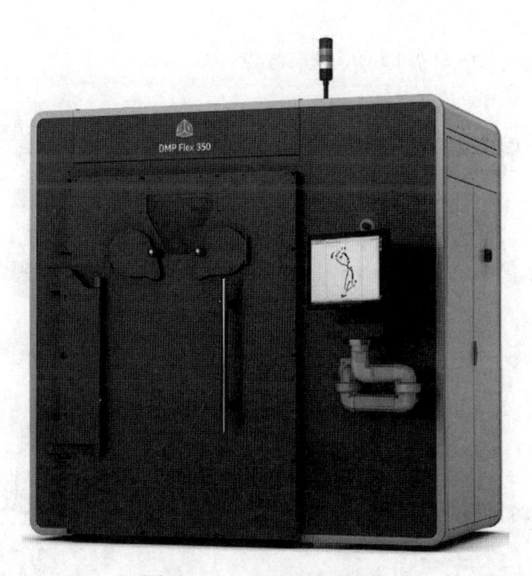

图7-13　DMP Flex 350

表 7-1 DMP Flex 350 基本参数

序号	系统规格	参数
1	激光功率	500 W
2	光斑直径	65 μm
3	最大成形体积	275 mm×275 mm×420 mm
4	表面粗糙度垂直方向	5~10 μm
5	重复精度	x=20 μm,y=20 μm,z=20 μm
6	典型精度	±(0.1~0.2)%
7	层厚	10~100 μm,30 μm 和 60 μm
8	氧含量	20×10^{-6}
9	铺粉厚度	10~100 μm
10	最大扫描速度	7 m/s
11	最大成形效率	35 cm^3/h
12	送粉方式	双粉仓供粉
13	刮刀类型	软刮刀(硅胶条)

7.2.5 SLM 成形过程

1. 数据获取

3D 打印的数据获取有两种方式:通过 3D 扫描仪逆向工程建模;通过建模软件建模。通过 3D 扫描仪逆向工程建模:3D 扫描仪逆向工程建模就是通过扫描仪对实物进行扫描,得到三维数据,然后加工修复。它能够精确描述物体三维结构的一系列坐标数据,输入 3D 软件中即可完整的还原出物体的 3D 模型。用建模软件建模:目前,市场上有很多的 3D 建模软件,比如 Catia、Ug、SolidWorks 等软件都可以用来进行三维建模,另外一些 3D 打印机厂商也提供 3D 模型制作软件。图 7-14 为准备 SLM 成形的零件喷嘴模型,采用 3D 建模生成。

2. 数据处理

数据处理主要包括模型完善和分层切片两部分。

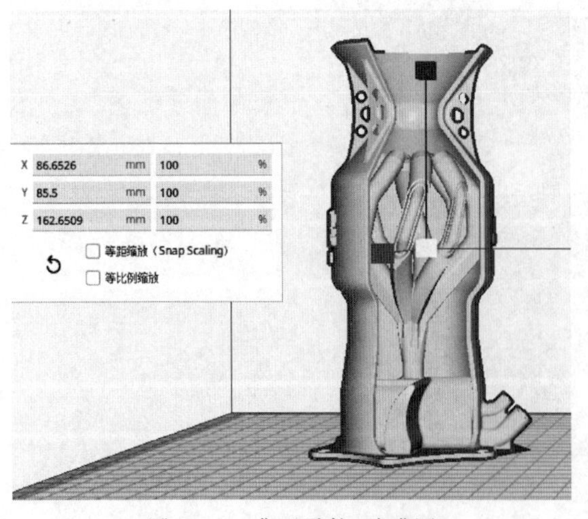

图 7-14 典型零件-喷嘴图

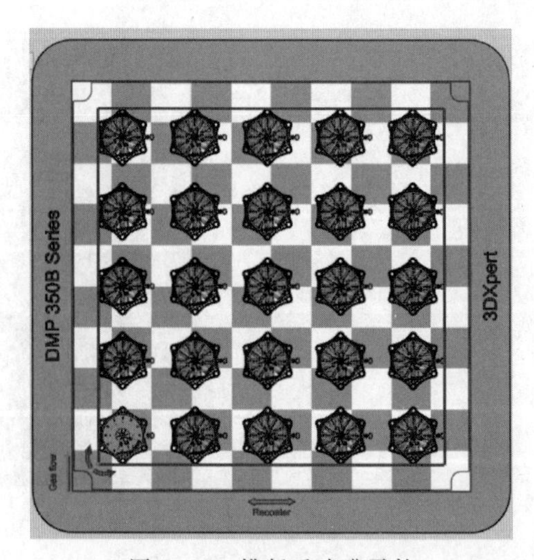

图 7-15 排版后喷嘴零件

模型完善：通过扫描得到的三维模型会有破面，模型不闭合，数据缺失等情况出现，需要后期对模型进行完善。通过建模软件绘制的三维模型也有可能会出现上述情况，需要检查并完善。

分层切片：3D打印机逐层对工件进行加工，需要确定每一层的加工路径及加工参数。不同厂家的3D打印机都会有相应的配套软件进行模型的分层处理。图7-15为切片后喷嘴文件，根据设备情况，SLM一次可成形20个喷嘴零件。

3. 模型打印

将粉末金属材料放入设备粉缸中，启动设备。在设备中反复注入高纯度氩气或氮气，然后抽真空，使腔室内氧含量不断降低直至排除干净。导入已准备好的打印文件，设备根据文件设定的工艺参数如激光功率、扫描速度、铺粉厚度、扫描间距等参数指挥激光器逐层完成扫描，直到零件全部成形。图7-16为SLM成形喷嘴图片，零件通过支撑与基板连接。

4. 后处理

零件SLM成形后首先需要进行热处理，用来减少零件内部应力减少后期零件的变形。热处理后零件需要采用线切割方式与基本分离，取下后的零件还可以进行去支撑、喷砂、热等静压、数控加工等工艺以达到几何尺寸、表面质量以及力学性能的要求。图7-17为喷砂后处理后喷嘴零件。

图7-16　SLM成形喷嘴零件

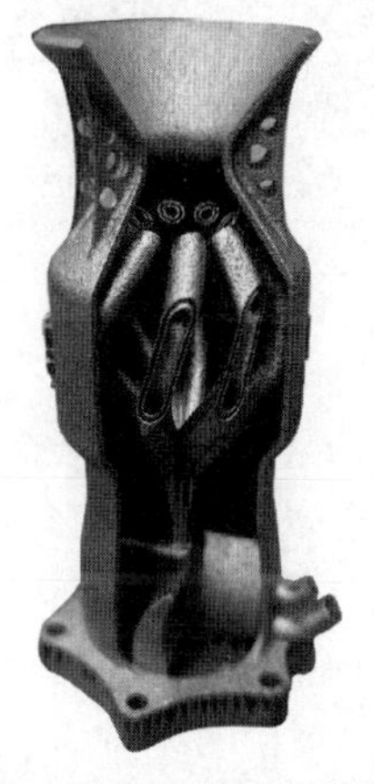

图7-17　喷砂后处理后喷嘴零件

7.3　钣金件3D打印技术实例

钣金件在汽车中大量使用，显著的特点是零件各部分厚度一致并且形状复杂，通常需要采用专用模具对金属薄板进行剪切、冲压、弯折、焊接、铆接等工艺成形，生产周期长，模具成本高。金属零件的直接3D打印技术为汽车钣金件的单件小批量生产提供了新的方法，在新车型研制过程中必不可少。

7.3.1　汽车钣金件SLM成形实例

典型汽车支撑类钣金件如图7-18所示，零件壁厚1.6 mm，最大外形尺寸122 mm×55 mm×129 mm，质量仅为325 g。如图7-19所示，该零件如采用常规工艺进行生产，需要进行冲孔落料、折弯、成形三道工序完成，三套模具制造成本约2万元，生产周期为15~20天，适用于零件定型后大规模生产，在成本和周期上都无法满足新型号汽车产品快速研发需求。

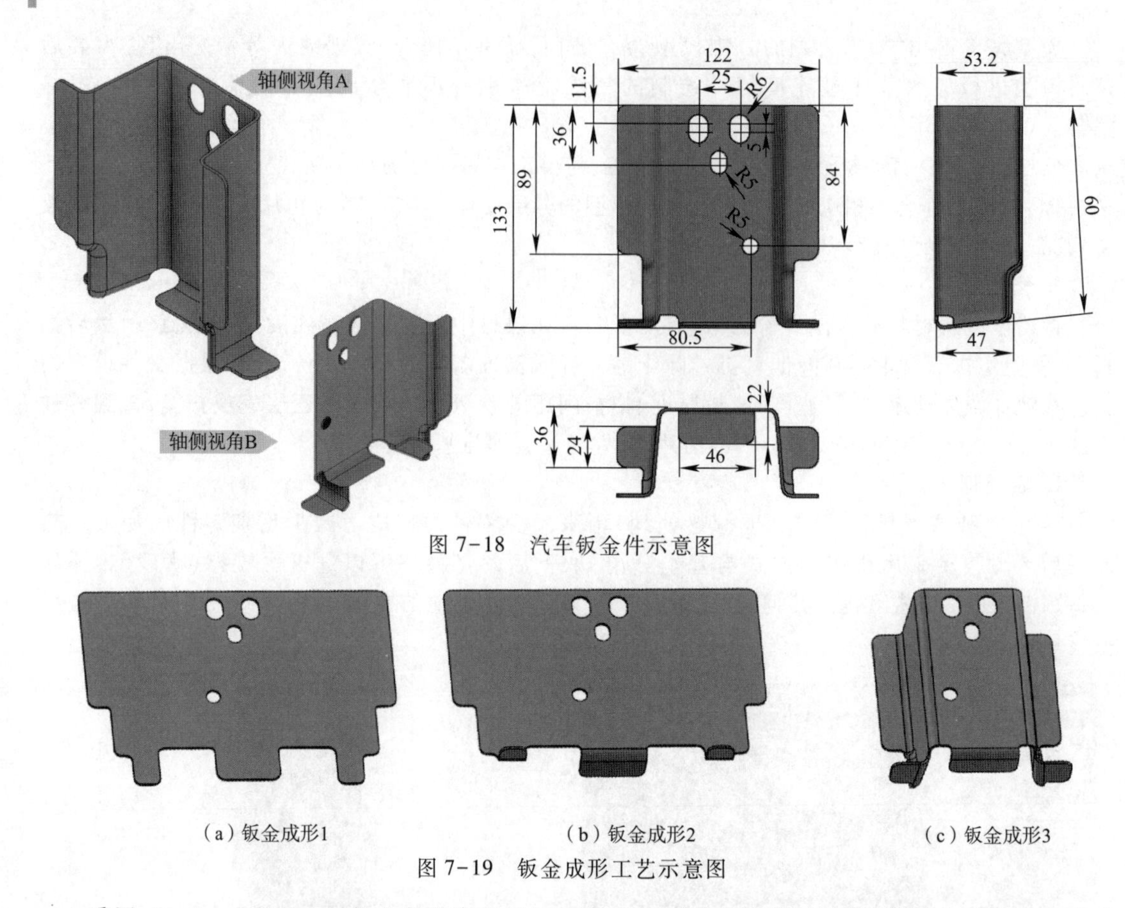

图 7-18　汽车钣金件示意图

(a) 钣金成形1　(b) 钣金成形2　(c) 钣金成形3

图 7-19　钣金成形工艺示意图

采用 simufact Additive 对钣金件的激光选区熔化成形工艺工程进行优化,能极大地节约成形时间、优化成形工艺以及提高成形零件质量。该钣金件摆放方式 1 如图 7-20 所示,零件竖直放置于成形基板上,此时零件所需支撑较少,但成形高度较高。如图 7-20 所示为划分像素体网格的零件,六面体单元网格为正方形,最大尺寸为 1.91 mm,共划分网格 13 750 个。

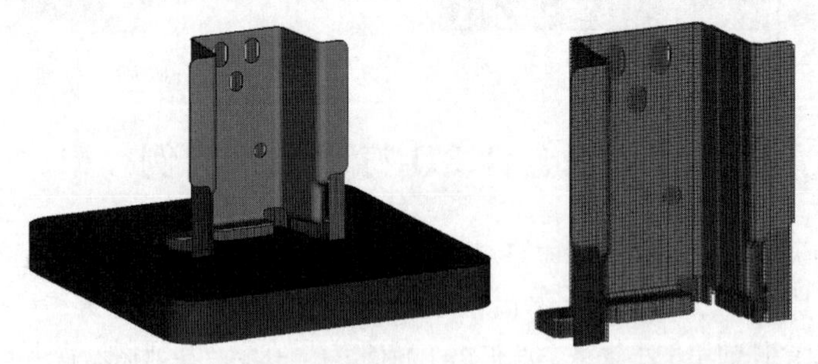

(a) 零件竖直摆放及支撑设计　(b) 零件及支撑网络划分

图 7-20　钣金件 SLM 成形方案 1

钣金件 SLM 成形不同阶段最大变形分布云图如图 7-21 所示,图中正值表示计算出的形状在初始参考形状之外,负值表示计算出的形状在初始参考形状内。由图可知,在零件竖直放置成形过程中,钣金件总体变形较为均匀,在零件棱边和裙边与支撑区域会发生较大变形,最大变形尺寸达到 0.67 mm。计算得到该零件如单独 SLM 成形需 46 h 左右。

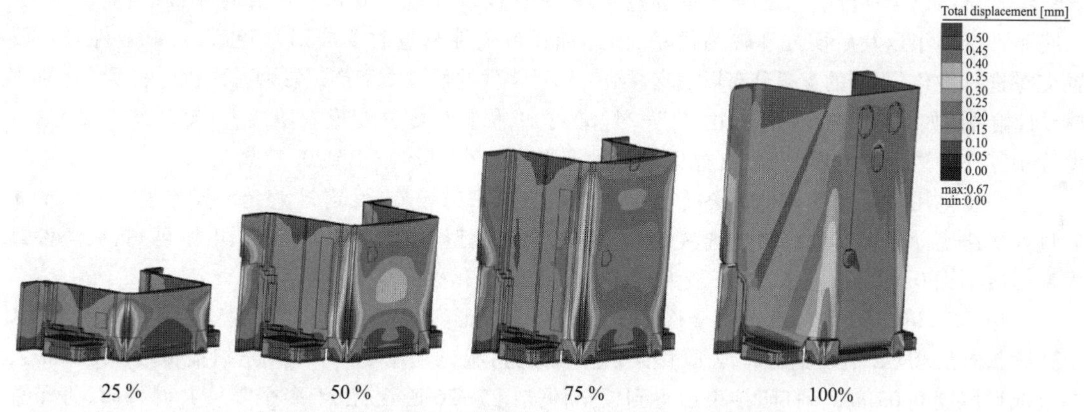

图 7-21　钣金件竖直放置在 SLM 成形过程中的变形分布

钣金件摆放方式 2 如图 7-22(a)所示,零件水平放置于成形基板上,零件成形高度较低,但两侧支撑较多,成形后线切割及去除支撑面积较大。图 7-22(b)所示为划分像素体网格的零件,六面体单元网格为正方形,最大尺寸 1.91 mm,共划分网格 51 825 个。

(a) 零件竖直摆放及支撑设计　　(b) 零件及支撑网络划分

图 7-22　钣金件 SLM 成形方案 2

钣金件水平放置 SLM 成形在不同阶段的最大变形分布云图如图 7-23 所示,由图可知,在零件水平放置成形过程中,零件变形随着成形高度的增加而变大,特别是在零件的后端出现 1.24 mm 左右的变形。计算得到该零件如单独 SLM 成形需 20 h 左右。

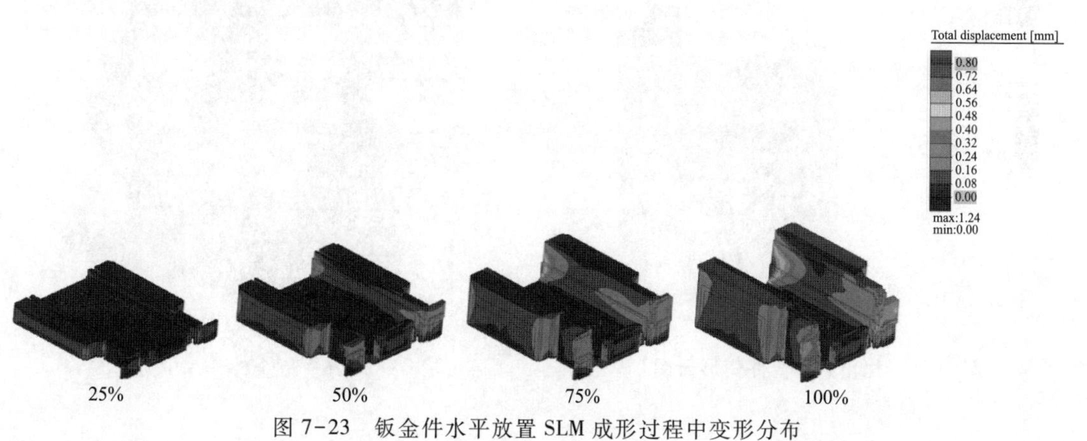

图 7-23　钣金件水平放置 SLM 成形过程中变形分布

综合对比钣金件竖直放置与水平放置结果,尽管钣金件竖直放置成形时间较长,但支撑较少,最终零件变形小以及后期处理较为简单,因此选择钣金件竖直放置成形。随后,对钣金件竖直放置支撑进行优化,不同的支撑分布以及支撑结构都对零件的最终质量产生影响。优化后的零件底部支撑设计俯视图如图 7-24(a)所示,由图 7-24(b)可知,优化后零件变形有所改善(对比图 7-20),原设计中零件棱边变形基本消除,支撑区域最大变形由 0.67 mm 减小到 0.47 mm。

进一步采用反向变形降低最终零件与零件数字模型的偏差,设定最大允许偏差值为 0.1 mm,通过 6 次迭代计算得到最终激光选区熔化成形钣金件模型,如图 7-25 所示。由图可知,钣金件最大变形减小到 0.09 mm 左右,变形最大区域为零件棱边和裙边与支撑区域。

采用 CF Flex 350 进行汽车钣金件激光选区熔化成形,原材料为粒度 15~53 μm 的球形 304 L 不锈钢粉末。304 L 不锈钢材料成形主要工艺参数为:激光功率 300 W、激光扫描速度 900 mm/s,单层成形厚度 0.03 mm。打印结束后得到钣金件如图 7-26 所示,由于多个零件共同打印,打印总时间为 54 h。最终零件如图 7-27 所示,零件表面无明显缺陷,各项力学性能达到设计要求,零件尺寸精度符合装配要求。该零件从接到图纸到交付最终零件共耗时 5 天,生产周期缩短为传统工艺的 16%左右,而生产成本不足传统工艺的 10%,多种试验件的批次打印效果更佳。

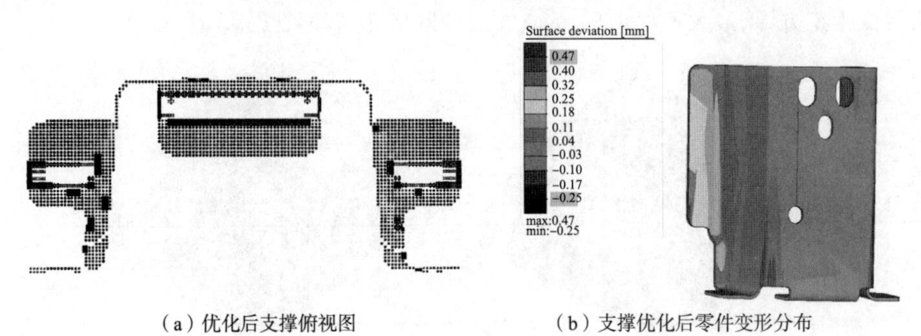

(a) 优化后支撑俯视图　　(b) 支撑优化后零件变形分布

图 7-24　钣金件 SLM 成形支撑优化

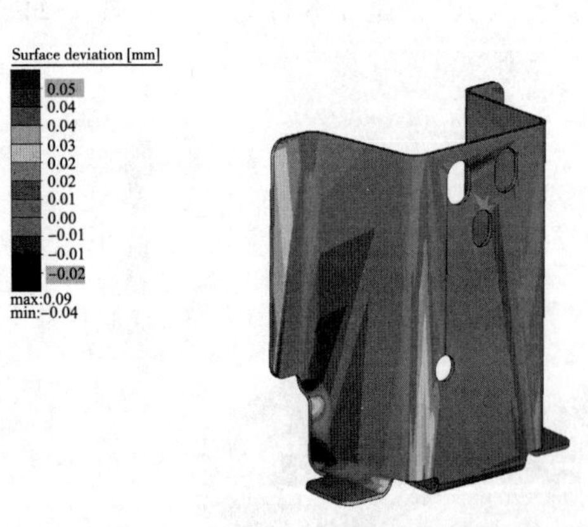

图 7-25　优化后钣金件变形云图

图 7-26　钣金件 SLM 成形

图7-27　SLM成形汽车钣金件

7.3.2　汽车座椅优化设计实例

钣金类零件可以通过冲压方式大规模自动化生产，在汽车、家电、医疗等领域大量应用。传统大批量钣金的制造一般采用冲压工艺，而冲压模具是钣金类零件生产的主要成本之一。随着市场竞争的激烈，产品升级换代速度加快导致产品研发周期的缩短，传统冲压工艺开模成本高，工艺流程长，无法满足研发过程周期短、变化快的特点。激光选区熔化成形工艺能够快速成形高质量复杂钣金件，目前在金属零件快速制造领域正在大规模使用。

某新型模块化扶手平台金属骨架由27个金属零件组成，如图7-28及表7-2所示。扶手平台金属骨架各零件大小尺寸不一，最大尺寸零件为上金属骨架，尺寸为246 mm×189 mm×71 mm，质量为909 g；最小零件为锁片衬套，尺寸为12 mm×5 mm，质量为4 g。在传统新产品试制过程中，以上零件需要采用冲压、数控加工以及线切割三种工艺方法完成，成形周期在1.5个月左右。

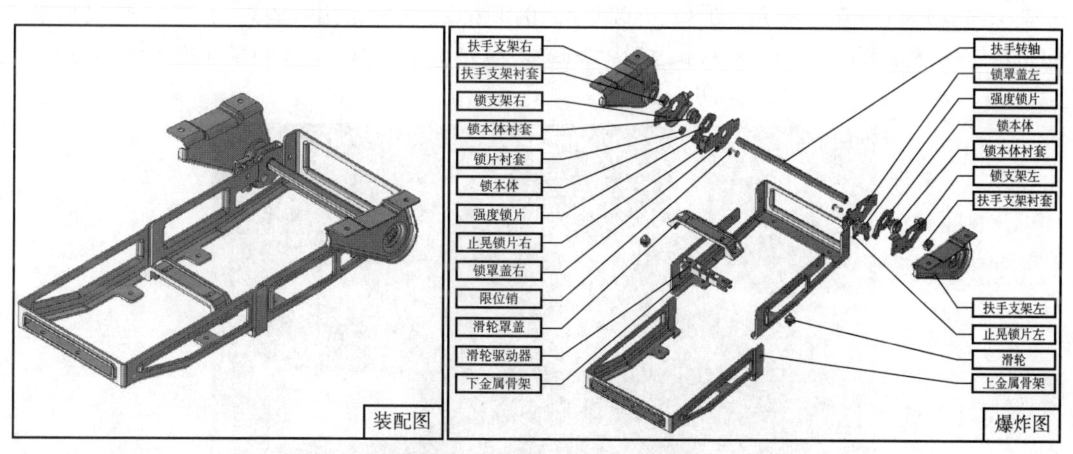

图7-28　模块化扶手平台示意图

表7-2　扶手平台零件汇总表

序号	名称	数量/个	质量/g	原加工工艺
1	上金属骨架	1	877	冲压
2	下金属骨架	1	909	冲压
3	滑轮驱动器	1	79	冲压

续上表

序号	名称	数量/个	质量/g	原加工工艺
4	滑轮罩盖	1	150	冲压
5	滑轮	2	16	数控加工
6	扶手支架左	1	261	冲压
7	扶手支架右	1	261	冲压
8	扶手转轴	1	213	线切割
9	扶手支架衬套	2	8	线切割
10	锁本体	2	32	线切割
11	限位销	2	8	线切割
12	强度锁片	2	16	线切割
13	止晃锁片左	1	12	机加工
14	止晃锁片右	1	12	机加工
15	锁支架左	1	63	冲压
16	锁支架右	1	63	冲压
17	锁罩盖左	1	47	线切割
18	锁罩盖右	1	47	线切割
19	锁本体衬套	2	32	机加工
20	锁片衬套	2	4	线切割
总计		27	3 110	

新型模块化扶手平台金属骨架选用粒径分布为25~53 μm、松装密度4.18 g/cm^3 的18Ni300马氏体时效钢真空气雾粉。18Ni300主要化学成分(质量分数,%)为17.70 Ni、0.72 Ti 、9.05Co、0.077 Ai、4.70 Mo、0.025 Si、0.031 Cr、0.022 Mn、0.007 C。实验采用试验采用GF SLM成形设备DMP Flex350(图7-29)。18Ni300材料成形主要参数:激光功率220W,激光扫描速度1 000 mm/s,单层成形厚度0.03 mm,扫描间距0.01 mm。

图7-29 激光选区熔化成形设备DMP Flex350

单激光选区熔化成形设备的成形范围一般为 270 mm×270 mm×350 mm，DMP Flex350 成形范围为 275 mm×275 mm×380 mm。为一次性将扶手平台金属骨架零件打印完成，对骨架零件进行了激光选区熔化零件排版，如图 7-30 所示。扶手平台金属骨架零件的激光选区熔化过程体现了 3D 打印多零件一次成形的特点，最大限度地提高了增材制造的制造效率。

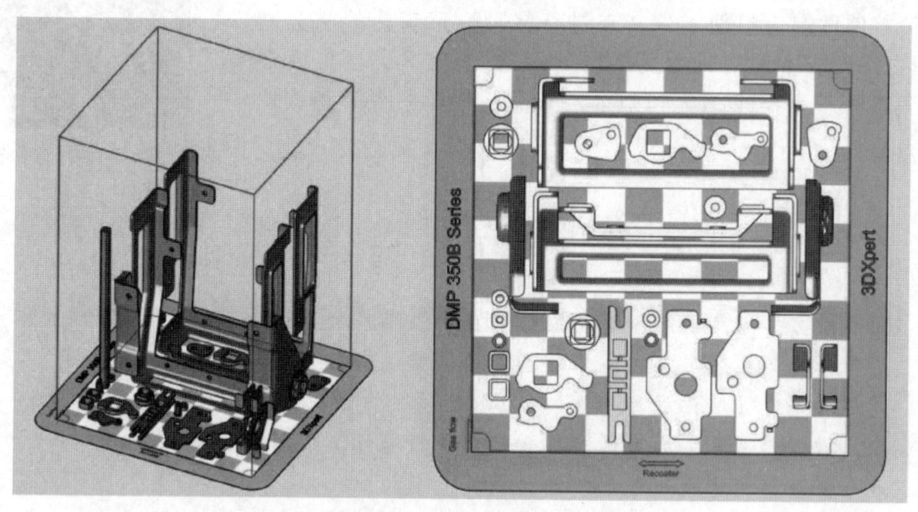

图 7-30　零件激光选区熔化零件排版

图 7-31 为激光选区熔化成形模块化扶手平台零件，打印时间为 65 h。模块化扶手平台由 27 个金属零件一版打印成形，零件表面均无缺陷，平行于打印方向表面粗糙度可达到 *Ra*2.5 μm，垂直于打印方向表面粗糙度较低，未观察到支撑脱落、零件变形等情况。采用线切割方式将零件与基板分离，得到如图 7-32 所示模块化扶手平台零件，零件去除支撑后简单打磨即可达到使用要求，装配后的新型汽车座椅后排模块化扶手平台如图 7-33 所示，上车测试后达到设计要求，新型汽车座椅后排模块化扶手平台从接收图样到实现装配用时 5 个工作日。

图 7-31　SLM 成形的零件

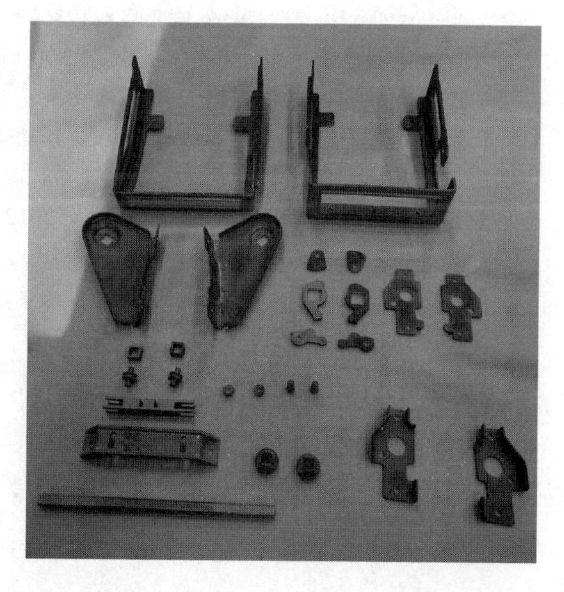

图 7-32　去支撑后座椅扶手平台零件

采用传统冲压工艺进行钣金类零件试制耗费大量人力、物力,生产周期长,远远无法满足目前市场激烈竞争对产品研发周期的要求;同时,激光选区熔化成形工艺虽然能够在无模的情况下快速成形各种零件,但是成形尺寸有限,零件成本较高。未来单件小批量钣金类零件试制应根据零件特点进行多种成形工艺的联合制作,从而在降低成本的同时缩短制作周期,以下工艺方法可供参考:(1)简单平板类零件-激光切割;(2)简单折弯类零件-万能数控折弯机。

图 7-33　后座椅扶手平台组装图

思　考　题

1. 何种情况下需要采用增材制造方式生产汽车钣金件?
2. 为什么汽车钣金类零件多采用激光选区熔化成形方式生产?
3. 简述激光选区熔化成形零件的基本流程。
4. 采用增材制造方式生产汽车钣金件对材料有什么限制?
5. 汽车钣金件快速制造还有哪些方式?
6. 增材制造方式是否适合汽车钣金件的小批量生产?

科学家简介

王华明(1962—)。中国工程院院士、金属增材制造专家,现任北京航空航天大学教授、大型金属构件增材制造国家工程实验室主任、国防科技工业激光增材制造技术研究应用中心主任,兼任中国机械工程学会增材制造分会副主任委员。王华明院士 1983 年毕业于四川工业学院(现西华大学),1986 年获西安交通大学硕士学位,1989 年获中国矿业大学博士学位。王院士是我国激光 3D 打印技术的带头人,也是我国"金属 3D 打印"技术领域的第一位院士,他带领团队攻坚克难、潜心研究激光成形钛合金大型主承力构件制造技术,目前已经具备使用激光成形超过 12 m^2 的复杂钛合金构件的技术和能力,为运-20、歼-15 等国产大飞机和新型战斗机提供了关键受力大型部件,其"飞机钛合金大型复杂整体构件激光成形技术"成果获 2012 年度国家技术发明一等奖。飞机钛合金大型复杂整体构件激光成形技术具有无须大型锻造模具、制造成本低、周期短、材料利用率高、质量可靠、性能优异等优点,可以用来制造飞机、航空发动机等高端设备中的关键结构件,对我国尖端战机的研发,有很大帮助。

参 考 文 献

[1] 王孝培. 冲压手册[M]. 北京:机械工业出版社,2005.
[2] 姜奎华. 冲压工艺与模具设计[M]. 北京:机械工业出版社,2007.
[3] 翁其金,徐新成. 冲压工艺及模具设计[M]. 北京:机械工业出版社,2005.
[4] 陈文琳. 金属板料成形工艺与模具设计[M]. 北京:机械工业出版社,2012.
[5] 模具实用技术丛书编委会. 冲模设计应用实例[M]. 北京:机械工业出版社,2005.
[6] 肖景容,姜奎华. 冲压工艺学[M]. 北京:机械工业出版社, 1992.
[7] 李硕本. 冲压工艺学[M]. 北京:机械工业出版社,1988.
[8] 卢险峰. 冲压工艺模具学[M]. 北京:机械工业出版社,2006.
[9] 薛启翔. 冲压模具设计制造难点与窍门[M]. 北京:机械工业出版社,2005.
[10] 涂光祺. 精冲技术[M]. 北京:机械工业出版社,2006.
[11] 薛启翔. 冲压模具设计结构图册[M]. 北京:化学工业出版社,2005.
[12] 李奇涵. 冲压成形工艺与模具设计[M]. 北京:科学出版社,2007.
[13] 高锦张,陈文琳,贾俐俐. 塑性成形工艺与模具设计[M]. 北京:机械工业出版社,2007.
[14] 翁其金,徐新成. 冲压工艺及冲模设计[M]. 北京:机械工业出版社,2004.
[15] 徐政坤. 冲压模具及设备[M]. 北京:机械工业出版社,2005.
[16] 郝滨海. 冲压模具简明设计手册[M]. 北京:化学工业出版社,2005.
[17] 马朝兴. 冲压工艺与模具设计[M]. 北京:化学工业出版社,2006.
[18] 张如华,赵向阳,章跃荣. 冲压工艺与模具设计[M]. 北京:清华大学出版社,2006.
[19] 王小彬. 冲压工艺与模具设计[M]. 北京:电子工业出版社,2006.
[20] 丁松聚. 冷冲模设计[M]. 北京:机械工业出版社,2005.
[21] 佘银柱. 冲压工艺及冲模设计[M]. 北京:北京大学出版社,2005.
[22] 贾崇田,李名望. 冲压工艺及冲模设计[M]. 北京:人民邮电出版社,2006.
[23] 邱永成. 多工位级进模设计[M]. 北京:国防工业出版社,1987.
[24] 王新华. 冲模设计与制造实用计算手册[M]. 北京:机械工业出版社,2003.
[25] 中国模具设计大典编委会. 中国模具设计大典:第 3 卷　冲压模具设计[M]. 南昌:江西科学技术出版社,2003.
[26] 洪慎章,金龙健. 多工位级进模设计实用技术[M]. 北京:机械工业出版社,2010.
[27] 现代模具技术编委会. 汽车覆盖件模具设计与制造[M]. 北京:国防工业出版社, 1998.
[28] 胡世光. 板料冷成形原理[M]. 北京:国防工业出版社, 1979.
[29] 郭春生, 汤宝骏,孙继明. 汽车大型覆盖件模具[M]. 北京:国防工业出版社, 1993.
[30] 高军. 冲压工艺及模具设计[M]. 北京:化学工业出版社, 2010.
[31] 梁炳文, 陈孝戴, 王志恒. 板金成形性能[M]. 北京:机械工业出版社, 1999.
[32] 赵军,李硕本,金淼,等. 冲压工艺理论与新技术[M]. 北京:机械工业出版社, 2002.
[33] 崔令江. 汽车覆盖件冲压成形技术[M]. 北京:机械工业出版社, 2003.
[34] 李志刚. 中国模具设计大典:卷 1[M]. 南昌:江西科学技术出版社, 2003.
[35] 邓明, 吕琳. 冲压成形工艺及模具[M]. 北京:化学工业出版社, 2007.
[36] 陈文亮. 板料成形 CAE 分析教程[M]. 北京:机械工业出版社, 2005.

[37] 林忠钦. 车身覆盖件冲压成形仿真[M]. 北京:机械工业出版社, 2005.
[38] 钟志华, 李光耀. 薄板冲压成型过程的计算机仿真与应用[M]. 北京:机械工业出版社, 1998.
[39] 许世娇,权纯逸,杨堃,等.金属增材制造技术在航空领域的应用现状及前景展望[J].粉末冶金工业, 2022,32(3):9-17.